互联网+教育改革新理念教材

高职应用数学

主编　胡秀平　魏俊领　齐晓东

上海交通大学出版社
SHANGHAI JIAO TONG UNIVERSITY PRESS

内容提要

本书是结合多年的教学实践经验，在充分调研我国高职高专院校教学现状及发展趋势的基础上编写的．本书共分为 8 章，主要包括基础知识、极限与连续、一元函数微分学、导数的应用、一元函数的积分学及其应用、多元函数的微积分初步、微分方程、无穷级数．

本书可作为高等职业院校工科类和经管类各专业高等数学基础课程的教材，也可作为读者学习高等数学的参考用书．

图书在版编目（CIP）数据

高职应用数学 / 胡秀平，魏俊领，齐晓东主编．-- 上海 ：上海交通大学出版社，2017（2024 重印）

ISBN 978-7-313-17308-9

Ⅰ．①高… Ⅱ．①胡… ②魏… ③齐… Ⅲ．①应用数学－高等职业教育－教材 Ⅳ．①O29

中国版本图书馆 CIP 数据核字(2017)第 178079 号

高职应用数学

GAOZHI YINGYONG SHUXUE

主　　编：胡秀平　魏俊领　齐晓东

出版发行：上海交通大学出版社　　地　　址：上海市番禺路 951 号

邮政编码：200030　　电　　话：021-64071208

印　　制：北京同文印刷有限责任公司　　经　　销：全国新华书店

开　　本：880 mm×1230 mm　1/16　　印　　张：16.5

字　　数：344 千字

版　　次：2017 年 8 月第 1 版　　印　　次：2024 年 2 月第 11 次印刷

书　　号：ISBN 978-7-313-17308-9

定　　价：49.60 元

前言

PREFACE

近几年，随着高校招生制度改革的不断深入，高职高专院校招生形式日趋多样化，以自主招生、注册招生、订单招生等招生方式所录取的学生比例越来越大．他们大都来自中专、中职、技校或社会，基本上没有接受过完整的高中教育，数学基础知识欠缺，而大多数《高等数学》教材针对的是统招生，着重考虑的是高中与大学知识体系的衔接，所以大部分学生无法正常地进入课程的学习，本书弥补了这一缺口．本书以高职高专的人才培养目标和课程目标为依据，围绕学生的个体能力和知识水平进行设计．

此外，为贯彻落实党的二十大精神，我们还结合数学的教学内容，进一步修订了本书．具体来说，本书有如下特色．

1. 素质教育，立德树人

本书秉承能力教育与素质教育同向同行的理念，注重将立德树人的要求贯穿于知识学习中，添加了“名人名言”“趣味数学”“砥节砺行”“知中有行”“数学故事”等模块，在介绍知识的同时，既增加了数学的趣味性，又使学生能够接受数学思维方式和科学家精神的熏陶，从人文素养等不同的角度来学习数学，提高运用数学解决实际问题的能力，以实现“全员育人、全程育人、全方位育人”．

2. 充分考虑企业需求和知识实用性

我们充分考虑了教学大纲要求与企业需求，拉近产业与教育、企业和学校的距离，重在提升本书的职业属性，强调内容的实用性和针对性，从而真正让学生做到学以致用．书中增加了初等数学知识，加强了初等数学与高等数学的衔接；落实“够用为度”的教学原则，对定理及理论性过强的内容适当做了弱化处理，不刻意追求过程的严密性；增加了接近学生专业的案例分析，引入了数学实验，注重数学工具的使用，介绍了数学软件 MATLAB 的简单应用，使学生了解先进数学工具的使用方法，培养学生应用计算机和数学软件求解数学问题的能力，锻炼学生的工作思维和实践技能，以帮助学生更快地适应企业．

3. 模块丰富，版式美观

本书正文穿插了“指点迷津”“动动脑”“小贴士”“能量补给站”“知识宝典”“提示”“注意”等模块，可以加强学生对知识点的理解，丰富学生的知识面，还可以尽可能减轻学生的学习负担，调动学生的学习积极性，提高其课堂参与度，从而提升学习效率．

4. 配套资源丰富

本书配有高质量的教学资源、习题集和微课.

（1）丰富的教学资源. 包括课件、教案、练习、答案等，学生可以登录文旌综合教育平台——“文旌课堂”（www.wenjingketang.com）下载. 如果在学习过程中有什么疑问，也可登录该网站寻求帮助.

此外，本书还提供了在线题库，支持“教学作业，一键发布”，教师只需通过微信或“文旌课堂”App扫描扉页二维码，即可迅速选题、一键发布、智能批改，并查看学生的作业分析报告，提高教学效率、提升教学体验. 学生可在线完成作业，巩固所学知识，提高学习效率.

（2）精心编制的习题集. 本书配有精心编制的同步习题集，可供学生课外作业使用.

（3）精心录制的微课. 本书为重要知识点配备了高质量的讲解视频，学生可以随时扫描书中的二维码观看.

本书在组织编写和统稿过程中，参考了大量高等数学相关的资料和教材，在此向这些资料和教材的作者表示衷心的感谢. 在编写过程中，我们虽然尽力想把工作做好，但由于水平有限，书中存在的不足之处敬请广大专家和各位读者批评指正.

本书编委会

主　编　胡秀平　魏俊领　齐晓东

副主编　张莉丽　李　红　刘明术
　　　　　张　娅

目 录

CONTENTS

第 1 章 基础知识 …… 1

1.1 代数基础知识 …… 2
1.2 函数 …… 14
1.3 工程技术中函数的建立 …… 22
1.4 经济函数的建立 …… 24
本章小结 …… 28
复习题一 …… 28
知中有行 初识数学软件 MATLAB 及绘图 …… 30
数学故事 从生活中来，到生活中去 …… 34

第 2 章 极限与连续 …… 36

2.1 极限的概念 …… 37
2.2 极限的性质和运算法则 …… 44
2.3 两个重要极限及无穷小的比较 …… 49
2.4 函数的连续性 …… 53
本章小结 …… 59
复习题二 …… 59
知中有行 利用 MATLAB 软件求极限 …… 61
数学故事 敢为人先，刘徽发明割圆术 …… 62

第 3 章 一元函数微分学 …… 64

3.1 导数的概念 …… 65
3.2 导数的运算 …… 72
3.3 高阶导数 …… 74
★3.4 隐函数的导数和由参数方程确定的函数的导数 …… 77

3.5 函数的微分及其应用 …… 81
本章小结 …… 88
复习题三 …… 88
知中有行 用 MATLAB 求函数导数 …… 90
数学故事 醉心于摘取数学皇冠上明珠的人 …… 90

第 4 章 导数的应用 …… 92

4.1 利用导数求极限（洛必达法则） …… 93
4.2 函数的单调性与极值 …… 96
4.3 曲线的凹凸性与拐点 …… 100
4.4 利用导数求最值 …… 102
4.5 曲率 …… 106
4.6 导数在经济分析中的应用 …… 109
本章小结 …… 112
复习题四 …… 113
知中有行 用 MATLAB 求函数的极值 …… 114
数学故事 人民的数学家华罗庚 …… 115

第 5 章 一元函数的积分学及其应用 …… 117

5.1 定积分的概念 …… 118
5.2 不定积分的概念与性质 …… 125
5.3 微积分基本公式与定积分性质 …… 130
5.4 不定积分的积分方法 …… 134
5.5 定积分的积分方法 …… 143
5.6 广义积分 …… 147
5.7 定积分的应用 …… 150
本章小结 …… 160
复习题五 …… 161
知中有行 用 MATLAB 求定积分 …… 163
数学故事 一片丹心向阳开，毕生奉献育新人 …… 164

第 6 章 多元函数的微积分初步 …… 166

6.1 空间解析几何简介 …… 167
6.2 多元函数的概念、极限与连续性 …… 173
6.3 偏导数 …… 176
6.4 全微分 …… 179
6.5 多元复合函数的求导法则与隐函数的求导公式 …… 181
6.6 二元函数的极值和最值 …… 185

6.7 二重积分的概念与性质 ······189
6.8 二重积分的计算 ······192
6.9 二重积分在几何上的应用 ······196
本章小结 ······198
复习题六 ······200
知中有行 用 MATLAB 求多元函数的偏导数 ······201
数学故事 一生风雨任“几何” ······202

第 7 章 微分方程 ······203

7.1 微分方程的基本概念 ······204
7.2 一阶微分方程 ······206
7.3 二阶常系数线性微分方程 ······211
7.4 微分方程的应用 ······217
本章小结 ······220
复习题七 ······221
知中有行 用 MATLAB 求解微分方程 ······222
数学故事 凭一己之力，令中国数学飞速发展 ······223

第 8 章 无穷级数 ······225

8.1 常数项级数的概念和性质 ······226
8.2 常数项级数的敛散性 ······230
8.3 幂级数 ······235
8.4 函数展开成幂级数 ······240
本章小结 ······243
复习题八 ······245
知中有行 一元线性回归分析 ······246
数学故事 中国现代数学的拓荒人 ······251

附录 初等数学常用公式 ······252

参考文献 ······254

第1章 基础知识

名人名言

数学是打开科学大门的钥匙.

——培根

趣味数学——数 e 的由来

e 和π一样，都是数学中重要的常数. 人们在研究一些自然现象（如物体的冷却、细胞的繁殖、放射性元素的衰变等）的变化规律时，发现它们都与 e 有关. e 在科学技术中使用非常广泛. 一般以 e 为底的对数，能使许多式子得到简化，用它是最“自然”的，所以称为“自然对数”.

早在 17 世纪初，就有人提到这个数，e 是一种增长的极限，下面通过计算利息这个例子来诠释 e 的含义. 过去，有个商人向财主借钱，财主的条件是每借 1 元，一年后连本带利还 2 元，年利率为 100%. 财主想，半年的利率为 50%，若半年结算一次，则利滚利一年后商人要还$\left(1+\frac{1}{2}\right)^2=2.25$元. 财主以为结算次数越多，利息就增长得越快，所以他又想，如果一年结算 3 次，4 次，…，n 次，岂不发财了？但结果令财主大失所望. 本利和的值$\left(1+\frac{1}{n}\right)^n$虽然随 n 的增大而增大，但增加得极其缓慢，会逐渐稳定地趋于一个常数. 1727 年，欧拉最先将 e 作为该常数的符号使用.

在本书的第 2 章我们会学到极限$\lim\limits_{n\to\infty}\left(1+\frac{1}{n}\right)^n$的值为 e，从而 e 被定义为一个极限值，即 $e=2.718\,28\cdots$.

导 学

在文艺复兴末期（16 世纪），西方社会处于大变革时期，自然科学领域中的力学、天文学等为适应生产实践的需要，开始把运动作为研究的主要对象，对各种变化过程和过程中量与量之间的依赖关系进行研究，这就产生了函数的概念. 函数是刻画运动变化过程中变量相依关系的抽象数学模型.

本章主要为学习高等数学和相关专业知识做准备，先简单复习指数、对数、方程和不等式的有关知识，由此引入基本初等函数、复合函数、初等函数和分段函数等概念，然后介绍函数概念在工程和经济领域的应用.

素质目标

- 提高逻辑严谨、思维缜密的问题分析能力.
- 养成坚持不懈、刻苦钻研的工作作风.

1.1 代数基础知识

1.1.1 指数幂及其运算

1. 整数指数幂

在初中，我们学习过整数指数幂的意义及运算法则，下面简要介绍几种整数指数幂及运算法则.

（1）**正整数指数幂**：$a^n=\underbrace{a\cdot a\cdot a\cdot\cdots\cdot a}_{n个}$ （n 为正整数).

（2）**零指数幂**：$a^0=1$ （$a\neq0$).

（3）**负整数指数幂**：$a^{-n}=\dfrac{1}{a^n}$ （$a\neq0$，n 为正整数).

（4）**整数指数幂的运算法则**：($a\neq0$，$b\neq0$，m，n 为整数)

$$a^m\cdot a^n=a^{m+n}\ ;\qquad (a^m)^n=a^{m\cdot n}\ ;$$

$$(a\cdot b)^n=a^n\cdot b^n\ ;\qquad \frac{a^m}{a^n}=a^{m-n}.$$

2. 分数指数幂

1）n 次根式

我们知道，若 $x^2=a\,(a\geqslant0)$，则称 $x=\pm\sqrt{a}$ 为 a 的平方根（二次方根)；若 $x^3=a$，则称 $x=\sqrt[3]{a}$ 为 a 的立方根（三次方根).

一般地，若 $x^n=a\,(a\in\mathbf{R}$，$n\in\mathbf{N}^*$ 且 $n>1)$，则称 x 为 a 的 **n 次方根**.

（1）当 n 为奇数时，正数的 n 次方根是一个正数，负数的 n 次方根是一个负数，这时 a 的 n 次方根可以记作 $\sqrt[n]{a}$.

（2）当 n 为偶数时，正数 a 的 n 次方根有两个，它们互为相反数，分别用 $-\sqrt[n]{a}$ 和 $\sqrt[n]{a}$ 表示，其中 $\sqrt[n]{a}$ 称为 a 的 **n 次算术根**. 负数没有偶次方根.

（3）0 的 n 次方根是 0，记作 $\sqrt[n]{0}=0$.

我们把形如 $\sqrt[n]{a}\,(a\in\mathbf{R}$，$n\in\mathbf{N}^*$ 且 $n>1)$的式子称为 **n 次根式**，其中，n 称为**根指数**，a 称为**被开方数**.

例如，$\sqrt[5]{32}=2$；$\sqrt[3]{-27}=-3$；$-\sqrt[4]{16}=-2$；$\sqrt[4]{16}=2$.

2）分数指数幂的定义

为了实际需要，特规定：

$$a^{\frac{m}{n}}=\sqrt[n]{a^m}\ ,\quad a^{-\frac{m}{n}}=\frac{1}{\sqrt[n]{a^m}}$$

为分数指数幂，其中 $m,n\in\mathbf{N}^*$ 且 $n>1$.

指点迷津

分数指数幂是根式的另一种表示形式，根式和分数指数幂可以相互转化，根式中 a 的值都在使根式有意义的范围内取.

定义了分数指数幂以后，就把整数指数幂推广到了有理数指数幂.

可以证明，整数指数幂的运算法则对有理数指数幂也适用，前提是必须使运算法则中出现的每一个有理数指数幂都有意义，即当 p,q 为有理数时，有

$$a^p \cdot a^q = a^{p+q},\quad (a^p)^q = a^{p\cdot q},\quad (a\cdot b)^p = a^p \cdot b^p.$$

事实上，还可以将有理数指数幂推广到实数指数幂，即当 p,q 为实数时，上述运算法则也成立.

砥节砺行

指数幂诠释了努力的意义. 例如，0.01 是一个很小的数字，但如果我们每天进步 0.01，那么一年后我们得到的就是 $(1+0.01)^{365}\approx 37.78$. 但如果每天退步 0.01，那么 365 天之后的结果便是 $(1-0.01)^{365}\approx 0.03$. 积跬步以至千里，积怠惰以至深渊. 每天进步一点，听起来好像没有冲天的气魄，没有轰动的声势，却是从小成功到大成功的日积月累. 因此，我们应重视平时的小进步，并坚持下去，要知道，从平凡到优秀，需要做的仅仅是每天进步一点.

例 1　计算下列各式的值：

（1）$\sqrt[3]{(-5)^3}$；　　（2）$\sqrt[4]{(3-\pi)^4}$；

（3）$(-125)^{\frac{1}{3}}$；　　（4）$\dfrac{3\sqrt{3}\times\sqrt[3]{3}\times\sqrt[6]{3}}{\sqrt{2}\times\sqrt[4]{8}\times\sqrt[8]{64}}$.

解　（1）$\sqrt[3]{(-5)^3}=-5$.

（2）$\sqrt[4]{(3-\pi)^4}=|3-\pi|=\pi-3$.

（3）$(-125)^{\frac{1}{3}}=[(-5)^3]^{\frac{1}{3}}=(-5)^{3\times\frac{1}{3}}=-5$.

（4）$\dfrac{3\sqrt{3}\times\sqrt[3]{3}\times\sqrt[6]{3}}{\sqrt{2}\times\sqrt[4]{8}\times\sqrt[8]{64}}=\dfrac{3\times 3^{\frac{1}{2}}\times 3^{\frac{1}{3}}\times 3^{\frac{1}{6}}}{2^{\frac{1}{2}}\times(2^3)^{\frac{1}{4}}\times(2^6)^{\frac{1}{8}}}=\dfrac{3\times 3^{\frac{1}{2}}\times 3^{\frac{1}{3}}\times 3^{\frac{1}{6}}}{2^{\frac{1}{2}}\times 2^{\frac{3}{4}}\times 2^{\frac{6}{8}}}=\dfrac{3^{\left(1+\frac{1}{2}+\frac{1}{3}+\frac{1}{6}\right)}}{2^{\left(\frac{1}{2}+\frac{3}{4}+\frac{6}{8}\right)}}=\dfrac{3^2}{2^2}=\dfrac{9}{4}$.

动动脑

通过以上例题思考：等式 $\sqrt[n]{a^n}=a$ 一定成立吗？如果不一定，那么它在什么情况下成立呢？

1.1.2 对数及其运算

1. 对数的概念

如果 $a^b=N\,(a>0$ 且 $a\neq1)$，那么 b 称为**以 a 为底 N 的对数**，记作

$$b=\log_a N\,,$$

其中，a 称为**对数的底数**（简称**底**），N 称为**真数**.

例如，$2^5=32$ 可以写作 $\log_2 32=5$；$2^{-3}=0.125$ 可以写作 $\log_2 0.125=-3$；$4^{0.5}=2$ 可以写作 $\log_4 2=0.5$.

通常，我们称形如 $a^b=N$ 的等式为**指数式**，称形如 $\log_a N=b$ 的等式为**对数式**．由对数的定义可知，当 $a>0$ 且 $a\neq1$ 时，

$$a^b=N \Leftrightarrow \log_a N=b\,.$$

对数具有如下基本性质：

（1）零和负数没有对数，即 $N>0$；

（2）$\log_a 1=0$，即 1 的对数为 0;

（3）$\log_a a=1$，即底的对数为 1.

通常将以 10 为底的对数称为**常用对数**，记作 $\log_{10}N$，也可简记为 $\lg N$．例如，$\log_{10}3$ 简记为 $\lg 3$.

在工程计算和科学研究中，经常使用以无理数 $\mathrm{e}=2.718\,28\cdots$ 为底的对数．将以无理数 e 为底的对数称为**自然对数**，记作 $\log_{\mathrm{e}}N$，也可简记为 $\ln N$．例如，$\log_{\mathrm{e}}2$ 简记为 $\ln 2$.

2. 积、商、幂的对数

设 $a^p=M$，$a^q=N$，则

$$p=\log_a M\,,\quad q=\log_a N\,.$$

因为

$$M\cdot N=a^p\cdot a^q=a^{p+q}\,,$$

所以

$$\log_a(M\cdot N)=\log_a(a^{p+q})=p+q=\log_a M+\log_a N\,.$$

这就是积的对数公式．类似地，我们还可以得到商和幂的对数公式.

当 $a>0$ 且 $a\neq1$ 时，我们可以得到对数的如下运算法则：

$$\log_a(M\cdot N)=\log_a M+\log_a N\,,$$

$$\log_a\frac{M}{N}=\log_a M-\log_a N\,,$$

$$\log_a M^n=n\log_a M\,.$$

例 2 计算下列各式的值：

（1）$\log_2 8$；（2）$\lg 0.001$；

（3）$\lg\sqrt[3]{100}$；（4）$\log_3\dfrac{27^4}{9^3}$.

解 （1）$\log_2 8=\log_2 2^3=3\log_2 2=3$.

（2）$\lg 0.001=\lg 10^{-3}=-3\lg 10=-3$.

（3）$\lg\sqrt[3]{100}=\lg100^{\frac{1}{3}}=\frac{1}{3}\lg100=\frac{1}{3}\lg10^2=\frac{1}{3}\times2\lg10=\frac{2}{3}$.

（4）$\log_3\frac{27^4}{9^3}=\log_3 27^4-\log_3 9^3=4\log_3 27-3\log_3 9=4\log_3 3^3-3\log_3 3^2=4\times3-3\times2=6$.

1.1.3　方程

1. 直线方程

我们知道，一次函数 $y=x+2$ 的图像是一条直线 l，其解析式 $y=x+2$ 可以看作一个关于 x,y 的二元一次方程，直线 l 上的任意一点 (x,y) 都满足方程 $y=x+2$．此时，我们把方程 $y=x+2$ 称为**直线 l 的方程**.

1）直线的点斜式方程

如图 1-1 所示，已知直线 l 经过点 $P_0(x_0,y_0)$，且斜率为 k．设点 $P(x,y)$ 为直线 l 上不同于点 P_0 的任意一点，由斜率公式可得

$$k=\frac{y-y_0}{x-x_0},$$

整理得

$$y-y_0=k(x-x_0).$$

显然，点 $P_0(x_0,y_0)$ 也满足上述方程．由于上述方程是由直线上的一点和直线的斜率确定的，因此称为**直线的点斜式方程**.

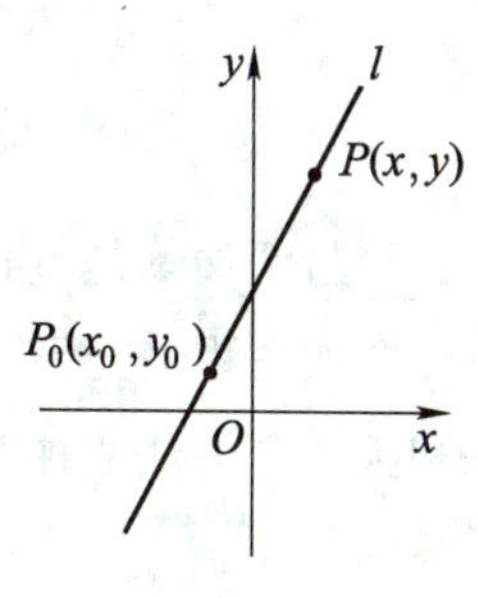

图 1-1

2）直线的斜截式方程

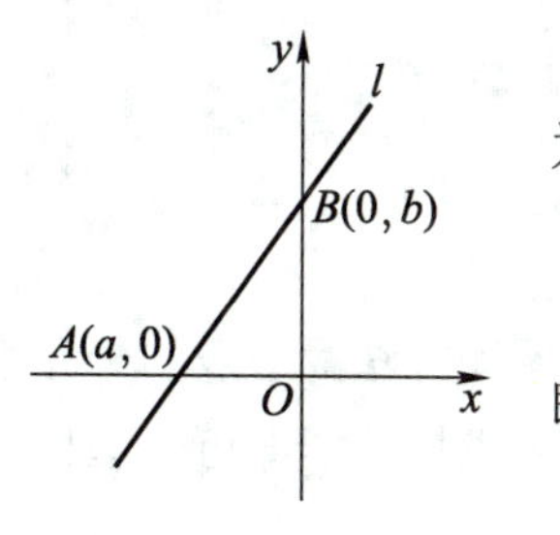

图 1-2

如图 1-2 所示，设直线 l 与 x 轴交于点 $A(a,0)$，与 y 轴交于点 $B(0,b)$，则 a 称为直线 l 在 x 轴上的**截距**（或**横截距**），b 称为直线 l 在 y 轴上的**截距**（或**纵截距**）.

设直线 l 与 y 轴的交点为 $B(0,b)$，且直线 l 的斜率为 k，则直线 l 的方程为

$$y-b=k(x-0),$$

即

$$y=kx+b.$$

由于上述方程是由直线的斜率和在 y 轴上的截距确定的，因此称为**直线的斜截式方程**.

例 3　某直线过点 $A(-3,0)$，且在 y 轴上的截距为 -2．试写出该直线的方程.

解　因为直线在 y 轴上的截距为 -2，即过点 $(0,-2)$，又因直线过点 $A(-3,0)$，所以直线的斜率为

$$k=\frac{-2-0}{0+3}=-\frac{2}{3}.$$

因此，所求直线的方程为

$$y=-\frac{2}{3}x-2.$$

3）直线的一般式方程

我们把形如 $Ax+By+C=0$（A,B 不全为零)的二元一次方程称为**直线的一般式方程**.

例 4 将方程 $y-1=2(x-3)$ 化为直线的一般式方程，并分别求出该直线在 x 轴和 y 轴上的截距.

解 由 $y-1=2(x-3)$ 可得直线的一般式方程为

$$2x-y-5=0.$$

在一般式方程中，令 $y=0$，则 $x=\frac{5}{2}$，故直线在 x 轴上的截距为 $\frac{5}{2}$；令 $x=0$，则 $y=-5$，故直线在 y 轴上的截距为 -5 .

例 5 已知直线 l 经过点 $A(4,2)$，斜率为 -3，求直线 l 的点斜式方程、斜截式方程和一般式方程.

解 因为直线 l 经过点 $A(4,2)$，斜率为 -3，所以其点斜式方程为

$$y-2=-3(x-4).$$

将上述方程变形后可得直线的斜截式方程

$$y=-3x+14.$$

将斜截式方程移项后可得直线的一般式方程

$$3x+y-14=0.$$

2. 一元二次方程

等号两边都是整式，只含有一个未知数（一元），并且未知数的最高次数是 2（二次）的方程，称为**一元二次方程**. 一元二次方程的一般形式为 $ax^2+bx+c=0\,(a\neq 0)$. 求解一元二次方程的方法主要有公式法和因式分解法两种.

1）公式法

一般地，式子 b^2-4ac 称为一元二次方程 $ax^2+bx+c=0$ 的根的**判别式**，通常用希腊字母"$\varDelta$"表示，即 $\varDelta=b^2-4ac$.

当 $\varDelta\geqslant 0$ 时，方程 $ax^2+bx+c=0\,(a\neq 0)$ 的实数根可写为

$$x=\frac{-b\pm\sqrt{b^2-4ac}}{2a}$$

的形式，这个式子称为一元二次方程 $ax^2+bx+c=0$ 的**求根公式**. 求根公式表达了用配方法解一般的一元二次方程 $ax^2+bx+c=0$ 的结果. 解一个具体的一元二次方程时，把各系数直接代入求根公式即可. 这种解一元二次方程的方法称为**公式法**.

小贴士

若 $\varDelta>0$，则方程 $ax^2+bx+c=0\,(a\neq 0)$ 有两个不相等的实数根，即 $x=\frac{-b\pm\sqrt{b^2-4ac}}{2a}$；

若 $\varDelta=0$，则方程 $ax^2+bx+c=0\,(a\neq 0)$ 有两个相等的实数根，即 $x_1=x_2=-\frac{b}{2a}$；

若 $\varDelta<0$，则方程 $ax^2+bx+c=0\,(a\neq 0)$ 无实数根.

例 6 用公式法解下列方程：

（1）$x^2-4x-7=0$；（2）$2x^2-2\sqrt{2}x+1=0$.

解　（1）由方程可得 $a=1$，$b=-4$，$c=-7$，于是有

$$\Delta=b^2-4ac=(-4)^2-4\times1\times(-7)=44>0.$$

因此，方程有两个不等的实数根：

$$x=\frac{-b\pm\sqrt{b^2-4ac}}{2a}=\frac{4\pm\sqrt{44}}{2\times1}=2\pm\sqrt{11},$$

即

$$x_1=2+\sqrt{11},\quad x_2=2-\sqrt{11}.$$

（2）由方程可得 $a=2$，$b=-2\sqrt{2}$，$c=1$，于是有

$$\Delta=b^2-4ac=(-2\sqrt{2})^2-4\times2\times1=0.$$

因此，方程有两个相等的实数根：

$$x_1=x_2=-\frac{b}{2a}=-\frac{-2\sqrt{2}}{2\times2}=\frac{\sqrt{2}}{2}.$$

2）因式分解法

引例　根据物理学规律，如果把一个物体从地面以 10 m/s 的速度竖直上抛，那么物体经过 x（单位：s）后离地面的高度（单位：m）为

$$10x-4.9x^2.$$

根据上述规律，物体经过多长时间后落回地面？（结果保留小数点后两位）

设物体经过 x 后落回地面，这时它离地面的高度为 0 m，即

$$10x-4.9x^2=0.$$

此方程的左边可以因式分解，得

$$x(10-4.9x)=0.$$

这个方程的左边是两个一次因式的乘积，右边是 0．我们知道，如果两个因式的积为 0，那么这两个因式中至少有一个等于 0；反之，如果两个因式中任何一个为 0，那么它们的积等于 0．所以

$$x=0 \text{ 或 } 10-4.9x=0.$$

于是，方程的两个根为

$$x_1=0,\quad x_2=\frac{100}{49}\approx2.04.$$

这两个根中，$x_2\approx2.04$ 表示物体约在 2.04 s 时落回地面，而 $x_1=0$ 表示物体被上抛或离开地面的时刻，即在 0 s 时物体被抛出，此刻物体的高度是 0 m.

可以发现，上述解法中，先因式分解，使方程化为两个一次因式乘积等于 0 的形式，再使这两个一次因式分别等于 0，从而实现降次．这种解一元二次方程的方法称为**因式分解法**.

因式分解法是求解一元二次方程常用的方法，因式分解法灵活多样、技巧性强，其应用较为普遍的方法是十字相乘法．通过因式分解法，将一元二次方程 $ax^2+bx+c=0$ 转化为两个一次因式乘积等于 0 的形式，即形如 $(a_1x+c_1)(a_2x+c_2)=0$，再令两个一次因式分别等于 0，从而求出一元二次方程的根.

小贴士

运用十字交叉线来分解系数，把形如 $ax^2+bx+c=0$ 的二次三项式分解因式的方法称为十字相乘法．对 $ax^2+bx+c=0$，用十字交叉线分解系数 a 和 c，即令 $a=a_1a_2$，$c=c_1c_2$，则有 $a_1c_2+a_2c_1=b$，如图 1-3 所示．因此，$ax^2+bx+c=(a_1x+c_1)(a_2x+c_2)=0$.

a_1　　c_1　　　a_1x+c_1

a_2　　c_2　　　a_2x+c_2

$a_1c_2+a_2c_1=b$

图 1-3

例如，对于 $x^2-2x-15=0$，可知 $a=1$，$b=-2$，$c=-15$．令 $a=1=1\times1$，$c=-15=3\times(-5)$，则有 $1\times(-5)+1\times3=-2$，如图 1-4 所示．因此，原方程转化为 $(x+3)(x-5)=0$，于是有 $x+3=0$，$x-5=0$，故方程的根为 $x_1=-3$，$x_2=5$．

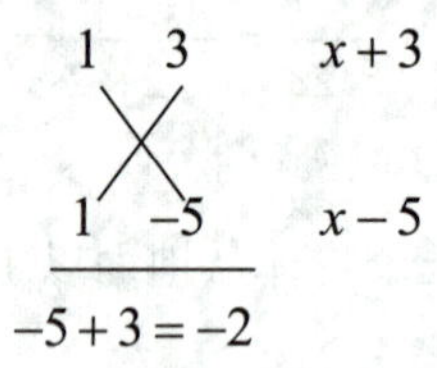

图 1-4

例 7　解下列方程：

（1）$x(x-2)+x-2=0$；　　（2）$5x^2-2x-\frac{1}{4}=x^2-2x+\frac{3}{4}$．

解　（1）方程的左边因式分解，得

$$(x-2)(x+1)=0,$$

因此，方程的两个根分别为

$$x_1=2, \quad x_2=-1.$$

（2）对方程先移项，再合并同类项，得

$$4x^2-1=0.$$

方程的左边因式分解，得

$$(2x+1)(2x-1)=0,$$

因此，方程的两个根分别为

$$x_1=-\frac{1}{2}, \quad x_2=\frac{1}{2}.$$

绝对值不等式与邻域

1.1.4　不等式

1.　不等式的概念及基本性质

现实世界中存在着两种基本数量关系，一种是相等关系，另一种是不等关系．用不等号（>，<，⩾，⩽，≠）表示不等关系的式子称为**不等式**．不等式在数学研究和数学应用中起着重要的作用．

不等式具有三条基本性质，分别为传递性、加法性质和乘法性质．

性质 1（传递性）　若 $a>b$，$b>c$，则 $a>c$．

性质 2（加法性质）　若 $a>b$，则 $a+c>b+c$．

性质 3（乘法性质）　若 $a>b$，$c>0$，则 $ac>bc$；若 $a>b$，$c<0$，则 $ac<bc$．

例 8　某工人要在规定的时间内加工 400 个零件，若他每小时加工 50 个，则可按时完成任务. 但当他加工 3 个小时后，因有事停工了 50 分钟，而后继续加工零件. 问为了能够按时或提前完成任务，该工人在以后的时间内平均每小时至少要加工多少个零件？

解　设该工人在以后的时间内平均每小时至少要加工 x 个零件，根据题意得

$$50\times 3+\left(\frac{400}{50}-3-\frac{50}{60}\right)x\geqslant 400,$$

于是

$$\frac{25}{6}x\geqslant 250,$$

即

$$x\geqslant 60.$$

因此，该工人在以后的时间内平均每小时至少要加工 60 个零件.

像例 8 中这样，用不等号连接，含有一个未知数，并且未知数的次数是 1，系数不为 0，左右两边为整式的式子称为**一元一次不等式**.

2. 含有绝对值的不等式

1）$|x|<a$ 或 $|x|>a$ 型不等式

我们知道，对于任意实数 x，都有 $|x|\geqslant 0$，并且

$$|x|=\begin{cases}x, & x>0,\\ 0, & x=0,\\ -x, & x<0.\end{cases}$$

$|x|$ 的几何意义为：数轴上表示实数 x 的点到原点 O 的距离.

由绝对值的几何意义可知，不等式 $|x|<3$ 表示的是数轴上到原点的距离小于 3 的所有点的集合，如图 1-5（a）所示；不等式 $|x|>3$ 表示的是数轴上到原点的距离大于 3 的所有点的集合，如图 1-5（b）所示.

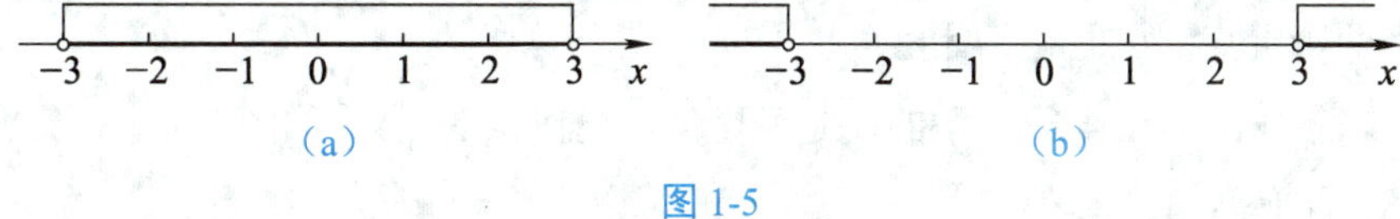

图 1-5

由图 1-5 可知，不等式 $|x|<3$ 的解集为 $(-3,3)$；不等式 $|x|>3$ 的解集为 $(-\infty,-3)\cup(3,+\infty)$.

一般地，不等式 $|x|<a\ (a>0)$ 的解集为 $(-a,a)$；不等式 $|x|>a\ (a>0)$ 的解集是 $(-\infty,-a)\cup(a,+\infty)$.

例 9　解下列各不等式：

（1）$2|x|-3<0$；　　（2）$5|x|\geqslant 10$.

解　（1）由不等式 $2|x|-3<0$，得 $|x|<\frac{3}{2}$，故原不等式的解集为 $\left(-\frac{3}{2},\frac{3}{2}\right)$.

（2）由不等式 $5|x|\geqslant 10$，得 $|x|\geqslant 2$，故原不等式的解集为 $(-\infty,-2]\cup[2,+\infty)$.

2）$|ax+b|<c$ 或 $|ax+b|>c$ 型不等式

对于 $|ax+b|<c$ 或 $|ax+b|>c\ (c>0)$ 型不等式，可以把 $ax+b$ 看成一个整体，从而将该不等式转化为 $|x|<a$ 或 $|x|>a\ (a>0)$ 型不等式来求解.

例如，求解不等式 $|2x-3|<1$ 时，可先设 $m=2x-3$，则不等式 $|2x-3|<1$ 化为

$$|m|<1,$$

其解集为

$$-1<m<1,\ 即\ -1<2x-3<1.$$

根据不等式的性质，可以求出$1<x<2$，即原不等式$|2x-3|<1$的解集为$(1,2)$.

上述这种求解不等式的方法称为**变量替换法**或**换元法**，其基本思想是用新的变量替换原来的变量，如上述m表示代数式$2x-3$，从而使某些复杂的数学求解问题简单化.

例 10 解不等式$|2x+1|\leqslant 7$.

解 由原不等式可得
$$-7\leqslant 2x+1\leqslant 7,$$
于是
$$-8\leqslant 2x\leqslant 6,$$
即
$$-4\leqslant x\leqslant 3,$$
所以原不等式的解集为$[-4,3]$.

3. 区间的概念

不等式的解集是数集，对应着数轴上的一条或多条线段，也就是说它们是数轴的一部分. 为了应用的方便，我们引入“区间”的概念.

1）有限区间

实数与数轴上的点之间是一一对应的关系，例如，集合$\{x|-3<x<2\}$可以用数轴上位于-3与2之间的一条线段（不包括端点）来表示，如图 1-6 所示.

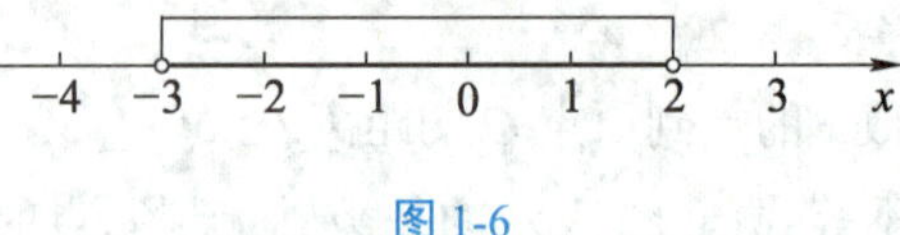

图 1-6

由数轴上两点之间的全部实数所组成的集合称为**区间**，其中这两个点称为**区间端点**. 不含端点的区间称为**开区间**，含有两个端点的区间称为**闭区间**.

如图 1-6 中，集合$\{x|-3<x<2\}$表示的就是开区间，记作$(-3,2)$. 如图 1-7 中，集合$\{x|-3\leqslant x\leqslant 2\}$表示的就是闭区间，记作$[-3,2]$.

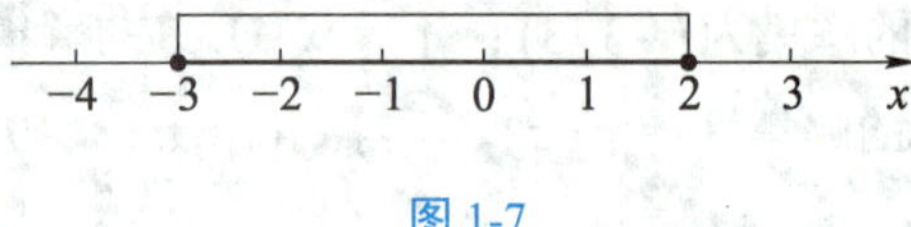

图 1-7

只含左端点的区间称为**右半开区间**，如集合$\{x|-3\leqslant x<2\}$表示的区间就是右半开区间，记作$[-3,2)$；只含右端点的区间称为**左半开区间**，如集合$\{x|-3<x\leqslant 2\}$表示的区间就是左半开区间，记作$(-3,2]$.

在数轴上，开区间的两个端点用空心点表示，闭区间的两个端点用实心点表示.

综上所述，设a,b为任意实数，且$a<b$，则有

（1）**开区间**：数集$\{x|a<x<b\}\Leftrightarrow$区间$(a,b)$；

（2）**闭区间**：数集$\{x|a\leqslant x\leqslant b\}\Leftrightarrow$区间$[a,b]$；

（3）**右半开区间**：数集$\{x|a\leqslant x<b\}$ $\Leftrightarrow$ 区间$[a,b)$；

（4）**左半开区间**：数集$\{x|a<x\leqslant b\}$ $\Leftrightarrow$ 区间$(a,b]$.

以上介绍的开区间、闭区间、右半开区间和左半开区间统称为**有限区间**.

2）无限区间

集合$\{x|x>3\}$可以用数轴上位于 3 右侧的一条射线（不包括端点）来表示，如图 1-8 所示.

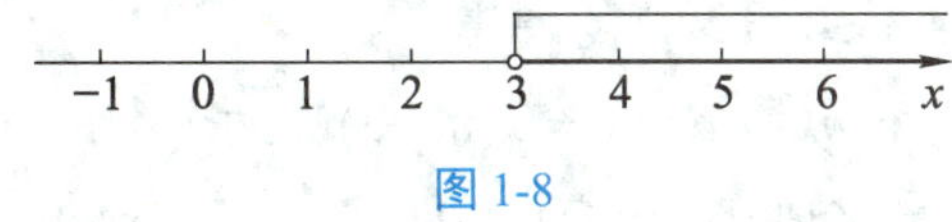

图 1-8

由图可以看出，集合$\{x|x>3\}$所表示的区间的左端点为 3，没有右端点，这时可以将其记作$(3,+\infty)$，其中符号“$+\infty$”读作“正无穷大”，表示右端点可以任意大，而并非某个具体的数.

同理，集合$\{x|x<5\}$表示的区间可记作$(-\infty,5)$，其中符号“$-\infty$”读作“负无穷大”.

类似地，集合$\{x|x\geqslant 3\}$表示的区间记作$[3,+\infty)$，是右半开区间；集合$\{x|x\leqslant 5\}$表示的区间记作$(-\infty,5]$，是左半开区间.

提　示

“$+\infty$”与“$-\infty$”都只是符号，代表了实数在正、负两个方向上的变化趋势，切不可认为它们代表某个很大或很小的数.

综上所述，设 a，b 为任意实数，且 $a<b$，则有

（1）数集$\{x|x>a\}$ $\Leftrightarrow$ 区间$(a,+\infty)$；

（2）数集$\{x|x<b\}$ $\Leftrightarrow$ 区间$(-\infty,b)$；

（3）数集$\{x|x\geqslant a\}$ $\Leftrightarrow$ 区间$[a,+\infty)$；

（4）数集$\{x|x\leqslant b\}$ $\Leftrightarrow$ 区间$(-\infty,b]$；

（5）如果实数集 **R** 用区间来表示，那么可以将其记作$(-\infty,+\infty)$.

以上这 5 种区间统称为**无限区间**.

相比而言，有些集合用区间来表示，更为方便、简单.

4. 邻域的概念

设点 a 与 δ 是两个实数，且 $\delta>0$，则称集合$\{x||x-a|<\delta\}$为点 a 的 δ **邻域**，记作 $U(a,\delta)$，如图 1-9 所示．其中 a 称为**邻域中心**，δ 称为**邻域半径**.

有时还会用到去掉中心的邻域，即集合$\{x|0<|x-a|<\delta\}$，称其为点 a 的 δ **去心邻域**，记作 $\mathring{U}(a,\delta)$，如图 1-10 所示.

图 1-9　　　　图 1-10

5. 一元二次不等式

只含有一个未知数，并且未知数的最高次数是二次的不等式，称为**一元二次不等式**，其一般形式为

$$ax^2+bx+c>(\geqslant)0 \text{ 或 } ax^2+bx+c<(\leqslant)0 \quad (a\neq 0).$$

我们知道，对于一元二次方程$ax^2+bx+c=0(a>0)$，它的解可以按照判别式$\Delta=b^2-4ac>0$，$\Delta=b^2-4ac=0$，$\Delta=b^2-4ac<0$三种情况来求．下面，我们按照这三种情况分别讨论对应的一元二次不等式$ax^2+bx+c>0$或$ax^2+bx+c<0(a>0)$的解集．

（1）当$\Delta=b^2-4ac>0$时，方程$ax^2+bx+c=0(a>0)$有两个不相等的实数解x_1和$x_2(x_1<x_2)$，对应函数$y=ax^2+bx+c(a>0)$的图像与x轴有两个交点，即$(x_1,0)$，$(x_2,0)$，如图1-11（a）所示．此时不等式$ax^2+bx+c>0(a>0)$的解集为$(-\infty,x_1)\cup(x_2,+\infty)$，不等式$ax^2+bx+c<0(a>0)$的解集为$(x_1,x_2)$．

（2）当$\Delta=b^2-4ac=0$时，方程$ax^2+bx+c=0$ $(a>0)$有两个相等的实数解x_0，对应函数$y=ax^2+bx+c$ $(a>0)$的图像与x轴只有一个交点，即$(x_0,0)$，如图1-11（b）所示．此时不等式$ax^2+bx+c>0$ $(a>0)$的解集为$(-\infty,x_0)\cup(x_0,+\infty)$，不等式$ax^2+bx+c<0$ $(a>0)$的解集为$\varnothing$．

（3）当$\Delta=b^2-4ac<0$时，方程$ax^2+bx+c=0$ $(a>0)$没有实数解，对应函数$y=ax^2+bx+c$ $(a>0)$的图像与x轴没有交点，如图1-11（c）所示．此时不等式$ax^2+bx+c>0$ $(a>0)$的解集为$\mathbf{R}$，不等式$ax^2+bx+c<0$ $(a>0)$的解集为$\varnothing$．

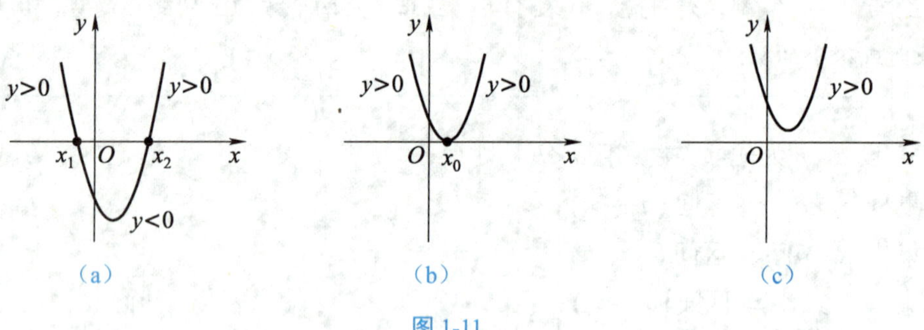

图 1-11

指点迷津

> 如果一元二次不等式中的二次项系数是负数，即$a<0$，则可以根据不等式的性质，将不等式两边同乘以-1，使其二次项系数化为正数，然后再求解．

例 11 k为何值时，方程$2x^2-kx+x+8=0$无实数解．

解 $2x^2-kx+x+8=0$可化为$2x^2+(1-k)x+8=0$．依题意知，此方程的判别式$\Delta=b^2-4ac<0$，即

$$(1-k)^2-4\times2\times8<0,$$

$$1-2k+k^2-64<0,$$

$$k^2-2k-63<0.$$

因此，需要解不等式$k^2-2k-63<0$．解方程$k^2-2k-63=0$得

$$k_1=-7,\quad k_2=9.$$

由于二次项系数为$1>0$，所以不等式的解集为$(-7,9)$，即当$k\in(-7,9)$时，方程$2x^2-kx+x+8=0$无实数解．

砥节砺行

数学在它的发展史上经历了三次大的危机，危机不但没有使数学消亡，反而把它推向更高的台阶，使它获得了更强的生命力，成为研究基础学科和解决问题的必不可少的工具．党的二十大报告提出，加强基础研究，突出原创，鼓励自由探索．因此我们应该努力学习数学知识，探索数学所蕴含的哲理和利用数学解决实际问题的方法，将其运用到创新创业等实践活动中．

习题 1-1

1．计算下列各式的值：

（1）$\sqrt[3]{3}\times\sqrt[4]{3}\times\sqrt[4]{27}$；　（2）$2\sqrt{3}\times\sqrt[3]{1.5}\times\sqrt[6]{12}$；

（3）$(0.027)^{-\frac{1}{3}}+\left(\frac{27}{8}\right)^{-\frac{2}{3}}$；　（4）$\left(\frac{9}{16}\right)^{\frac{1}{2}}+0.25^{-1}-\left(\frac{1}{27}\right)^{\frac{1}{3}}$．

2．化简下列各式：

（1）$2a^{-\frac{1}{3}}\left(\frac{1}{2}a^{\frac{1}{3}}-2a^{-\frac{2}{3}}\right)$；　（2）$\sqrt{\frac{3a}{b}}\cdot\sqrt[3]{\frac{b^2}{3a}}$；

（3）$4x^{\frac{1}{3}}y^{-\frac{3}{5}}\div\left(-\frac{2}{3}x^{-\frac{2}{3}}y^{-\frac{3}{5}}\right)$；　（4）$\sqrt[6]{\left(\frac{8x^3}{27y^3}\right)^4}$．

3．计算下列各式的值：

（1）$\log_{0.5}1$；　（2）$\lg 5+\lg 20$；　（3）$\log_3 27-\log_3 9$；

（4）$\log_2\sqrt[3]{64}$；　（5）$\ln\sqrt[3]{\mathrm{e}}-\ln\mathrm{e}^2$；　（6）$\lg\frac{30}{7}+\lg\frac{700}{3}+\lg 100$．

4．根据下列各条件，写出直线的方程：

（1）过点 $(3,5)$，斜率 $k=\frac{1}{2}$；

（2）过点 $(2,-1)$，倾斜角为 $45°$；

（3）过点 $(5,-2)$，且平行于 y 轴；

（4）在 y 轴上的截距为 6，斜率为 2；

（5）在 x 轴上的截距为 3，倾斜角为 $60°$；

（6）与坐标轴相交于点 $A(4,0)$，$B(0,-7)$．

5．求解下列不等式：

（1）$2x-5>-3(x-5)$；　（2）$\frac{4x}{7}-3\geqslant-11$；　（3）$\frac{2x-1}{5}\leqslant\frac{x+7}{3}$．

6．如果不等式 $2x\geqslant a-3$ 的解集为 $\{x\mid x\geqslant 5\}$，求 a 的值．

7．解下列一元二次不等式：

（1）$9x^2-6x+1>0$；　　（2）$-3x^2+x+4\geqslant 0$；

（3）$(x-2)(x+3)<0$；　　（4）$25-x^2\leqslant 0$；

（5）$-x^2+5x-8\geqslant 0$；　　（6）$5x-x^2-6<0$；

（7）$x^2+2x+3\geqslant 0$；　　（8）$6x^2-7x+2\leqslant 7x^2-11x-3$．

8．当 x 为何值时，$\dfrac{1}{\sqrt{4x^2+4x-3}}$ 有意义？

9．若方程 $9x^2+2kx+16=0$ 有实数解，求 k 的值．

10．用一根长为 32 cm 的铁丝，围成一个矩形小框，要使矩形小框的面积不小于 60 cm²，你能确定矩形小框长边的取值范围吗？

11．解下列各不等式：

（1）$3|x|\leqslant 9$；　　（2）$|x|-2>0$；

（3）$|5x|-3\geqslant 0$；　　（4）$\left|3-\dfrac{1}{2}x\right|<7$．

1.2 函　数

1.2.1 函数的概念与性质

函数的概念及性质

1. 函数的概念

16 世纪以来，科学家们致力于运动的研究．例如，计算天体的位置，测量远距离航海中的经度和纬度，研究炮弹的速度对高度和射程的影响等．诸如此类的问题都需要探讨变量之间的相互依赖关系，并根据这种关系对事物的变化规律做出判断，从而产生了函数的概念．这个概念的产生，是人类描述自然、研究自然规律的一次重大变革！

1）函数的定义

函数反映了事物运动变化过程中变量之间的依赖关系．考察如下几个案例．

引例 1　在自由落体运动中，物体下落的距离 s 随下落时间 t 的变化而变化，下落距离 s 与时间 t 之间的依赖关系为

$$s=\frac{1}{2}gt^2.$$

引例 2　某儿童玩具的销售价格是每套 20 元，假设销售量是 q 套，那么销售收入 R 与销售量之间的依赖关系为

$$R=20q.$$

当销售量 q 取一定的数值时，销售收入 R 就有一个确定的数值与之对应．

定义 1　设有两个变量 x 和 y，D 是一个非空数集，若当变量 x 在集合 D 内任取一个值，变量 y 依照一定法则 f，总有确定的值与之对应，则称变量 y 是 x 的**函数**，记为

$$y=f(x)，\quad x\in D，$$

其中，D 称为函数的**定义域**，x 称为**自变量**，y 称为**因变量**.

对于确定的 $x_0\in D$，与之对应的 y_0 称为函数 $y=f(x)$ 在 x_0 处的**函数值**，记作

$$y_0=y|_{x=x_0}=f(x_0).$$

当 x 取遍 D 中的一切数值时，对应的函数值 y 的集合称为函数 $y=f(x)$ 的**值域**，记作 M，即

$$M=\{y|y=f(x)，x\in D\}.$$

例 1　设函数 $f(x)=3x^2-2x-1$，求 $f(0)$，$f(1)$ 及 $f(-x)$.

解

$$f(0)=3\times 0^2-2\times 0-1=-1；$$

$$f(1)=3\times 1^2-2\times 1-1=0；$$

$$f(-x)=3(-x)^2-2(-x)-1=3x^2+2x-1.$$

2）函数的两要素

由函数的定义可知，定义域与对应法则一旦确定，函数也就随之唯一确定．因此我们把函数的定义域和对应法则称为函数的**两要素**.

注　意

若两个函数的定义域、对应法则均相同，则这两个函数为同一函数.

例 2　判断下列函数是否为同一函数：

（1）$f(x)=\sin^2 x+\cos^2 x$，$g(x)=\dfrac{x}{x}$；　　（2）$f(x)=3\ln x$，$g(x)=\ln x^3$.

解　（1）函数 $f(x)=\sin^2 x+\cos^2 x$ 的定义域为 $(-\infty,+\infty)$，而函数 $g(x)=\dfrac{x}{x}$ 的定义域为 $(-\infty,0)\cup(0,+\infty)$，故这两个函数不是同一函数.

（2）函数 $f(x)=3\ln x$ 和函数 $g(x)=\ln x^3$ 的定义域和对应法则都相同，故这两个函数是同一函数.

例 3　求下列函数的定义域：

（1）$f(x)=\dfrac{1}{2x-x^2}$；　　（2）$f(x)=\sqrt{x+3}+\ln(2-x)$.

解　（1）因为 $2x-x^2\neq 0$，解得 $x\neq 0$ 且 $x\neq 2$，所以函数的定义域为

$$(-\infty,0)\cup(0,2)\cup(2,+\infty).$$

（2）因为 $\begin{cases}x+3\geqslant 0，\\ 2-x>0，\end{cases}$ 解得 $-3\leqslant x<2$，所以函数的定义域为 $[-3,2)$.

3）函数的表示法

函数通常有三种不同的表示法：解析法、表格法和图示法.

- **解析法**：用数学式子来表示函数的方法，也称**公式法**．由于表达简单，便于理论推导和运算，因此它在高等数学中是最常见的函数表示法.
- **表格法**：用表格来表示函数的方法．例如，表 1-1 以列表的形式给出了国内生产总值与年份之间的函数关系.

表 1-1　　单位：亿元

年份	2011	2012	2013	2014	2015	2016
生产总值	489 300.6	540 367.4	595 244.4	643 974.0	685 505.8	744 127.0

➢ 图示法：用图形来表示函数的方法．其优点是形象直观，可以看到函数的变化趋势，如某地一天的气温变化曲线图、上证指数 K 线图等．

2. 函数的性质

1）单调性

设函数 $y=f(x)$ 在区间 I 内有定义，若对区间 I 内的任意两点 x_1, x_2：当 $x_1<x_2$ 时，有 $f(x_1)<f(x_2)$，则称 $y=f(x)$ 在区间 I 内单调增加，区间 I 称为**单调增区间**；当 $x_1<x_2$ 时，有 $f(x_1)>f(x_2)$，则称 $y=f(x)$ 在区间 I 内单调减少，区间 I 称为**单调减区间**．单调增区间和单调减区间统称为**单调区间**．

例如，函数 $y=x^2$ 在区间 $(-\infty, 0)$ 内单调减少，在区间 $(0, +\infty)$ 内单调增加；函数 $y=2x$，$y=x^3$ 在区间 $(-\infty, +\infty)$ 内都是单调增加的．

动动脑

上述中的"任意两点 x_1, x_2"，可以改成"存在两点 x_1, x_2"吗？

2）奇偶性

设函数 $y=f(x)$ 的定义域关于原点对称（即若 $x\in D$，则 $-x\in D$）．若对于任意的 $x\in D$，都有 $f(-x)=f(x)$，则称 $y=f(x)$ 为**偶函数**；若对于任意的 $x\in D$，都有 $f(-x)=-f(x)$，则称 $y=f(x)$ 为**奇函数**．不满足以上两种情况的函数，称为**非奇非偶函数**．

例如，$f(x)=x^4$ 在定义区间上是偶函数；$F(x)=x^5$ 和 $G(x)=x^3\cos x$ 在定义区间上都是奇函数；$f(x)=\sin x+\cos x$ 在定义区间上是非奇非偶函数．

提　示

偶函数的图像关于 y 轴对称，奇函数的图像关于原点对称．

3）有界性

设函数 $f(x)$ 在区间 I 上有定义，若存在一个正数 M，使得与任意 $x\,(x\in I)$ 所对应的函数值 $f(x)$ 都满足不等式 $|f(x)|\leqslant M$，则称函数 $f(x)$ 在 I 内**有界**．若这样的 M 不存在，则称函数 $f(x)$ 在 I 内**无界**．

例如，函数 $f(x)=\sin x$ 在 $(-\infty, +\infty)$ 内是有界的，这是因为无论 x 取何值，$|\sin x|\leqslant 1$ 都成立；函数 $f(x)=\dfrac{1}{x}$ 在开区间 $(0, 1)$ 内是无界的，而在开区间 $(1, 3)$ 内是有界的．由此可见，笼统地说某个函数是有界函数或无界函数是不确切的，必须指明其所讨论的区间．

4）周期性

设函数 $y=f(x)$ 在区间 D 上有定义，若存在常数 $T\neq 0$，对于任意的 $x\in D$，恒有 $f(x+T)=f(x)$，则称 $f(x)$ 是以 T 为周期的**周期函数**．

通常所说周期函数的周期是指它们的最小正周期．例如，$y=\sin x$ 的周期是 2π，$y=\tan x$ 的周期是 π．另外，函数 $y=C$（C为常数）是周期函数，但不存在最小正周期．

1.2.2　基本初等函数

常数函数、幂函数、指数函数、对数函数、三角函数、反三角函数这 6 类函数统称为**基本初等函数**.

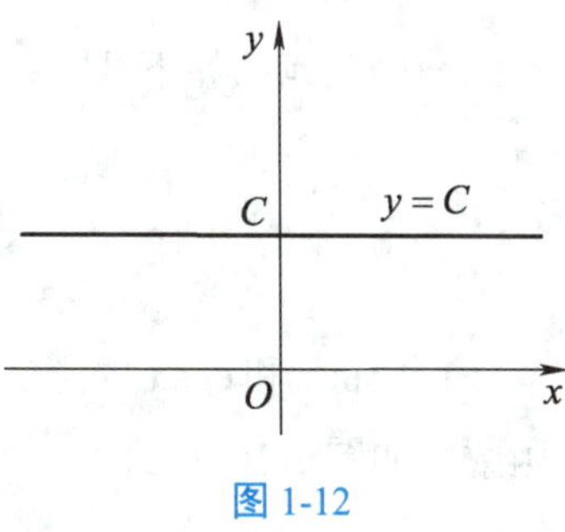

图 1-12

1. 常数函数

常数函数 $y = C$ (C为常数) 的定义域为$(-\infty, +\infty)$，对应法则是对于任何 $x \in (-\infty, +\infty)$，x所对应的函数值 y 恒等于常数 C. 其函数图像为平行于 x 轴的直线，如图 1-12 所示.

2. 幂函数

幂函数 $y = x^a$ (a 为任意常数) 的定义域和值域由 a 而定，在$(0, +\infty)$内都有定义，且其图像都经过点$(1,1)$. 如图 1-13 所示给出了几个常见幂函数的图像.

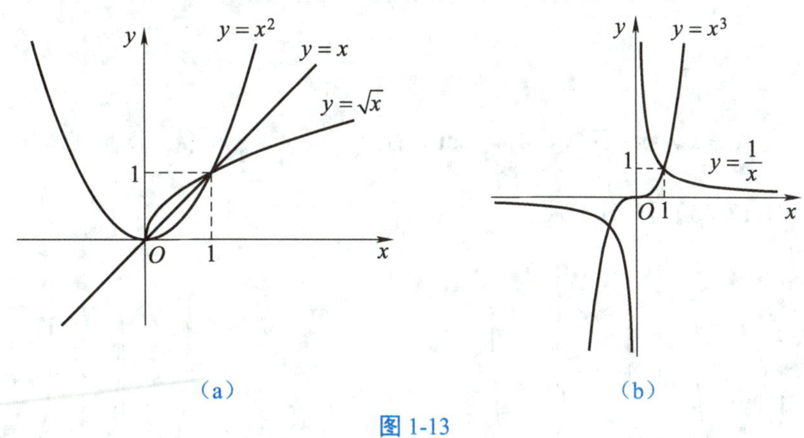

图 1-13

3. 指数函数

指数函数 $y = a^x$ ($a > 0, a \neq 1$) 的定义域为$(-\infty, +\infty)$，值域为$(0, +\infty)$，图像都经过点$(0,1)$. 当$a > 1$时，$y = a^x$ 单调增加；当$0 < a < 1$时，$y = a^x$ 单调减少. 指数函数的图像均在 x 轴上方，如图 1-14 所示.

4. 对数函数

基本初等函数、复合函数和初等函数

对数函数 $y = \log_a x$ ($a > 0, a \neq 1$) 是指数函数 $y = a^x$ 的反函数. 对数函数的定义域为$(0, +\infty)$，值域为$(-\infty, +\infty)$，图像都经过点$(1, 0)$. 当$a > 1$时，$y = \log_a x$ 单调增加；当$0 < a < 1$时，$y = \log_a x$ 单调减少. 对数函数的图像在 y 轴的右方，如图 1-15 所示.

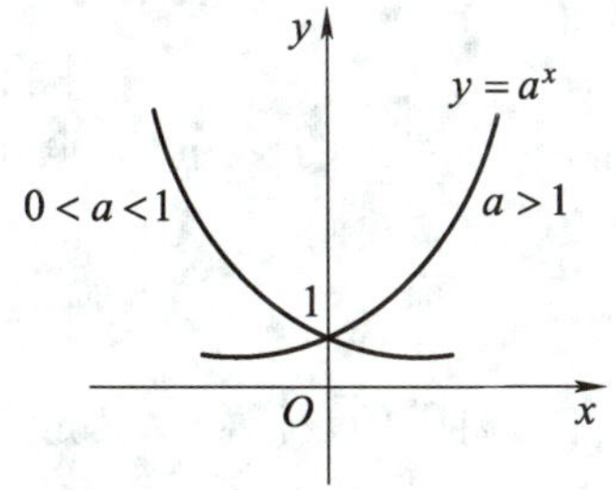

图 1-14

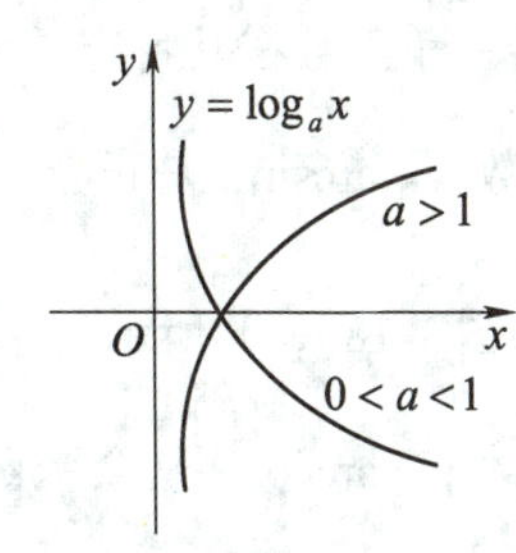

图 1-15

当 $a=\mathrm{e}$ 时，$y=\log_a x$ 简记为 $y=\ln x$，它是常见的对数函数，称为自然对数.

5. 三角函数

三角函数包括如下几类：

$$\text{正弦函数 } y=\sin x\text{，余弦函数 } y=\cos x\text{；}$$
$$\text{正切函数 } y=\tan x\text{，余切函数 } y=\cot x\text{；}$$
$$\text{正割函数 } y=\sec x\text{，余割函数 } y=\csc x\text{.}$$

（1）$\sin x$ 和 $\cos x$ 的定义域为 $(-\infty,+\infty)$，值域为 $[-1,1]$，都以 2π 为周期. $\sin x$ 是奇函数，$\cos x$ 是偶函数，如图 1-16 所示.

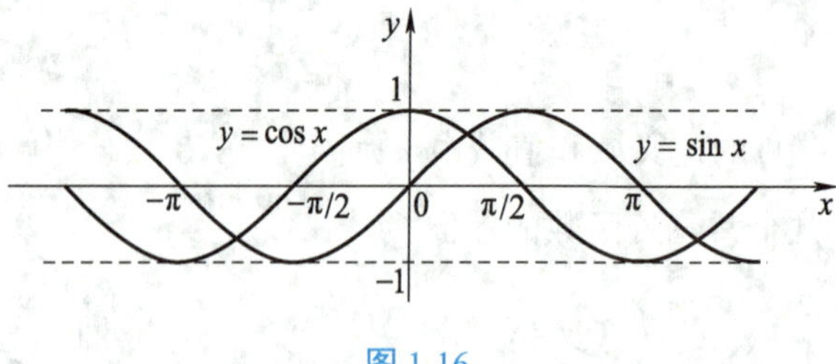

图 1-16

（2）$\tan x$ 的定义域是 $x\neq k\pi+\dfrac{\pi}{2}\,(k\in\mathbf{Z})$，$\cot x$ 的定义域是 $x\neq k\pi\,(k\in\mathbf{Z})$，它们都以 π 为周期，且都是奇函数，分别如图 1-17（a）和（b）所示.

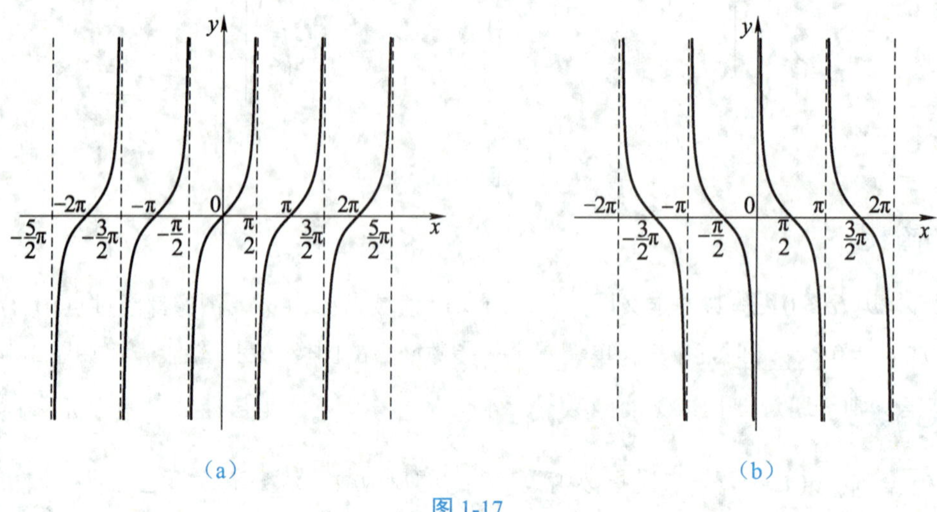

图 1-17

6. 反三角函数

反三角函数是各三角函数在其特定单调区间上的反函数.

（1）反正弦函数 $y=\arcsin x$ 是正弦函数 $y=\sin x$ 在区间 $\left[-\dfrac{\pi}{2},\dfrac{\pi}{2}\right]$ 上的反函数，其定义域为 $[-1,1]$，值域为 $\left[-\dfrac{\pi}{2},\dfrac{\pi}{2}\right]$，如图 1-18（a）所示.

（2）反余弦函数 $y=\arccos x$ 是余弦函数 $y=\cos x$ 在区间 $[0,\pi]$ 上的反函数，其定义域为 $[-1,1]$，值域为 $[0,\pi]$，如图 1-18（b）所示.

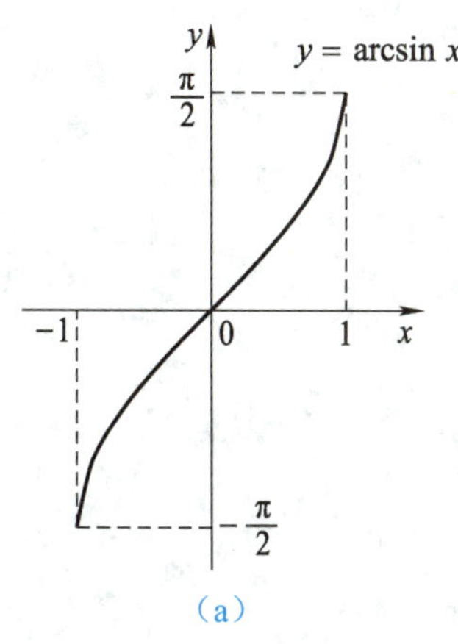

（a）

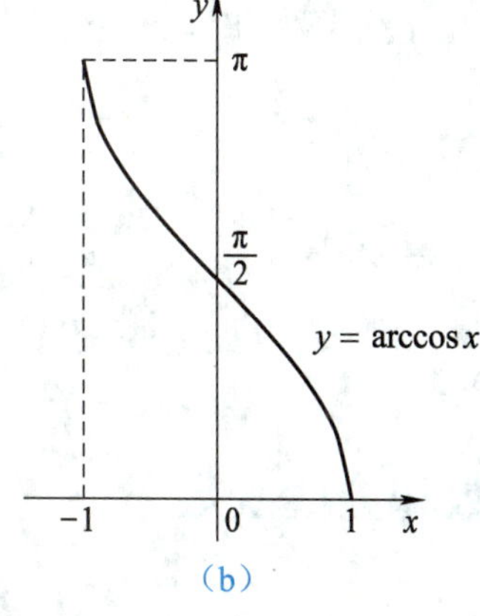

（b）

图 1-18

（3）反正切函数 $y=\arctan x$ 是正切函数 $y=\tan x$ 在区间 $\left(-\frac{\pi}{2},\frac{\pi}{2}\right)$ 内的反函数，其定义域为 $(-\infty,+\infty)$，值域为 $\left(-\frac{\pi}{2},\frac{\pi}{2}\right)$，如图 1-19（a）所示.

（4）反余切函数 $y=\operatorname{arccot} x$ 是余切函数 $y=\cot x$ 在区间 $(0,\pi)$ 内的反函数，其定义域为 $(-\infty,+\infty)$，值域为 $(0,\pi)$，如图 1-19（b）所示.

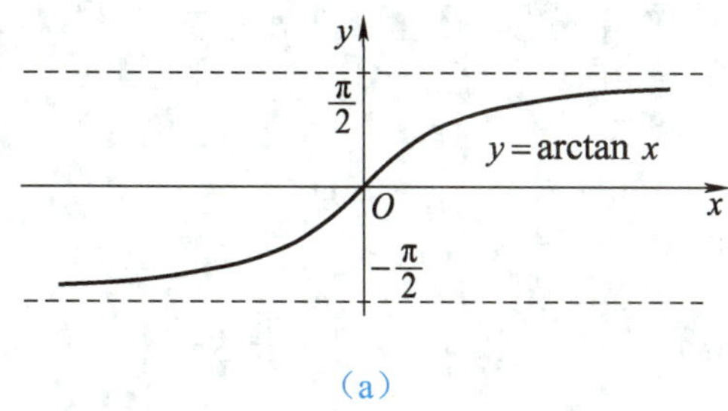

（a）

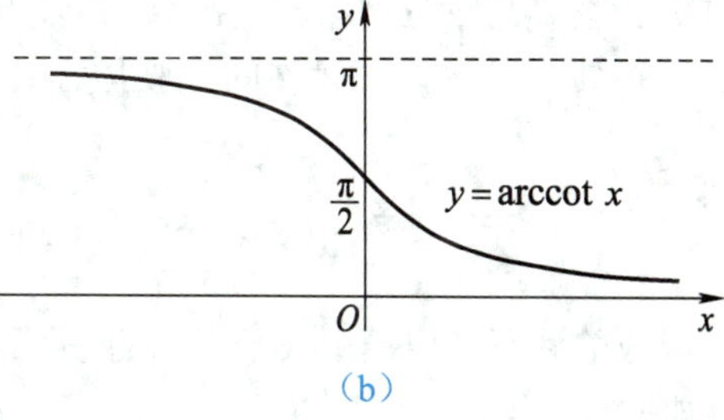

（b）

图 1-19

1.2.3　复合函数

定义 2　设 y 是 u 的函数 $y=f(u)$，u 是 x 的函数 $u=\varphi(x)$．若 $u=\varphi(x)$ 的值域与 $y=f(u)$ 的定义域的交集不是空集，则 y 通过 u 构成 x 的函数 $y=f[\varphi(x)]$，称为 x 的**复合函数**，其中 u 称为**中间变量**.

例如，$y=u^2$，$u=\sin x$，它们复合而成的复合函数为 $y=(\sin x)^2=\sin^2 x$.

利用复合函数的概念，可以把一个较复杂的函数分解成若干个简单的函数.

分解函数的原则是：由外向里，逐层分解.

分解函数的结果是：分解成的每个简单函数都是基本初等函数，或由常数与基本初等函数经过有限次四则运算后形成的函数.

指点迷津

并不是任何两个函数都可以复合成一个复合函数．若 $u=\varphi(x)$ 的值域与 $y=f(u)$ 的定义域的交集是空集，则这两个函数就不能复合．例如，$y=\arcsin u$ 和 $u=2+x^2$ 就不能复合，这是因为 $y=\arcsin u$ 的定义域为 $[-1,1]$，它与 $u=2+x^2$ 的值域 $[2,+\infty)$ 的交集为空集.

例 4 写出下列函数的复合过程：

（1）$y=(1+2x)^3$；（2）$y=\sin^2\dfrac{1}{x}$.

解 （1）$y=(1+2x)^3$是由$y=u^3$，$u=1+2x$复合而成的.

（2）$y=\sin^2\dfrac{1}{x}$是由$y=u^2$，$u=\sin v$，$v=\dfrac{1}{x}$复合而成的.

1.2.4 初等函数和分段函数

1. 初等函数

定义 3 由基本初等函数经过有限次的四则运算和有限次的函数复合构成的，并且用一个解析式表示的函数称为**初等函数**.

例如，函数$y=\ln(x+\sqrt{x^2+1})$，$y=e^{\sin x}+5x^2\cos x$等均是初等函数.

2. 分段函数

引例 3 自 2018 年 8 月 1 日起，北京巡游出租车（不含电动车）白天的基本收费标准是：行驶里程若不超过 3 公里，则收费 13 元；若超过 3 公里，则超出的部分按每公里 2.3 元收费．另外，每运次加收 1 元燃油附加费．那么，每运次的行驶里程数x公里与费用y元之间的关系为

$$y=\begin{cases}13+1, & x\leqslant 3,\\ 13+(x-3)\times 2.3+1, & x>3\end{cases}=\begin{cases}14, & x\leqslant 3,\\ 7.1+2.3x, & x>3.\end{cases}$$

以上的函数关系不是用一个式子表示的，而是在自变量不同范围内用不同的表达式来表示的．这样的函数称为**分段函数**.

提　示

（1）分段函数的定义域是各段自变量取值的并集.

（2）求分段函数的函数值时，自变量在哪个范围内，就用相应的表达式计算其函数值.

砥节砺行

每个人的成长过程也可以看作一个分段函数．“人生如竹”，每一节都有其自身的特色和使命．大学阶段是人生黄金季节，我们最重要的任务是学习．因此，我们应充分利用好这段时期，为自己的人生结下一个个坚实的竹节，打下坚实的基础.

例 5　已知分段函数 $y=\begin{cases}x+1, & x\leqslant 1,\\ 2-x, & x>1.\end{cases}$

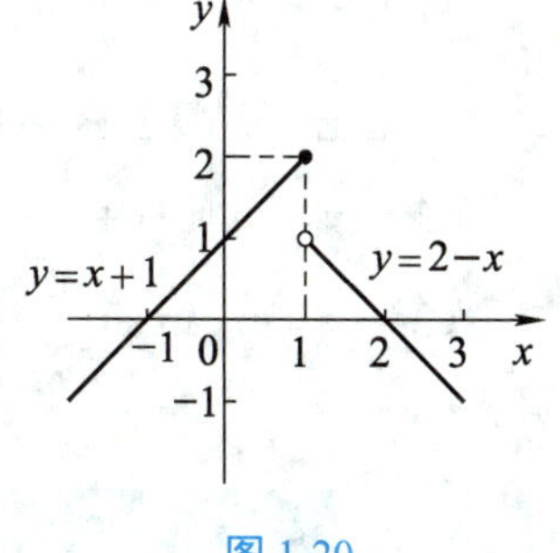

图 1-20

（1）求 $f(0)$，$f(1)$，$f(3)$；

（2）求其定义域，并画出其图像.

解　（1）$f(0)=0+1=1$，$f(1)=1+1=2$，$f(3)=2-3=-1$.

（2）分段函数的定义域为

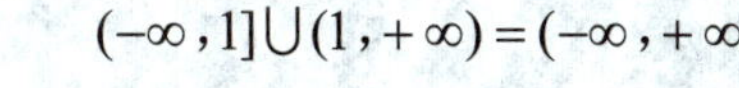

$$(-\infty,1]\cup(1,+\infty)=(-\infty,+\infty),$$

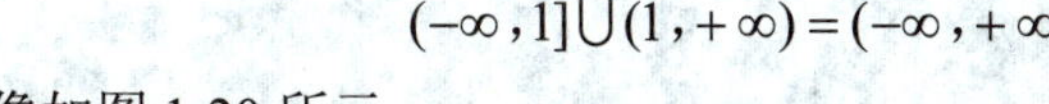

其图像如图 1-20 所示.

常用的分段函数有绝对值函数和符号函数两种.

1）绝对值函数

绝对值函数 $y=|x|=\begin{cases}x, & x\geqslant 0,\\ -x, & x<0\end{cases}$ 的图像如图 1-21 所示.

2）符号函数

符号函数 $y=\operatorname{sgn}x=\begin{cases}-1, & x<0,\\ 0, & x=0,\\ 1, & x>0\end{cases}$ 的图像如图 1-22 所示.

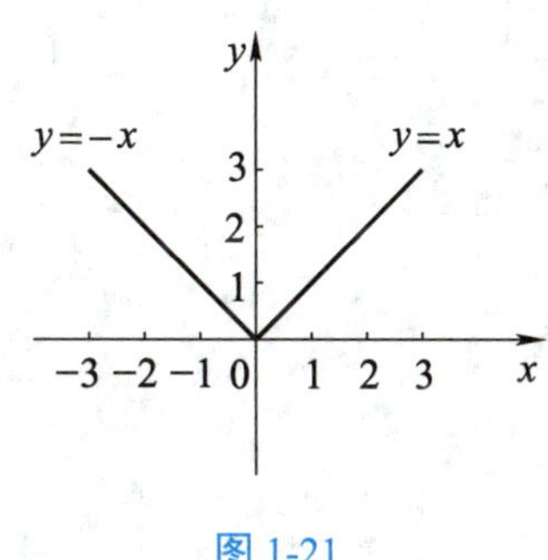

图 1-21

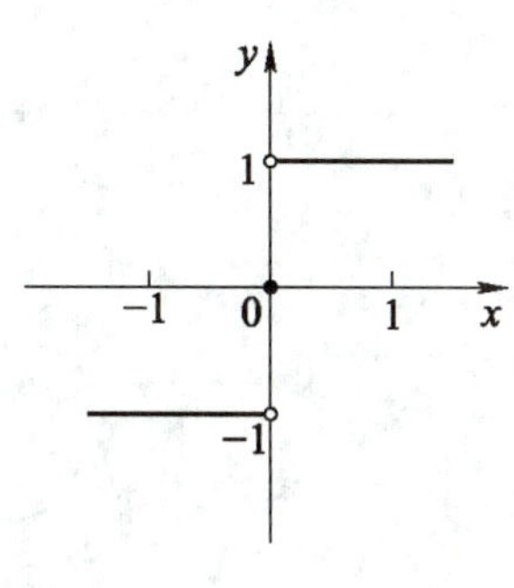

图 1-22

习题 1-2

1．判断两函数是否为同一函数：

（1）$f(x)=x, g(x)=\sqrt{x^2}$；　　（2）$f(x)=2\ln x, g(x)=\ln x^2$；

（3）$f(x)=x+3, g(x)=\dfrac{x^2-9}{x-3}$；　　（4）$f(x)=\sin x, g(x)=\sqrt{1-\cos^2 x}$.

2．求下列函数的定义域：

（1）$y=\sqrt{3x-5}+\dfrac{1}{2-x}$；　　（2）$y=\dfrac{1}{\sqrt{1+x}}+\lg(2-x)$；

（3）$y=\sqrt{4-x^2}+\ln(x-1)$；　　（4）$y=5\arcsin(1-x)$.

3．设函数 $f(x)=\begin{cases}2x+1, & x<0,\\ 0, & x=0,\\ x^2, & x>0,\end{cases}$ 求 $f\left(-\dfrac{1}{2}\right)$，$f(1)$，$f\left[f\left(-\dfrac{1}{2}\right)\right]$.

4．求由函数 $y=u^2$，$u=\cos v$，$v=\dfrac{x}{2}$ 构成的复合函数．

5．指出下列复合函数是由哪些简单函数复合而成的：

（1）$y=\sin^2(3x+1)$；（2）$y=2\tan x^3$；

（3）$y=\ln\left(\arcsin\dfrac{1}{x}\right)$；（4）$y=\sqrt{1-x^2}$．

1.3 工程技术中函数的建立

在运用数学知识解决实际问题时，常常要先用数学语言描述实际问题，也就是建立问题中变量之间的函数关系，即建立该实际问题的数学模型，然后进行分析并解决问题．由于实际问题各不相同，因此应先明确问题中的自变量和因变量，再运用数学及相关专业知识，分析各变量之间的数量关系，列出函数关系式，并根据实际背景确定函数的定义域．下面通过几个实例介绍如何建立变量之间的函数关系．

例 1 建筑工程中采石或取土时，常用炸药包进行爆破．实践表明，爆破部分呈倒立圆锥形状，如图 1-23 所示．圆锥的母线长度即爆破作用半径 L，它是一定的，圆锥的底面半径即漏斗底半径为 r，试求炸药包爆破体积与埋藏深度之间的函数关系．

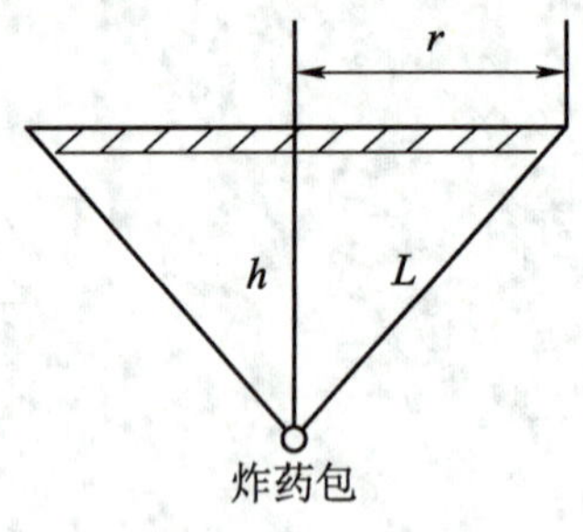

图 1-23

解 由图 1-23 可知 $r^2=L^2-h^2$．因为圆锥的体积公式为 $V=\dfrac{1}{3}\pi r^2 h$，所以将 $r^2=L^2-h^2$ 代入体积公式，可得炸药包爆破体积与埋藏深度之间的函数关系为

$$V=\frac{1}{3}\pi(L^2-h^2)^2 h,\quad h\in(0,+\infty).$$

例 2 一条横断面为等腰梯形的排水渠道，底宽为 b，边坡 1∶1（即坡角 $\varphi=45°$），如图 1-24 所示．在过水断面（即垂直于水流的横断面）的面积 A 一定的条件下，试建立渠道的湿周 L（即水流与界壁接触的长度）与水深 h 之间的函数关系．

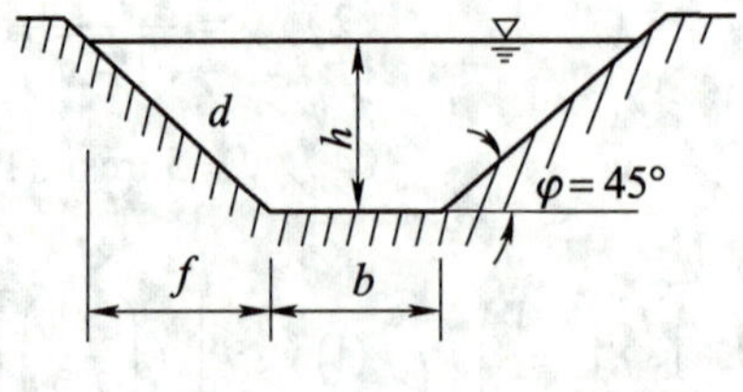

图 1-24

解　由已知可得

$$L = b + 2d = b + \frac{2h}{\sin 45^\circ} = b + 2\sqrt{2}h .$$

因为

$$A = \frac{1}{2}[b + (b + 2f)]h = (b + h\cot 45^\circ)h = bh + h^2 ,$$

又因为过水断面的面积 A 一定，即 A 为常量，所以可求得

$$b = \frac{A}{h} - h .$$

将上式代入湿周 L 的表达式，便得到湿周 L 与水深 h 的函数关系式，即为

$$L = \frac{A}{h} + (2\sqrt{2} - 1)h .$$

由于底宽 b 总是取正，即 $b > 0$，即 $\frac{A}{h} - h > 0$，则 $\frac{A}{h} > h$ 或 $h^2 < A$，又由于水深 h 总是取正的，即 $h > 0$，因此湿周 L 与水深 h 的函数定义域为 $0 < h < \sqrt{A}$.

例 3　电力部门规定：当居民每月用电量不超过 30 度时，按每度 0.5 元收费；当用电量超过 30 度但不超过 60 度时，超过的部分按每度 0.6 元收费；当用电量超过 60 度时，超过部分按每度 0.8 元收费．试建立居民月用电费 G 与月用电量 W 之间的函数关系．

解　当 $0 \leqslant W \leqslant 30$ 时，$G = 0.5W$；

当 $30 < W \leqslant 60$ 时，$G = 0.5 \times 30 + 0.6 \times (W - 30) = 0.6W - 3$；

当 $W > 60$ 时，$G = 0.5 \times 30 + 0.6 \times 30 + 0.8 \times (W - 60) = 0.8W - 15$.

因此，居民月用电费 G 与月用电量 W 之间的函数关系为

$$G = f(W) = \begin{cases} 0.5W, & 0 \leqslant W \leqslant 30, \\ 0.6W - 3, & 30 < W \leqslant 60, \\ 0.8W - 15, & W > 60. \end{cases}$$

例 4　弹簧在汽车悬吊系统中广泛应用，在弹性限度内，弹簧伸长量与受力大小成正比．现在有一弹簧受力 4 N，伸长了 0.01 m，求该弹簧的伸长量与受到的力之间的函数关系．

解　设弹簧受力为 FN 时，其伸长量为 l m，由题意可知

$$F = kl ,$$

其中 k 为比例常数．

根据已知条件，将 $F = 4$，$l = 0.01$ 代入上式得

$$4 = 0.01k ,$$

解得 $k = 400$.

因此，该弹簧的伸长量 l 与受到的力 F 之间的函数关系为

$$l = \frac{1}{400}F .$$

习题 1-3

1. 如图 1-25 所示，某河流的横断面为一抛物线形．设河流在某一水位时，水最深处的深度为 h，此时水面的宽度为 $2a$．当水位变化时，试求河水的深度与水面宽度之间的函数关系．

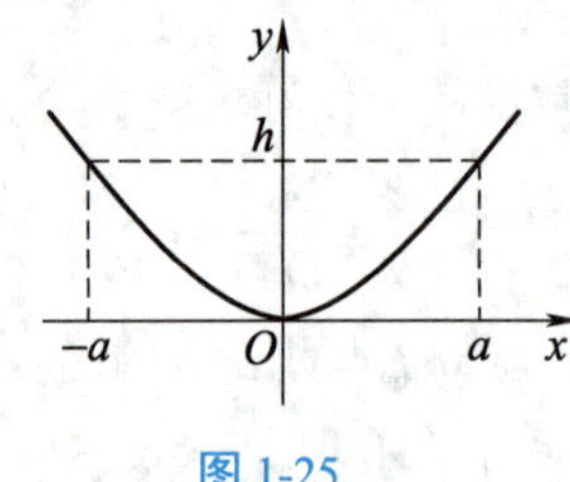

图 1-25

2. 有一边长为 a 的正方形铁皮，从它的四角截去相等的小正方形．做出一个无盖的容器，求它的体积与截去的小正方形边长之间的函数关系．

3. 现有 20 m 长的篱笆，借助于现有的一面墙围出矩形场地．设平行于墙面的矩形边长为 x，试求围出矩形场地的面积 S 与矩形边长 x 的函数关系．

4. 在单位圆内嵌入一个内接长方形，试求该长方形的面积与它的一个边长的函数关系．

1.4 经济函数的建立

1.4.1 需求函数

需求（量）是指在一定的价格条件下，消费者对某种商品有支付能力购买的商品量．人们对某一商品的需求受许多因素的影响，如商品的价格、质量，消费者的收入、偏好等．其中，商品的价格是影响需求量的主要因素，若把其他因素视为常量，则市场对某商品的需求量 Q 是商品价格 p 的函数．这个函数就是一个需求函数，它可表示为

$$Q=Q(p).$$

一般来说，在商品量一定的情况下，商品价格越低，需求量越大；商品价格越高，需求量越小．因此，通常需求量是价格的单调减函数．

常见的需求函数有如下三种形式：

线性需求函数：$Q=a-bp\ (a>0,b>0)$；

二次需求函数：$Q=a-bp-cp^2\ (a>0,b>0,c>0)$；

指数需求函数：$Q=ae^{-bp}\ (a>0,b>0)$．

例 1 当某计算器售价 80 元/台时，月销售量是 1 000 台；当价格调整为 85 元/台时，月销售量是 600 台，求该商品的线性需求函数．

解 设该商品的线性需求函数为 $Q=a-bp$．由题意可知，当 $p=80$ 时，$Q=1000$；当 $p=85$ 时，$Q=600$．将其分别代入 $Q=a-bp$ 得

$$\begin{cases}1000=a-80b,\\600=a-85b,\end{cases}$$

解得 $a = 7\,400$，$b = 80$.

因此，所求的线性需求函数为

$$Q = 7\,400 - 80p .$$

1.4.2　供给函数

某商品的市场供给量 S 受商品价格的影响，价格上涨将刺激生产者向市场提供更多的商品，从而使供给量增加，价格下跌将使供给量减少．供给量 S 是商品价格 p 的函数，称为**供给函数**，记作 $S = S(p)$ ．供给量 S 是价格 p 的单调增函数．

一般地，使某种商品的市场需求量与供给量相等的价格 p_0 称为**均衡价格**．

当价格 $p < p_0$ 时，商品供不应求，商品的价格有上升的趋势；当价格 $p > p_0$ 时，商品供过于求，商品的价格有下降的趋势；当价格在 p_0 处时，供给量等于需求量．这就体现了价格的市场调节作用．

1.4.3　成本函数

总成本 C 是指用于生产的总费用，它由固定成本 C_0 和可变成本 C_1 构成．固定成本 C_0 是指在一定时期内，不受产量变动影响的成本，如厂房、设备等费用．可变成本 C_1 是指随产量变化而变化的成本，如工人的工资、原材料费用等．因此，总成本 C 是产量 q 的函数．

成本函数 $C(q)$ 可表示为

$$C(q) = C_0 + C_1(q) .$$

平均成本函数（也叫单位成本函数）$\overline{C}(q)$ 可表示为

$$\overline{C}(q) = \frac{C(q)}{q} .$$

1.4.4　收入函数与利润函数

总收入 R 是指生产者将产品售出后的全部所得，总收入等于产品的单价 p 与销售量 q 的乘积．假设销售过程中价格 p 不变，则总收入是销售量 q 的函数，即 $R(q) = pq$ ，称为**收入函数**．

为了研究问题的方便，我们假设生产的产量全部销售出去，即

$$产量 = 销售量 = q .$$

那么，总利润 L 就是总收入 R 减去总成本 C，即

$$L(q) = R(q) - C(q) .$$

所以，总利润 $L(q)$ 是产量或销售量 q 的函数，称为**利润函数**．

例 2　某厂生产一种元器件，每日最多生产 200 件．每日的固定成本为 240 元，每生产一件产品的可变成本为 16 元，每件的售价是 20 元，求：

（1）该厂日总成本函数、日总收入函数和日总利润函数；

（2）日产量为 100 件时的总成本和平均成本；

（3）该厂每日至少生产多少件产品，才不亏本．

解　（1）日总成本函数为

$$C(q) = 240 + 16q ，\quad q \in [0, 200] .$$

日总收入函数为

$$R(q)=20q\text{，}\quad q\in[0,200]\text{．}$$

日总利润函数为

$$L(q)=R(q)-C(q)=20q-(240+16q)=4q-240\text{，}\quad q\in[0,200]\text{．}$$

（2）日产量为 100 件时的总成本为

$$C(100)=240+16\times100=1\,840\text{（元）．}$$

日产量为 100 件时的平均成本为

$$\overline{C}(100)=\frac{C(100)}{100}=18.4\text{（元/件）．}$$

（3）若不亏本，则利润至少为零．于是令 $L(q)=0$，得 $q=60$ 件，即该厂每日至少生产 60 件产品，才不亏本．

例 3 已知某产品的总成本函数为 $C(q)=50+2q$，该产品的价格 p 与销售量 q 的关系为 $p=10-0.2q$，求总收入函数和总利润函数．

解 总收入函数为

$$R(q)=pq=(10-0.2q)q=10q-0.2q^2\text{．}$$

总利润函数为

$$L(q)=R(q)-C(q)=10q-0.2q^2-(50+2q)=8q-0.2q^2-50\text{．}$$

1.4.5 单利与复利

利息是资金所有者因向资金使用者借出资金而取得的报酬，它是根据本金的数额按一定比例计算出来的，常用的计息方式有单利和复利．

1. 单利计算公式

设初始本金为 P_0，计息期（如 1 年）的利率为 r，则

第 1 年末的本利和为 $S_1=P_0+P_0r=P_0(1+r)$；

第 2 年末的本利和为 $S_2=P_0(1+r)+P_0r=P_0(1+2r)$；

……

第 n 年末的本利和为 $S_n=P_0(1+nr)$．

2. 复利计算公式

设初始本金为 P_0，计息期（如 1 年）的复利率为 r，则

第 1 年末的本利和为 $S_1=P_0+P_0r=P_0(1+r)$；

第 2 年末的本利和为 $S_2=P_0(1+r)+rP_0(1+r)=P_0(1+r)^2$；

……

第 n 年末的本利和为 $S_n=P_0(1+r)^n$．

例 4 现有初始本金 1 000 元，若银行储蓄的年利率为 3%，问：

（1）按单利计算，5 年末的本利和是多少？

（2）按复利计算，5 年末的本利和又是多少？

解　由题意可知 $P_0 = 1\,000$，$r = 0.03$．

（1）按单利计算，5 年末的本利和为

$$S_5 = P_0(1+5r) = 1\,000\times(1+5\times 0.03) = 1150 \text{（元）}.$$

（2）按复利计算，5 年末的本利和为

$$S_5 = P_0(1+r)^5 = 1\,000\times(1+0.03)^5 \approx 1159.27 \text{（元）}.$$

利息是资金时间价值的一种表现形式，复利计息更好地体现了资金的时间价值，而且结算周期越短，越能体现资金的时间价值．设初始本金为 P_0，计息期（如 1 年）的利率为 r，若每个计息期结算 n 次，则 m 个计息期的本利和为

$$P = P_0\left(1+\frac{r}{n}\right)^{mn}.$$

例 5　设有初始本金 10 000 元，年利率为 6%，计息期 5 年，分别计算下列情况的本利和：

（1）复利计息，1 年结算 1 次；

（2）复利计息，3 个月结算 1 次．

解　（1）复利计息，1 年结算 1 次，5 年后的本利和为

$$S = 10\,000\times\left(1+\frac{0.06}{1}\right)^{5\times 1} \approx 13\,382.26 \text{（元）}.$$

（2）复利计息，3 个月结算 1 次，5 年后的本利和为

$$S = 10\,000\times\left(1+\frac{0.06}{4}\right)^{5\times 4} \approx 13\,468.55 \text{（元）}.$$

习题 1-4

1．对于某种服装，若其零售价为每件 40 元，则每月可卖出 800 件，若每件售价减少 2 元，则可多卖出 30 件．试求该商品的线性需求函数．

2．某厂生产某种产品，每日最多生产 100 件．每日的固定成本为 150 元，每生产一件产品的可变成本为 10 元，每件的售价是 20 元，求：

（1）该厂日总成本函数、日总收入函数和日总利润函数；

（2）日产量为 50 件时的总成本和平均成本．

3．设某产品的成本函数和收入函数分别为 $C(q) = 7 + 2q + q^2$，$R(q) = 10q$，求：

（1）该商品的利润函数；

（2）当销量为 4 个单位时的总利润和平均利润；

（3）当销量为 10 个单位时，是盈利还是亏损？

4．现有初始本金 5 000 元，若银行储蓄的年利率为 3%，问：

（1）按单利计算，3 年末的本利和是多少？

（2）按复利计算，3 年末的本利和又是多少？

本章小结

1. 代数基础知识

在本章第 1 节，我们首先复习了代数的一些基础知识，如指数、对数、方程、不等式等，学生应对这些知识加强记忆，以便于后续学习的展开.

2. 函数

理解函数概念首先应该把握函数的两要素（即定义域和对应法则），还要进一步掌握函数的几种性质，6 类基本初等函数的性质和图像，以及复合函数、初等函数和分段函数的概念.

构成复合函数 $y=f[\varphi(x)]$ 时，要求外函数 $y=f(u)$ 的定义域与内函数 $u=\varphi(x)$ 的值域的交集为非空集合．复合函数的意义在于将比较复杂的函数分解为较简单的函数来研究.

初等函数为由基本初等函数经过有限次四则运算和有限次复合运算得到的能用一个公式表达的函数.

3. 建立函数关系

实际案例中，明确问题中的因变量和自变量，根据题意建立等式，从而得出函数关系，然后确定函数的定义域，同时还需要考虑变量的实际含义.

会建立工程技术中的函数关系．熟悉需求函数、供给函数、成本函数、收入函数、利润函数、单利与复利等经济学和商务活动中常用函数的实际意义及相互关系.

复习题一

1．单项选择题：

（1）下列运算中错误的是（　　）.

A．$5^{\frac{2}{3}}\times5^{\frac{4}{3}}=25$　　B．$5^{\frac{3}{2}}\div5^{\frac{2}{3}}=5$

C．$(5^{\frac{2}{3}})^{\frac{3}{2}}=5$　　D．$5^{-\frac{2}{3}}\times5^{\frac{2}{3}}=1$

（2）下列运算中错误的是（　　）.

A．$\log_2\dfrac{1}{16}=4$　　B．$\lg0.0001=-4$

C．$\log_2\sqrt{8}=\dfrac{3}{2}$　　D．$\ln\sqrt[3]{e^2}=\dfrac{2}{3}$

（3）与不等式 $(x-3)(x+5)>0$ 的解集相同的不等式为（　　）.

A．$(x+3)(x-5)>0$　　B．$(3-x)(5+x)>0$

C．$(x+3)(x-5)<0$　　D．$(3-x)(5+x)<0$

（4）一元二次方程 $x^2+(k-2)x+9=0$ 有两个不相等的实数解的条件是 $k\in$（　　）.

A．$(-4,8)$　　B．$[-4,8)$

C．$(-\infty,-4]\cup[8,+\infty)$　　D．$(-\infty,-4)\cup(8,+\infty)$

（5）下列函数中为偶函数的是（　　）．

A．$f(x)=x\sqrt{1+x^2}$　　B．$f(x)=\ln(\sqrt{x^2+1}+x)$

C．$f(x)=\dfrac{1+\cos x}{\sin x}$　　D．$f(x)=\dfrac{e^x-e^{-x}}{\sin x}$

（6）函数 $f(x)=x\cos 2x$ 是（　　）．

A．周期函数　　B．奇函数

C．有界函数　　D．偶函数

2．填空题：

（1）$\left(\dfrac{1}{2}\right)^{-2}+125^{\frac{2}{3}}-\left(\dfrac{1}{27}\right)^{-\frac{1}{3}}=$__________________．

（2）所有指数函数的图像都经过点_____________________；所有对数函数的图像都经过点__________________．

（3）若 $\log_{0.4}a<\log_{0.4}b$，则 a________b（填“>”或“<”）．

（4）不等式 $2x+3-x^2>0$ 的解集为__________________．

（5）已知 $f(x-1)=\dfrac{x-1}{x+1}$，则有 $f(x)=$______________．

（6）函数 $y=\dfrac{\arcsin|1-x|}{\sqrt{2-e^x}}$ 的定义域用区间表示为______________．

3．如果 $f(x)=\begin{cases}2x+1, & x>0,\\ 1, & x=0,\\ x^2, & x<0,\end{cases}$ 求 $f(0)$，$f\left(-\dfrac{1}{2}\right)$，$f\left(\dfrac{1}{2}\right)$．

4．下列函数是由哪些简单函数复合而成的？

（1）$y=\ln(2x+1)^2$；　　（2）$y=\sin^2(3x+1)$；

（3）$y=(1+\ln x)^5$；　　（4）$y=e^{-\sin^2(2x+5)}$．

5．设生产与销售某产品的总收益 R 为产量 q 的二次函数．经统计得知，当 $q=0,2,4$ 时，$R=0,6,8$．试确定总收益 R 与产量 q 的函数式．

6．某制造厂以每件 5 元的价格出售其产品，问：

（1）销售 5 000 件产品时，总收益是多少？

（2）固定成本为 3 000 元，估计可变成本为总收益的 40%，销售 5 000 件产品时总成本是多少？

（3）该厂的保本产量是多少？

7．某学校用 56 m 长的栅栏，一面靠墙围出一个矩形的花坛，要使花坛的面积不小于 360 m^2，则与墙平行的那一边栅栏的长度范围为多少？

第 1 章答案

知中有行　初识数学软件 MATLAB 及绘图

MATLAB 是美国 MathWorks 公司开发的软件，它具有强大的数值计算、符号计算和图形绘制等功能，其清晰明了的操作界面及接近数学表达式的自然化语言，使初学者易于学习和掌握.

MATLAB 可以方便、快捷地计算很多复杂的数学问题，使人们避免了烦琐的计算. 例如，它可以进行多项式的计算以及代数式的进一步化简；进行代数方程和微分方程的求解；可以求极限、导数、积分，进行幂级数的展开等. 这些运算功能将在后续章节中进行介绍.

1. MATLAB 的启动和操作界面

MATLAB 软件安装之后，一般会在桌面生成快捷方式. 双击图标即可启动 MATLAB 软件.

启动 MATLAB 软件之后，可以看到 MATLAB 的操作界面. 该操作界面是一个高度集成的工作界面，常用的区域有菜单栏、命令窗口（Command Window）、当前路径窗口（Current Directory）、工作空间（Workspace）、历史命令窗口（Command History），如图 1-26 所示.

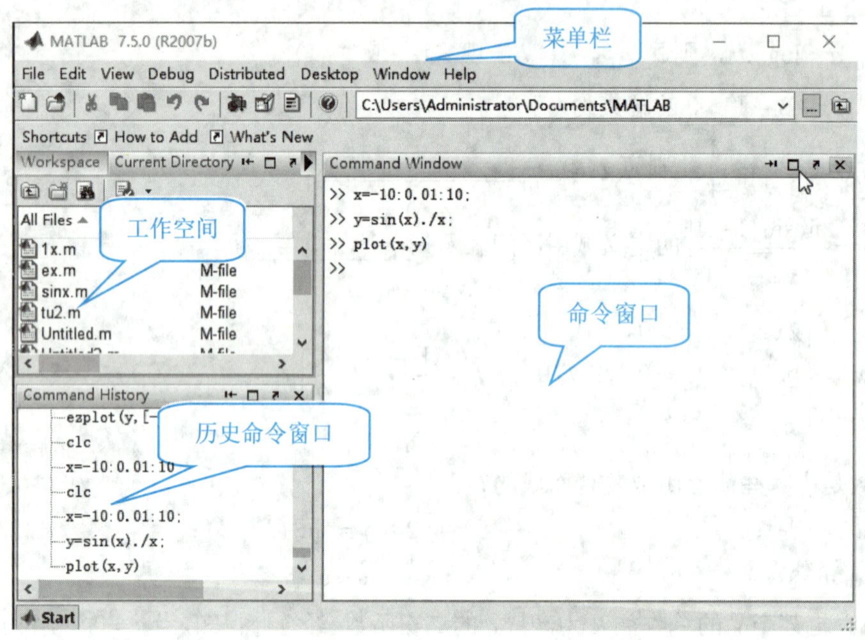

图 1-26

2. MATLAB 的基本操作

MATLAB 语言是一种表达式语言，用户所输入的表达式将被 MATLAB 系统解释并求值. 具体操作就是在命令窗口输入函数、矩阵、表达式等信息，单击回车键后就可执行了. 我们先认识 MATLAB 中常用的基本运算符，如表 1-2 所示.

表 1-2

数学表达式	MATLAB 表达式	数学表达式	MATLAB 表达式
$a+b$	a+b	$a-b$	a-b
$a\times b$	a*b	$a\div b$	a/b

（续表）

数学表达式	MATLAB 表达式	数学表达式	MATLAB 表达式
a^b	a^b	e^x	exp(x)
$\geqslant$ 或 $\leqslant$	>= 或 <=	$=$ 或 $\neq$	== 或 ~=
$\ln x$	log(x)	$\log_a x$	loga(x)
$\sqrt{x}$	sqrt(x)	$\|x\|$	abs(x)
$\sin x$	sin(x)	$\arcsin x$	asin(x)
π	pi	∞	inf

　计算$1.5^3-\frac{1}{3}\sin\pi+\sqrt{5}$.

解　在命令窗口输入：

```
>> 1.5^3-sin(pi)/3+sqrt(5)
```

回车，输出结果为

```
ans =
     5.6111
```

注　意

命令窗口中的“>>”为命令提示符，表示 MATLAB 正处于准备状态．在命令提示符后输入命令并按下回车键，MATLAB 就会执行所输入的命令，并在命令后面给出计算结果．

3. 用 MATLAB 绘制函数图像

MATLAB 具有强大的作图功能，无论是二维图像还是三维图像，作图方法都非常简单．它是通过描点、连线来实现的，故在画一个图形之前，必须先取得该图形上一系列点的坐标，然后将该点集的坐标传给 MATLAB 函数作图．在作图过程中，数据点通过向量或矩阵的形式给出．

1）利用 MATLAB 作二维图形

（1）矩阵的输入法．

在 MATLAB 输入矩阵时，将矩阵的所有元素用方括号括起来，按矩阵行的顺序输入各元素．同一行的各元素之间用空格或逗号分隔，不同行的元素之间用分号分隔．例如，

```
>> A=[1,2,3;4,5,6;7,8,9]
A =
      1      2      3
      4      5      6
      7      8      9
```

（2）冒号表达式．

在 MATLAB 中利用冒号可以产生行向量．冒号表达式的一般格式为

```
a:b:c
```

其中，a 为初始值，b 为步长，c 为终止值．冒号表达式可产生一个由 a 开始到 c 结束、以步长 b 自

增的行向量．例如，

```
>> t=0:2:10
t =
     0     2     4     6     8    10
```

注　意

向量也是特殊的矩阵．

（3）矩阵乘法．

在用 MATLAB 进行矩阵 ***A*** 和 ***B*** 的乘法运算时，要求 ***A*** 的列数与 ***B*** 的行数相等，如果不满足这个条件，就会给出错误信息，此时提示用户两个矩阵是不可乘的．例如，

```
>> A=[1,2,3;4,5,6];
B=A*A
错误使用*
内部矩阵维度必须一致.
```

在 MATLAB 中，还可以进行矩阵和数的乘法运算．矩阵和数相乘是矩阵中的每个元素与这个数相乘．例如，

```
>> A=[1,2,3;4,5,6];
>> 5*A
ans =
     5    10    15
    20    25    30
```

（4）点运算．

两矩阵进行点运算是指它们对应的元素之间进行相关运算，要求两矩阵的行数和列数都相同．点运算符有“.*”，“./” 和 “.^”．例如，

```
>> A=[1,2,3;4,5,6;7,8,9];
>> B=[-1,0,1;1,-1,0;0,1,1];
>> C=A.*B
C =
    -1     0     3
     4    -5     0
     0     8     9
```

注　意

用 MATLAB 画图时，一定要注意区分矩阵乘法与点运算的区别．例如，对于行向量 t=0:2:10，t*t 是无意义的，而 t.*t 则表示 t 中的对应元素相乘．

（5）绘制二维图形．

在 MATLAB 软件中，plot 函数是绘制二维图形最常用的函数．它有多种语法格式，可以实现多种功

能，最基本的语法格式是

```
plot(x,y)
```

例 2　绘制函数 $f(x)=\dfrac{\sin x}{x}$ 在区间 $[-10\pi,10\pi]$ 的图形.

解　在命令窗口中输入如下程序：

```
>> x=-10*pi:0.1:(10*pi);
>>y=sin(x)./x;
>> plot(x,y)
```

运行结果得到的图形如图 1-27 所示.

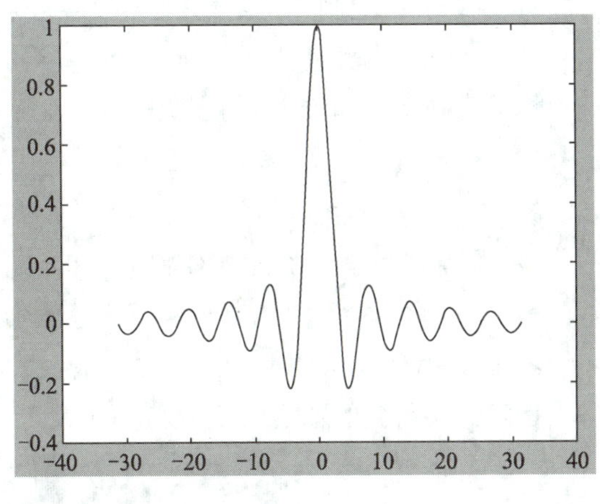

图 1-27

2）利用 MATLAB 作三维图形

在 MATLAB 中绘制三维网格图时，先要生成在 x-y 平面的网格数据，再以一组 z 轴的数据对应这个二维的网格，最后调用绘图函数绘制.

（1）产生三维数据.

在 MATLAB 中产生三维数据的方法是：将 x 方向的区间 $[a,b]$ 分成 m 份，将 y 方向的区间 $[c,d]$ 分成 n 份；再根据各划分点分别作平行于两坐标轴的直线，将区域 $[a,b]\times[c,d]$ 分成 $m\times n$ 个小矩形，生成代表每个小矩形顶点坐标的平面网格坐标矩阵；最后求对应网格坐标的 $\boldsymbol{Z}$ 矩阵.

MATLAB 中的 meshgrid 函数可以将向量转换为矩阵，它的调用格式为

```
[X,Y]=meshgrid(x,y);
```

其中，$\boldsymbol{x}$，$\boldsymbol{y}$ 为向量. 语句执行后，矩阵 $\boldsymbol{X}$ 的每一行都是向量 $\boldsymbol{x}$，行数等于向量 $\boldsymbol{y}$ 的元素的个数；矩阵 $\boldsymbol{Y}$ 的每一列都是向量 $\boldsymbol{y}$，列数等于向量 $\boldsymbol{x}$ 元素的个数.

根据每个网格点上的 x，y 坐标求函数值 $z=f(x,y)$，则得到函数值矩阵 $\boldsymbol{Z}$. 矩阵 $\boldsymbol{X}$，$\boldsymbol{Y}$，$\boldsymbol{Z}$ 的对应元素构成了曲面 $z=f(x,y)$ 上的点集.

例如，

```
>> [x,y]=meshgrid(1:1:3, 4:1:7)
x =
     1     2     3
     1     2     3
     1     2     3
     1     2     3

y =
     4     4     4
     5     5     5
     6     6     6
     7     7     7
```

如果 $z=x^2+y^2$，则对应的点集为 $(1,4,17)$，$(2,4,20)$，$(3,4,25)$，$(1,5,26)$，$(2,5,29)$，$(3,5,34)$，$(1,6,37)$，$(2,6,40)$，$(3,6,45)$，$(1,7,50)$，$(2,7,53)$，$(3,7,58)$. 将对应的点在空间中画出来，即

可得到函数 $z=x^2+y^2$ 的部分图像.

（2）绘制三维图形.

在 MATLAB 软件中，使用 mesh 函数可以实现三维图形的绘制，它的调用格式为

```
mesh(x,y,z)
```

例 3 绘制二元函数 $z=\dfrac{\sin\sqrt{x^2+y^2}}{\sqrt{x^2+y^2}}$ 在矩形区域 D: $-10\leqslant x\leqslant 10$，$-10\leqslant y\leqslant 10$ 内的图像.

解 在命令窗口输入如下程序：

```
>> x=-10:0.5:10;
>> y=-10:0.5:10;
>> [x,y]=meshgrid(x,y);
>> z=sin(sqrt(x.^2+y.^2))./sqrt(x.^2+y.^2);
>> mesh(x,y,z)
```

运行结果得到的图形如图 1-28 所示.

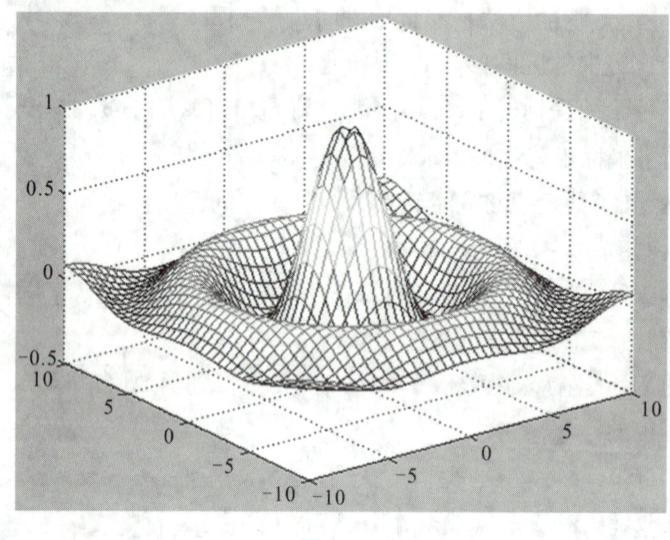

图 1-28

小贴士

在 MATLAB 软件中，除了 mesh 函数，还可以使用 plot3 函数、surf 函数来绘制三维图形. 它们的区别是：mesh 函数用于三维网格图绘制；plot3 函数用于三维曲线图绘制；surf 函数用于三维曲面图绘制.

数学故事　从生活中来，到生活中去

《计算之书》中有个“兔子繁殖问题”. 问题是这样的：设一对成年兔子每月生产一对小兔，现有一对小兔，第二个月成年，第三个月生出一对小兔，假若兔子都不死亡，一年后可以繁殖成多少对兔子？

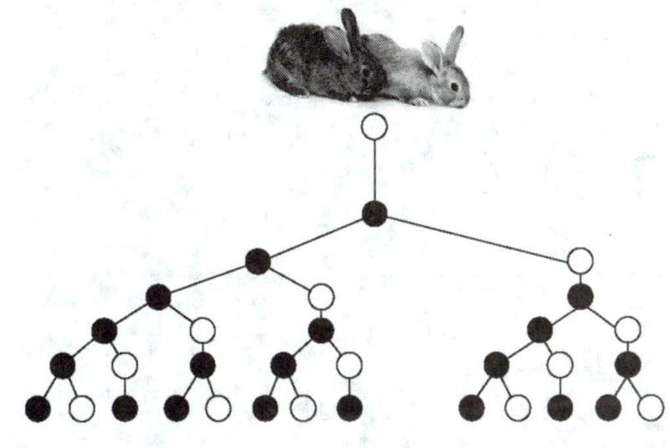

现在我们先来找出兔子的繁殖规律：在第一个月，有一对小兔；第二个月它们成年，因此有一对成年兔子；到第三个月，这对兔子生下一对小兔，因此有两对兔子（一对成年，一对未成年）；到第四个月，第一对兔子生下一对小兔，第二对已成年，因此有三对兔子（两对成年，一对未成年）. 月月如此.

经过计算，从第 1 个月到第 12 个月兔子的对数分别为 1,1,2,3,5,8,13,21,34,55,89,144.

我们不难发现，这组数有这样一个规律：从第 3 个数起，每一个数都是前面两个数的和. 显然，第 12 个数就是一年内兔子的总对数，所以一年后能繁殖成 144 对.

在解决这个有趣的代数问题过程中，人们得到了一个数列 1,1,2,3,5,8,13,21,34,55,89,144…. 这个数列满足公式：

$$a_1=a_2=1,\ a_n=a_{n-1}+a_{n-2}\,(n\geqslant 3).$$

显然，$a_1, a_2, \cdots, a_n$ 是一个线性递推数列，它的通项公式为

$$a_n=\frac{1}{\sqrt{5}}\left\{\left(\frac{1+\sqrt{5}}{2}\right)^n-\left(\frac{1-\sqrt{5}}{2}\right)^n\right\}.$$

令人惊讶的是，这样一个完全是自然数的数列，通项公式居然是用无理数来表达的. 后来，人们陆续发现了该数列的许多重要性质及应用. 该数列与著名的黄金分割有关：由于 $\frac{a_n}{a_{n+1}}$ 的极限是 $\frac{\sqrt{5}-1}{2}\approx 0.618$，这便与黄金分割联系了起来. 因此，该数列也称为**黄金分割数列**.

自然界中随处可见黄金分割数列的踪迹. 例如，许多花的花瓣数目与黄金分割数列的数字有关，如百合 3，梅花 5，翠雀花 8，金盏花 13，紫宛 21，雏菊 34、55、89 等；松果、凤梨、树叶的排列都是黄金分割数列；向日葵的籽盘会出现正反两组螺线，常见的螺线数目为 34 和 55，较大的向日葵的螺线数目则为 89 和 144，更大的甚至还有 144 和 233，这些全是黄金分割数列中相邻两项的数值；黄金分割数列还可以帮助解决诸如蜜蜂的繁殖、鹦鹉螺的花纹等艺术美感方面的问题.

另外，黄金分割数列还与几何图形、杨辉三角、矩阵运算等数学知识有着非常微妙的联系，并且在计算机科学领域中也得到了广泛应用.

第2章 极限与连续

名人名言

数学是一种理性的精神，使人类的思维得以运用到最完善的程度.

——克莱因

趣味数学——阿基里斯追龟（芝诺悖论）

古希腊的哲学家芝诺创造了一个著名的悖论故事：阿基里斯是古希腊神话中善跑的英雄，他和乌龟展开了一场比赛. 假设乌龟在阿基里斯前面 1 000 m 处开始，阿基里斯的速度是乌龟的 10 倍. 当比赛开始后，若阿基里斯跑了 1 000 m，所用的时间为 t，此时乌龟领先他 100 m；当阿基里斯跑完下一个 100 m 时，他所用的时间为 $t/10$，乌龟仍然超前于他 10 m；当阿基里斯跑完下一个 10 m 时，他所用的时间为 $t/100$，乌龟仍然超前于他 1 m……芝诺据此认为，阿基里斯只能越来越逼近乌龟，但是永远也追不上乌龟.

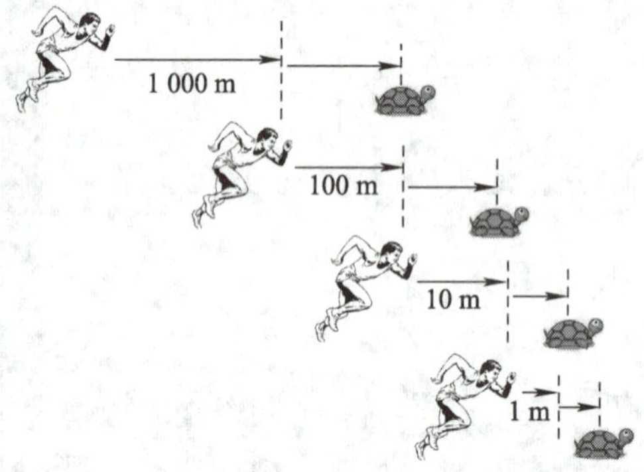

这种结论显然是错误的，但奇怪的是，从逻辑上看这种推理并没有问题. 通过本章的学习，我们将用高等数学的方法，科学地解释上述问题.

导 学

极限是学习微积分的基础，也是研究微积分的重要工具，其思想和方法贯穿整个微积分，连续函数是微积分研究的主要对象，本章主要讨论函数的极限与连续性.

素质目标

- 树立客观、严谨、细致的工作作风.
- 树立勇于探索未知、追求真理的科学精神.

2.1 极限的概念

极限思想产生于求某些实际问题的精确值，在数学灿烂的历史长河中，有很多典型范例．例如，我国古代数学家刘徽（公元 3 世纪）的“割圆术”，是利用圆内接正多边形的面积去无限逼近圆面积，这里就用到了极限的思想；又如，春秋战国时期的哲学家庄子（公元前 4 世纪）在《庄子·天下篇》中对“截丈问题”有一段名言“一尺之棰，日取其半，万世不竭”，其中就隐含了深刻的极限思想．现在，用极限思想分析问题的方法广泛应用于社会生活和科学研究的各个方面．例如，一杯 100℃的水，放在 20℃的恒温房间里，水温会怎样变化呢？本章我们将带领大家走进极限的世界．

2.1.1 数列的极限

定义 1　在某一法则下，当 $n\ (n\in\mathbf{N}^{+})$ 依次取 $1,2,3,\cdots,n,\cdots$ 时，对应的实数排成一列数 $x_1,x_2,x_3,\cdots,x_n,\cdots$，这列数就称为**数列**，记作 $\{x_n\}$．数列中的每一个数称为数列的**项**，第 n 项 x_n 称为数列的**一般项或通项**．

数列 $\{x_n\}$ 可看作自变量为整数 n 的函数 $x_n=f(n)$，它的定义域是全体正整数．当自变量 n 依次取 $1,2,3,\cdots$ 等一切正整数时，对应的函数值就排列成数列 $\{x_n\}$．

案例分析

截丈问题

若对 1 m 长的木棒，每天截取一半，则剩余棒的长度可表示为如下数列：

$$\frac{1}{2},\frac{1}{4},\frac{1}{8},\frac{1}{16},\cdots,\frac{1}{2^n},\cdots.$$

可见，随着截取的天数 n 增多，剩余棒的长度越来越短．当天数 n 无限增大时，数列 $\left\{\frac{1}{2^n}\right\}$ 无限趋近于 0.

定义 2　对于数列 $\{x_n\}$，当 n 无限增大时，若数列的一般项 x_n 无限地接近于某一确定的数值 a，则称常数 a 是数列 $\{x_n\}$ 的**极限**，或称数列 $\{x_n\}$ **收敛**于 a，记作 $\lim\limits_{n\to\infty}x_n=a$．若数列没有极限，则称数列是**发散**的．

小贴士

“lim”代表极限，极限符号下面的“$n\to\infty$”表示项数无限增大．

例 1　讨论下列数列的变化趋势，说明极限是否存在，若存在，请写出它们的极限．

（1）$x_n=\dfrac{n}{n+1}$；　（2）$x_n=\dfrac{1}{2}[1+(-1)^n]$；　（3）$x_n=\dfrac{1}{(-3)^n}$；　（4）$x_n=8$．

解　（1）$x_n=\dfrac{n}{n+1}$ 的项依次为 $\dfrac{1}{2},\dfrac{2}{3},\dfrac{3}{4},\dfrac{4}{5},\cdots,\dfrac{n}{n+1},\cdots$，当 n 无限增大时，x_n 无限接近于 1，所以

$\lim\limits_{n\to\infty}\dfrac{n}{n+1}=1$.

（2）$x_n=\dfrac{1}{2}[1+(-1)^n]$的项依次为$0,1,0,1,\cdots$，当$n$无限增大时，$x_n$交替为0和1，不趋近于某一个常数，所以该数列的极限不存在.

（3）$x_n=\dfrac{1}{(-3)^n}$的项依次为$-\dfrac{1}{3},\dfrac{1}{9},-\dfrac{1}{27},\dfrac{1}{81},\cdots$，当$n$无限增大时，$x_n$无限接近于0，所以$\lim\limits_{n\to\infty}\dfrac{1}{(-3)^n}=0$.

（4）$x_n=8$为常数数列，无论n取怎样的正整数，x_n始终为8，所以$\lim\limits_{n\to\infty}8=8$.

知识宝典

常数列$\{C\}$的极限就是这个常数本身，即$\lim\limits_{n\to\infty}C=C$　（C为常数）.

例2　某单位购置一批价格为100万元的设备，该设备每年的折旧费是当年价格的$\dfrac{1}{10}$，那么随着时间的推移，这批设备的价格如何变化？

解　这批设备的价格（单位：万元）第一年为100，第二年为$100\times\dfrac{9}{10}$，第三年为$100\times\left(\dfrac{9}{10}\right)^2$，第四年为$100\times\left(\dfrac{9}{10}\right)^3$，……，第$n$年为$100\times\left(\dfrac{9}{10}\right)^{n-1}$.

当n无限增大（即$n\to\infty$）时，由数列极限的定义可知

$$\lim_{n\to\infty}100\times\left(\frac{9}{10}\right)^{n-1}=0.$$

因此，随着时间的推移，这批设备的价格无限接近于0.

函数的极限

2.1.2　函数的极限

数列是一种特殊的函数$x_n=f(n)$，对其主要研究当自变量$n\to\infty$时函数值$f(n)$的变化趋势．对于一般函数$y=f(x)$，也可讨论自变量x在某一变化过程中函数$f(x)$的变化趋势．函数自变量x的变化过程可分为两种情况：x的绝对值$|x|$无限增大；x无限接近x_0．为了方便起见，我们规定：

（1）x的绝对值$|x|$无限增大用记号$x\to\infty$表示；

x小于0且绝对值$|x|$无限增大用记号$x\to-\infty$表示；

x大于0且绝对值$|x|$无限增大用记号$x\to+\infty$表示.

（2）x无限接近x_0用记号$x\to x_0$表示；

x从x_0的左侧（即$x<x_0$）无限接近x_0用记号$x\to x_0^-$表示；

x从x_0的右侧（即$x>x_0$）无限接近x_0用记号$x\to x_0^+$表示.

案例分析

一杯水温为 100℃的水，放在 20℃的恒温房间里，随着时间 t 的推移，水的温度 H 将逐渐降低，即二者之间具有函数关系 $H=H(t)$，且水温会越来越接近房间内的温度 20℃，我们把 20℃称为水的**极限温度**.

下面分两种情况来讨论函数的极限.

1. 当 $x\to\infty$ 时，函数 $y=f(x)$ 的极限

先看一个例子.

例 3　画出函数 $y=\dfrac{1}{x}$ 的图形，在 $x>0$ 的前提下，讨论当 $x\to+\infty$ 时，该函数的变化趋势，并说出它的极限.

解　所作图形如图 2-1 所示.

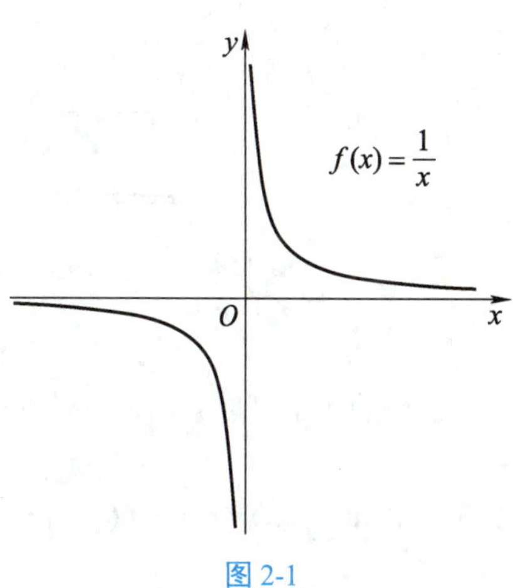

图 2-1

从图中可以看出，当 x 沿 x 轴的正方向无限增大时，曲线 $y=\dfrac{1}{x}$ 无限接近于 x 轴，但始终不与 x 轴相交. 因此，当 $x\to+\infty$ 时，函数 $y=\dfrac{1}{x}$ 以 0 为极限.

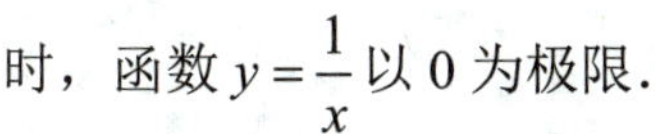

对于这种当 $x\to\infty$ 时函数 $f(x)$ 的变化趋势，给出下面的定义.

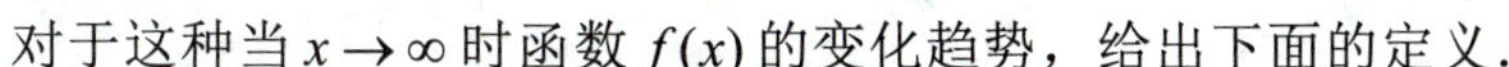

定义 3　当 x 的绝对值无限增大，即 $x\to\infty$ 时，如果函数值 $f(x)$ 无限趋近于某一个确定的常数 A，那么 A 就称为函数 $f(x)$ 当 $x\to\infty$ 时的**极限**，记作

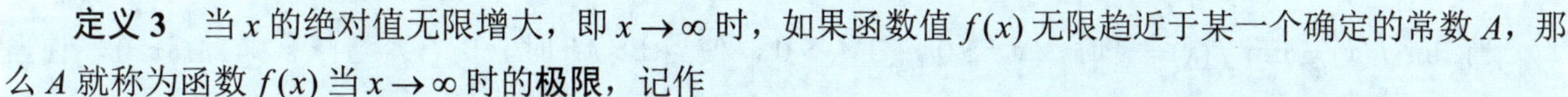

$$\lim_{x\to\infty}f(x)=A \text{ 或 } f(x)\to A\ (x\to\infty).$$

注　意

“x 的绝对值无限增大”可记作“$|x|\to+\infty$”或“$x\to\infty$”，因此“$x\to\infty$”应该包括“$x\to+\infty$”和“$x\to-\infty$”两种情况.

类似地，可定义

$$\lim_{x\to-\infty}f(x)=A \text{ 和 } \lim_{x\to+\infty}f(x)=A.$$

砥节砺行

$\lim\limits_{x\to\infty}f(x)=A$ 诠释的是永远运动，无限接近的过程，就如同我们每个人追逐梦想的样子，不忘初心，砥砺前行，无限接近，方得始终. 我们要学会像数列极限一样设定自己的人生目标，并且设立唯一的目标，这样才能把所有的精力集中到一点，确定正确的航行路线，并为此付出不懈的努力和汗水，一步一步靠近梦想.

例 4　讨论 $\lim\limits_{x\to\infty}\arctan x$ 是否存在.

解　如图 2-2 所示，有 $\lim\limits_{x\to+\infty}\arctan x=\dfrac{\pi}{2}$ 及 $\lim\limits_{x\to-\infty}\arctan x=-\dfrac{\pi}{2}$. 由于当 $x\to+\infty$ 和 $x\to-\infty$ 时，函数 $\arctan x$ 不是无限接近于同一个确定的常数，所以 $\lim\limits_{x\to\infty}\arctan x$ 不存在.

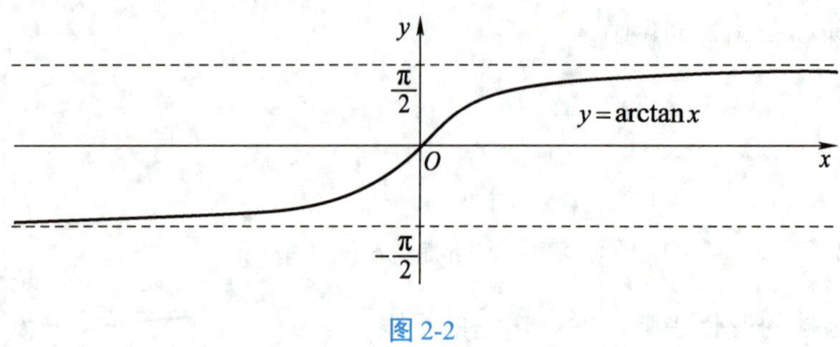

图 2-2

由上面的例子可以看出，如果 $\lim\limits_{x\to+\infty}f(x)$ 和 $\lim\limits_{x\to-\infty}f(x)$ 都存在并且相等，那么 $\lim\limits_{x\to\infty}f(x)$ 也存在并且与它们相等. 如果 $\lim\limits_{x\to+\infty}f(x)$ 和 $\lim\limits_{x\to-\infty}f(x)$ 都存在但不相等，那么 $\lim\limits_{x\to\infty}f(x)$ 不存在.

定理 1　$\lim\limits_{x\to\infty}f(x)=A$ **的充分必要条件是** $\lim\limits_{x\to+\infty}f(x)=\lim\limits_{x\to-\infty}f(x)=A$.

证明　(1) 充分性.

当 $\lim\limits_{x\to+\infty}f(x)=\lim\limits_{x\to-\infty}f(x)=A$ 时，$\forall\varepsilon>0$，$\exists M_1>0$，使当 $x>M_1$ 时，$|f(x)-A|<\varepsilon$；$\exists M_2>0$，使当 $x<-M_2$ 时，$|f(x)-A|<\varepsilon$. 取 $M=\max\{M_1,M_2\}$，则当 $x>M$ 或 $x<-M$，即 $|x|>M$ 时，同时有 $|f(x)-A|<\varepsilon$，所以 $\lim\limits_{x\to\infty}f(x)=A$.

(2) 必要性.

当 $\lim\limits_{x\to\infty}f(x)=A$ 时，$\forall\varepsilon>0$，$\exists M>0$，使当 $|x|>M$ 时，有 $|f(x)-A|<\varepsilon$. 因此，当 $x>M$ 时，有 $|f(x)-A|<\varepsilon$，故 $\lim\limits_{x\to+\infty}f(x)=A$；当 $x<-M$ 时，有 $|f(x)-A|<\varepsilon$，故 $\lim\limits_{x\to-\infty}f(x)=A$. 所以 $\lim\limits_{x\to+\infty}f(x)=\lim\limits_{x\to-\infty}f(x)=A$.

例 5　讨论函数 $y=\mathrm{e}^x$ 及 $y=\mathrm{e}^{-x}$ 当 $x\to\infty$ 时的极限.

解　如图 2-3 所示为这两个函数的图形.

因为 $\lim\limits_{x\to+\infty}\mathrm{e}^x=+\infty$，$\lim\limits_{x\to-\infty}\mathrm{e}^x=0$，所以 $\lim\limits_{x\to\infty}\mathrm{e}^x$ 不存在.

又因为 $\lim\limits_{x\to+\infty}\mathrm{e}^{-x}=0$，$\lim\limits_{x\to-\infty}\mathrm{e}^{-x}=+\infty$，所以 $\lim\limits_{x\to\infty}\mathrm{e}^{-x}$ 不存在.

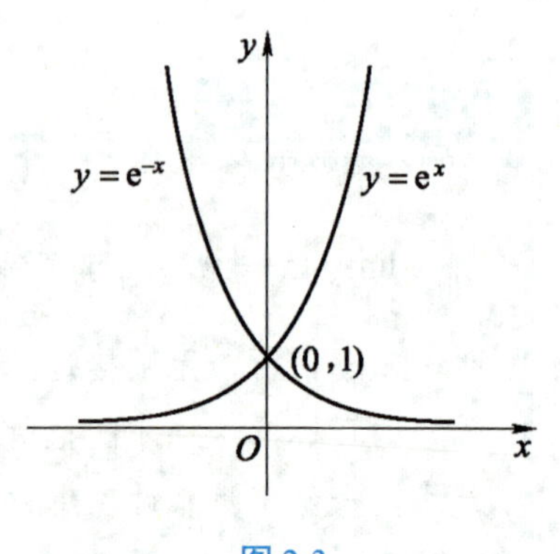

图 2-3

2. 当 $x \to x_0$ 时，函数 $f(x)$ 的极限

先看下面的例子.

对于函数 $f(x)=x+1$ 和 $g(x)=\dfrac{x^2-1}{x-1}$，当 $x\to 1$ 时，$f(x)$ 和 $g(x)$ 的变化趋势如图 2-4 所示. 从图像容易看出，当 $x\to 1$ 时，$f(x)$ 和 $g(x)$ 都无限接近于 2.

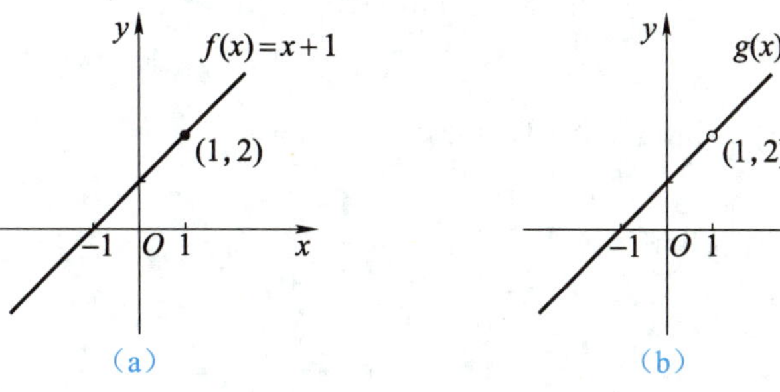

图 2-4

定义 4 设函数 $y=f(x)$ 在点 x_0 的附近有定义（在 x_0 处可以无定义），如果存在一个常数 A，当 x 无限趋于 x_0 $(x\neq x_0)$ 时，函数 $f(x)$ 的值无限趋于 A，那么 A 就称为函数 $f(x)$ 当 $x\to x_0$ 时的**极限**，记作

$$\lim_{x\to x_0} f(x)=A \text{ 或 } f(x)\to A \ (x\to x_0).$$

如果当 x 从 x_0 的左边趋于 x_0（通常记作 $x\to x_0^-$）时，$f(x)$ 无限接近某常数 A，则常数 A 称为函数 $f(x)$ 当 $x\to x_0$ 时的**左极限**，记作 $\lim\limits_{x\to x_0^-} f(x)=A$ 或 $f(x_0^-)=A$.

如果当 x 从 x_0 的右边趋于 x_0（通常记作 $x\to x_0^+$）时，$f(x)$ 无限接近某常数 A，则常数 A 称为函数 $f(x)$ 当 $x\to x_0$ 时的**右极限**，记作 $\lim\limits_{x\to x_0^+} f(x)=A$ 或 $f(x_0^+)=A$.

左极限与右极限统称为**单侧极限**.

能量补给站

根据函数极限的定义并观察函数图像，我们可以确定一些常见函数的极限. 例如，$\lim\limits_{x\to x_0} x=x_0$，$\lim\limits_{x\to 0}\sin x=0$，$\lim\limits_{x\to 0}\cos x=1$，$\lim\limits_{x\to x_0} C=C$（$C$为常数），$\lim\limits_{x\to 0}\dfrac{1}{x}$ 不存在.

根据当 $x\to x_0$ 时函数 $f(x)$ 的极限定义，以及左极限和右极限的定义，容易得出类似于定理 1 中极限存在的充分必要条件.

定理 2 当 $x\to x_0$ 时，$f(x)$ 以 A 为极限的**充分必要条件**是 $f(x)$ 在点 x_0 处的左、右极限存在且都等于 A，即

$$\lim_{x\to x_0} f(x)=A \Leftrightarrow \lim_{x\to x_0^-} f(x)=\lim_{x\to x_0^+} f(x)=A.$$

例 6 设 $f(x)=\begin{cases} x+2, & x\geqslant 1, \\ 3x, & x<1, \end{cases}$ 试判断 $\lim\limits_{x\to 1} f(x)$ 是否存在.

解 按题意，当 $x\to1$ 时，$f(x)$ 的左、右极限分别为

$$\lim_{x\to1^-}f(x)=\lim_{x\to1^-}3x=3,\quad \lim_{x\to1^+}f(x)=\lim_{x\to1^+}(x+2)=3.$$

因为 $\lim\limits_{x\to1^-}f(x)=\lim\limits_{x\to1^+}f(x)$，所以 $\lim\limits_{x\to1}f(x)$ 存在，且 $\lim\limits_{x\to1}f(x)=3$.

例 7 设 $f(x)=\begin{cases}x^2, & x\geqslant0,\\ x+1, & x<0,\end{cases}$ 讨论极限 $\lim\limits_{x\to0}f(x)$ 是否存在.

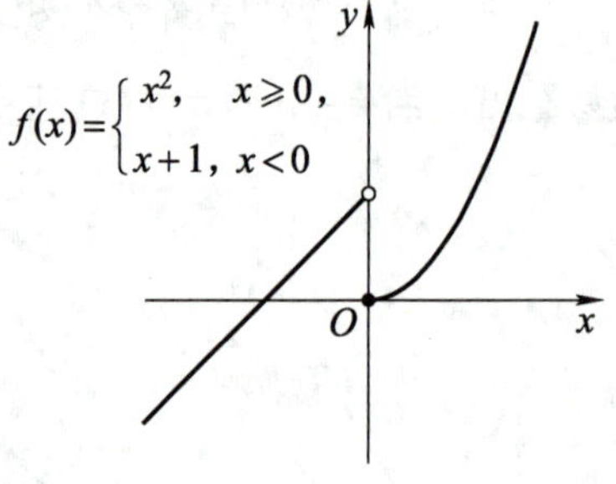

图 2-5

解 如图 2-5 所示，$\lim\limits_{x\to0^-}f(x)=\lim\limits_{x\to0^-}(x+1)=1$，$\lim\limits_{x\to0^+}f(x)=\lim\limits_{x\to0^+}x^2=0$.

因为 $\lim\limits_{x\to0^-}f(x)\neq\lim\limits_{x\to0^+}f(x)$，所以 $\lim\limits_{x\to0}f(x)$ 不存在.

动动脑

对于一张饼，第一天吃它的一半，第二天吃第一天剩下的一半，第三天吃第二天剩下的一半，……即每天都吃前一天剩下的一半，天天如此.

根据上述所学内容，用极限的思想思考：这张饼能吃完吗？

2.1.3 无穷小量与无穷大量

1. 无穷小量

在实际中，我们经常遇到一类变量，它们的绝对值变得越来越小且趋向于零.

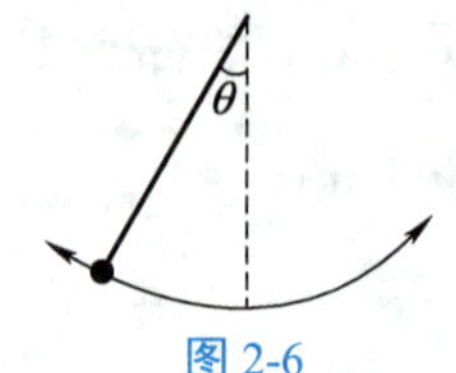

图 2-6

引例 单摆离开铅直位置的偏度用角 θ 来度量，如图 2-6 所示. 如果让单摆自己摆动，由于受到机械摩擦力和空气阻力的影响，因此其摆动幅度会不断地减小，角 θ 逐渐趋向于零. 对于这种变量趋于零的情形，我们给出如下定义.

定义 5 在自变量 x 的某一变化过程中，若函数 $f(x)$ 的极限为 0，即 $\lim f(x)=0$，则称 $f(x)$ 为该变化过程中的**无穷小量**，简称**无穷小**.

例如，因为当 $x\to0$ 时，$\sin x$ 的极限为 0，所以当 $x\to0$ 时，$\sin x$ 为无穷小；因为当 $x\to1$ 时，$x-1$ 的极限为 0，所以当 $x\to1$ 时，$x-1$ 为无穷小.

注　意

（1）说一个函数 $f(x)$ 是无穷小，必须指明其自变量 x 的变化趋势. 例如，当 $x\to1$ 时，函数 $x-1$ 为无穷小；而当 $x\to2$ 时，$x-1$ 就不是无穷小.

（2）在实数中，由于 0 的极限为 0，因此常数 0 是无穷小. 除此之外，即使绝对值很小的常数也不能认为是无穷小.

由无穷小的定义，可得到如下性质（证明略）.

性质 1　有限个无穷小的代数和仍是无穷小.

性质 2　有限个无穷小的乘积仍是无穷小.

性质 3　有界函数与无穷小的乘积仍是无穷小.

例 8　求 $\lim\limits_{x\to\infty}\dfrac{1}{x}\cos x$.

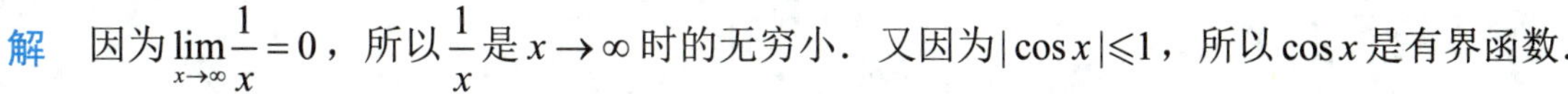

解　因为 $\lim\limits_{x\to\infty}\dfrac{1}{x}=0$，所以 $\dfrac{1}{x}$ 是 $x\to\infty$ 时的无穷小. 又因为 $|\cos x|\leqslant 1$，所以 $\cos x$ 是有界函数.

因此，由性质 3 知，$\lim\limits_{x\to\infty}\dfrac{1}{x}\cos x=0$.

2. 无穷大量

定义 6　在自变量 x 的某一变化过程中，若函数值的绝对值 $|f(x)|$ 无限增大，则称 $f(x)$ 为该变化过程中的**无穷大量**，简称**无穷大**，记作 $\lim f(x)=\infty$.

例如，当 $x\to 0$ 时，$\dfrac{1}{x}$ 的绝对值无限增大，因此在这个变化过程中，$\dfrac{1}{x}$ 是无穷大量；当 $x\to\dfrac{\pi}{2}$ 时，函数 $\tan x$ 是无穷大量；当 $x\to 2$ 时，$\dfrac{1}{x-2}$ 是无穷大量.

> **注　意**
>
> （1）与无穷小类似，说一个函数 $f(x)$ 是无穷大，必须指明自变量 x 的变化趋势.
>
> （2）无穷大是指绝对值无限增大的变量，不能将其与很大的常数相混淆.

3. 无穷大与无穷小的关系

定理 3　在自变量的同一变化过程中，无穷大、无穷小互为倒数，即若 $\lim f(x)=0$（或 ∞），则有 $\lim\dfrac{1}{f(x)}=\infty$（或 0）.

例如，因为 $\lim\limits_{x\to+\infty}2^x=\infty$，所以 $\lim\limits_{x\to+\infty}\dfrac{1}{2^x}=0$.

> **注　意**
>
> （1）极限 $\lim f(x)$ 没有写出自变量 x 的变化过程，意味着此结论对自变量 x 的任意变化过程都成立，但在做题时，一定要写出自变量 x 的变化过程.
>
> （2）无穷小与无穷大反映了自变量在某一变化过程中函数的两种特殊变化趋势——绝对值越来越小和绝对值越来越大，是两个特殊的极限.

习题 2-1

1. 观察下列数列当 $n\to\infty$ 时的变化趋势，如果有极限，那么写出它们的极限：

（1）$x_n=\dfrac{n+1}{n+3}$；（2）$x_n=(-1)^n\dfrac{1}{n}$；

（3）$x_n=\dfrac{1-(-1)^n}{2}$；（4）$x_n=3^n$.

2. 设函数 $f(x)=\begin{cases}2x-1, & x<0,\\ 0, & x=0,\\ x+2, & x>0,\end{cases}$ 画出这个函数的图像，并求 $\lim\limits_{x\to0^+}f(x)$，$\lim\limits_{x\to0^-}f(x)$，$\lim\limits_{x\to0}f(x)$.

3. 设函数 $f(x)=\begin{cases}\cos x+1, & x\geqslant0,\\ 10^x, & x<0,\end{cases}$ 讨论当 $x\to0$ 时 $f(x)$ 的极限是否存在.

4. 设函数 $f(x)=\begin{cases}4x, & -1<x<1,\\ 3, & x=1,\\ 4x^2, & 1<x<2,\end{cases}$ 求 $\lim\limits_{x\to0}f(x)$，$\lim\limits_{x\to1}f(x)$，$\lim\limits_{x\to\frac{3}{2}}f(x)$.

5. 判断下列函数在指定自变量变化过程中哪些是无穷小量，哪些是无穷大量：

（1）$\mathrm{e}^x\ (x\to-\infty)$；（2）$\tan x\ (x\to0)$；

（3）$10^{-x}-1\ (x\to0)$；（4）$\dfrac{x+8}{x-5}\ (x\to5)$.

6. 求下列极限：

（1）$\lim\limits_{x\to0}x\cos\dfrac{1}{x}$；（2）$\lim\limits_{x\to1}(2x+1)$；

（3）$\lim\limits_{x\to\frac{\pi}{4}}\tan x$；（4）$\lim\limits_{x\to1}\ln x$；

（5）$\lim\limits_{x\to\infty}\dfrac{3}{x^2}$；（6）$\lim\limits_{x\to\infty}\dfrac{\sin x}{x}$.

7. 讨论函数 $f(x)=\dfrac{|x|}{x}$，当 $x\to0$ 时的极限是否存在.

2.2 极限的性质和运算法则

2.2.1 极限的性质

定理 1（唯一性） 若函数 $f(x)$ 在某一变化过程中有极限，则其极限唯一.

定理 2（有界性） 若函数 $f(x)$ 在 $x\to x_0$ 时存在极限，则必存在 x_0 的某一邻域，使得 $f(x)$ 在该邻域内有界.

定理3（保号性） 若在 x_0 的左右近旁，恒有 $f(x)\geqslant0$（或 $f(x)\leqslant0$）且 $\lim\limits_{x\to x_0}f(x)=A$，则 $A\geqslant0$（或 $A\leqslant0$）.

2.2.2　极限的运算法则

定理 4　设 $\lim\limits_{x\to x_0} f(x)=A$，$\lim\limits_{x\to x_0} g(x)=B$，则存在下列运算法则：

（1）$\lim\limits_{x\to x_0}[f(x)\pm g(x)]=\lim\limits_{x\to x_0} f(x)\pm\lim\limits_{x\to x_0} g(x)=A\pm B$；

（2）$\lim\limits_{x\to x_0}[f(x)\cdot g(x)]=\lim\limits_{x\to x_0} f(x)\cdot\lim\limits_{x\to x_0} g(x)=A\cdot B$；

（3）$\lim\limits_{x\to x_0}\dfrac{f(x)}{g(x)}=\dfrac{\lim\limits_{x\to x_0} f(x)}{\lim\limits_{x\to x_0} g(x)}=\dfrac{A}{B}\ (B\neq 0)$.

提　示

（1）上述运算法则也适用于 $x\to\infty$ 时的情形.

（2）运算法则（1）与（2）可以推广到有限个具有极限的函数的情形.

（3）参与运算的每一项必须存在极限，否则结论不成立.

推论 1　设 $\lim\limits_{x\to x_0} f(x)=A$，则 $\lim\limits_{x\to x_0} Cf(x)=C\lim\limits_{x\to x_0} f(x)=CA$（$C$ 为常数）.

推论 2　设 $\lim\limits_{x\to x_0} f(x)=A$，则 $\lim\limits_{x\to x_0}[f(x)]^n=\left[\lim\limits_{x\to x_0} f(x)\right]^n=A^n$（$n$ 为非负整数）.

2.2.3　极限的求法

1. 直接代入法

它适用于 $\lim\limits_{x\to x_0}\dfrac{f(x)}{g(x)}$，其中函数 $f(x)$ 和 $g(x)$ 在 x_0 点有定义，且 $g(x_0)\neq 0$．方法：直接将 x_0 代入 $\dfrac{f(x)}{g(x)}$，即有

$$\lim_{x\to x_0}\frac{f(x)}{g(x)}=\frac{f(x_0)}{g(x_0)}.$$

注：此方法是求极限最基本、也是使用频率最高的方法之一.

例 1　求 $\lim\limits_{x\to 1}\dfrac{x^2-2x+5}{x^2+7}$.

解　由于将 $x=1$ 代入分母得 $1^2+7=8\neq 0$，因此由直接代入法得

$$原式=\frac{1^2-2\times 1+5}{1^2+7}=\frac{4}{8}=\frac{1}{2}.$$

例 2　求 $\lim\limits_{x\to 2}(3x^2-2x+6)$.

解　由于式中分母恒为 $1\neq 0$，因此由直接代入法得

$$原式=3\times 2^2-2\times 2+6=14.$$

2. 倒数法（$\frac{A}{0}$型）

它适用于 $\lim\limits_{x\to x_0}\frac{f(x)}{g(x)}$，其中 $g(x_0)=0$，但 $f(x_0)\neq 0$，记作 $\frac{A}{0}$ 型．方法：由直接代入法，先求其倒数的极限 $\lim\limits_{x\to x_0}\frac{g(x)}{f(x)}=0$，再由无穷大与无穷小的关系得 $\lim\limits_{x\to x_0}\frac{f(x)}{g(x)}=\infty$．

例 3 求 $\lim\limits_{x\to 1}\frac{x^2+2}{x-1}$．

解 将 $x=1$ 代入分母得 $1-1=0$，但将其代入分子得 $1^2+2=3\neq 0$．于是，其倒数的极限为

$$\lim_{x\to 1}\frac{x-1}{x^2+2}=\frac{1-1}{1^2+2}=0\,.$$

因此，由无穷大与无穷小的关系知，原式 $=\infty$．

3. 分解因式，约去零因子法（$\frac{0}{0}$型）

它适用于 $\lim\limits_{x\to x_0}\frac{f(x)}{g(x)}$，其中 $g(x_0)=0$ 且 $f(x_0)=0$，记作 $\frac{0}{0}$ 型．方法：将分子或分母分解因式，约去共同的零因子，再用直接代入法．

例 4 求 $\lim\limits_{x\to 4}\frac{x^2-7x+12}{x^2-5x+4}$．

解 将 $x=4$ 代入分子、分母，结果都是 0．于是，将分子、分母先分解因式，得

$$原式=\lim_{x\to 4}\frac{(x-3)(x-4)}{(x-1)(x-4)}=\lim_{x\to 4}\frac{x-3}{x-1}=\frac{4-3}{4-1}=\frac{1}{3}\,.$$

4. 分子或分母有理化，约去零因子法（$\frac{0}{0}$型）

它适用于 $\lim\limits_{x\to x_0}\frac{f(x)}{g(x)}$，其中 $g(x_0)=0$ 且 $f(x_0)=0$，且分子或分母中含有根号，记作 $\frac{0}{0}$ 型．方法：将分子或分母中有根号的先有理化，约去共同的零因子，再用直接代入法．

例 5 求 $\lim\limits_{x\to 1}\frac{x-1}{\sqrt{x+3}-2}$．

解 将 $x=1$ 代入分子、分母，结果都是 0，且分母中含有根号，因此先将分母有理化，再用直接代入法，即

$$原式=\lim_{x\to 1}\frac{(x-1)(\sqrt{x+3}+2)}{(\sqrt{x+3}-2)(\sqrt{x+3}+2)}=\lim_{x\to 1}\frac{(x-1)(\sqrt{x+3}+2)}{x+3-4}=\lim_{x\to 1}\frac{(x-1)(\sqrt{x+3}+2)}{x-1}$$

$$=\lim_{x\to 1}\frac{\sqrt{x+3}+2}{1}=\frac{\sqrt{1+3}+2}{1}=4\,.$$

5. 公式法（无穷小分出法）（$\frac{\infty}{\infty}$型）

它适用于 $\lim\limits_{x\to\infty}\frac{a_0x^n+a_1x^{n-1}+\cdots+a_n}{b_0x^m+b_1x^{m-1}+\cdots+b_m}$，此时分子、分母都趋于$\infty$，记作$\frac{\infty}{\infty}$型. 方法：先将分子、分母同除 x 的最高次方，将分子、分母都转化成无穷小，于是有下面的结论：

$$\lim_{x\to\infty}\frac{a_0x^n+a_1x^{n-1}+\cdots+a_n}{b_0x^m+b_1x^{m-1}+\cdots+b_m}=\begin{cases}0, & \text{当 } n<m \text{ 时},\\ \dfrac{a_0}{b_0}, & \text{当 } n=m \text{ 时},\\ \infty, & \text{当 } n>m \text{ 时}.\end{cases}$$

此结论只与分子、分母的最高次方 n，m 有关.

例 6　求 $\lim\limits_{x\to\infty}\frac{3x^3-4x^2+5}{5x^3+2x-7}$.

解　由于此题为$\frac{\infty}{\infty}$型，因此分子、分母同除以 x^3，得

$$原式=\lim_{x\to\infty}\frac{3-\frac{4}{x}+\frac{5}{x^3}}{5+\frac{2}{x^2}-\frac{7}{x^3}}=\frac{3-0+0}{5+0-0}=\frac{3}{5}.$$

例 7　求 $\lim\limits_{x\to\infty}\frac{4x^2+x-3}{5x^3-x^2+4}$.

解　由于此题为$\frac{\infty}{\infty}$型，且分子的最高次方为 2，分母的最高次方为 3，因此原式$=0$.

例 8　求 $\lim\limits_{x\to\infty}\frac{6x^3-x^2+2x-1}{x^2+5x+4}$.

解　由于此题为$\frac{\infty}{\infty}$型，又因分子的最高次方为 3，分母的最高次方为 2，因此原式$=\infty$.

例 9　一个水池中有 5 000 L 的纯水，现将浓度为 30 g/L 的盐水以 25 L/min 的速度注入水池中，求：

（1）经过 t min 后水池中盐的浓度；

（2）随着时间的推移，水池中盐的浓度将如何变化？

解　（1）由题意知，经过 t min 后水池中盐水共有 $5\,000+25t$，含盐量为 $25\times30t$．于是，水池中盐的浓度为

$$C(t)=\frac{25\times30t}{5\,000+25t}=\frac{30t}{200+t}.$$

（2）随着时间的推移，即 $t\to+\infty$，水池中盐的浓度为

$$\lim_{t\to+\infty}C(t)=\lim_{t\to+\infty}\frac{30t}{200+t}=30,$$

即水池中盐的浓度最终将接近 30 g/L.

6. $\infty-\infty$型

它适用于$\lim[f(x)-g(x)]$，其中$\lim f(x)=\infty$且$\lim g(x)=\infty$，记作$\infty-\infty$型．方法：先通分或先将分子有理化，就可以将其极限化成前面几种形式．

例 10 求$\lim\limits_{x\to1}\left(\dfrac{1}{1-x}-\dfrac{3}{1-x^3}\right)$．

解 由于此题属于$\infty-\infty$型，因此先通分再整理化简，有

$$\text{原式}=\lim_{x\to1}\left[\frac{1+x+x^2}{(1-x)(1+x+x^2)}-\frac{3}{(1-x)(1+x+x^2)}\right]$$

$$=\lim_{x\to1}\frac{(x-1)(x+2)}{(1-x)(1+x+x^2)}=\lim_{x\to1}\frac{-x-2}{1+x+x^2}=\frac{-1-2}{1+1+1^2}=-1\,.$$

注　意

（1）由于数列是函数的特殊情况，因此函数极限的运算法则及求法同样适用于数列极限．

（2）从上面例题可以看出，求极限很难，难在不同类型的极限需用不同的方法．因此，今后求极限时，应先判断所求极限的类型，再确定用什么方法求解．

习题 2-2

1．求下列极限：

（1）$\lim\limits_{x\to2}(3x^2-4x+1)$；

（2）$\lim\limits_{x\to2}\dfrac{x^2+3}{x-3}$；

（3）$\lim\limits_{x\to\sqrt{3}}\dfrac{x^2-3}{x^2+4}$；

（4）$\lim\limits_{x\to5}\dfrac{x+5}{x-5}$；

（5）$\lim\limits_{x\to1}\dfrac{x^2-1}{2x^2-x-1}$；

（6）$\lim\limits_{x\to4}\dfrac{x^2-7x+12}{x^2-5x+4}$；

（7）$\lim\limits_{x\to3}\dfrac{\sqrt{1+x}-2}{x-3}$；

（8）$\lim\limits_{x\to0}\dfrac{\sqrt{1+x}-\sqrt{1-x}}{x}$；

（9）$\lim\limits_{x\to3}\left(\dfrac{1}{x-3}-\dfrac{6}{x^2-9}\right)$；

（10）$\lim\limits_{x\to1}\left(\dfrac{1}{1-x}-\dfrac{3}{1-x^3}\right)$；

（11）$\lim\limits_{x\to\infty}\dfrac{2x^2-3x+1}{5x^2+x-8}$；

（12）$\lim\limits_{x\to\infty}\dfrac{2x^2-3x+1}{5x^3+x-8}$；

（13）$\lim\limits_{x\to\infty}\dfrac{2x^3-3x+1}{5x^2+x-8}$；

（14）$\lim\limits_{x\to\infty}\dfrac{3x^3+2x-5}{4x^3-1}$；

（15）$\lim\limits_{n\to\infty}\dfrac{1+2+\cdots+n}{n^2}$；

（16）$\lim\limits_{n\to\infty}\left(1+\dfrac{1}{2}+\dfrac{1}{4}+\cdots+\dfrac{1}{2^n}\right)$．

2.3　两个重要极限及无穷小的比较

2.3.1　两个重要极限

1. $\lim\limits_{x\to 0}\dfrac{\sin x}{x}=1$

函数 $y=\dfrac{\sin x}{x}$ 的图像如图 2-7 所示，从图像可以看出，当 $x\to 0$ 时，函数 $y=\dfrac{\sin x}{x}$ 的值无限趋近于 1.

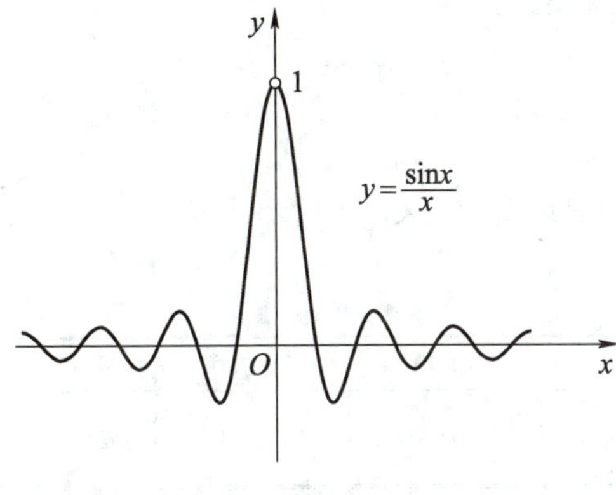

图 2-7

此重要极限属于 $\dfrac{0}{0}$ 型，常形象地表示为

$$\lim_{\square\to 0}\frac{\sin\square}{\square}=1\ （\square代表同一变量）.$$

例 1　求 $\lim\limits_{x\to 0}\dfrac{\sin 3x}{x}$.

解　令 $u=3x$，则 $x=\dfrac{u}{3}$. 当 $x\to 0$ 时，$u\to 0$. 于是有

$$\lim_{x\to 0}\frac{\sin 3x}{x}=\lim_{u\to 0}\frac{\sin u}{\frac{u}{3}}=3\lim_{u\to 0}\frac{\sin u}{u}=3.$$

注　意

函数 $\dfrac{\sin 3x}{x}$ 通过变量替换成为 $\dfrac{\sin u}{u}$ 时，极限中的 $x\to 0$ 同时要变为 $u\to 0$. 也可以直接计算，即

$$\lim_{x\to 0}\frac{\sin 3x}{x}=\lim_{x\to 0}\frac{3\sin 3x}{3x}=3\lim_{x\to 0}\frac{\sin 3x}{3x}=3.$$

例 2　求下列极限：

（1）$\lim\limits_{x\to 0}\dfrac{\sin 3x}{\sin 5x}$；　（2）$\lim\limits_{x\to 0}\dfrac{\tan x}{x}$；　（3）$\lim\limits_{x\to 0}\dfrac{1-\cos x}{x^2}$.

解 （1）$\lim\limits_{x\to0}\dfrac{\sin 3x}{\sin 5x}=\lim\limits_{x\to0}\dfrac{\dfrac{\sin 3x}{3x}\cdot 3x}{\dfrac{\sin 5x}{5x}\cdot 5x}=\dfrac{3}{5}\dfrac{\lim\limits_{x\to0}\dfrac{\sin 3x}{3x}}{\lim\limits_{x\to0}\dfrac{\sin 5x}{5x}}=\dfrac{3}{5}$.

（2）$\lim\limits_{x\to0}\dfrac{\tan x}{x}=\lim\limits_{x\to0}\dfrac{\sin x}{x}\cdot\dfrac{1}{\cos x}=\lim\limits_{x\to0}\dfrac{\sin x}{x}\cdot\lim\limits_{x\to0}\dfrac{1}{\cos x}=1\times1=1$.

（3）$\lim\limits_{x\to0}\dfrac{1-\cos x}{x^2}=\lim\limits_{x\to0}\dfrac{2\sin^2\dfrac{x}{2}}{x^2}=\lim\limits_{x\to0}\dfrac{1}{2}\cdot\dfrac{\sin\dfrac{x}{2}}{\dfrac{x}{2}}\cdot\dfrac{\sin\dfrac{x}{2}}{\dfrac{x}{2}}=\dfrac{1}{2}$.

2. $\lim\limits_{x\to\infty}\left(1+\dfrac{1}{x}\right)^x=\mathrm{e}$

当 $x\to\infty$ 时，函数 $\left(1+\dfrac{1}{x}\right)^x$ 的变化趋势如表 2-1 所示.

表 2-1

x	10	100	1 000	10 000	100 000	1 000 000	$\cdots\to+\infty$
$\left(1+\dfrac{1}{x}\right)^x$	2.593 74	2.704 81	2.716 92	2.718 15	2.718 27	2.718 28	$\cdots\to\mathrm{e}$
x	−10	−100	−1 000	−10 000	−100 000	−1 000 000	$\cdots\to-\infty$
$\left(1+\dfrac{1}{x}\right)^x$	2.867 97	2.732 00	2.719 64	2.718 42	2.718 30	2.718 28	$\cdots\to\mathrm{e}$

从表 2-1 中可以看出，当 $x\to-\infty$ 及 $x\to+\infty$ 时，$\left(1+\dfrac{1}{x}\right)^x$ 的值无限趋近于 $\mathrm{e}=2.718\,28\cdots$，即 $\lim\limits_{x\to\infty}\left(1+\dfrac{1}{x}\right)^x=\mathrm{e}$．若令 $\dfrac{1}{x}=t$，则当 $x\to\infty$ 时，$t\to0$．因此，$\lim\limits_{x\to\infty}\left(1+\dfrac{1}{x}\right)^x=\mathrm{e}$ 还可以写成 $\lim\limits_{t\to0}(1+t)^{\frac{1}{t}}=\mathrm{e}$.

此重要极限属于 1^∞ 型，常形象地表示为

$$\lim_{\square\to\infty}\left(1+\frac{1}{\square}\right)^{\square}=\mathrm{e}\ \text{或}\ \lim_{\square\to0}(1+\square)^{\frac{1}{\square}}=\mathrm{e}\ （\square\text{代表同一变量}）.$$

例 3 求下列函数的极限：

（1）$\lim\limits_{x\to\infty}\left(1+\dfrac{3}{x}\right)^x$；　　（2）$\lim\limits_{x\to0}(1-x)^{\frac{1}{x}}$.

解 （1）令 $\dfrac{x}{3}=u$，则 $x=3u$．于是

$$\lim_{x\to\infty}\left(1+\frac{3}{x}\right)^x=\lim_{u\to\infty}\left(1+\frac{1}{u}\right)^{3u}=\lim_{u\to\infty}\left[\left(1+\frac{1}{u}\right)^u\right]^3=\mathrm{e}^3.$$

（2）$\lim\limits_{x\to0}(1-x)^{\frac{1}{x}}=\lim\limits_{x\to0}[1+(-x)]^{\frac{1}{-x}\times(-1)}=\mathrm{e}^{-1}=\dfrac{1}{\mathrm{e}}$.

拓展应用

第二个重要极限可应用在经济学中的连续复利计算方面.

设本金为 P_0，计息期（如一年）的利率为 r，若每个计息期结算 n 次，则 m 个计息期的本利和为

$$P=P_0\left(1+\frac{r}{n}\right)^{mn}.$$

在计息期一定时，通常结算周期越短获利越多. 若结算周期无限缩短，也就是连续复利（即期数 $n\to\infty$），则第 m 年末的本利和尽管会不断增大，但最后将稳定趋近于一个固定的数，即

$$P=\lim_{n\to\infty}P_0\left(1+\frac{r}{n}\right)^{mn}=\lim_{n\to\infty}P_0\left(1+\frac{r}{n}\right)^{\frac{n}{r}\times mr}=P_0\mathrm{e}^{mr}.$$

例 4　设有本金 10 000 元，年利率为 6%，计息期为五年，分别计算下列情况的本利和：

（1）单利计息（五年结算一次）；

（2）复利计息（3 个月结算一次）；

（3）连续复利计息.

解　（1）单利计息（五年结算一次）时本利和为

$$P=10\,000\times(1+6\%\times5)=13\,000\ （元）.$$

（2）复利计息（3 个月结算一次）时本利和为

$$P=10\,000\times\left(1+\frac{0.06}{4}\right)^{5\times4}\approx13\,468.55\ （元）.$$

（3）连续复利计息时本利和为

$$P=10\,000\mathrm{e}^{5\times0.06}\approx13\,498.59\ （元）.$$

2.3.2　无穷小量的比较

我们已经知道，两个无穷小量的和、差、积仍然是无穷小量，但两个无穷小量的商却不一定是无穷小量.

例如，当 $x\to0$ 时，x，$3x^2$，$2x$，$\sin x$ 都是无穷小量，但两个无穷小量的商却会出现不同的情况，如

$$\lim_{x\to0}\frac{3x^2}{x}=0,\quad \lim_{x\to0}\frac{x}{3x^2}=\infty,\quad \lim_{x\to0}\frac{2x}{x}=2,\quad \lim_{x\to0}\frac{\sin x}{x}=1.$$

两个无穷小量比值极限的不同，反映了不同无穷小量趋于零的速度差异.

$\lim\limits_{x\to0}\dfrac{3x^2}{x}=0$，说明当 $x\to0$ 时，$3x^2\to0$ 的速度比 $x\to0$ 要快；

$\lim\limits_{x\to0}\dfrac{x}{3x^2}=\infty$，说明当 $x\to0$ 时，$x\to0$ 的速度比 $3x^2\to0$ 要慢；

$\lim\limits_{x\to0}\dfrac{2x}{x}=2$，说明当 $x\to0$ 时，$2x\to0$ 与 $x\to0$ 的速度相当；

$\lim\limits_{x\to0}\dfrac{\sin x}{x}=1$，说明当 $x\to0$ 时，$\sin x\to0$ 与 $x\to0$ 的速度相同.

由上可知，可以用两个无穷小量商的极限来比较它们趋于零的快慢，为此引入如下定义.

定义 设α,β是自变量的同一变化过程中（$x\to x_0$或$x\to\infty$）的无穷小量，且$\alpha\neq 0$.

（1）若$\lim\dfrac{\beta}{\alpha}=0$，则称$\beta$是比$\alpha$**高阶的无穷小**，记作$\beta=o(\alpha)$；

（2）若$\lim\dfrac{\beta}{\alpha}=\infty$，则称$\beta$是比$\alpha$**低阶的无穷小**；

（3）若$\lim\dfrac{\beta}{\alpha}=c\neq 0$，则称$\beta$与$\alpha$是**同阶无穷小**；

（4）若$\lim\dfrac{\beta}{\alpha}=1$，则称$\beta$与$\alpha$是**等价无穷小**，记作$\alpha\sim\beta$.

例如，当$x\to 0$时，x^3+2x与x都是无穷小量．因为$\lim\limits_{x\to 0}\dfrac{x^3+2x}{x}=\lim\limits_{x\to 0}(x^2+2)=2\neq 0$，所以当$x\to 0$时，$x^3+2x$与$x$是同阶无穷小量．

等价无穷小在求极限时有重要的作用．对此，有如下定理．

定理 设$\alpha\sim\alpha'$，$\beta\sim\beta'$，且$\lim\dfrac{\alpha'}{\beta'}$存在，则有$\lim\dfrac{\alpha}{\beta}=\lim\dfrac{\alpha'}{\beta'}$.

证明 $\lim\dfrac{\beta}{\alpha}=\lim\dfrac{\beta}{\beta'}\dfrac{\beta'}{\alpha'}\dfrac{\alpha'}{\alpha}=\lim\dfrac{\beta}{\beta'}\lim\dfrac{\beta'}{\alpha'}\lim\dfrac{\alpha'}{\alpha}=\lim\dfrac{\beta'}{\alpha'}$.

这说明，在求两个无穷小量之比的极限时，分子、分母可分别用它们的等价无穷小来代替，这样可以简化某些极限的运算．因此，我们应该记住以下几个常用的等价无穷小．

当$x\to 0$时，

$$\sin x\sim x,\quad \tan x\sim x,\quad \arcsin x\sim x,\quad \arctan x\sim x,$$

$$1-\cos x\sim\frac{1}{2}x^2,\quad \ln(1+x)\sim x,\quad \mathrm{e}^x-1\sim x.$$

例5 求$\lim\limits_{x\to 0}\dfrac{\sin x}{x^3-4x}$.

解 当$x\to 0$时，$\sin x\sim x$，无穷小x^3-4x与它本身显然是等价的，所以

$$\lim_{x\to 0}\frac{\sin x}{x^3-4x}=\lim_{x\to 0}\frac{x}{x^3-4x}=\lim_{x\to 0}\frac{x}{x(x^2-4)}=\lim_{x\to 0}\frac{1}{x^2-4}=-\frac{1}{4}.$$

例6 求$\lim\limits_{x\to 0}\dfrac{\tan x-\sin x}{x^3}$.

解 当$x\to 0$时，$\sin x\sim x$，$1-\cos x\sim\dfrac{1}{2}x^2$，所以

$$\lim_{x\to 0}\frac{\tan x-\sin x}{x^3}=\lim_{x\to 0}\frac{\sin x\left(\dfrac{1}{\cos x}-1\right)}{x^3}=\lim_{x\to 0}\frac{\sin x(1-\cos x)}{x^3\cos x}=\lim_{x\to 0}\frac{x\cdot\dfrac{1}{2}x^2}{x^3\cos x}=\frac{1}{2}.$$

注 意

在利用等价无穷小量代换求极限时，只有所求极限式中相乘或相除的无穷小量才能用等价无穷小量来替代，而所求极限式中的相加或相减的无穷小量则不能随意替代．例如，在例6中，若$\lim\limits_{x\to 0}\dfrac{\tan x-\sin x}{x^3}$中$\tan x$和$\sin x$直接用其等价无穷小量替换，则得到错误结果．

习题 2-3

1．求下列极限：

（1）$\lim\limits_{x\to 0}\dfrac{\sin 8x}{x}$；　　（2）$\lim\limits_{x\to 0}\dfrac{\sin\frac{x}{2}}{x}$；

（3）$\lim\limits_{x\to 0}\dfrac{\tan 4x}{x}$；　　（4）$\lim\limits_{x\to 0}x\cot 5x$；

（5）$\lim\limits_{x\to\frac{\pi}{2}}\dfrac{\cos x}{\frac{\pi}{2}-x}$；　　（6）$\lim\limits_{x\to 0}\dfrac{1-\cos 2x}{x\sin x}$；

（7）$\lim\limits_{x\to -1}\dfrac{\sin(x+1)}{2(x+1)}$；　　（8）$\lim\limits_{x\to 0}\dfrac{\sin 7x}{\sin 3x}$．

2．求下列极限：

（1）$\lim\limits_{x\to\infty}\left(1+\dfrac{7}{x}\right)^{x}$；　　（2）$\lim\limits_{x\to\infty}\left(1-\dfrac{1}{x}\right)^{2x}$；

（3）$\lim\limits_{x\to 0}(1+6x)^{\frac{1}{x}}$；　　（4）$\lim\limits_{x\to 0}(1-3x)^{\frac{2}{x}}$．

3．利用等价无穷小，求下列极限：

（1）$\lim\limits_{x\to 0}\dfrac{\sin 9x}{\sin 3x}$；　　（2）$\lim\limits_{x\to 0}\dfrac{\tan 7x}{\sin 4x}$；

（3）$\lim\limits_{x\to 0}\dfrac{1-\cos x}{x\sin x}$；　　（4）$\lim\limits_{x\to 0}\dfrac{e^{x}-1}{\sin 3x}$；

（5）$\lim\limits_{x\to 0}\dfrac{\arcsin 2x}{\ln(1-x)}$；　　（6）$\lim\limits_{x\to 0}\dfrac{\sin x^{5}}{\tan x^{4}}$．

4．当$x\to 0$时，$8x^2-3x^3$与$6x^3+5x^4$相比，哪一个是高阶无穷小？

5．（1）当$x\to 1$时，无穷小$1-x$和$1-x^3$是否是同阶？是否等价？

（2）当$x\to 1$时，无穷小$1-x$和$\dfrac{1}{2}(1-x^2)$是否同阶？是否等价？

2.4　函数的连续性

在现实生活中许多变量都是连续变化的，如气温的变化、植物的生长、河水的流动、物体的热胀冷缩等，其特点是时间变化很小时，这些变量的变化也很小．变量的这种变化现象体现在数学上就是函数的连续性；反映在几何上，其图像就是一条连续不断的曲线．函数的连续性是与函数的极限密切相关的另一个基本概念．

函数的连续性

2.4.1 连续函数的概念

1. 函数的增量

自变量从初值 x_0 变为终值 x 时，终值与初值的差 $x-x_0$ 称为自变量 x 的**增量**（通常也称为**改变量**），记作 Δx．增量 Δx 可正可负.

设函数 $y=f(x)$ 在点 x_0 处的某邻域内有定义，当自变量 x 在该邻域内由 x_0 变到 $x_0+\Delta x$ 时，函数 y 相应地由 $f(x_0)$ 变到 $f(x_0+\Delta x)$，称 $f(x_0+\Delta x)-f(x_0)$ 为函数的**增量**（或**改变量**），记作 Δy 或 $\Delta f(x)$，则有

$$\Delta y=f(x_0+\Delta x)-f(x_0).$$

函数增量的几何意义如图 2-8 所示.

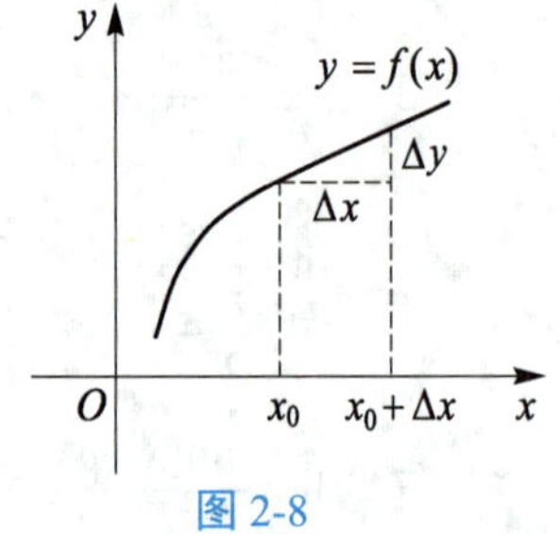

图 2-8

2. 函数连续的定义

定义 1 设函数 $y=f(x)$ 在点 x_0 处的某一邻域内有定义，当自变量 x 在点 x_0 处的改变量 Δx 趋于零时，相应地函数的改变量 Δy 也趋于零，即

$$\lim_{\Delta x\to 0}\Delta y=\lim_{\Delta x\to 0}[f(x_0+\Delta x)-f(x_0)]=0,$$

则称函数 $y=f(x)$ **在点 x_0 处连续**.

在定义 1 中，若令 $x=x_0+\Delta x$，则 $\Delta x\to 0$ 即为 $x\to x_0$，$\Delta y\to 0$ 即为 $f(x)\to f(x_0)$．因此，函数在点 x_0 处的连续性也可按下列定义表述.

定义 2 设函数 $y=f(x)$ 在点 x_0 处的某一邻域内有定义，若当 $x\to x_0$ 时，函数 $y=f(x)$ 的极限存在且等于函数在点 x_0 处的函数值，即

$$\lim_{x\to x_0}f(x)=f(x_0),$$

则称函数 $y=f(x)$ **在点 x_0 处连续**.

由函数 $f(x)$ 在点 x_0 处左极限、右极限的定义，可以得到函数 $f(x)$ 在点 x_0 处是左连续与右连续的定义.

定义 3 若 $\lim\limits_{x\to x_0^-}f(x)=f(x_0)$，则称函数 $y=f(x)$ 在点 x_0 处是**左连续**．若 $\lim\limits_{x\to x_0^+}f(x)=f(x_0)$，则称函数 $y=f(x)$ 在点 x_0 处是**右连续**.

提 示

函数 $y=f(x)$ 在点 x_0 处连续的充要条件就是函数在点 x_0 处既左连续又右连续．该结论是讨论分段函数在分界点处是否连续的依据.

下面给出函数在区间上连续的定义.

定义 4 若函数 $f(x)$ 在开区间 (a,b) 内各点处均连续，则称 $f(x)$ 在开区间 (a,b) 内**连续**．若函数 $f(x)$ 在开区间 (a,b) 各点处内连续，且在 $x=a$ 处右连续，在 $x=b$ 处左连续，则称 $f(x)$ 在闭区间 $[a,b]$ 上**连续**.

知识宝典

（1）函数 $y=f(x)$ 在点 x_0 处连续的几何意义是：函数 $y=f(x)$ 的图形在点 $(x_0, f(x_0))$ 处不断开；

（2）函数 $y=f(x)$ 在区间 (a,b) 内连续的几何意义是：函数 $y=f(x)$ 的图形在 (a,b) 内是一条连绵不断的曲线.

例 1　讨论函数 $f(x)=\begin{cases}2x+1, & x\leqslant 0,\\ \cos x, & x>0\end{cases}$ 在 $x=0$ 处的连续性.

解　因为 $\lim\limits_{x\to 0^+}f(x)=\lim\limits_{x\to 0^+}\cos x=1$，$\lim\limits_{x\to 0^-}f(x)=\lim\limits_{x\to 0^-}(2x+1)=1$，且 $f(0)=1$，所以 $\lim\limits_{x\to 0}f(x)$ 存在，且 $\lim\limits_{x\to 0}f(0)=f(0)=1$.

由定义可知，函数 $f(x)$ 在 $x=0$ 处连续.

小贴士

根据连续函数的定义，通过上述例子，总结出 $f(x)$ 在点 x_0 处连续需满足下列三个条件：

（1）函数 $f(x)$ 在点 x_0 的某邻域内有定义；

（2）函数 $f(x)$ 的极限 $\lim\limits_{x\to x_0}f(x)$ 存在；

（3）$\lim\limits_{x\to x_0}f(x)=f(x_0)$.

2.4.2　函数的间断点

定义 5　设函数 $y=f(x)$ 在点 x_0 的某去心邻域内有定义，若函数 $y=f(x)$ 有下列三种情形之一，则称函数 $f(x)$ 在点 x_0 处**不连续或间断**，点 x_0 称为函数 $f(x)$ 的**不连续点或间断点**.

（1）在 $x=x_0$ 处没定义；

（2）在 $x=x_0$ 处有定义，但 $\lim\limits_{x\to x_0}f(x)$ 不存在；

（3）在 $x=x_0$ 处有定义，且 $\lim\limits_{x\to x_0}f(x)$ 存在，但 $\lim\limits_{x\to x_0}f(x)\neq f(x_0)$.

例 2　讨论函数 $f(x)=\dfrac{\sin x}{x}$ 在点 $x=0$ 处的连续性.

解　因为 $f(x)$ 的定义域为 $(-\infty,0)\cup(0,+\infty)$，所以 $f(x)=\dfrac{\sin x}{x}$ 在点 $x=0$ 处间断. 但由于 $\lim\limits_{x\to 0}\dfrac{\sin x}{x}=1$，因此若补充定义 $f(0)=1$，则得到函数 $y=\begin{cases}\dfrac{\sin x}{x}, & x\neq 0,\\ 1, & x=0,\end{cases}$ 该函数在点 $x=0$ 处是连续的.

知识宝典

间断点的分类

设点 x_0 为函数 $f(x)$ 的不连续点或间断点.

（1）若左极限 $\lim\limits_{x\to x_0^-} f(x)$ 和右极限 $\lim\limits_{x\to x_0^+} f(x)$ 都存在，则称点 x_0 为函数 $f(x)$ 的**第一类间断点**. 其中若 $\lim\limits_{x\to x_0^-} f(x) = \lim\limits_{x\to x_0^+} f(x)$，则点 x_0 为函数 $f(x)$ 的**可去间断点**；

若 $\lim\limits_{x\to x_0^-} f(x) \neq \lim\limits_{x\to x_0^+} f(x)$，则点 x_0 为函数 $f(x)$ 的**跳跃间断点**.

（2）若左极限 $\lim\limits_{x\to x_0^-} f(x)$ 和右极限 $\lim\limits_{x\to x_0^+} f(x)$ 两者之中至少有一个不存在，则称点 x_0 为函数 $f(x)$ 的**第二类间断点**. 其中，当 $x\to x_0$ 时，若 $f(x)$ 为无穷大量，则这种类型的间断点也称为**无穷间断点**.

2.4.3 初等函数的连续性

定理 1 若函数 $f(x)$ 和 $g(x)$ 都在点 x_0 处连续，则它们的和、差、积、商（分母不等于 0）也都在点 x_0 处连续.

定理 2 若函数 $y=f(u)$ 在点 u_0 处连续，函数 $u=\varphi(x)$ 在点 x_0 处连续，且 $u_0=\varphi(x_0)$，则复合函数 $y=f[\varphi(x)]$ 在点 x_0 处连续.

上述定理也可表述为：若 $\lim\limits_{x\to x_0}\varphi(x)=\varphi(x_0)$，$\lim\limits_{u\to u_0} f(u)=f(u_0)$，且 $u_0=\varphi(x_0)$，则 $\lim\limits_{x\to x_0} f[\varphi(x)]=f[\varphi(x_0)]$，即 $\lim\limits_{x\to x_0} f[\varphi(x)]=f\left[\lim\limits_{x\to x_0}\varphi(x)\right]$.

这说明，在求连续函数的复合函数的极限时，极限符号可与函数符号交换次序.

例 3 计算 $\lim\limits_{x\to 1}\sqrt{x^2-2x+5}$.

解 因为 $y=\sqrt{x^2-2x+5}$ 是由 $y=\sqrt{u}$ 与 $u=x^2-2x+5$ 复合而成的，所以

$$\lim_{x\to 1}\sqrt{x^2-2x+5}=\sqrt{\lim_{x\to 1}(x^2-2x+5)}=2.$$

例 4 计算 $\lim\limits_{x\to 0}\dfrac{\log_a(1+x)}{x}$.

解 $\lim\limits_{x\to 0}\dfrac{\log_a(1+x)}{x}=\lim\limits_{x\to 0}\log_a(1+x)^{\frac{1}{x}}=\log_a\lim\limits_{x\to 0}(1+x)^{\frac{1}{x}}=\log_a \mathrm{e}=\dfrac{1}{\ln a}$.

由连续和极限的定义容易证明，基本初等函数在其定义域内都是连续的. 由于初等函数是由基本初等函数经有限次四则运算和有限次的函数复合构成的，因此我们可得到如下一个非常有用的结论.

定理 3 一切初等函数在其定义区间内都是连续的.

(1) 初等函数的连续区间就是初等函数的定义区间.

(2) 求初等函数在其定义域内某点处的极限时，只需求出函数在该点的函数值即可.

例 5　求函数 $y=\sqrt{x+4}-\dfrac{1}{x^2-1}$ 的连续区间.

解　因为函数 $y=\sqrt{x+4}-\dfrac{1}{x^2-1}$ 为初等函数，其定义域为 $[-4,-1)\cup(-1,1)\cup(1,+\infty)$，所以它的连续区间为 $[-4,-1)\cup(-1,1)\cup(1,+\infty)$.

例 6　求下列函数的极限：

(1) $\lim\limits_{x\to1}\dfrac{x^2+\ln(4-3x)}{\arctan x}$；　　(2) $\lim\limits_{x\to0}\dfrac{x^2+1}{3x^2+\cos x^2+2}$.

解　(1) $\lim\limits_{x\to1}\dfrac{x^2+\ln(4-3x)}{\arctan x}=\dfrac{1^2+\ln(4-3\times1)}{\arctan 1}=\dfrac{4}{\pi}$.

(2) $\lim\limits_{x\to0}\dfrac{x^2+1}{3x^2+\cos x^2+2}=\dfrac{0^2+1}{3\times0^2+\cos 0^2+2}=\dfrac{1}{3}$.

2.4.4　闭区间上连续函数的性质

在闭区间上的连续函数有一些重要的性质，它们可以作为分析和论证某些问题的理论根据.

性质 1（最值定理）　若函数 $y=f(x)$ 在闭区间 $[a,b]$ 上连续，则函数 $f(x)$ 在该区间上必有最大值和最小值.

如图 2-9 所示，若函数 $f(x)$ 在 $[a,b]$ 上连续，则在 $[a,b]$ 上至少有一点 ξ_1，使得 $f(x)$ 在点 ξ_1 处取最大值 M，至少有一点 ξ_2，使得 $f(x)$ 在点 ξ_2 处取最小值 m.

性质 2（介值定理）　若函数 $y=f(x)$ 在闭区间 $[a,b]$ 上连续，且 $f(a)\neq f(b)$，C 为介于 $f(a)$ 与 $f(b)$ 之间的任意数，则在开区间 (a,b) 内至少存在一点 ξ，使得 $f(\xi)=C$，如图 2-10 所示.

性质 3（零点定理）　若函数 $y=f(x)$ 在闭区间 $[a,b]$ 上连续，且 $f(a)$ 与 $f(b)$ 异号，即 $f(a)\cdot f(b)<0$，则在开区间 (a,b) 内至少存在一点 ξ，使 $f(\xi)=0$.

从几何意义上讲，如果函数 $f(x)$ 在闭区间 $[a,b]$ 上的图形是一条连续曲线，其两个端点分别位于 x 轴两侧，那么这条曲线与 x 轴至少有一个交点，如图 2-11 所示.

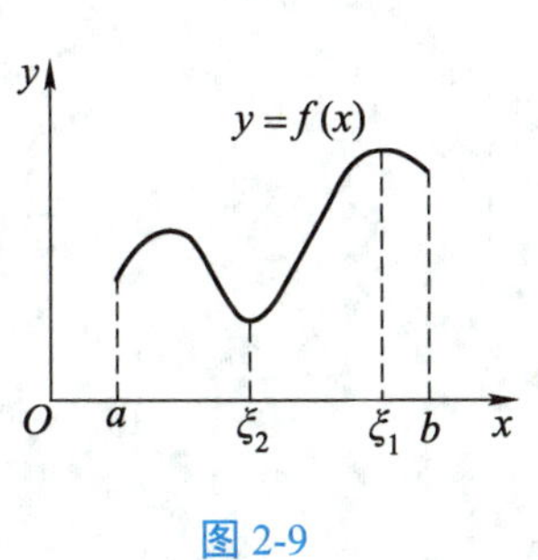

图 2-9

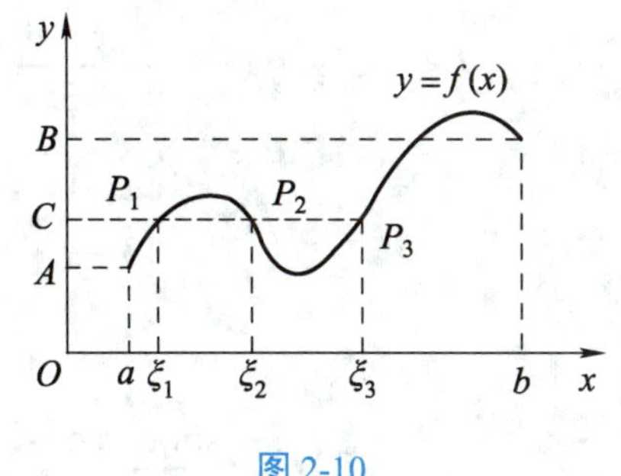

图 2-10

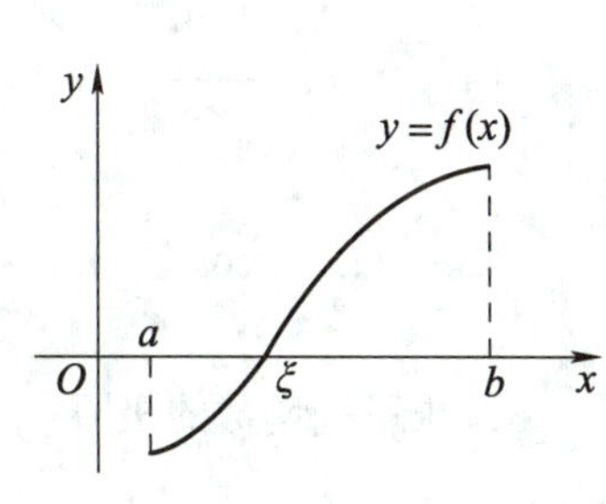

图 2-11

例 7　证明：方程 $x^3+2x=6$ 至少有一个根介于 1 和 3 之间.

证明　设 $f(x)=x^3+2x-6$，则 $f(x)$ 在 $[1,3]$ 上连续，且 $f(1)=-3<0$，$f(3)=27>0$. 因此，由零点定理可知在 $(1,3)$ 内至少有一点 x_0，使 $f(x_0)=0$，即证方程 $x^3+2x=6$ 在 $(1,3)$ 内至少有一个根.

砥节砺行

函数具有连续性，因变量随着自变量的变化而变化. 同样，生活中很多事物的变化也是连续的，如植物的生长、温度的变化、知识的积累等. 对于这些变化，我们不能急于求成，要遵循它的客观规律. 例如，知识的积累需要付出时间和努力，妄图寻求捷径的想法是不可取的. 因此，我们做事应脚踏实地，不能揠苗助长，急于求成.

习题 2-4

1. 单项选择题：

(1) 函数 $f(x)=5x^2$，当自变量 x 有增量 Δx 时，函数 $f(x)$ 的相应增量 $\Delta y=$（　　）.

A. $10x\Delta x$　　B. $10+5\Delta x$

C. $10x\Delta x+5(\Delta x)^2$　　D. $10\Delta x+(\Delta x)^2$

(2) 函数 $f(x)=\begin{cases}x-1, & 0<x\leqslant 1,\\ 2-x, & 1<x\leqslant 3\end{cases}$ 在 $x=1$ 处不连续是因为（　　）.

A. $f(x)$ 在 $x=1$ 处无定义　　B. $\lim\limits_{x\to 1^-}f(x)$ 不存在

C. $\lim\limits_{x\to 1^+}f(x)$ 不存在　　D. $\lim\limits_{x\to 1}f(x)$ 不存在

(3) 函数 $y=f(x)$ 在点 $x=x_0$ 处有定义是 $f(x)$ 在 x_0 处连续的（　　）.

A. 必要条件　　B. 充分条件

C. 充要条件　　D. 无关条件

(4) 函数 $f(x)=\begin{cases}2x, & 0\leqslant x<1,\\ a-3x, & 1\leqslant x<2\end{cases}$ 在点 $x=1$ 处连续，则 $a=$（　　）.

A. 2　　B. 5　　C. 3　　D. 4

2. 求下列函数的间断点：

(1) $f(x)=\dfrac{1}{(x+2)^2}$；　　(2) $f(x)=\dfrac{x^2-1}{x^2-3x+2}$；

(3) $f(x)=\cos^2\dfrac{1}{x}$；　　(4) $f(x)=\begin{cases}x-1, & x\leqslant 1,\\ 3-x, & x>1.\end{cases}$

3. 求下列函数的极限：

(1) $\lim\limits_{x\to 0}\sqrt{x^2-4x+7}$；　　(2) $\lim\limits_{x\to\frac{\pi}{6}}\dfrac{\sin x-\cos x}{\cos 2x}$；

（3）$\lim\limits_{x\to 0}\ln\dfrac{\tan x}{x}$；　　　　（4）$\lim\limits_{x\to 0}\dfrac{1}{x}\ln(1+x)$．

4．设函数 $f(x)=\begin{cases}\dfrac{1}{x}\sin x, & x<0,\\ k, & x=0,\\ x\sin\dfrac{1}{x}+1, & x>0,\end{cases}$ 问 k 为何值时，函数 $f(x)$ 在其定义域内连续？

5．设 $f(x)=\begin{cases}\mathrm{e}^x, & x<0,\\ x^2+ax+b, & x\geqslant 0,\end{cases}$ 应当怎样选取常数 a，b 才能使 $f(x)$ 处处连续？

6．证明：方程 $x\cdot 5^x-1=0$ 在区间 $(0,1)$ 内至少有一个实数根．

本章小结

本章主要讲述了极限和连续两方面内容．

1．极限

在了解数列极限、函数极限的定义，以及极限存在的充分必要条件的基础上，掌握极限的运算法则和下列求极限的方法．

（1）利用四则运算法则求极限．

（2）利用无穷小与有界变量的乘积仍是无穷小求极限．

（3）利用两个重要极限求极限．

（4）利用无穷小与无穷大的倒数关系求极限．

（5）利用函数的连续性求极限．

（6）利用两个多项式商的极限公式求极限．

（7）利用分解因式或分子分母有理化的方法求极限．

2．连续

函数概念和极限概念相结合得出的函数连续性概念是本章的另外一个重要内容．对于函数的连续性，学生应主要掌握函数在点 x_0 处连续的两个等价定义、函数在点 x_0 处连续与函数在点 x_0 处有极限的关系、判别间断点的条件及类型、初等函数的连续性、闭区间上连续函数的性质．

复习题二

1．填空题：

（1）函数 $y=\dfrac{\sqrt{2x+1}}{2x^2-x-1}$ 的定义域是________________．

（2）函数 $y=\ln\dfrac{1}{1-x}+\sqrt{x+2}$ 的连续区间为________________．

（3）设 $f(x)=\dfrac{1}{x-1}$，当 $x\to$ ____________时，$f(x)$ 为无穷大；当 $x\to$ ____________时，$f(x)$ 为无穷小.

（4）已知函数 $f(x)=\begin{cases}\dfrac{\sin 3x}{x}, & x>0,\\ a+\cos x, & x\leqslant 0\end{cases}$ 在 $x=0$ 处连续，则 a 为__________.

（5）函数 $y=\arcsin\sqrt{1-x^2}$ 的复合过程：____________________________________.

（6）已知 $\lim\limits_{x\to 1}\dfrac{x^2+ax+b}{1-x}=1$，则 $a=$________，$b=$__________.

2．单项选择题：

（1）当 $x\to 0$ 时，与 x 等价的无穷小量是（　　）.

A．$x^2+\sin x$　　B．$\tan 3x$　　C．$1+\cos x$　　D．$2x$

（2）下列极限存在的是（　　）.

A．$\lim\limits_{x\to\infty}\sin x$　　B．$\lim\limits_{x\to 0}x\sin\dfrac{1}{x}$　　C．$\lim\limits_{x\to\infty}\mathrm{e}^x$　　D．$\lim\limits_{x\to 0^+}\ln x$

（3）设 $\lim\limits_{x\to a^-}f(x)=\lim\limits_{x\to a^+}f(x)=A$，则 $f(x)$ 在 $x=a$ 处（　　）.

A．有定义　　B．$\lim\limits_{x\to a}f(x)=A$　　C．连续　　D．不连续

（4）下列各式错误的是（　　）.

A．$\lim\limits_{x\to 0}\dfrac{\sin x}{x}=1$　　B．$\lim\limits_{x\to\infty}\dfrac{\sin x}{x}=1$　　C．$\lim\limits_{x\to 0}x\sin\dfrac{1}{x}=0$　　D．$\lim\limits_{x\to\infty}x\sin\dfrac{1}{x}=1$

（5）函数 $f(x)$ 在 $x=a$ 处连续是 $\lim\limits_{x\to a}f(x)$ 存在的（　　）.

A．必要条件　　B．充分条件　　C．充要条件　　D．无关条件

（6）若 $\lim\limits_{x\to\infty}\left(1-\dfrac{1}{kx}\right)^x=\mathrm{e}^2$，则常数 $k=$（　　）.

A．$-\dfrac{1}{2}$　　B．$\dfrac{1}{2}$　　C．-2　　D．2

（7）已知极限 $\lim\limits_{x\to 1}\dfrac{kx^2+x-2}{x-1}$ 存在，则常数 $k=$（　　）.

A．0　　B．1　　C．2　　D．任意实数

（8）关于函数 $y=\dfrac{x^2-9}{x^2-2x-3}$，以下描述正确的是（　　）.

A．$x=-1$ 和 $x=3$ 都是第一类间断点　　B．$x=3$ 是第一类间断点

C．$x=-1$ 是第一类间断点　　D．$x=-1$ 和 $x=3$ 都是第二类间断点

3．设函数 $f(x)=\begin{cases}x^2, & x<0,\\ x+1, & 0<x\leqslant 1,\\ 2, & x>1.\end{cases}$

（1）画出函数的图形，并写出其定义域；

（2）求 $f(-2)$，$f(3)$，$f[f(-1)]$.

4. 求下列函数的极限：

（1）$\lim\limits_{x\to 2}\dfrac{x^2+x}{x-2}$；（2）$\lim\limits_{x\to 4}\dfrac{\sqrt{2x+1}-3}{x-4}$；（3）$\lim\limits_{n\to\infty}(\sqrt{n^2+n}-n)$；

（4）$\lim\limits_{x\to 2}\dfrac{x^2-4}{\sqrt{x-1}-1}$；（5）$\lim\limits_{x\to\infty}\left(1-\dfrac{1}{3x}\right)^x$；（6）$\lim\limits_{x\to 3}\dfrac{\sin(x-3)}{x^2-x-6}$；

（7）$\lim\limits_{x\to 0}\dfrac{\sin 5x}{\tan 2x}$；（8）$\lim\limits_{x\to 0}(1+2x)^{x^{-1}}$；（9）$\lim\limits_{x\to 0}\dfrac{\ln(1+x^2)}{\sin(1+x^2)}$；

（10）$\lim\limits_{x\to 1}\left(\dfrac{1}{x-1}-\dfrac{2}{x^2-1}\right)$；（11）$\lim\limits_{x\to -2}\dfrac{x^2+x-2}{x^2+5x+6}$；（12）$\lim\limits_{x\to\infty}\dfrac{(2x-1)^3(x+3)^5}{(3x+2)^8}$.

5. 求函数 $f(x)=\begin{cases}\sin x, & x<0,\\ x, & 0\leqslant x\leqslant 1,\\ \dfrac{1}{x-1}, & x>1\end{cases}$ 的间断点.

第 2 章答案

6. 设函数 $f(x)=\begin{cases}\sqrt{x^2-1}, & x<-1,\\ b, & x=-1,\\ a+\arccos x, & x>-1\end{cases}$ 在 $x=-1$ 处连续，求常数 a,b 的值.

7. 证明：曲线 $y=x^4-3x^2+7x-10$ 在 $x=1$ 与 $x=2$ 之间至少与 x 轴有一个交点.

知中有行　利用 MATLAB 软件求极限

在利用 MATLAB 对函数求极限前，需要对函数中所涉及的变量进行定义．我们称函数中的变量为符号变量，可用 syms 函数对它们进行定义．syms 函数一次可以定义多个符号变量．例如，用 syms 函数定义 4 个符号变量 a，b，c，d，命令如下：

```
>> syms a b c d
```

在 MATLAB 中，极限的求解是由 limit 函数实现的，它可用来求函数在指定点的极限值和左、右极限值. 对于极限值为“没有定义”的极限，MATLAB 给出的结果为 NaN；对于极限值为无穷大的极限，MATLAB 给出的结果为 Inf．limit 函数调用格式如表 2-2 所示.

表 2-2

数学运算	MATLAB 中 limit 函数调用格式	数学运算	MATLAB 中 limit 函数调用格式
$\lim\limits_{x\to a}f(x)$	`limit(f,x,a)`	$\lim\limits_{x\to\infty}f(x)$	`limit(f,x,inf)`
$\lim\limits_{x\to a^+}f(x)$	`limit(f,x,a,'right')`	$\lim\limits_{x\to+\infty}f(x)$	`limit(f,x,inf,'right')`
$\lim\limits_{x\to a^-}f(x)$	`limit(f,x,a,'left')`	$\lim\limits_{x\to-\infty}f(x)$	`limit(f,x,inf,'left')`

例 1 求函数的极限 $\lim\limits_{x \to 0}\dfrac{\sin 5x}{x}$.

解 在命令窗口中输入

```
>> syms x                          %创建符号变量 x
>> limit(sin(5*x)/x,x,0)           %计算符号表达式在 x 趋向 0 条件下的极限
ans =                              %计算结果的默认赋值变量
5
```

提　示

MATLAB 中的“%”表示其后的语句为注释内容，注释内容不会被执行.

例 2 求函数的极限 $\lim\limits_{x \to \infty}\left(1+\dfrac{2}{x}\right)^{x}$.

解 在命令窗口中输入

```
>> syms x
>> limit((1+2/x)^x,x,inf)          %计算符号表达式在 x 趋于∞条件下的极限
ans =
exp(2)                             %输出结果为 e^2
```

例 3 求函数的极限 $\lim\limits_{x \to 1}(1-x)\tan\dfrac{\pi x}{2}$.

解 在命令窗口中输入

```
>> syms x
>> limit((1-x)*tan(pi*x/2),x,1)    %计算符号表达式在 x 趋于 1 条件下的极限
ans =
2/pi                               %输出结果为 2/π
```

数学故事　敢为人先，刘徽发明割圆术

刘徽（公元 225—295 年），山东淄博人，是魏晋时期伟大的数学家，中国古典数学理论的奠基者之一．他的杰出著作《九章算术注》和《海岛算经》是中国最宝贵的数学遗产.

有关圆面积的计算，我国古代数学经典《九章算术》在第一章“方田”中写到“半周半径相乘得积步”，也就是我们现在所熟悉的圆面积公式．为了证明这个公式，刘徽于公元 263 年撰写《九章算术注》，在这一公式后面写了一篇 1 800 余字的注记，这篇注记就是数学史上著名的“割圆术”．

刘徽发明割圆术是为了求圆周率．圆周率是指圆的周长与该圆直径的比率，这是一个不变的“常数”．我们借助它可以进行关于圆和球体的各种计算．如果没有它，那么我们对圆和球体等将束手无策．同样，圆周率数值的准确性，也直接关乎我们有关计算的准确性和精确度．

所谓割圆术，就是以圆内接正多边形的面积（周长），来无限逼近圆面积（周长），并以此求取圆周率的方法．刘徽形容他的割圆术时说：“割之弥细，所失弥少，割之又割，以至于不可割，则与圆合体，而无所失矣．”

刘徽注意到，两次利用勾股定理，如图 2-12 所示，正 $2n$ 边形的边长 l_{2n} 可由正 n 边形的边长 l_n 导出，设圆的半径为 r，则

$$l_{2n}=AD=\sqrt{AC^2+CD^2}=\sqrt{\left(\frac{1}{2}l_n\right)^2+\left[r-\sqrt{r^2-\left(\frac{1}{2}l_n\right)^2}\right]^2}\,.$$

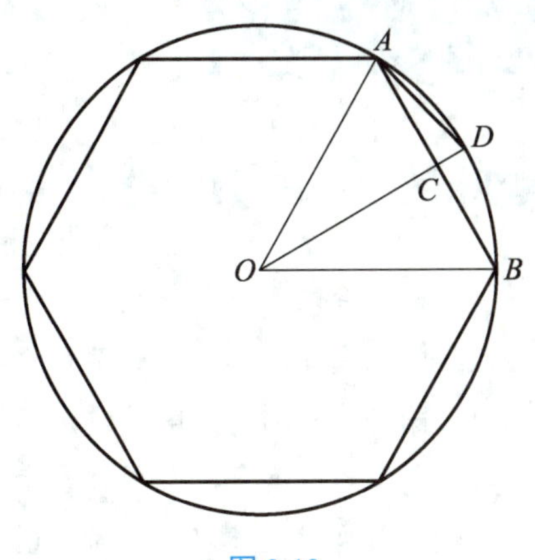

图 2-12

刘徽取 $r=1$，从正六边形开始计算，每次按上述公式计算边数加倍时的多边形的边长，到第五次时，就得到正 192（6×2^5）边形的边长，由此得到的圆周率为 $\pi\approx\frac{157}{50}=3.14$．这与阿基米德于公元前 240 年所得到的结果和方法基本是一致的．在注文中，刘徽还算到正 3 027（6×2^9）边形的边长，从而得出圆周率更精确的值 $\pi\approx\frac{3\,927}{1\,250}=3.141\,6$．

刘徽所创立的割圆术，其思想与古希腊的穷竭法不谋而合．割圆术在圆周率计算史上曾长期得到使用．到了南北朝时期，祖冲之（公元 429—500 年）在刘徽的这一基础上继续努力，终于使圆周率精确到了小数点以后的第七位．在西方，这个成绩是由法国数学家韦达于 1593 年取得的，比祖冲之要晚了一千一百多年．1610 年，德国数学家柯伦用 2^{62} 边形将圆周率计算到小数点后 35 位．1630 年，格林贝尔格利用改进的方法计算到小数点后 39 位，成为割圆术计算圆周率的最好结果．分析方法被发明后，逐渐取代了割圆术，但割圆术作为计算圆周率最早的科学方法，一直为人们所称道．

古代中国在数学上取得了很多辉煌成就，如比西方早一千多年提出勾股定理，庄子的“日取其半，万世不竭”表达出极限思想，刘徽的割圆术为圆周率的研究工作奠定了坚实可靠的理论基础，在人类历史上首次将极限和无穷小分割引入数学证明，成为人类文明史中不朽的篇章．但遗憾的是，由于过去政治封建落后和闭关锁国等原因，微积分的发展史上没有我们中国人的名字．1859 年，清朝学者李善兰把微积分引进中国．在至今一百多年的历史中，众多学者奋起直追，中国在数学方面的发展发生了翻天覆地的变化，解决了诸多世界性的难题，取得了影响现代数学发展的诸多辉煌成果．著名数学家华罗庚、陈省身、陈景润家喻户晓，童叟皆知．现如今，更有许多的数学学者在自己的领域默默地攻坚克难．作为大学生，我们应当树立强烈的民族责任感和制度自信、文化自信，凭借吃苦耐劳的精神，为了国家跻身于世界科学的快速发展轨道而努力学习，积极创新．

第3章 一元函数微分学

名人名言

微积分的创立是人类精神的最高胜利.

——恩格斯

趣味数学——微积分产生的历史背景

微积分在科学史上具有划时代的贡献，它的产生有着深刻的社会背景. 十七世纪中叶，有许多重大科学问题需要解决，这些问题也就成了促使微积分产生的因素，归结起来有以下四类.

第一类：瞬时速度问题. 那时，人们已经知道自由落体运动、炮弹的运动等许多运动不是匀速运动，它们的速度每时每刻都在变化，不能像平均速度那样计算. 因此，已知物体运动的距离为时间的函数，怎样求物体在任意时刻的速度和加速度，成了数学家们迫切需要解决的问题.

第二类：切线问题. 17 世纪，光学成为重要的研究领域. 要研究光线通过透镜的通道，必须知道光线射入透镜的角度，以便应用光的反射和折射定律，而入射角是光线与镜面曲线法线的夹角，法线是过切点垂直于切线的一条直线，所以问题在于求切线. 另外，在研究物体做曲线运动时，如何确定其轨迹上任意一点的运动方向（即轨迹的切线方向），也是切线问题.

第三类：函数的最值问题. 早在 16 世纪，西欧军事强国的火炮制造技术已经非常先进了，但令他们困惑的一个问题是，发射角多大时炮弹获得最大射程，这就涉及函数的最值问题. 研究行星运动也涉及最值问题，如求行星离太阳最近和最远的距离等.

第四类：求曲线围成的面积、曲面围成的体积、曲线弧长、物体的重心等问题. 这些问题自古就有，后来随着天文学的发展，变得更为突出. 例如，开普勒三大定律及其他许多天文学问题，都涉及行星运行的轨道、行星矢量扫过的面积及物体重心等的计算.

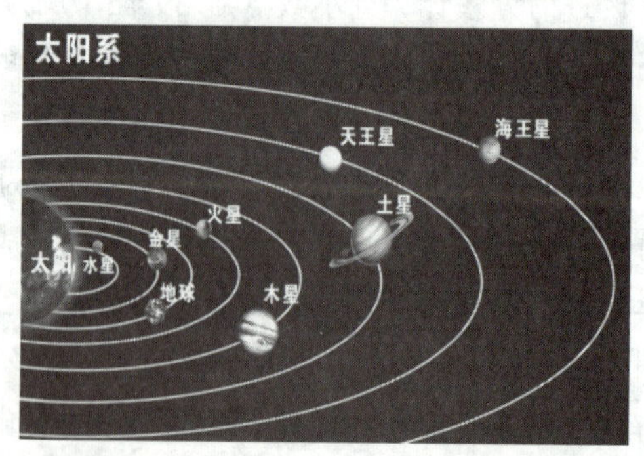

基于以上问题的研究和解决，并且在众多科学家研究的基础上，英国大科学家牛顿和德国数学家莱布尼茨分别在自己的国度里独自研究和完成了微积分的创立工作.

导学

本章我们将在函数和极限的基础上学习微分学的两个基本概念：导数和微分. 我们在解决实际问题时，除了需要确定变量之间的函数关系外，有时还需要研究函数相对于自变量变化的快慢程度，即函数的变化率，以及当自变量发生微小变化时函数的近似改变量，这两个问题就是我们本章所要讨论的主要内容——导数和微分.

素质目标

- 树立勇于探索未知、追求真理的科学精神.
- 提高逻辑严谨、思维缜密的问题分析能力.

3.1 导数的概念

3.1.1 引例分析

引例　自由落体的瞬时速度

如图 3-1 所示是著名的伽利略自由落体实验的场景. 若物体在真空中自由下落，则它的运动方程为

$$s = f(t) = \frac{1}{2}gt^2,$$

其中 g 为常量. 试求物体在 t_0 时刻的瞬时速度 v.

图 3-1

分析　我们知道，当物体做匀速直线运动时，它在任意时刻的速度可用公式

$$速度 = \frac{路程}{时间}$$

来计算. 但这里物体是变速直线运动，上式中的速度只能反映物体在某段时间内的平均速度，而不能精确地描述运动过程中任意时刻的瞬时速度. 因此，求物体在 t_0 时刻的瞬时速度，需要采用新的方法. 下面我们用求极限的方法来解决这个问题.

如图 3-2 所示，给定时间变量 t 在 t_0 时的一个增量 Δt，则在从时刻 t_0 到 $t_0+\Delta t$ 这段时间间隔内，物体运动路程的增量为

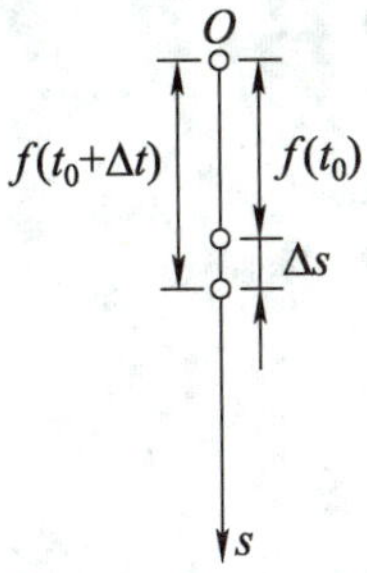

$$\begin{aligned}\Delta s &= f(t_0+\Delta t) - f(t_0)\\ &= \frac{1}{2}g(t_0+\Delta t)^2 - \frac{1}{2}gt_0^2\\ &= gt_0\Delta t + \frac{1}{2}g(\Delta t)^2,\end{aligned}$$

从而求得物体在时间段 Δt 内的平均速度，即

$$\bar{v} = \frac{\Delta s}{\Delta t} = \frac{f(t_0+\Delta t) - f(t_0)}{\Delta t} = gt_0 + \frac{1}{2}g\Delta t.$$

图 3-2

显然，当 $|\Delta t|$ 无限变小时，平均速度 $\bar{v}$ 无限接近于物体在 t_0 时刻的瞬时速度 v. 因此，平均速度的极限值就是物体在 t_0 时刻的瞬时速度 v，即可定义

$$v=\lim_{\Delta t\to 0}\bar{v}=\lim_{\Delta t\to 0}\frac{\Delta s}{\Delta t}=\lim_{\Delta t\to 0}\frac{f(t_0+\Delta t)-f(t_0)}{\Delta t}$$

$$=\lim_{\Delta t\to 0}\left[gt_0+\frac{1}{2}g\Delta t\right]=gt_0 .$$

可以看到，上述定义与物理学中自由落体的瞬时速度公式是一致的.

从数学观点看，以上引例中求自由落体瞬时速度的实质就是求函数 $f(t)$ 在某一点处的增量与其自变量 t 的增量之比的极限. 在实际中，许多问题都可以归结为这样一种求增量比的极限问题. 在数学上，我们把这类问题定义为导数.

导数的概念

砥节砺行

微积分中蕴含着丰富的辩证思想. 以平均速度和瞬时速度为例，如果从形而上学的观点来看，在时间改变量无限变小的过程中，平均速度只能反复产生平均速度，永远不能转化成瞬时速度. 而当时间改变量由非零转化为零，到达平均速度的质变的关节点，产生了瞬时速度的概念时，就突破了形而上学的固定范畴. 因此，我们在学习微积分时要突破形式逻辑，要有辩证逻辑和辩证思维，用联系的、发展的、全面的观点和方法看待问题，建立辩证唯物主义世界观.

3.1.2 导数的定义

定义 1 设函数 $y=f(x)$ 在点 x_0 处及其左右近旁有定义，当自变量 x 在点 x_0 处有增量 Δx 时，相应地函数有增量

$$\Delta y=f(x_0+\Delta x)-f(x_0).$$

若当 $\Delta x\to 0$ 时，Δy 与 Δx 之比的极限

$$\lim_{\Delta x\to 0}\frac{\Delta y}{\Delta x}=\lim_{\Delta x\to 0}\frac{f(x_0+\Delta x)-f(x_0)}{\Delta x}$$

存在，则称函数 $f(x)$ 在点 x_0 处**可导**，并称此极限值为 $y=f(x)$ 在点 x_0 处的**导数**，记作

$$f'(x_0)，\ y'\big|_{x=x_0}，\ \left.\frac{\mathrm{d}y}{\mathrm{d}x}\right|_{x=x_0}\ \text{或}\ \left.\frac{\mathrm{d}}{\mathrm{d}x}f(x)\right|_{x=x_0}，$$

于是有

$$f'(x_0)=\lim_{\Delta x\to 0}\frac{\Delta y}{\Delta x}=\lim_{\Delta x\to 0}\frac{f(x_0+\Delta x)-f(x_0)}{\Delta x}.$$

若上式的极限不存在，则称函数 $f(x)$ 在点 x_0 处不可导（或导数不存在）.

知识宝典

导数的定义式还有下列两种形式:

（1）令 $h=\Delta x$，得 $f'(x_0)=\lim\limits_{h\to 0}\dfrac{f(x_0+h)-f(x_0)}{h}$；

（2）令 $x=x_0+\Delta x$，得 $f'(x_0)=\lim\limits_{x\to x_0}\dfrac{f(x)-f(x_0)}{x-x_0}$.

定义 2　若函数 $f(x)$ 在区间 (a,b) 内每一点都可导，则称 $f(x)$ 在区间 (a,b) 内可导．这时，对于任意一个 $x\in(a,b)$，都有一个确定的导数值 $f'(x)$ 与之对应，这样就构成了一个新函数 $f'(x)$，称 $f'(x)$ 为函数 $f(x)$ 的**导函数**，简称**导数**，即

$$f'(x)=\lim_{\Delta x\to 0}\frac{f(x+\Delta x)-f(x)}{\Delta x},$$

也可记作

$$y',\quad \frac{\mathrm{d}y}{\mathrm{d}x},\quad \frac{\mathrm{d}f(x)}{\mathrm{d}x}.$$

$f'(x)$ 是 x 的函数，而 $f'(x_0)$ 是一个常数，二者的关系为 $f'(x_0)=f'(x)\big|_{x=x_0}$.

3.1.3　求导数举例

由导数定义可知，求函数 $y=f(x)$ 的导数 $f'(x)$ 可按以下三个步骤进行：

（1）求函数增量：$\Delta y=f(x+\Delta x)-f(x)$；

（2）计算比值：$\dfrac{\Delta y}{\Delta x}=\dfrac{f(x+\Delta x)-f(x)}{\Delta x}$；

（3）求极限：$f'(x)=\lim\limits_{\Delta x\to 0}\dfrac{\Delta y}{\Delta x}=\lim\limits_{\Delta x\to 0}\dfrac{f(x+\Delta x)-f(x)}{\Delta x}$.

例 1　求函数 $y=C$（C 为常数)的导数.

解　因为 $y=C$ 为常数，所以

$$\Delta y=0,\quad \frac{\Delta y}{\Delta x}=0,\quad y'=\lim_{\Delta x\to 0}\frac{\Delta y}{\Delta x}=0,$$

即

$$(C)'=0.$$

例 2　求函数 $y=x^2$ 的导数.

解　由已知可得

$$\Delta y=(x+\Delta x)^2-x^2=2x\Delta x+(\Delta x)^2,$$

于是

$$\frac{\Delta y}{\Delta x}=2x+\Delta x,$$

因此

$$y'=\lim_{\Delta x\to 0}\frac{\Delta y}{\Delta x}=\lim_{\Delta x\to 0}(2x+\Delta x)=2x,$$

即

$$(x^2)'=2x.$$

用同样的方法可以求 $(x^3)'=3x^2$．同理，可以推出幂函数的求导公式：

$$(x^{\alpha})'=\alpha x^{\alpha-1}\ (\alpha\text{ 为任意实数}).$$

例 3 求下列函数的导数：

（1）$y=\dfrac{1}{x}$；（2）$y=\sqrt{x}$．

解 （1）$y'=(x^{-1})'=-1\cdot x^{-1-1}=-x^{-2}=-\dfrac{1}{x^2}$．

（2）$y'=\left(x^{\frac{1}{2}}\right)'=\dfrac{1}{2}x^{\frac{1}{2}-1}=\dfrac{1}{2}x^{-\frac{1}{2}}=\dfrac{1}{2\sqrt{x}}$．

例 4 求函数 $y=\sin x$ 的导数．

解

$$y'=\lim_{\Delta x\to 0}\frac{\Delta y}{\Delta x}=\lim_{\Delta x\to 0}\frac{\sin(x+\Delta x)-\sin(x)}{\Delta x}=\lim_{\Delta x\to 0}\frac{2\cos\dfrac{2x+\Delta x}{2}\sin\dfrac{\Delta x}{2}}{\Delta x}$$

$$=\lim_{\Delta x\to 0}\cos\left(x+\frac{\Delta x}{2}\right)\cdot\frac{\sin\dfrac{\Delta x}{2}}{\dfrac{\Delta x}{2}}=\lim_{\Delta x\to 0}\cos\left(x+\frac{\Delta x}{2}\right)\cdot\lim_{\Delta x\to 0}\frac{\sin\dfrac{\Delta x}{2}}{\dfrac{\Delta x}{2}}=\cos x,$$

即

$$(\sin x)'=\cos x.$$

用同样的方法可以求

$$(\cos x)'=-\sin x.$$

同理，根据导数定义，我们可推出如下公式．

$(a^x)'=a^x\ln a$．特别地，$(\mathrm{e}^x)'=\mathrm{e}^x$．

$(\log_a x)'=\dfrac{1}{x}\log_a \mathrm{e}=\dfrac{1}{x\ln a}$．特别地，$(\ln x)'=\dfrac{1}{x}$．

例 5 求下列函数在指定点处的导数：

（1）$y=\cos x$，$x=\dfrac{\pi}{2}$；（2）$y=2^x$，$x=1$．

解 （1）$y'=(\cos x)'=-\sin x$，$y'\big|_{x=\frac{\pi}{2}}=-\sin\dfrac{\pi}{2}=-1$．

（2）$y'=(2^x)'=2^x\ln 2$，$y'\big|_{x=1}=2\ln 2$．

注 意

求函数在某点处的导数时，一般应先求出已给函数的导数，然后再求导数在该点处的函数值．

3.1.4 用导数表示实际量——变化率模型

数学上的导数概念，在各个领域的实际问题中，表示的是各种各样的变化率问题．为了更深刻地理解变化率，掌握用导数表示变化率的方法，下面给出几个应用案例．

案例 1 **切线的斜率**

设曲线 $y=f(x)$ 在点 $M(x_0,f(x_0))$ 处有切线且斜率存在，求曲线 $y=f(x)$ 在点 $M(x_0,f(x_0))$ 处的切线

斜率.

在曲线上另取一点 N，设它的坐标为 $(x_0+\Delta x, f(x_0+\Delta x))$，如图 3-3 所示.

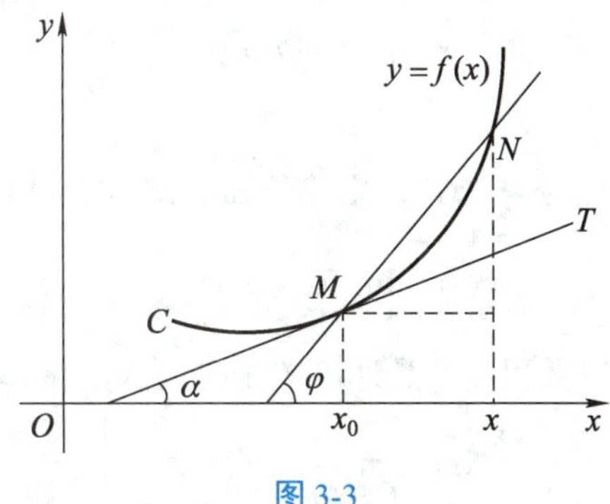

图 3-3

当割线 MN 上的 N 点沿着曲线无限接近 M 点时，割线 MN 的极限位置称为曲线在 M 点的**切线**. 设割线 MN 的倾角为 φ，切线 MT 的倾角为 α，则割线 MN 的斜率为

$$k_{MN}=\tan\varphi=\frac{\Delta y}{\Delta x}=\frac{f(x_0+\Delta x)-f(x_0)}{\Delta x}.$$

显然，当 $\Delta x\to 0$ 时，即点 N 沿着曲线趋近于 M 点时，割线 MN 趋近于极限位置 MT（即切线 MT）. 于是得到切线 MT 的斜率为

$$k_{MT}=\tan\alpha=\lim_{\Delta x\to 0}\frac{\Delta y}{\Delta x}=\lim_{\Delta x\to 0}\frac{f(x_0+\Delta x)-f(x_0)}{\Delta x}=f'(x_0).$$

这就是说，函数 $y=f(x)$ 在点 x_0 处的导数 $f'(x_0)$ 在几何上表示曲线 $y=f(x)$ 在点 $M\ (x_0, f(x_0))$ 处切线的斜率.

由直线的点斜式方程可以得到如下两点.

（1）曲线 $y=f(x)$ 在点 $M(x_0, f(x_0))$ 处的**切线方程**为

$$y-f(x_0)=f'(x_0)(x-x_0).$$

（2）过切点 $M(x_0, f(x_0))$ 且与切线垂直的直线称为曲线 $y=f(x)$ 在点 M 处的**法线**. 若 $f'(x_0)\neq 0$，则法线斜率为 $-\dfrac{1}{f'(x_0)}$，所以曲线 $y=f(x)$ 在点 $M(x_0, f(x_0))$ 处的**法线方程**为

$$y-f(x_0)=-\frac{1}{f'(x_0)}(x-x_0).$$

例 6　求曲线 $y=x^3$ 在点 $(2, 8)$ 处的切线斜率，并写出该点处的切线方程和法线方程.

解　由导数的几何意义可知，所求的切线斜率为

$$k=y'\big|_{x=2}=3x^2\big|_{x=2}=12,$$

于是所求的切线方程为

$$y-8=12(x-2),$$

即

$$12x-y-16=0.$$

所求法线的斜率为

$$-\frac{1}{k}=-\frac{1}{12},$$

于是所求的法线方程为

$$y-8=-\frac{1}{12}(x-2),$$

即

$$x+12y-98=0.$$

案例 2 **速度、加速度**

由引例可知，若物体的运动方程为$s=s(t)$，则物体在时刻t的瞬时速度为

$$v=\lim_{\Delta t\to 0}\frac{\Delta s}{\Delta t}=s'(t).$$

因为加速度（描述速度变化的快慢程度）是速度关于时间的变化率，所以物体在时刻t的加速度为

$$a=\lim_{\Delta t\to 0}\frac{\Delta v}{\Delta t}=v'(t).$$

案例 3 **电流强度**

电路中电荷的定向移动形成电流，通过导体横截面的电荷量Q与所用时间t之比称为**电流强度**，简称**电流**i．如果导体内的电荷随时间变化的函数为$Q=Q(t)$，那么该导体在时间段$[t,t+\Delta t]$内的平均电流为$i=\frac{\Delta Q}{\Delta t}$，在时刻$t$的电流为$i=\lim\limits_{\Delta t\to 0}\frac{\Delta Q}{\Delta t}=\frac{\mathrm{d}Q(t)}{\mathrm{d}t}$．

3.1.5 函数的可导性与连续性的关系

定理 若函数$y=f(x)$在点x_0处**可导**，则函数$y=f(x)$一定在点x_0处**连续**.

证明 由于函数$y=f(x)$在点$x=x_0$处可导，所以

$$\lim_{\Delta x\to 0}\frac{\Delta y}{\Delta x}=f'(x_0).$$

根据函数的极限与无穷小的关系定理可知

$$\frac{\Delta y}{\Delta x}=f'(x_0)+\alpha,$$

其中

$$\lim_{\Delta x\to 0}\alpha=0,$$

所以

$$\Delta y=f'(x_0)\Delta x+\alpha\Delta x.$$

于是当$\Delta x\to 0$时，有$\Delta y\to 0$．所以，函数$f(x)$在点x_0处连续.

注 意

若函数$f(x)$在点x_0处连续，则函数$f(x)$不一定在点x_0处可导.

例 7 证明：函数$y=\sqrt[3]{x^2}$在点$x=0$处连续，但在点$x=0$处不可导.

证明 （1）因为函数$y=\sqrt[3]{x^2}$是初等函数，定义域为$(-\infty,+\infty)$，所以由初等函数在其定义域内每一点都连续可知，函数$y=\sqrt[3]{x^2}$在点$x=0$处连续.

（2）因为

$$y'=(\sqrt[3]{x^2})'=\left(x^{\frac{2}{3}}\right)'=\frac{2}{3}x^{-\frac{1}{3}}=\frac{2}{3\sqrt[3]{x}},$$

所以当 $x=0$ 时，导数不存在．从图 3-4 中可以直观地看到：曲线 $y=\sqrt[3]{x^2}$ 在原点 O 具有垂直于 x 轴的切线 $x=0$（即 y 轴），显然该切线斜率不存在．

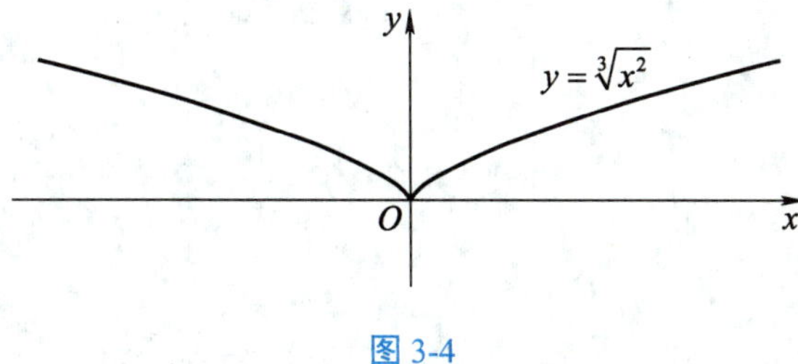

图 3-4

习题 3-1

1．物体做直线运动的方程为 $s=3t^2+1$（单位：m），求：

（1）物体在时间间隔 2 s 到 $(2+\Delta t)$ s 之间的平均速度；

（2）物体在 2 s 时刻的速度；

（3）物体在 t_0 s 时刻的速度．

2．根据导数的定义，求下列函数的导数和导数值：

（1）$f(x)=x^3$，求 $f'(x)$，$f'(1)$ 和 $f'(2)$；

（2）$y=\dfrac{1}{\sqrt{x}}$，求 $y'|_{x=4}$．

3．求下列函数的导数：

（1）$y=x^{\frac{2}{3}}$；　（2）$y=\dfrac{1}{x^2}$；　（3）$y=x\sqrt{x}$；

（4）$y=\dfrac{x^3}{\sqrt{x}}$；　（5）$y=\sqrt{3}^x$；　（6）$y=\lg x$．

4．（1）求曲线 $y=\sin x$ 在点 $\left(\dfrac{\pi}{6},\dfrac{1}{2}\right)$ 处的切线斜率；

（2）求曲线 $y=x^3$ 在点 $(1,1)$ 处的切线方程和法线方程．

5．请问双曲线 $y=\dfrac{1}{x}$ 上哪一点的切线与直线 $y=-x+3$ 平行？

6．讨论函数 $y=|x|$ 在点 $x=0$ 处是否连续，是否可导？

3.2 导数的运算

3.2.1 导数的基本公式

（1）$(C)'=0$；（2）$(x^{\alpha})'=\alpha x^{\alpha-1}$；

（3）$(a^x)'=a^x\ln a$；（4）$(\mathrm{e}^x)'=\mathrm{e}^x$；

（5）$(\log_a x)'=\dfrac{1}{x\ln a}$；（6）$(\ln x)'=\dfrac{1}{x}$；

（7）$(\sin x)'=\cos x$；（8）$(\cos x)'=-\sin x$；

（9）$(\tan x)'=\sec^2 x$；（10）$(\cot x)'=-\csc^2 x$；

（11）$(\sec x)'=\sec x\tan x$；（12）$(\csc x)'=-\csc x\cot x$；

（13）$(\arcsin x)'=\dfrac{1}{\sqrt{1-x^2}}$；（14）$(\arccos x)'=-\dfrac{1}{\sqrt{1-x^2}}$；

（15）$(\arctan x)'=\dfrac{1}{1+x^2}$；（16）$(\text{arccot}\, x)'=-\dfrac{1}{1+x^2}$.

3.2.2 函数和、差、积、商的求导法则

设 $u=u(x)$ 和 $v=v(x)$ 在点 x 处可导，则 $u(x)\pm v(x)$，$u(x)\cdot v(x)$，$\dfrac{u(x)}{v(x)}(v(x)\neq 0)$ 在点 x 处也可导，且有下列法则：

（1）$(u\pm v)'=u'\pm v'$；

（2）$(uv)'=u'v+uv'$；

（3）$\left(\dfrac{u}{v}\right)'=\dfrac{u'v-uv'}{v^2}\,(v\neq 0)$.

特例：$(Cu)'=Cu'$ (C为常数).

例 1 求下列函数的导数：

（1）$y=3x^2-2x+1$；（2）$y=\dfrac{2}{x}+3\cos x-\mathrm{e}^x$；

（3）$y=(x^2+1)\ln x$；（4）$y=\dfrac{x-1}{x+1}$.

解 （1）$y'=(3x^2-2x+1)'=(3x^2)'-(2x)'+1'=3(x^2)'-2x'=6x-2$.

（2）$$y'=\left(\frac{2}{x}+3\cos x-\mathrm{e}^x\right)'=2(x^{-1})'+3(\cos x)'-(\mathrm{e}^x)'$$

$$=-2x^{-2}-3\sin x-\mathrm{e}^x=-\frac{2}{x^2}-3\sin x-\mathrm{e}^x.$$

（3）$y'=[(x^2+1)\ln x]'=(x^2+1)'\ln x+(x^2+1)(\ln x)'=2x\ln x+x+\dfrac{1}{x}$.

（4）$y'=\left(\dfrac{x-1}{x+1}\right)'=-\dfrac{(x-1)'(x+1)-(x-1)(x+1)'}{(x+1)^2}$

$$=\frac{1\cdot(x+1)-(x-1)\cdot 1}{(x+1)^2}=\frac{2}{(x+1)^2}.$$

例 2　设函数 $y=\tan x$，证明：$y'=\sec^2 x$.

证明

$$y'=(\tan x)'=\left(\frac{\sin x}{\cos x}\right)'=\frac{(\sin x)'\cos x-(\cos x)'\sin x}{\cos^2 x}$$

$$=\frac{\cos^2 x+\sin^2 x}{\cos^2 x}=\frac{1}{\cos^2 x}=\sec^2 x,$$

即

$$(\tan x)'=\sec^2 x.$$

用与例 2 类似的方法，还可以得到下列导数公式：

$$(\cot x)'=-\csc^2 x,\quad (\sec x)'=\sec x\tan x,\quad (\csc x)'=-\csc x\cot x.$$

例 3　设函数 $y=x\tan x-2\sec x$，求 y'.

解

$$y'=(x\tan x-2\sec x)'=(x\tan x)'-2(\sec x)'$$

$$=x'\tan x+x(\tan x)'-2\sec x\tan x$$

$$=\tan x+x\sec^2 x-2\sec x\tan x.$$

3.2.3　复合函数的求导法则

设 $u=\varphi(x)$ 在点 x 处可导，函数 $y=f(u)$ 在对应点 u 处可导，则复合函数 $y=f[\varphi(x)]$ 在点 x 处也可导，并且

$$\frac{dy}{dx}=\frac{dy}{du}\cdot\frac{du}{dx} \text{ 或 } y'(x)=f'(u)\cdot\varphi'(x),$$

或记作

$$y'_x=y'_u\cdot u'_x.$$

这就说明，两个可导函数的复合函数对自变量的导数，等于复合函数对中间变量的导数乘以中间变量对自变量的导数.

本法则可推广到有限次复合的情形. 例如，设函数 $y=f(u)$，$u=\varphi(v)$，$v=\psi(x)$，则复合函数 $y=f\{\varphi[\psi(x)]\}$ 的导数为

$$\frac{dy}{dx}=\frac{dy}{du}\cdot\frac{du}{dv}\cdot\frac{dv}{dx}.$$

例 4　设函数 $y=\sin 2x$，求 $\dfrac{dy}{dx}$.

解　$y=\sin 2x$ 是由 $y=\sin u$，$u=2x$ 复合而成的，因此

$$\frac{dy}{dx}=\frac{dy}{du}\cdot\frac{du}{dx}=(\sin u)'(2x)'=\cos u\cdot 2=2\cos 2x.$$

例 5　设函数 $y=\sqrt{x^2+1}$，求 $\dfrac{dy}{dx}$.

解　$y=\sqrt{x^2+1}$ 是由 $y=\sqrt{u}$，$u=x^2+1$ 复合而成的，因此

$$\frac{dy}{dx}=\frac{dy}{du}\cdot\frac{du}{dx}=(\sqrt{u})'(x^2+1)'=\frac{1}{2\sqrt{u}}2x=\frac{x}{\sqrt{x^2+1}}.$$

提　示

对复合函数的求导法则比较熟悉后，求导时可不必再写出中间变量.

例 6　设函数 $y=\cos(3x+1)$，求 y'.

解

$$y'=-\sin(3x+1)(3x+1)'=-3\sin(3x+1).$$

例 7　设函数 $y=\ln(x^2-1)$，求 y'

解

$$y'=\frac{1}{x^2-1}(x^2-1)'=\frac{1}{x^2-1}\cdot 2x=\frac{2x}{x^2-1}.$$

例 8　设函数 $y=x\sqrt{1-x}$，求 y'.

解

$$\begin{aligned}y'&=(x\sqrt{1-x})'=x'\sqrt{1-x}+(\sqrt{1-x})'x\\&=\sqrt{1-x}+\frac{1}{2}(1-x)^{-\frac{1}{2}}(1-x)'x\\&=\sqrt{1-x}+\frac{-x}{2\sqrt{1-x}}=\frac{2-3x}{2\sqrt{1-x}}.\end{aligned}$$

习题 3-2

1．求下列函数的导数：

（1）$y=x^5+2\sqrt{x}-\sin\dfrac{1}{\pi}$；　　（2）$y=2x^3-5x^2+7x-9$；

（3）$y=2^x-\dfrac{1}{x}+\log_2 x+2^{10}$；　　（4）$y=\sqrt{x\sqrt{x}}$；

（5）$y=(x^2+1)\ln x$；　　（6）$y=(\mathrm{e}^x+1)\tan x$；

（7）$y=\dfrac{\sin x}{x}$；　　（8）$y=\dfrac{x}{x^2+1}$.

2．求下列函数的导数：

（1）$y=(2x+5)^{10}$；　　（2）$y=\sqrt{x^2+1}$；

（3）$y=\mathrm{e}^{x^2+1}$；　　（4）$y=\tan(1-x^2)$；

（5）$y=\cos^3\dfrac{x}{2}$；　　（6）$y=\ln(3x^2+2)$.

3．设 $f(x)=\mathrm{e}^{-\frac{x^2}{2}}$，求 $f'(1)$.

4．曲线 $y=x\mathrm{e}^{-x}$ 上哪一点的切线平行于 x 轴？求出相应的切线方程.

3.3　高阶导数

由导数的概念可知，若物体的运动方程为 $s=s(t)$，则物体在 t 时刻的瞬时速度为 $v(t)=s'(t)$．因为加速度是速度关于时间的变化率，所以物体在 t 时刻的加速度为 $a(t)=\lim\limits_{\Delta t\to 0}\dfrac{\Delta v}{\Delta t}=v'(t)$，于是有 $a(t)=v'(t)=(s'(t))'$，

记作 $a(t)=s''(t)$.

这种求两次导数，得到的函数称为二阶导数，即加速度是路程对时间的二阶导数.

3.3.1　高阶导数的定义

定义　若函数 $y=f(x)$ 的导数 $y'=f'(x)$ 仍是 x 的可导函数，则称 $y'=f'(x)$ 的导数为函数 $y=f(x)$ 的**二阶导数**，记作

$$y'',\ f''(x),\ \frac{\mathrm{d}^2y}{\mathrm{d}x^2} \text{或} \frac{\mathrm{d}^2f}{\mathrm{d}x^2}.$$

类似地，二阶导数 y'' 的导数称为函数 $f(x)$ 的**三阶导数**，记作 y'''；三阶导数的导数称为函数 $f(x)$ 的**四阶导数**，记作 $y^{(4)}$；……；$(n-1)$ 阶导数 $y^{(n-1)}$ 的导数称为函数 $f(x)$ 的 n **阶导数**，记作 $y^{(n)}$，$f^{(n)}(x)$，$\frac{\mathrm{d}^ny}{\mathrm{d}x^n}$ 或 $\frac{\mathrm{d}^nf}{\mathrm{d}x^n}$.

二阶及二阶以上的导数统称为**高阶导数**.

相应地，函数 $y=f(x)$ 的导数 $f'(x)$ 称为函数 $y=f(x)$ 的**一阶导数**.

由定义可得求高阶导数的方法：从一阶导数开始，逐阶求导即可.

3.3.2　高阶导数的计算

例 1　设函数 $y=x^4+x^3-x^2+1$，求 y''.

解

$$y'=4x^3+3x^2-2x,\quad y''=12x^2+6x-2.$$

例 2　设函数 $y=\sin^2x$，求 y''.

解

$$y'=2\sin x\cos x=\sin 2x,\quad y''=2\cos 2x.$$

例 3　设函数 $y=\mathrm{e}^{-x}\cos 2x$，求 y''.

解

$$y'=-\mathrm{e}^{-x}\cos 2x-2\mathrm{e}^{-x}\sin 2x,$$

$$\begin{aligned}y''&=(-\mathrm{e}^{-x}\cos 2x-2\mathrm{e}^{-x}\sin 2x)'\\&=\mathrm{e}^{-x}\cos 2x+2\mathrm{e}^{-x}\sin 2x+2\mathrm{e}^{-x}\sin 2x-4\mathrm{e}^{-x}\cos 2x\\&=(4\sin 2x-3\cos 2x)\mathrm{e}^{-x}.\end{aligned}$$

例 4　设函数 $y=\mathrm{e}^x$，求 $y^{(n)}$.

解

$$y'=\mathrm{e}^x,\ y''=\mathrm{e}^x,\ \cdots,\ y^{(n-1)}=\mathrm{e}^x,$$

$$y^{(n)}=(\mathrm{e}^x)^{(n)}=\mathrm{e}^x\ (n=1,2,3,\cdots).$$

例 5　设函数 $y=\ln(x-1)\ (x>1)$，求 $y^{(n)}$.

解

$$y'=\frac{1}{x-1}=(x-1)^{-1},$$

$$y''=(-1)(x-1)^{-2},$$

$$y'''=(-1)(-2)(x-1)^{-3},$$

$$y^{(4)}=(-1)(-2)(-3)(x-1)^{-4},$$

依次类推，可得

$$y^{(n)}=[\ln(x-1)]^{(n)}=(-1)^{n-1}\frac{(n-1)!}{(x-1)^n}\ (n=1,2,3,\cdots).$$

例 6 设一物体的运动方程为$s=A\sin\frac{\pi t}{3}$，求物体在$t=1$时刻的速度和加速度.

解 物体在任意时刻t处的速度和加速度分别为

$$v=s'(t)=A\left(\sin\frac{\pi t}{3}\right)'=A\cos\frac{\pi t}{3}\cdot\frac{\pi}{3}=\frac{\pi A}{3}\cos\frac{\pi t}{3},$$

$$a=v'(t)=-\frac{\pi A}{3}\sin\frac{\pi t}{3}\cdot\frac{\pi}{3}=-\frac{\pi^2 A}{9}\sin\frac{\pi t}{3}.$$

因此

$$v\big|_{t=1}=\frac{\pi A}{3}\cos\frac{\pi}{3}=\frac{\pi A}{3}\cdot\frac{1}{2}=\frac{1}{6}\pi A,$$

$$a\big|_{t=1}=-\frac{\pi^2 A}{9}\sin\frac{\pi}{3}=-\frac{\pi^2 A}{9}\cdot\frac{\sqrt{3}}{2}=-\frac{\pi^2\sqrt{3}}{18}A.$$

砥节砺行

在讲解导数时，我们常会使用 4 个特殊函数的导数：$(e^x)^{(n)}=e^x$，$(x^{n-1})^{(n)}=0$，$(\sin x)^{(n)}=\sin\left(x+n\frac{\pi}{2}\right)$和$[\ln(1+x)]^{(n)}=(-1)^{n-1}\frac{(n-1)!}{(1+x)^n}$. 4 个求导结果可以描述为：始终不变、消失不见、周期循环和改变函数. 如果将每一次求导看成人生中的一次挫折，那么类似地，挫折过后也会有 4 种结果：坚持如初、被挫折磨灭了意志、原地踏步徘徊不前和改变最初的理想. 我们在面对挫折时，应该像“e^x”那样，坚定信念，百折不挠，始终坚持自己的理想，勇敢地面对困难，如党的十九大报告中提出的“不忘初心，方得始终”.

习题 3-3

1. 求下列函数的二阶导数：

（1）$y=(2x-1)^5$；　　（2）$y=e^{-x}+\ln x$；

（3）$y=e^x\sin x$；　　（4）$y=\frac{x-1}{x+1}$.

2. 已知某物体的运动方程为$S=A\cos(\omega t+\varphi)$（$A,\omega,\varphi$均为常数），求物体运动的加速度.

3. 求下列函数的n阶导数：

（1）$y=e^{2x}$；　　（2）$y=xe^x$；

（3）$y=\ln(1+x)$；　　（4）$y=x^n+a_1x^{n-1}+a_2x^{n-2}+\cdots+a_{n-1}x+a_n$（$a_1,a_2,\cdots,a_n$都是常数）.

★3.4 隐函数的导数和由参数方程确定的函数的导数

3.4.1 隐函数的导数

隐函数的概念与导数

用解析法表示函数通常有两种不同的方式：一种是由 $y=f(x)$ 的形式给出的自变量为 x 的函数 y，称为**显函数**，如 $y=x^2+3$，$y=\ln\cos x$，$s=\mathrm{e}^t\sin t$ 等均为显函数；另一种是由方程 $F(x,y)=0$ 的形式所确定的自变量为 x 的函数 y，称为**隐函数**，如 $x^2+y^2=R^2$，$xy=\mathrm{e}^x-\mathrm{e}^y$ 等均为隐函数.

显函数与隐函数都反映了变量之间存在的某种依赖关系，只是表达形式不同. 有些隐函数可以化为显函数，如 $x^2-y+3=0$ 可化为 $y=x^2+3$；有些隐函数则不能化为显函数，如 $xy=\mathrm{e}^x-\mathrm{e}^y$. 因此，在求隐函数的导数时，希望能找到一个不需要把隐函数化为显函数，而直接由方程 $F(x,y)=0$ 求出导数 $\dfrac{\mathrm{d}y}{\mathrm{d}x}$ 的方法. 利用复合函数的求导法则，就能解决一般隐函数的求导问题. 下面通过实例介绍隐函数的求导方法.

例 1　求由方程 $x^2+y^2=R^2$ 所确定的隐函数的导数 y'.

解　将方程的两边同时对 x 求导，并注意到 y 是 x 的函数，则 y^2 是 x 的复合函数，利用导数的基本公式，函数和、差、积、商的求导法则，以及复合函数的求导法则，得

$$(x^2)'+(y^2)'=(R^2)',$$

即

$$2x+2yy'=0,$$

解出 y' 得

$$y'=-\frac{x}{y}.$$

例 2　求由方程 $xy=\mathrm{e}^x-\mathrm{e}^y$ 所确定的函数 y 在点 $x=0$ 处的导数.

解　将方程两边同时对 x 求导，得

$$(xy)'=(\mathrm{e}^x)'-(\mathrm{e}^y)',$$

即

$$y+xy'=\mathrm{e}^x-\mathrm{e}^y y',$$

合并含 y' 项，得

$$y'(x+\mathrm{e}^y)=\mathrm{e}^x-y.$$

解出 y'，得

$$y'=\frac{\mathrm{e}^x-y}{x+\mathrm{e}^y}.$$

由原方程知，当 $x=0$ 时，$y=0$. 因此 y 在点 $x=0$ 处的导数为

$$y'\big|_{x=0}=\frac{\mathrm{e}^0-0}{0+\mathrm{e}^0}=1.$$

由以上两例可以得出求隐函数的导数 y' 的方法：

求由方程 $F(x,y)=0$ 所确定的隐函数 y 的导数 y' 时，将方程 $F(x,y)=0$ 的两边同时对自变量 x 求导，注意到 y 是 x 的函数，y 的函数则是 x 的复合函数，利用导数的基本公式，函数和、差、积、商的求导法则，以及复合函数的求导法则，解出 y'，就得到隐函数的导数.

注 意

隐函数 y 的导数 y' 中含有 y，这与显函数的导数有所不同.

例 3 求椭圆 $\dfrac{x^2}{9}+\dfrac{y^2}{4}=1$ 在点 $\left(\dfrac{3\sqrt{3}}{2},1\right)$ 处的切线方程和法线方程.

解 方程两边同时对 x 求导，得

$$\frac{2}{9}x+\frac{2}{4}yy'=0,$$

解得

$$y'=-\frac{4x}{9y}.$$

由导数的几何意义可知，椭圆 $\dfrac{x^2}{9}+\dfrac{y^2}{4}=1$ 在点 $\left(\dfrac{3\sqrt{3}}{2},1\right)$ 处的切线斜率和法线斜率分别为

$$k_{切}=y'\Big|_{\substack{x=\frac{3\sqrt{3}}{2}\\ y=1}}=-\frac{2\sqrt{3}}{3},\quad k_{法}=-\frac{1}{k_{切}}=\frac{\sqrt{3}}{2}.$$

因此，切线方程为

$$y-1=-\frac{2\sqrt{3}}{3}\left(x-\frac{3\sqrt{3}}{2}\right),$$

整理得

$$\frac{2\sqrt{3}}{3}x+y-4=0.$$

法线方程为

$$y-1=\frac{\sqrt{3}}{2}\left(x-\frac{3\sqrt{3}}{2}\right),$$

整理得

$$\frac{\sqrt{3}}{2}x-y-\frac{5}{4}=0.$$

例 4 设 $y=\operatorname{arccot}(x^2+y)$，求 y'.

解 方程两边同时对 x 求导，得

$$y'=-\frac{1}{1+(x^2+y)^2}(2x+y'),$$

解得

$$y'=\frac{-2x}{2+(x^2+y)^2}.$$

例 5 求由方程 $xe^y-y=0$ 所确定的隐函数 y 的二阶导数 y''.

解 方程两边同时对 x 求导，得

$$e^y+xe^yy'-y'=0,$$

故一阶导数为

$$y'=\frac{e^y}{1-xe^y}.$$

上式两边同时对 x 求导，得

$$e^y y'+e^y y'+xe^y(y')^2+xe^y y''-y''=0,$$

故二阶导数为

$$y''=\frac{e^y y'(2+xy')}{1-xe^y}.$$

将 y' 代入上式，整理得

$$y''=\frac{e^{2y}(2-xe^y)}{(1-xe^y)^3}.$$

3.4.2 由参数方程确定的函数的导数

我们知道，参数方程 $\begin{cases}x=\varphi(t),\\ y=\psi(t)\end{cases}$ 确定了 y 是 x 的函数，如何计算这个函数的导数 $\frac{dy}{dx}$ 呢？

在式 $\begin{cases}x=\varphi(t),\\ y=\psi(t)\end{cases}$ 中，如果函数 $x=\varphi(t)$ 具有单调连续反函数 $t=\varphi^{-1}(x)$，且此反函数与函数 $y=\psi(t)$ 构成复合函数，那么由参数方程 $\begin{cases}x=\varphi(t),\\ y=\psi(t)\end{cases}$ 所确定的函数可以看成由函数 $y=\psi(t)$，$t=\varphi^{-1}(x)$ 复合成的函数 $y=\psi[\varphi^{-1}(x)]$．因此，根据复合函数的求导法则与反函数的求导法则，有

$$\frac{dy}{dx}=\frac{dy}{dt}\cdot\frac{dt}{dx}=\frac{\frac{dy}{dt}}{\frac{dx}{dt}}=\frac{\psi'(t)}{\varphi'(t)}.$$

知识宝典

反函数的求导法则

如果函数 $x=\varphi(t)$ 在区间 I_t 内单调、可导，且 $\varphi'(t)\neq 0$，那么它的反函数 $t=\varphi^{-1}(x)$ 在区间 $I_x=\{x\mid x=\varphi(t),t\in I_t\}$ 内也可导，且

$$[\varphi^{-1}(x)]'=\frac{1}{\varphi'(t)} \text{ 或 } \frac{dt}{dx}=\frac{1}{\frac{dx}{dt}}.$$

例 6 求由参数方程 $\begin{cases}x=a\cos t,\\ y=b\sin t\end{cases}$ 所确定的函数 y 的导数 $\frac{dy}{dx}$．

解 因为 $y'(t)=b\cos t$，$x'(t)=-a\sin t$，所以

$$\frac{dy}{dx}=\frac{y'(t)}{x'(t)}=\frac{b\cos t}{-a\sin t}=-\frac{b}{a}\cot t.$$

例 7 求摆线$\begin{cases}x=a(t-\sin t),\\ y=a(1-\cos t)\end{cases}$在$t=\dfrac{\pi}{2}$时相应点处的切线方程.

解 当$t=\dfrac{\pi}{2}$时，摆线上相应点的坐标为$P\left(\left(\dfrac{\pi}{2}-1\right)a,a\right)$. 因为

$$y'(t)=a\sin t,\quad x'(t)=a(1-\cos t),$$

即

$$\frac{\mathrm{d}y}{\mathrm{d}x}=\frac{y'(t)}{x'(t)}=\frac{a\sin t}{a(1-\cos t)}=\frac{\sin t}{1-\cos t},$$

所以，摆线在点P处的导数为

$$\left.\frac{\mathrm{d}y}{\mathrm{d}x}\right|_{t=\frac{\pi}{2}}=\frac{\sin\frac{\pi}{2}}{1-\cos\frac{\pi}{2}}=1.$$

因此，摆线在点P处的切线方程为

$$y-a=x-\left(\frac{\pi}{2}-1\right)a,$$

即

$$y=x+\left(2-\frac{\pi}{2}\right)a.$$

3.4.3 对数求导法

有时我们会遇到这样一种情形：虽然给定的函数是显函数，但是直接求它的导数很困难或很麻烦，如幂指函数、多个函数相乘的函数等. 对此，可以先将等式两边同时取对数，使其转化为隐函数，再利用隐函数求导法求出导数. 这种方法就是对数求导法.

提 示

形如$y=[u(x)]^{v(x)}$ $(u(x)>0)$的函数称为**幂指函数**，其中$u(x)$，$v(x)$是可导函数.

例 8 求$y=x^x$ $(x>0)$的导数.

解 等式两边同时取自然对数，得

$$\ln y=x\ln x.$$

上式两边同时对x求导，得

$$\frac{y'}{y}=\ln x+1,$$

所以

$$y'=y(\ln x+1)=x^x(\ln x+1).$$

例9 求函数 $y=\sqrt{\dfrac{(x+1)(x+2)}{(x+3)(x+4)}}$ 的导数.

解 等式两边同时取自然对数，得

$$\ln y=\frac{1}{2}[\ln(x+1)+\ln(x+2)-\ln(x+3)-\ln(x+4)].$$

将上式两边同时对 x 求导，得

$$\frac{1}{y}y'=\frac{1}{2}\left(\frac{1}{x+1}+\frac{1}{x+2}-\frac{1}{x+3}-\frac{1}{x+4}\right).$$

于是

$$y'=\frac{1}{2}y\left(\frac{1}{x+1}+\frac{1}{x+2}-\frac{1}{x+3}-\frac{1}{x+4}\right)$$

$$=\frac{1}{2}\sqrt{\frac{(x+1)(x+2)}{(x+3)(x+4)}}\left(\frac{1}{x+1}+\frac{1}{x+2}-\frac{1}{x+3}-\frac{1}{x+4}\right).$$

习题 3-4

1．求下列隐函数的导数：

（1）$x^2-y^2=1$；（2）$\sqrt{x}+\sqrt{y}=\sqrt{a}$；

（3）$xy=e^{x+y}$；（4）$y=1-xe^y$；

（5）$x^2+y^2-xy=1$.

2．求下列隐函数在指定点处的导数：

（1）$\dfrac{y^2}{x+y}=1-x^2$，在点 $(0,1)$ 处；（2）$e^y-xy=e$，在点 $(0,1)$ 处.

3．用对数求导法求下列函数的导数：

（1）$y=x^{\sin x}$；（2）$y=x^{\frac{1}{x}}$；

（3）$y=\sqrt{\dfrac{x(x-1)}{(x+1)(x+2)}}$；（4）$y=\dfrac{\sqrt{x+5}}{(x+2)^3(1-x)^4}$.

4．求椭圆 $\begin{cases}x=2\cos t,\\ y=3\sin t\end{cases}$ 在 $t=\dfrac{\pi}{4}$ 时相应点处的切线方程.

3.5 函数的微分及其应用

前面研究了函数的导数. 在许多实际问题中，经常遇到这类问题：当自变量有微小增量时，要计算相应函数的增量. 这就是本节所要介绍的内容，即函数微分的概念、微分的运算及微分在近似计算中的应用.

函数的微分

3.5.1 微分的概念

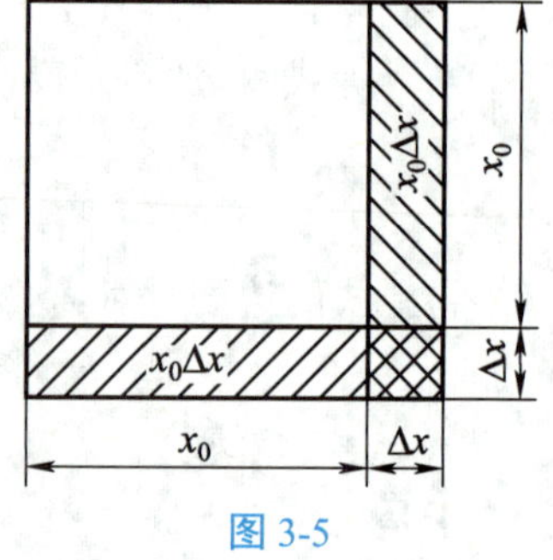

图 3-5

先看一个例子：如图 3-5 所示，当一块正方形的金属薄片受热膨胀后，其边长由 x_0 变到 $x_0+\Delta x$．问此薄片的面积 A 增加了多少？

由于正方形的面积 A 是边长 x_0 的函数，即 $A=x_0^2$，因此当边长由 x_0 变到 $x_0+\Delta x$ 时，面积的增量 ΔA 为

$$\Delta A=(x_0+\Delta x)^2-{x_0}^2=2x_0\Delta x+\Delta x^2 .$$

从上式可以看出，ΔA 由两部分组成：第一部分是 $2x_0\Delta x$，即图中带有斜线的两个矩形面积之和，它是 Δx 的线性函数；第二部分是 Δx^2，即图中带有交叉斜线的小正方形面积．当 $|\Delta x|$ 很小时，Δx^2 是比 Δx 高阶的无穷小，面积的增量 ΔA 可以用 $2x_0\Delta x$ 近似表示，即

$$\Delta A\approx 2x_0\Delta x ,$$

因为 $2x_0=(x^2)'\big|_{x=x_0}=A'(x_0)$，所以

$$\Delta A\approx A'(x_0)\Delta x$$

一般地，对于函数 $y=f(x)$，当自变量从 x_0 变到 $x_0+\Delta x$ 时，函数的增量可表示为

$$\Delta y=f'(x_0)\Delta x+o(\Delta x) .$$

其中，$f'(x_0)$ 是不依赖 Δx 的常数，$o(\Delta x)$ 是比 Δx 高阶的无穷小．因此，当 $|\Delta x|$ 很小时，Δy 的近似值表示为

$$\Delta y\approx f'(x_0)\Delta x ,$$

称 $f'(x_0)\Delta x$ 为 Δy 的线性主部，由此给出微分的定义．

定义　若函数 $y=f(x)$ 在点 x_0 处具有导数 $f'(x_0)$，则称 $f'(x_0)\Delta x$ 为 $y=f(x)$ 在点 x_0 处的**微分**，记作 $\mathrm{d}y$，即 $\mathrm{d}y=f'(x_0)\Delta x$．

通常把自变量的增量 Δx 称为自变量的**微分**，记作 $\mathrm{d}x$，即 $\Delta x=\mathrm{d}x$，则函数 $y=f(x)$ 在点 x_0 处的微分可写成

$$\mathrm{d}y=f'(x_0)\mathrm{d}x .$$

当函数 $y=f(x)$ 在点 x_0 处有微分时，称函数 $y=f(x)$ 在点 x_0 处**可微**.

一般地，函数 $y=f(x)$ 在区间 (a,b) 内任意点 x 的微分称为**函数的微分**，记作 $\mathrm{d}y$，即

$$\mathrm{d}y=f'(x)\mathrm{d}x .$$

由 $\mathrm{d}y=f'(x)\mathrm{d}x$ 得

$$\frac{\mathrm{d}y}{\mathrm{d}x}=f'(x) .$$

由此可见，函数的微分与自变量的微分之商等于该函数的导数．因此导数也称**微商**.

指点迷津

应当注意，微分与导数虽然有着密切的联系，但它们是有区别的：导数是函数在一点处的变化率，而微分是函数在一点处由自变量增量所引起的函数变化量的主要部分．导数的值只与 x 有关，而微分的值与 x 和 Δx 都有关.

例 1　求函数 $y = x^3$ 在 $x = 1$，$\Delta x = 0.01$ 时的改变量 Δy 及微分 $\mathrm{d}y$.

解　由已知得

$$\Delta y = (x + \Delta x)^3 - x^3 = (1 + 0.01)^3 - 1^3 = 0.030\,301 ,$$

而 $\mathrm{d}y = (x^3)'\Delta x = 3x^2\Delta x$，即

$$\mathrm{d}y\Big|_{\substack{x=1\\ \Delta x=0.01}} = 3\times 1^2 \times 0.01 = 0.03 .$$

例 2　设 $y = \ln(1 + x)$，求 $\mathrm{d}y$.

解　由已知得

$$\mathrm{d}y = [\ln(1 + x)]'\mathrm{d}x = \frac{1}{1 + x}\mathrm{d}x .$$

3.5.2　微分的几何意义

如图 3-6 所示，点 $P(x_0 , y_0)$ 和 $Q(x_0 + \Delta x , y_0 + \Delta y)$ 是曲线 $y = f(x)$ 上邻近的两点. PT 为曲线在点 P 处的切线，其倾斜角为 α，容易得到 $RT = PR\tan\alpha = \Delta x f'(x_0) = \mathrm{d}y$. 这就是说函数 $y = f(x)$ 在点 x_0 处的微分，在几何上表示曲线 $y = f(x)$ 在点 $P(x_0 , y_0)$ 处切线 PT 的纵坐标的增量 RT .

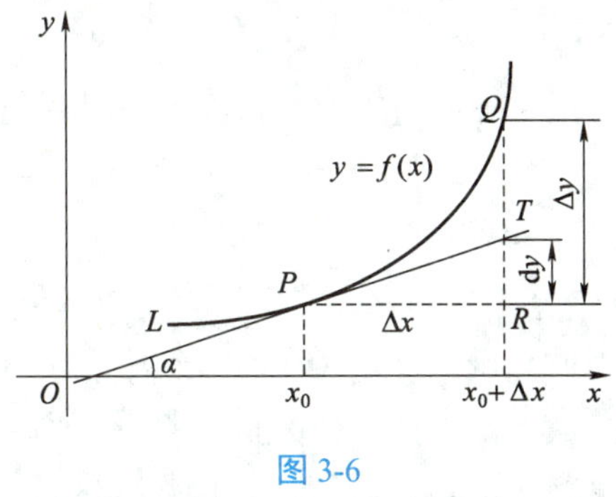

图 3-6

从图 3-6 中可以看出，$TQ = RQ - RT$ 表示 Δy 与 $\mathrm{d}y$ 之差. 当 $|\Delta x|$ 很小时，TQ 与 RT 相比是微不足道的，因此可用 RT 近似代替 RQ . 这就是说，当 $|\Delta x|$ 很小时，有 $\Delta y \approx \mathrm{d}y$. 因此在点 P 的附近，可以用切线段来近似代替曲线段，即

$$\overset{\frown}{PQ} \approx |PT| = \sqrt{(\mathrm{d}x)^2 + (\mathrm{d}y)^2} .$$

3.5.3　微分的运算

根据函数微分的定义 $\mathrm{d}y = f'(x)\mathrm{d}x$ 及导数的基本公式和运算法则，可直接推出微分的基本公式和运算法则.

1. 微分的基本公式

（1）$\mathrm{d}(C) = 0$；　　（2）$\mathrm{d}(x^\alpha) = \alpha x^{\alpha-1}\mathrm{d}x$；

（3）$\mathrm{d}(a^x) = a^x \ln a\mathrm{d}x$；　　（4）$\mathrm{d}(\mathrm{e}^x) = \mathrm{e}^x\mathrm{d}x$；

(5) $d(\log_a x)=\dfrac{1}{x\ln a}dx$；

(6) $d(\ln x)=\dfrac{1}{x}dx$；

(7) $d(\sin x)=\cos xdx$；

(8) $d(\cos x)=-\sin xdx$；

(9) $d(\tan x)=\sec^2 xdx$；

(10) $d(\cot x)=-\csc^2 xdx$；

(11) $d(\sec x)=\sec x\tan xdx$；

(12) $d(\csc x)=-\csc x\cot xdx$；

(13) $d(\arcsin x)=\dfrac{1}{\sqrt{1-x^2}}dx$；

(14) $d(\arccos x)=-\dfrac{1}{\sqrt{1-x^2}}dx$；

(15) $d(\arctan x)=\dfrac{1}{1+x^2}dx$；

(16) $d(\operatorname{arccot} x)=-\dfrac{1}{1+x^2}dx$.

2. 函数和、差、积、商的微分法则

设u, v都是x的可微函数，C为常数，则存在下列微分法则：

(1) $d(u\pm v)=du\pm dv$；

(2) $d(uv)=udv+vdu$；

(3) $d(Cu)=Cdu$；

(4) $d\left(\dfrac{u}{v}\right)=\dfrac{vdu-udv}{v^2}\quad (v\neq 0)$.

这里给出乘积的微分法则的证明.

根据微分的定义，有

$$d(uv)=(uv)'dx=(u'v+uv')dx=u'vdx+uv'dx=vdu+udv .$$

类似地，可以证明其余法则.

3. 微分形式的不变性

由微分的定义知，当u是自变量时，函数$y=f(u)$的微分是

$$dy=f'(u)du .$$

如果u不是自变量而是x的可微函数$u=\varphi(x)$，那么对于复合函数$y=f[\varphi(x)]$，根据微分的定义和复合函数的求导法则，有

$$dy=y'dx=f'(u)\varphi'(x)dx .$$

其中$\varphi'(x)dx=du$，所以上式仍可写成

$$dy=f'(u)du .$$

由此可见，不论u是自变量还是中间变量，函数$y=f(u)$的微分总是同一个形式：$dy=f'(u)du$，此性质称为**微分形式的不变性**.

例 3 设函数$y=\sin(1+2x^3)$，求dy .

解法一 直接应用微分公式$dy=y'dx$计算，则有

$$\begin{aligned}dy&=[\sin(1+2x^3)]'dx=\cos(1+2x^3)\cdot(1+2x^3)'dx\\&=6x^2\cos(1+2x^3)dx .\end{aligned}$$

解法二 把$(1+2x^3)$看成中间变量u，则有

$$\begin{aligned}dy&=d(\sin u)=\cos udu=\cos(1+2x^3)d(1+2x^3)\\&=6x^2\cos(1+2x^3)dx .\end{aligned}$$

例 4　求函数 $y=\dfrac{1-t}{1+t}$ 的微分 $\mathrm{d}y$．

解　由已知得

$$\mathrm{d}y=y'\mathrm{d}t=\left(\frac{1-t}{1+t}\right)'\mathrm{d}t=\frac{-2}{(1+t)^2}\mathrm{d}t.$$

3.5.4　微分在近似计算中的应用

函数微分是函数增量的线性主部，这就是说，当 $|\Delta x|$ 很小时，函数的增量可用其微分来近似代替，即

$$\Delta y=f(x_0+\Delta x)-f(x_0)\approx \mathrm{d}y=f'(x_0)\Delta x. \tag{3-1}$$

由于 $\mathrm{d}y$ 比 Δy 容易计算，且误差很小，因此上式很有实用价值．下面来研究微分在近似计算中的应用．

1. 计算函数增量的近似值

当 $|\Delta x|$ 很小时，可得

$$\Delta y\approx \mathrm{d}y=f'(x_0)\Delta x.$$

例 5　半径为 10 cm 的金属圆片加热后，半径伸长了 0.05 cm，问圆片面积改变了多少？

解　设圆片的半径为 r，圆片的面积为 $A=\pi r^2$，于是

$$\mathrm{d}A=2\pi r\Delta r.$$

由题意知，当 $r=10\ \mathrm{cm}$，$\Delta r=0.05\ \mathrm{cm}$ 时，圆片面积的改变量为

$$\Delta A\approx \mathrm{d}A=2\pi r\Delta r=2\pi\times 10\times 0.05=\pi\ (\mathrm{cm}^2),$$

因此圆片面积增大了约 $\pi\ \mathrm{cm}^2$．

2. 计算函数值的近似值

当 $|\Delta x|$ 很小时，由式（3-1）可得

$$f(x_0+\Delta x)\approx f(x_0)+f'(x_0)\Delta x. \tag{3-2}$$

在式（3-2）中，令 $x_0=0$，$\Delta x=x$（当 $|x|$ 很小时），可得

$$f(x)\approx f(0)+f'(0)x. \tag{3-3}$$

例 6　计算 $\sin 45°30'$ 的近似值．

解　设 $f(x)=\sin x$，则 $f'(x)=\cos x$．

因为 $45°30'=\dfrac{\pi}{4}+\dfrac{\pi}{360}$，所以可取

$$x_0=\frac{\pi}{4},\quad \Delta x=\frac{\pi}{360}.$$

由式（3-2）得

$$\sin 45°30'\approx \sin\frac{\pi}{4}+\cos\frac{\pi}{4}\cdot\frac{\pi}{360}=\frac{\sqrt{2}}{2}\left(1+\frac{\pi}{360}\right)\approx 0.7133.$$

例 7　证明：当 $|x|$ 较小时，$\sqrt[n]{1+x}\approx 1+\dfrac{1}{n}x$．

证明 设 $f(x)=\sqrt[n]{1+x}$，则 $f'(x)=\dfrac{1}{n\sqrt[n]{(1+x)^{n-1}}}$，于是

$$f(0)=\sqrt[n]{1+0}=1,\quad f'(0)=\frac{1}{n}.$$

由式（3-3）得

$$f(x)\approx 1+\frac{1}{n}x,$$

即证当 $|x|$ 较小时，$\sqrt[n]{1+x}\approx 1+\dfrac{1}{n}x$.

利用式(3-3)可计算函数 $f(x)$ 在点 $x=0$ 附近的近似值，同时由它可以推出常用的近似公式，即当 $|x|$ 较小时，有下列常用的近似公式.

（1）$\sqrt[n]{1+x}\approx 1+\dfrac{1}{n}x$；（2）$\sin x\approx x$；（3）$\tan x\approx x$；

（4）$\ln(1+x)\approx x$；（5）$\mathrm{e}^x\approx 1+x$；（6）$\arcsin x\approx x$.

在解决实际问题时，为了简化计算，经常要用到一些近似公式. 由微分得到的上述近似公式，为解决近似计算中的某些问题提供了较好的方法.

例 8 计算 $\sqrt[3]{1.03}$ 的近似值.

解 利用近似公式 $\sqrt[n]{1+x}\approx 1+\dfrac{1}{n}x$，得

$$\sqrt[3]{1.03}\approx 1+\frac{1}{3}\times 0.03=1.01.$$

例 9 求 $\mathrm{e}^{-0.001}$ 的近似值.

解 利用近似公式 $\mathrm{e}^x\approx 1+x$，得

$$\mathrm{e}^{-0.001}\approx 1+(-0.001)=0.999.$$

3. 误差估计

如果某个量的精确值为 A，它的近似值为 a，那么 $|A-a|$ 称为近似值 a 的**绝对误差**，而绝对误差 $|A-a|$ 与 $|a|$ 的比值 $\dfrac{|A-a|}{|a|}$ 称为近似值 a 的**相对误差**.

在实际工作中，某个量的精确值往往是无法知道的，于是绝对误差和相对误差也就无法求得. 但是根据测量仪器的精度等因素，有时能够确定误差在某一个范围内. 如果某个量的精确值是 A，测得它的近似值是 a，又已知它的误差不超过 δ_A，即 $|A-a|\leqslant\delta_A$，则 δ_A 称为测量 A 的**绝对误差限**（简称**绝对误差**），$\dfrac{\delta_A}{|a|}$ 称为测量 A 的**相对误差限**（简称**相对误差**）.

例 10 测得圆钢截面的直径 $D=60.03\ \mathrm{mm}$，测量 D 的绝对误差限 $\delta_D=0.05\ \mathrm{mm}$. 利用公式 $A=\dfrac{\pi}{4}D^2$ 计算圆钢的截面积时，试估计面积的误差.

解　由已知得

$$\Delta A \approx \mathrm{d}A = A'\Delta D = \frac{\pi}{2} D \Delta D .$$

因为 D 的绝对误差限为 $\delta_D = 0.05\ \mathrm{mm}$，所以 $|\Delta D| \leqslant \delta_D$，于是

$$|\Delta A| \approx |\mathrm{d}A| = \frac{\pi}{2} D |\Delta D| \leqslant \frac{\pi}{2} D \delta_D .$$

已知 $D = 60.03\ \mathrm{mm}$，$\delta_D = 0.05\ \mathrm{mm}$，因此面积的绝对误差为

$$\delta_A = \frac{\pi}{2} D \delta_D = \frac{\pi}{2} \times 60.03 \times 0.05 \approx 4.712\ (\mathrm{mm}^2),$$

面积的相对误差为

$$\frac{\delta_A}{A} = \frac{\frac{\pi}{2} D \delta_D}{\frac{\pi}{4} D^2} = 2\frac{\delta_D}{D} = 2 \times \frac{0.05}{60.03} \approx 0.17\%.$$

习题 3-5

1．计算函数 $y = x^2 - 1$ 在点 $x = 1$ 处的 $\mathrm{d}y$，Δy 及 $\Delta y - \mathrm{d}y$：

（1）$\Delta x = 0.1$；　　（2）$\Delta x = 0.01$.

2．求下列函数的微分：

（1）$y = 3\sqrt{x} - \frac{2}{x} + 1$；　　（2）$y = \mathrm{e}^{\cos x}$；

（3）$y = \ln(4 - x^2)$；　　（4）$y = \frac{x}{x-1}$.

3．将适当的函数填入下列括号中，使等式成立：

（1）$\mathrm{d}(\quad) = \frac{x}{3}\mathrm{d}x$；　　（2）$\mathrm{d}(\quad) = \frac{1}{x}\mathrm{d}x$；

（3）$\mathrm{d}(\quad) = \frac{1}{x^2}\mathrm{d}x$；　　（4）$\mathrm{d}(\quad) = \cos 3x\mathrm{d}x$；

（5）$\mathrm{d}(\quad) = -\frac{2}{1+x^2}\mathrm{d}x$；　　（6）$\mathrm{d}(\sin^2 x) = (\quad)\mathrm{d}\sin x$；

（7）$\mathrm{d}(\quad) = \frac{\mathrm{d}x}{2\sqrt{x}}$；　　（8）$\mathrm{d}(\quad) = \mathrm{e}^{-2x}\mathrm{d}x$；

（9）$\mathrm{d}(\sin x + \cos x) = (\quad)\mathrm{d}x$；　　（10）$\mathrm{d}[\ln(2x+1)] = (\quad)\mathrm{d}(2x+1) = (\quad)\mathrm{d}x$.

4．边长为 a 的金属正方体受热膨胀，当边长增加 h 时，求正方体所增加体积的近似值.

5．水管壁的正截面是一个圆环，设它的内径为 r_0，壁厚为 h，求这个圆环面积的近似值（h 相当小）.

6．计算下列各函数值的近似值：

（1）$\sqrt{1.02}$；　（2）$\cos 61°$；　（3）$\ln 0.98$；　（4）$\mathrm{e}^{-0.005}$.

本章小结

1. 导数和微分的概念

导数是一种特殊形式的极限，即函数的改变量与自变量的改变量之比在自变量的改变量趋于 0 时的极限；微分是导数与函数自变量的改变量的乘积，或者说是函数增量的近似值.

2. 函数可导、可微、连续之间的关系

连续 $\Leftarrow$ 可导 $\Leftrightarrow$ 可微.

3. 基本计算方法

本章最主要的计算是能够运用导数的基本公式和函数的求导法则（特别是复合函数的求导法则）求简单函数和复合函数的导数．复合函数的求导法则是整个导数计算的关键.

求高阶导数和微分的方法与求导数的方法类似.

复习题三

1．填空题：

（1）设函数 $f(x)=\dfrac{1}{x}-2\sqrt{x}$，则 $f'(1)=$____________.

（2）设 $y=\dfrac{2}{1+x}$，则 $y'=$____________.

（3）设 $y=\arctan(1-x^2)$，则 $y'=$____________.

（4）设 $y=2\sqrt{\ln x}$，则 $y'|_{x=\mathrm{e}}=$____________.

（5）设 $y=(1+\cos 3x)^2$，则 $y'=$____________.

（6）设 $y=(x^2+1)\ln(x^2+1)$，则 $y'=$____________.

（7）设 $y=\dfrac{1}{x}+2\sqrt{x}$，则 $\mathrm{d}y=$____________.

（8）过曲线 $y=\dfrac{x+1}{x-1}$ 上点 $(2,3)$ 处的切线斜率为____________.

2．单项选择题：

（1）设函数 $f(x)=x^3$，则 $\lim\limits_{h\to 0}\dfrac{f(1-h)-f(1)}{h}=$（　　）.

A．-3　　B．0　　C．2　　D．不存在

（2）设函数 $f(x)$ 可导，且满足 $\lim\limits_{x\to 0}\dfrac{f(0)-f(x)}{x}=2$，则 $f'(0)$ 等于（　　）.

A．-2　　B．0　　C．2　　D．不确定

（3）设函数 $y=\mathrm{e}^{\sin 2x}$，则 $y'=$（　　）.

A. $y=2\mathrm{e}^{\sin 2x}$　　B. $y=\cos 2x\mathrm{e}^{\sin 2x}$

C. $y=2\cos 2x\mathrm{e}^{\sin 2x}$　　D. $y=\sin 2x\mathrm{e}^{\sin 2x}$

（4）设抛物线 $y=ax^2$ 与曲线 $y=\ln x$ 相切，则 a 的值等于（　　）.

A. $2\mathrm{e}$　　B. $\sqrt{2\mathrm{e}}$

C. $\dfrac{1}{2\mathrm{e}}$　　D. $\dfrac{1}{\sqrt{2\mathrm{e}}}$

（5）曲线 $y=\tan x$ 在 $x=\dfrac{\pi}{4}$ 处的切线方程为（　　）.

A. $2x-y+1-\dfrac{\pi}{2}=0$　　B. $2x+y+1-\dfrac{\pi}{2}=0$

C. $2x+y-\dfrac{\pi}{2}=0$　　D. $x+2y-\dfrac{\pi}{2}=0$

（6）设函数 $y=\ln(x+1)$，则 $y''=$（　　）.

A. $-\dfrac{1}{x+1}$　　B. $\dfrac{1}{x^2+1}$

C. $\dfrac{1}{x+1}$　　D. $-\dfrac{1}{(x+1)^2}$

（7）设函数 $y=x\sqrt{x^2+1}$，则 $f'(0)=$（　　）.

A. 1　　B. 2

C. 3　　D. 0

（8）ln1.01 的近似值等于（　　）.

A. 1.01　　B. 0.01　　C. −1.01　　D. −0.01

3．求下列函数的导数：

（1）$y=2x^3-5x^2+3x-7$；　　（2）$y=\mathrm{e}^x(\sin x+\cos x)$；

（3）$y=\cos\dfrac{1}{x}$；　　（4）$y=\ln(1-x)$；

（5）$y=\tan\dfrac{1}{\sqrt{x}}$；　　（6）$y=\dfrac{\sin 2x}{x^2}$.

第3章答案

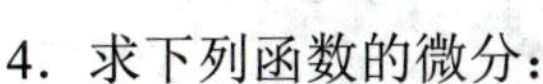

4．求下列函数的微分：

（1）$y=x\left(\dfrac{1}{x^2}-\dfrac{1}{x}-1\right)$；　　（2）$y=\cot^2 3x$.

5．某软件公司的收入函数（单位：百元）为

$$R=36x-\frac{x^2}{20},$$

其中 x 为一个月的产量（单位：套）. 若某月的产量从250套增加到260套，试估计该月收入增加了多少？

知中有行 用 MATLAB 求函数导数

MATLAB 中用 diff 函数来求解函数的导数，可以实现一元函数求导和多元函数求偏导，diff 函数的调用格式主要有以下几种：

diff(f)：表示函数 f 对默认变量 x 求一阶导数；

diff(f,t)：表示函数 f 对变量 t 求一阶导数；

diff(f,x,n)：表示函数 f 对变量 x 求 n 阶导数.

例 求函数 $f(x)=\dfrac{\sin x}{x}$ 的一、二阶导数.

解 在命令窗口中输入：

```
>> syms x                  %创建符号变量x
>> f=sin(x)/x;
>> y1=diff(f)              %求一阶导数f'(x)
y1 =
cos(x)/x-sin(x)/x^2        %输出结果y1=f'(x)=cos x/x-sin x/x^2
>> y2=diff(f,x,2)          %求二阶导数f''(x)
y2 =
-sin(x)/x-2*cos(x)/x^2+2*sin(x)/x^3
```

%输出结果 $y_1=f'(x)=\dfrac{\cos x}{x}-\dfrac{\sin x}{x^2}$

%输出结果 $y_2=f''(x)=-\dfrac{\sin x}{x}-\dfrac{2\cos x}{x^2}+\dfrac{2\sin x}{x^3}$

数学故事 醉心于摘取数学皇冠上明珠的人

陈景润，当代数学家，中国科学院院士，主要从事数论解析方面的研究，并在哥德巴赫猜想研究方面取得国际领先的成果，曾获国家自然科学奖一等奖，著有《算术级数中的最小素数》等.

1933 年，陈景润出生于福建省福州市. 他从小性格内向，喜欢演算数学题. 陈景润在福州市英华中学读书时，有幸聆听了清华大学调来的一名很有学问的数学教师讲课. 他给同学们讲了一个故事：1742 年，德国数学家哥德巴赫发现，每一个大偶数都可以写成两个素数的和. 但这需要给予证明，否则便只是个猜想. 哥德巴赫一生也没证明出来. 之后，哥德巴赫带着一生的遗憾离开了人世，却留下了这道数学难题. 老师讲到这里还打了一个有趣的比喻，数学是自然科学的皇后，“哥德巴赫猜想”则是皇后王冠上的明珠. 这引人入胜的故事给陈

景润留下了深刻的印象，“哥德巴赫猜想”像磁石一般吸引着陈景润．从此，陈景润开始了摘取数学皇冠明珠的艰辛历程．

为了使自己梦想成真，陈景润不论是酷暑还是严冬，在那不足6平方米的斗室里，食不知味，夜不能眠，潜心钻研，光是计算的草纸就足足装了几麻袋．1957年，陈景润被调到中国科学院数学研究所工作，在新的起点上，他更加刻苦钻研．经过10多年的推算，1965年5月，他发表了论文《大偶数表示一个素数及一个不超过2个素数的乘积之和》．论文的发表，受到国际数学界和著名数学家的高度重视和称赞．

1973年，陈景润找到了一条简明的证明“哥德巴赫猜想”的道路，并发表了“1+2”详细证明过程，在国际数学界引起轰动，被称为“陈氏定理”．世界数学家阿威尔称赞道：“陈景润的每一项工作，都好像是在喜马拉雅山山巅上行走．”

陈景润除了攻克“哥德巴赫猜想”这一世界数学难题外，又对组合数学与现代经济管理、尖端技术等方面进行了深入的研究和探讨．他先后在国内外期刊上发表了科学论文70余篇，并著有《数学趣味谈》《组合数学》等著作，曾获国家自然科学奖一等奖、何梁何利基金奖、华罗庚数学奖等多项奖励．

第4章 导数的应用

名人名言

宇宙之大，粒子之微，火箭之速，化工之巧，地球之变，生物之谜，日用之繁，无处不用数学.

——华罗庚

趣味数学——蜂巢中的数学

蜜蜂既“精通”数学，又是出色的建筑师. 达尔文称赞蜂巢为“在已知的仅凭本能的建筑中，它是最令人惊奇的成就”. 蜂巢由许多正六面柱体连接而成，它的入口是由许多正六边形铺满的一个平面区域，而每个巢房的底部是由三个相同的菱形组成的封闭的三棱锥形. 学者们观察得知，组成底部的菱形所有的钝角为 $129°28'$，所有的锐角为 $70°32'$，每个巢房的容积几乎都是 $0.25\ \text{cm}^3$. 这样的蜂巢结构，不论是在劳动力上，还是蜂胶材料的使用上，都符合最经济原则.

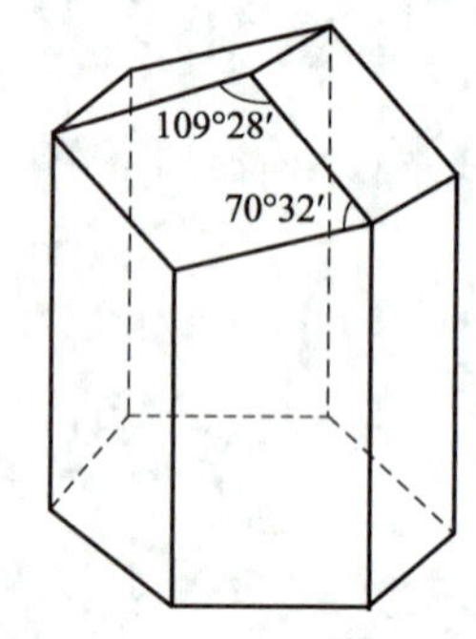

人们对于蜂巢结构的巧妙精准，无不赞扬有加，进而提出两个数学问题：

（1）在平面镶嵌上，用相同的正多边形无缝隙地铺满整个平面，采用怎样的正多边形，才能使围成区域的面积最大且用料最省？

（2）在容积一定时，一个六面柱用怎样的三个全等的菱形作底，才能最节省材料？

我们可以通过数学方法分析验证，采用正六边形镶嵌的入口和以给定角度的菱形作底的蜂巢，蜜蜂的设计做到了绝对的完美. 马克思高度地评价它：蜜蜂建筑蜂巢的本领使人间的许多建筑师感到惭愧.

导 学

上一章，我们引进了导数和微分的概念，系统学习了导数和微分的运算法则和计算方法，本章我们将应用导数来研究函数的单调性、极值、最值及导数在经济工作中的应用.

素质目标

- 养成坚持不懈、刻苦钻研的职业作风.
- 树立追求卓越、勇于拼搏的奋斗精神.

4.1　利用导数求极限（洛必达法则）

两个无穷小之比或两个无穷大之比的极限称为**未定式极限**（或**未定型极限**），分别记作 $\frac{0}{0}$ 或 $\frac{\infty}{\infty}$. 本节将介绍一种求未定式极限的简便而重要的法则——洛比达法则.

定理（洛必达法则）　若

（1）$\lim\limits_{x\to x_0} f(x)=0$，$\lim\limits_{x\to x_0} g(x)=0$，

（2）$f(x)$ 与 $g(x)$ 在 x_0 的某邻域内（点 x_0 可除外）可导，且 $g'(x)\neq 0$，

（3）$\lim\limits_{x\to x_0}\frac{f'(x)}{g'(x)}=A$（$A$ 为有限数，也可为 $+\infty$ 或 $-\infty$），

则

$$\lim_{x\to x_0}\frac{f(x)}{g(x)}=\lim_{x\to x_0}\frac{f'(x)}{g'(x)}=A .$$

这种在一定条件下，通过对分子、分母分别求导来计算未定式极限的方法，称为**洛必达法则**.

证明　因为 $\lim\limits_{x\to x_0} f(x)=\lim\limits_{x\to x_0} g(x)=0$，$f(x)$，$g(x)$ 在 (x_0, x)（或 (x, x_0)）内可导，且 $g'(x)\neq 0$，则至少存在一点 $\xi\in(x_0, x)$，使得

$$\lim_{x\to x_0}\frac{f(x)-f(x_0)}{g(x)-g(x_0)}=\lim_{x\to x_0}\frac{f'(\xi)}{g'(\xi)} .$$

令 $f(x_0)=0$，$g(x_0)=0$，则

$$\lim_{x\to x_0}\frac{f(x)}{g(x)}=\lim_{x\to x_0}\frac{f(x)-f(x_0)}{g(x)-g(x_0)}=\lim_{x\to x_0}\frac{f'(\xi)}{g'(\xi)} .$$

若 $\lim\limits_{x\to x_0}\frac{f'(x)}{g'(x)}=A$，则

$$\lim_{x\to x_0}\frac{f'(\xi)}{g'(\xi)}=\lim_{\xi\to x_0}\frac{f'(\xi)}{g'(\xi)}=\lim_{x\to x_0}\frac{f'(x)}{g'(x)}=A ,$$

所以

$$\lim_{x\to x_0}\frac{f(x)}{g(x)}=\lim_{x\to x_0}\frac{f'(x)}{g'(x)}=A .$$

上述定理对 $x\to\infty$ 时的 $\frac{0}{0}$ 型未定式同样适用，对 $x\to x_0$ 或 $x\to\infty$ 时的 $\frac{\infty}{\infty}$ 型未定式也适用.

例 1 求$\lim\limits_{x\to 1}\dfrac{x^3-3x+2}{x^3-x^2-x+1}$.

解 此题属于$\dfrac{0}{0}$型未定式，应用洛必达法则得

$$\lim_{x\to 1}\frac{x^3-3x+2}{x^3-x^2-x+1}=\lim_{x\to 1}\frac{(x^3-3x+2)'}{(x^3-x^2-x+1)'}=\lim_{x\to 1}\frac{3x^2-3}{3x^2-2x-1}$$
$$=\lim_{x\to 1}\frac{(3x^2-3)'}{(3x^2-2x-1)'}=\lim_{x\to 1}\frac{6x}{6x-2}=\frac{3}{2}.$$

例 2 求$\lim\limits_{x\to 0}\dfrac{1-\cos x}{x^2}$.

解 此题属于$\dfrac{0}{0}$型未定式，应用洛必达法则得

$$\lim_{x\to 0}\frac{1-\cos x}{x^2}=\lim_{x\to 0}\frac{\sin x}{2x}=\frac{1}{2}.$$

例 3 求$\lim\limits_{x\to 0}\dfrac{x-\sin x}{x^3}$.

解 此题属于$\dfrac{0}{0}$型未定式，应用洛必达法则得

$$\lim_{x\to 0}\frac{x-\sin x}{x^3}=\lim_{x\to 0}\frac{1-\cos x}{3x^2}=\lim_{x\to 0}\frac{\sin x}{6x}=\frac{1}{6}.$$

例 4 求$\lim\limits_{x\to +\infty}\dfrac{\ln x}{x^n}\ (n>0)$.

解 此题属于$\dfrac{\infty}{\infty}$型，应用洛必达法则得

$$\lim_{x\to +\infty}\frac{\ln x}{x^n}=\lim_{x\to +\infty}\frac{\frac{1}{x}}{nx^{n-1}}=\lim_{x\to +\infty}\frac{1}{nx^n}=0.$$

例 5 求$\lim\limits_{x\to +\infty}\dfrac{x^5}{\mathrm{e}^x}$.

解 此题属于$\dfrac{\infty}{\infty}$型，应用洛必达法则得

$$\lim_{x\to +\infty}\frac{x^5}{\mathrm{e}^x}=\lim_{x\to +\infty}\frac{5x^4}{\mathrm{e}^x}=\lim_{x\to +\infty}\frac{20x^3}{\mathrm{e}^x}=\lim_{x\to +\infty}\frac{60x^2}{\mathrm{e}^x}=\lim_{x\to +\infty}\frac{120x}{\mathrm{e}^x}=\lim_{x\to +\infty}\frac{120}{\mathrm{e}^x}=0.$$

提 示

未定式除有$\dfrac{0}{0}$型和$\dfrac{\infty}{\infty}$型外，还有$\infty-\infty$型、$0\cdot\infty$型、0^0型、1^∞型、∞^0型等，这里不一一介绍，有兴趣的读者可查阅相关的书籍，下面就$\infty-\infty$型和$0\cdot\infty$型未定式各举一例.

例 6 求$\lim\limits_{x\to 1}\left(\dfrac{x}{x-1}-\dfrac{1}{\ln x}\right)$.

解 此题属于$\infty-\infty$型未定式，可通过通分将其化为$\dfrac{0}{0}$型未定式，故有

$$\lim_{x\to1}\left(\frac{x}{x-1}-\frac{1}{\ln x}\right)=\lim_{x\to1}\frac{x\ln x-(x-1)}{(x-1)\ln x}=\lim_{x\to1}\frac{x\frac{1}{x}+\ln x-1}{\ln x+\frac{x-1}{x}}$$

$$=\lim_{x\to1}\frac{\ln x}{1-\frac{1}{x}+\ln x}=\lim_{x\to1}\frac{\frac{1}{x}}{\frac{1}{x^2}+\frac{1}{x}}=\frac{1}{2}.$$

 求 $\lim\limits_{x\to0^+}x^n\ln x\ (n>0)$.

解　此题属于 $0\cdot\infty$ 型未定式. 因为

$$x^n\ln x=\frac{\ln x}{\frac{1}{x^n}},$$

所以当 $x\to0^+$ 时，上式右端是 $\frac{\infty}{\infty}$ 型未定式，应用洛必达法则，得

$$\lim_{x\to0^+}x^n\ln x=\lim_{x\to0^+}\frac{\ln x}{x^{-n}}=\lim_{x\to0^+}\frac{\frac{1}{x}}{-nx^{-n-1}}=\lim_{x\to0^+}\left(\frac{-x^n}{n}\right)=0.$$

注　意

在使用洛必达法则时，应注意如下几点：

（1）每次使用法则前，必须检验所给未定式是否属于 $\frac{0}{0}$ 型或 $\frac{\infty}{\infty}$ 型未定式. 若不是这两种未定式，应先将所给未定式转化为这两种未定式，否则不能使用该法则.

（2）若有可约因子，或有非零极限值的乘积因子，则可先约去或提出，以简化演算步骤.

（3）当 $\lim\frac{f'(x)}{g'(x)}$ 不存在（不包括 ∞ 的情形）时，并不能断定 $\lim\frac{f(x)}{g(x)}$ 也不存在，此时应使用其他方法求极限.

习题 4-1

用洛必达法则求下列极限：

（1）$\lim\limits_{x\to2}\frac{\ln(x^2-3)}{x^2-3x+2}$；　　（2）$\lim\limits_{x\to0}\frac{1-\cos2x}{x^2}$；

（3）$\lim\limits_{x\to0}\frac{e^x-e^{-x}}{\sin x}$；　　（4）$\lim\limits_{x\to+\infty}\frac{\ln x}{x}$；

（5）$\lim\limits_{x\to+\infty}\frac{x^2}{2e^x}$；　　（6）$\lim\limits_{x\to0^+}\frac{\ln x}{\ln\sin x}$；

（7）$\lim\limits_{x\to0}\left(\frac{1}{\sin x}-\frac{1}{x}\right)$；　　（8）$\lim\limits_{x\to+\infty}xe^{-x}$.

4.2 函数的单调性与极值

4.2.1 函数的单调性

函数在区间$[a,b]$上的增减性和它的导数值有密切关系. 从图 4-1 可直观地看出：如果函数$y=f(x)$在$[a,b]$上单调增加，那么它的切线斜率$f'(x)$都是正的；如果函数$y=f(x)$在$[a,b]$上单调减少，那么它的切线斜率$f'(x)$都是负的. 反之，我们有如下定理.

定理 1 设函数$f(x)$在$[a,b]$上连续，在(a,b)内可导，则有

（1）若在(a,b)内$f'(x)>0$，则函数$f(x)$在$[a,b]$上单调增加；

（2）若在(a,b)内$f'(x)<0$，则函数$f(x)$在$[a,b]$上单调减少.

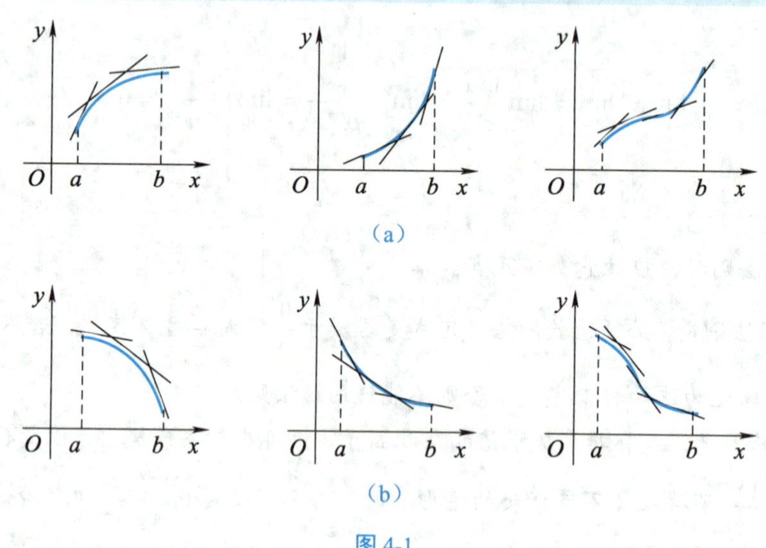

图 4-1

有时，函数在其整个定义域上并不具有单调性，但在其各个子区间上却具有单调性. 如图 4-2 所示，函数$f(x)$在区间$[a,x_1]$和$[x_2,b]$上单调增加，而在$[x_1,x_2]$上单调减少，并且从图上容易看到，可导函数$f(x)$在单调区间分界点处的导数为 0，即$f'(x_1)=f'(x_2)=0$.

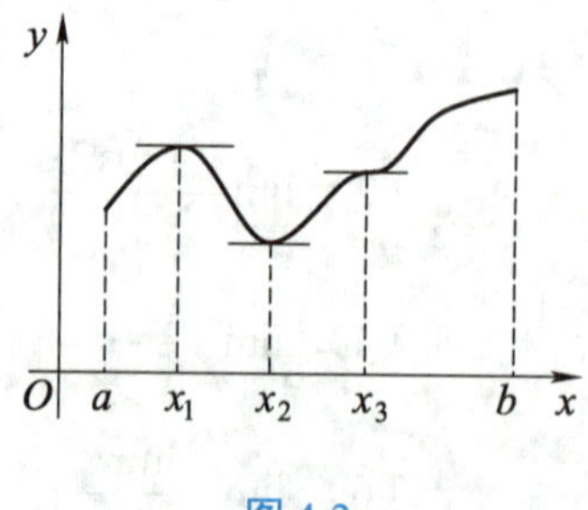

图 4-2

因此，要确定可导函数$f(x)$的单调区间，首先要求出使$f'(x)=0$的点（驻点）；然后，用这些驻点将$f(x)$的定义域分成若干个子区间；最后在每个子区间上用定理 1 判断函数的单调性.

一般地，如果$f'(x)$在某区间内的个别点处为 0，而在其余各点处都为正（或负），那么$f(x)$在该区间

上仍旧是单调增加（或单调减少）的．例如，图 4-2 中 $f'(x_3)=0$，但 $f(x)$ 在 $[x_2,b]$ 上仍是单调增加的．

确定函数单调性的一般步骤如下．

（1）确定函数 $f(x)$ 的定义域；

（2）求出使函数 $f'(x)=0$ 和 $f'(x)$ 不存在的点，并以这些点为分界点，将定义域划分成若干个子区间；

（3）确定 $f'(x)$ 在各个子区间的符号，从而确定 $f(x)$ 的单调区间．

例 1 讨论函数 $f(x)=3x^2-x^3$ 的单调性．

解 因为 $f(x)=3x^2-x^3$，所以

$$f'(x)=6x-3x^2=3x(2-x).$$

令 $f'(x)=0$，得驻点 $x_1=0$，$x_2=2$．驻点将 $f(x)$ 的定义区间 $(-\infty,+\infty)$ 分成 3 个子区间 $(-\infty,0)$，$(0,2)$，$(2,+\infty)$，且 $f(x)$ 在 $(-\infty,0)$，$(0,2)$，$(2,+\infty)$ 上均连续．$f'(x)$ 在各个子区间的符号如表 4-1 所示．

表 4-1

x	$(-\infty,0)$	$(0,2)$	$(2,+\infty)$
$f'(x)$	−	+	−
$f(x)$	单减↘	单增↗	单减↘

因此，由定理 1 知，函数 $f(x)$ 在区间 $(-\infty,0]$ 与 $[2,+\infty)$ 上单调减少，在区间 $[0,2]$ 上单调增加．

4.2.2 函数的极值

定义 1 设函数 $f(x)$ 在点 x_0 的某邻域内有定义，若对此邻域内任意一点 x $(x\neq x_0)$，均有 $f(x)<f(x_0)$，则称 $f(x_0)$ 是函数 $f(x)$ 的一个**极大值**．同样地，若对此邻域内任意一点 x $(x\neq x_0)$，均有 $f(x)>f(x_0)$，则称 $f(x_0)$ 是函数 $f(x)$ 的一个**极小值**．函数的极大值与极小值统称为函数的**极值**．使函数取得极值的点 x_0 称为**极值点**．

函数的极值及其求解

注 意

极值是一个局部性的概念，在函数的定义域内可能有多个极大值和极小值．其中，有的极大值可能比极小值还小．如图 4-3 所示，$f(x_1)$，$f(x_3)$，$f(x_5)$ 均是 $f(x)$ 的极小值，$f(x_0)$，$f(x_2)$，$f(x_4)$ 均是 $f(x)$ 的极大值．显然，极小值 $f(x_5)$ 大于极大值 $f(x_2)$．

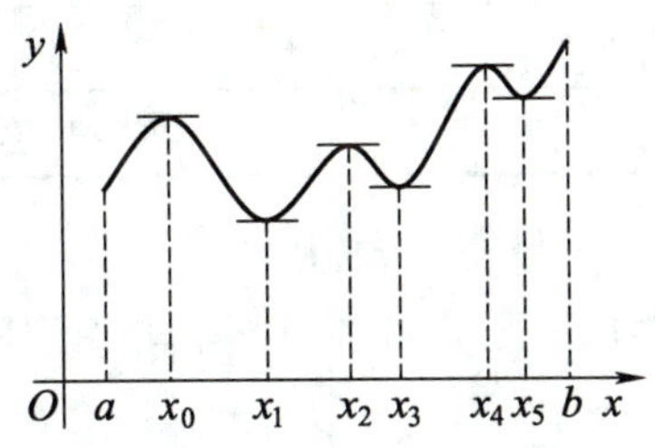

图 4-3

从图 4-3 可以看出，可导函数在取得极值处的切线是水平的，即在极值点 x_0 处，必有 $f'(x_0)=0$，于是有下面的定理.

定理 2（极值存在的必要条件） 设 $f(x)$ 在点 x_0 处具有导数，并且在点 x_0 处取得极值，那么 $f'(x_0)=0$.

由定理 2 可知，可导函数 $f(x)$ 的极值点必是 $f(x)$ 的驻点. 反过来，$f(x)$ 的驻点并不一定是 $f(x)$ 的极值点. 例如，$x=0$ 是函数 $f(x)=x^3$ 的驻点，但不是其极值点.

对于一个连续函数，它的极值点还可能是使导数不存在的点，这种点称为**尖点**. 例如，函数 $f(x)=|x|$，$f'(0)$ 不存在，但 $x=0$ 是它的极小值点，如图 4-4 所示.

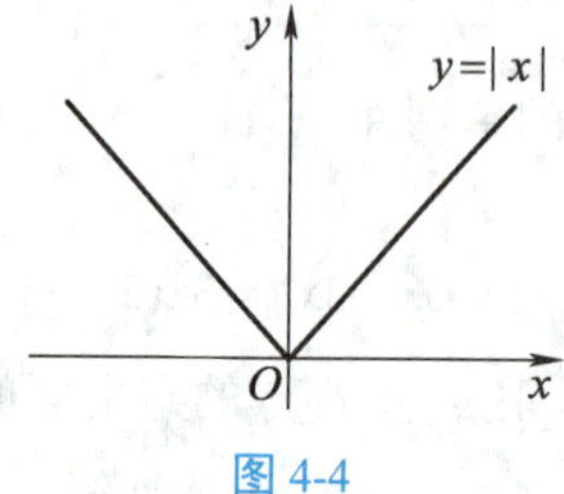

图 4-4

总之，连续函数 $f(x)$ 的可能极值点只能是其驻点或尖点. 为了判断可能的极值点是否为极值点，有如下定理.

定理 3（极值存在的第一充分条件） 设 $f(x)$ 在点 x_0 处连续，且在点 x_0 的某一空心邻域内可导. 当 x 由小到大经过点 x_0 时，存在以下 3 种情况：

（1）如果 $f'(x)$ 由正变负，那么点 x_0 是极大值点；

（2）如果 $f'(x)$ 由负变正，那么点 x_0 是极小值点；

（3）如果 $f'(x)$ 不变号，那么点 x_0 不是极值点.

综上可知，求函数极值的一般步骤如下：

（1）确定函数 $f(x)$ 的定义域；

（2）求出 $f(x)$ 的全部驻点及不可导点；

（3）考察上述点两侧一阶导数的符号，确定极值点；

（4）求出极值点处的函数值，得到极值.

例 2 求函数 $y=1-x^2$ 的极值.

解 函数的导数为 $y'=-2x$. 令 $y'=0$，得 $x=0$.

用 $x=0$ 将函数 $y=1-x^2$ 的定义域 $(-\infty,+\infty)$ 分成两个子区间，一阶导数的符号讨论如表 4-2 所示.

表 4-2

x	$(-\infty,0)$	0	$(0,+\infty)$
y'	+	0	−
y	↗	极大值 $f(0)=1$	↘

由上表可见，函数 $y=1-x^2$ 在 $x=0$ 处取得极大值 $y=1$.

定理 4（极值存在的第二充分条件） 设 $f(x)$ 在点 x_0 处具有二阶导数，且 $f'(x_0)=0$，$f''(x_0)\neq 0$.

（1）若 $f''(x_0)<0$，则 $f(x)$ 在点 x_0 处取得极大值；

（2）若 $f''(x_0)>0$，则 $f(x)$ 在点 x_0 处取得极小值.

证明　因为 $f''(x_0)=\lim\limits_{x\to x_0}\dfrac{f'(x)-f'(x_0)}{x-x_0}$，所以若 $f''(x_0)<0$，由极限保号性知，存在 x_0 的邻域 $U(x_0,\delta)$，使当 $x\in U(x_0,\delta)$ 时，$\dfrac{f'(x)-f'(x_0)}{x-x_0}<0$. 又因为 $f'(x_0)=0$，所以 $\dfrac{f'(x)}{x-x_0}<0$，当 $x\in(x-\delta,x_0)$ 时，$f'(x)>0$，当 $x\in(x_0,x_0+\delta)$ 时，$f'(x)<0$，由定理 3 可知 x_0 是 $f(x)$ 的极大值点.

同理可证，若 $f''(x_0)>0$，x_0 是 $f(x)$ 的极小值点.

例 3　求函数 $f(x)=x^3-6x^2+9x$ 的极值.

解法一　$f(x)=x^3-6x^2+9x$ 的定义域为 $(-\infty,+\infty)$，且

$$f'(x)=3x^2-12x+9=3(x-1)(x-3).$$

令 $f'(0)=0$，得驻点 $x_1=1$，$x_2=3$. 驻点将定义域分成 3 个子区间，一阶导数的符号讨论如表 4-3 所示.

表 4-3

x	$(-\infty,1)$	1	$(1,3)$	3	$(3,+\infty)$
y'	+	0	−	0	+
y	↗	极大值 $f(1)=4$	↘	极小值 $f(3)=0$	↗

由定理 3 可知，$f(1)=4$ 为函数 $f(x)$ 的极大值，$f(3)=0$ 为 $f(x)$ 的极小值.

解法二　$f(x)=x^3-6x^2+9x$ 的定义域为 $(-\infty,+\infty)$，且

$$f'(x)=3x^2-12x+9,\ f''(x)=6x-12.$$

令 $f'(x)=0$，得驻点 $x_1=1$，$x_2=3$. 因为 $f''(1)=-6<0$，所以 $f(1)=4$ 为 $f(x)$ 的极大值；因为 $f''(3)=6>0$，所以 $f(3)=0$ 为 $f(x)$ 的极小值.

砥节砺行

“横看成岭侧成峰，远近高低各不同. 不识庐山真面目，只缘身在此山中.”北宋文学家苏轼的《题西林壁》描绘了庐山随着观察者的角度不同，而呈现出不同的样貌. 每一个峰和谷，都是一个极值，庐山的山岭连绵起伏，极大值在山顶取得，极小值则出现在山谷. 每个人的人生也像连绵不断的山脉，起起落落是必经之路，是成长的需要. 因此，我们要学会用运动的观点看待问题，低谷与山峰只是我们人生路上的一个个转折点，跌入低谷时不气馁，伫立高峰时不自满，要有不怕挫折、勇往直前的意志和戒骄戒躁、谦虚进取的精神.

习题 4-2

1．判断下列命题是否正确：

（1）若 $f'(x_0)=0$，则点 x_0 一定是函数 $f(x)$ 的极值点；

（2）若函数 $f(x)$ 在点 x_0 处取得极值，则必有 $f'(x_0)=0$；

（3）若 $f'(x_0)=0$ 且 $f''(x_0)=0$，则函数 $f(x)$ 在点 x_0 处可能有极值.

2．判断下列函数的单调性：

（1）$y = x - \sin x$；　（2）$y = e^x + 1$．

3．求下列函数的单调区间：

（1）$y = 2x^3 - 9x^2 + 12x - 6$；　（2）$y = xe^x$；

（3）$y = x^4 - 2x^2 + 1$；　（4）$y = \sqrt[3]{(x-1)^2}$．

4．求下列函数的极值点和极值：

（1）$f(x) = \frac{1}{3}x^3 - x^2 - 3x - 3$；　（2）$f(x) = x - \ln(1+x)$；

（3）$f(x) = \frac{2x}{1+x^2}$；　（4）$f(x) = 3x^{\frac{2}{3}} - x$．

4.3 曲线的凹凸性与拐点

我们知道，函数在几何上表示一条曲线，而不同曲线的弯曲方向是不同的．为了区分曲线的不同弯曲方向，给出下面定义．

定义 1 设函数 $f(x)$ 在区间 I 上连续，若函数的曲线位于其上任意一点处切线的上方，则称该曲线在区间 I 上是**凹的**，如图 4-5 所示；若函数的曲线位于其上任意一点处切线的下方，则称该曲线在区间 I 上是**凸的**，如图 4-6 所示．

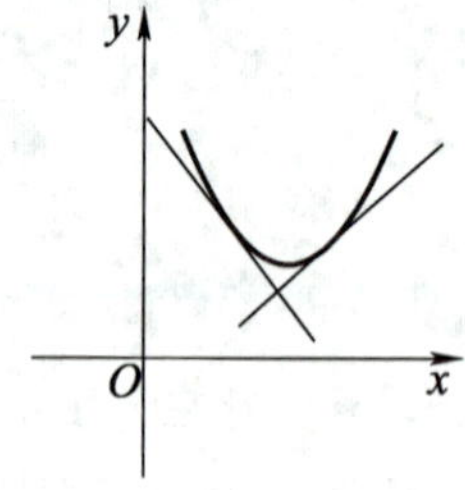

图 4-5

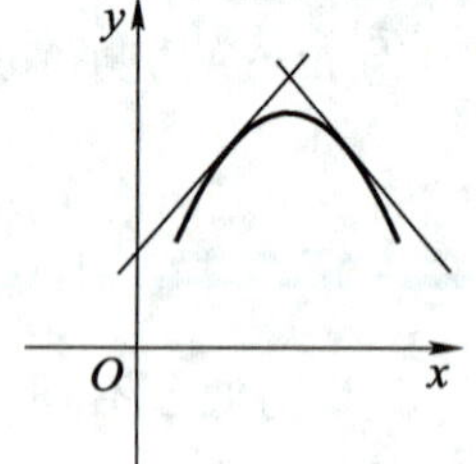

图 4-6

如何判断曲线的凹凸性呢？下面给出判定方法．

定理 1 设 $f(x)$ 在 $[a,b]$ 上连续，在 (a,b) 内具有一阶和二阶导数．

（1）若在 (a,b) 内 $f''(x) > 0$，则 $f(x)$ 在 $[a,b]$ 上的图像是凹的；

（2）若在 (a,b) 内 $f''(x) < 0$，则 $f(x)$ 在 $[a,b]$ 上的图像是凸的．

证明 若在区间 (a,b) 内 $f''(x) > 0$，我们证明 $f(x)$ 曲线在 $[a,b]$ 上的凹性．对 $\forall x_1, x_2 \in I$，不妨设 $x_1 < x_2$，要证 $f\left(\frac{x_1+x_2}{2}\right) < \frac{f(x_1)+f(x_2)}{2}$，只要证

$$f(x_1) + f(x_2) - 2f\left(\frac{x_1+x_2}{2}\right) > 0.$$

事实上，由于

$$f(x_1) + f(x_2) - 2f\left(\frac{x_1+x_2}{2}\right) = \left[f(x_2) - f\left(\frac{x_1+x_2}{2}\right)\right] - \left[f\left(\frac{x_1+x_2}{2}\right) - f(x_1)\right]$$

在区间$\left[x_1,\frac{x_1+x_2}{2}\right]$和$\left[\frac{x_1+x_2}{2},x_2\right]$上应用微分中值定理，$\exists\xi_1\in\left(x_1,\frac{x_1+x_2}{2}\right)$，$\exists\xi_2\in\left(\frac{x_1+x_2}{2},x_2\right)$，使得

$$f\left(\frac{x_1+x_2}{2}\right)-f(x_1)=f'(\xi_1)\frac{x_2-x_1}{2},$$

$$f(x_2)-f\left(\frac{x_1+x_2}{2}\right)=f'(\xi_2)\frac{x_2-x_1}{2},$$

所以

$$f(x_1)+f(x_2)-2f\left(\frac{x_1+x_2}{2}\right)=f'(\xi_2)\frac{x_2-x_1}{2}-f'(\xi_1)\frac{x_2-x_1}{2}=[f'(\xi_2)-f'(\xi_1)]\frac{x_2-x_1}{2}.$$

将$f'(x)$在$[\xi_1,\xi_2]$上应用微分中值定理，存在$\xi\in(\xi_1,\xi_2)$，使得

$$f'(\xi_2)-f'(\xi_1)=f''(\xi)(\xi_2-\xi_1),$$

所以

$$f(x_1)+f(x_2)-2f\left(\frac{x_1+x_2}{2}\right)=f''(\xi)(\xi_2-\xi_1)\frac{x_2-x_1}{2},$$

因为$f''(x)>0,\xi_2>\xi_1,x_2>x_1$，所以$f(x_1)+f(x_2)-2f\left(\frac{x_1+x_2}{2}\right)>0$，即

$$f\left(\frac{x_1+x_2}{2}\right)<\frac{f(x_1)+f(x_2)}{2},$$

这就证明了$f(x)$曲线在$[a,b]$上是凹的.

$f(x)$曲线在$[a,b]$上凸性的证明类似于凹性的证明.

砥节砺行

同样的一条曲线，由于放置的角度不同，其凹凸性也就不同．在我们平时的生活中，角度也很重要．桌上的半杯水，有的人看见了会很伤心，遗憾只剩下半杯水，但有的人看见了很开心，觉得幸好还有半杯水．“横看成岭侧成峰”，角度不同，所看到的事物也会不同，我们应该学会转换角度看问题，尝试从不同角度、不同位置去看一看、想一想，往往会有一些意想不到的收获.

例 1　判断曲线$y=\ln x$的凹凸性.

解　由题意可得

$$y'=\frac{1}{x},\quad y''=-\frac{1}{x^2}.$$

因为在函数$y=\ln x$的定义域$(0,+\infty)$内，$y''<0$，所以曲线$y=\ln x$是凸的.

定义 2　连续曲线$y=f(x)$上凹凸的分界点(x_0,y_0)称为这条曲线的**拐点**.

由定理 1 和定义 2 不难得到下面的定理.

定理 2（拐点的必要条件）　设点$(x_0,f(x_0))$是曲线$f(x)$的拐点，则$f''(x_0)=0$或$f''(x_0)$不存在.

综上所述，判断曲线$y=f(x)$的凹凸性和拐点的方法如下：

（1）求函数$y=f(x)$的定义域D；

（2）求出二阶导数 $f''(x)$，解出二阶导数为零的点和二阶导数不存在的点，这些点将整个定义域分成若干区间；

（3）列表讨论每个区间上 $f''(x)$ 的符号，从而确定曲线的凹凸区间和拐点.

例 2 求曲线 $y=3x^4-4x^3+1$ 的凹凸区间和拐点.

解 （1）函数 $y=3x^4-4x^3+1$ 的定义域为 $(-\infty,+\infty)$；

（2）$y'=12x^3-12x^2$，$y''=36x^2-24x=36x\left(x-\dfrac{2}{3}\right)$.

令 $y''=0$，得 $x_1=0$，$x_2=\dfrac{2}{3}$.

（3）列表讨论如表 4-4 所示.

表 4-4

x	$(-\infty,0)$	0	$\left(0,\dfrac{2}{3}\right)$	$\dfrac{2}{3}$	$\left(\dfrac{2}{3},+\infty\right)$
$f''(x)$	+	0	−	0	+
$f(x)$	∪	1	∩	$\dfrac{11}{27}$	∪

从表 4-4 可以看出：在区间 $(-\infty,0)$ 和 $\left(\dfrac{2}{3},+\infty\right)$ 上曲线是凹的，在区间 $\left(0,\dfrac{2}{3}\right)$ 上曲线是凸的，点 $(0,1)$ 和 $\left(\dfrac{2}{3},\dfrac{11}{27}\right)$ 是曲线的拐点.

习题 4-3

1. 求下列曲线的凹凸区间及拐点：

（1）$y=x^3-6x^2+12x+4$；　（2）$y=\dfrac{1}{x+3}$；　（3）$y=x^2-x^3$；

（4）$y=xe^{-x}$；　（5）$y=x^3-5x^2+3x-5$；　（6）$y=\ln(x^2+1)$.

4.4 利用导数求最值

利用导数求最值

在工农业生产、科学技术研究、经营管理中，经常需要解决在一定条件下“产量最多”“用料最省”“效率最高”“成本最低”等最优化问题. 这些问题反映在数学上，就是求函数的最值问题.

函数 $f(x)$ 在其定义域上的最大值与最小值统称为 $f(x)$ 的**最值**. 闭区间 $[a,b]$ 上的连续函数 $f(x)$ 一定存在着最大值和最小值. 一般情况下，把函数所有可能的极大值、极小值与区间 $[a,b]$ 的端点函数值 $f(a)$，$f(b)$ 做比较，这些数值中的最大者就是函数 $f(x)$ 在 $[a,b]$ 上的最大值，最小者就是函数 $f(x)$ 在 $[a,b]$ 上的最小值.

如图 4-2 所示，$f(x)$ 的最大值是 $f(b)$，最小值是 $f(x_2)$，这说明函数的最值可能在区间 (a,b) 内取得，也可能在区间端点取得.

注　意

函数的极值概念是局部性的，它与函数的最大值、最小值不同. 极值 $f(x_0)$ 是就点 x_0 附近的一个局部范围来说的，而最大值与最小值是就 $f(x)$ 的整个定义域而言的.

求函数 $f(x)$ 在 $[a,b]$ 上最值的一般步骤如下：

（1）求出 $f(x)$ 在 (a,b) 内的所有驻点及不可导的点；

（2）求出各驻点、不可导点及区间端点的函数值；

（3）比较上述各函数值的大小，其中最大者是 $f(x)$ 在 $[a,b]$ 上的最大值，最小者是 $f(x)$ 在 $[a,b]$ 上的最小值.

砥节砺行

极值仅仅是一个小区间内的结果，最值才是整体最终的结果. 局部的极小未必是整体的最小，局部的极大也未必是整体的最大；极小值并不一定比极大值小，极大值也未必会比极小值大. 同样的，在我们的学习和生活中，暂时的成功并不代表一生的成功，暂时的失败也不代表未来会一事无成. 因此，我们应有局部和整体的思想，正确看待成功与失败，胜不骄，败不馁.

例 1　求函数 $f(x)=2x^3+3x^2-12x$ 在区间 $[-3,4]$ 上的最大值和最小值.

解　因为函数 $f(x)=2x^3+3x^2-12x$ 在区间 $[-3,4]$ 上连续，所以在该区间上一定存在着最大值和最小值.

函数 $f(x)$ 的导数为

$$f'(x)=6x^2+6x-12=6(x+2)(x-1).$$

令 $f'(x)=0$，得驻点 $x_1=-2$，$x_2=1$，于是

$$f(-2)=20，f(1)=-7，f(-3)=9，f(4)=128.$$

比较上述各值，可知函数 $f(x)$ 在区间 $[-3,4]$ 上的最大值为 $f(4)=128$，最小值为 $f(1)=-7$.

例 2　求函数 $f(x)=\mathrm{e}^{-x^2}$ 的最值.

解　该函数的定义域为 $(-\infty,+\infty)$. 由 $f'(x)=-2x\mathrm{e}^{-x^2}=0$，得唯一驻点 $x=0$.

又由于

$$f''(x)=-2\mathrm{e}^{-x^2}+4x^2\mathrm{e}^{-x^2}=2(2x^2-1)\mathrm{e}^{-x^2},$$

从而

$$f''(0)=-2<0,$$

即 $f(x)$ 在 $x=0$ 处取得极大值，因此 $f(x)$ 在 $(-\infty,+\infty)$ 的最大值为 $f(0)=1$，无最小值.

在实际问题中往往根据问题的性质，便可断定可导函数 $f(x)$ 在其区间内部有最大值（或最小值），而

且函数 $f(x)$ 在此区间内只有一个驻点时，即可断定 $f(x_0)$ 就是所求的最大值（或最小值）.

例 3 有一块宽为 $2a$ 的长方形铁皮，将宽的两个边缘向上折起，做成一个开口水槽，其横截面为矩形，高为 x．如图 4-7 所示为水槽的横截面，问 x 取何值时水槽的流量最大？

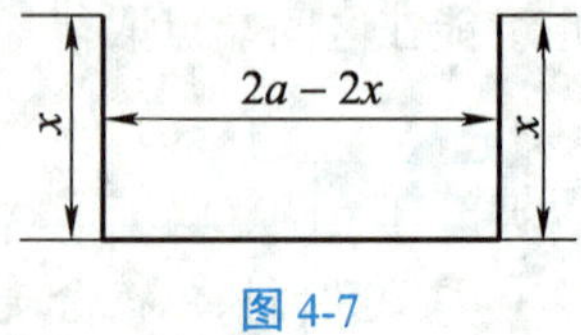

图 4-7

解 设两边各折起 x，则横截面积为

$$S(x)=2x(a-x)\ (0<x<a).$$

由此，问题归结为：当 x 为何值时，$S(x)$ 取最大值？

因为 $S'(x)=2a-4x$，所以令 $S'(x)=0$，得 $S(x)$ 的唯一驻点 $x=\dfrac{a}{2}$.

又因为铁皮两边折得过大或过小，其横截面积都会变小，所以该实际问题存在最大值．因此，$S(x)$ 的最大值在 $x=\dfrac{a}{2}$ 处取得，即当 $x=\dfrac{a}{2}$ 时，水槽的流量最大.

例 4 如图 4-8 所示，有一块边长为 a 的正方形铁皮，从其四个角截去大小相同的四个小正方形，做成一个无盖的容器．问截去小正方形的边长为多少时，该容器的体积最大？

解 设截去的小正方形的边长为 x，则做成的无盖容器的体积为

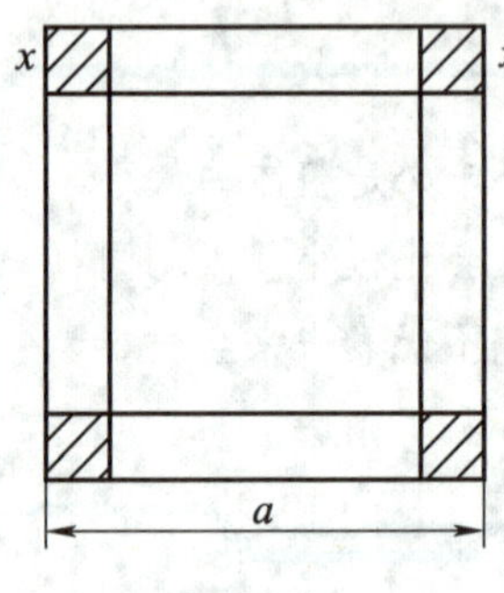

图 4-8

$$V(x)=(a-2x)^2x,\quad x\in\left(0,\frac{a}{2}\right).$$

由此，该问题归结为：求函数 $V(x)=(a-2x)^2x$ 在 $\left(0,\dfrac{a}{2}\right)$ 内的最大值.

因为 $V'(x)=(a-2x)(a-6x)$，所以令 $V'(x)=0$，得唯一解

$$x=\frac{a}{6}.$$

由于在区间 $\left(0,\dfrac{a}{2}\right)$ 内只有一个驻点，根据题意最大容积一定存在，因此当截去的小正方形边长为 $\dfrac{a}{6}$ 时，做成的容器容积最大.

计算爆破施工中炸药包的埋深问题也应用了求函数的最大值或最小值知识，主要出现在水利工程相关专业的课程中，应用于水利工程和建筑工程施工爆破漏斗的设计和布置．所谓爆破漏斗是指对于在有限介质中的爆破，当药包的爆破作用具有使部分介质抛向临空面的能量时，往往形成一个倒立圆锥的爆破坑，形如漏斗，如图 4-9 所示.

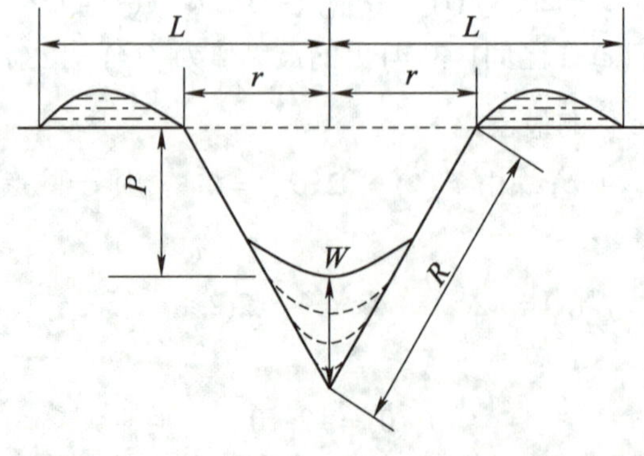

图 4-9

爆破漏斗的几何特征参数有：最小抵抗线 W、爆破作用半径 R、漏斗底半径 r、可见漏斗深度 P 和抛掷距离 L 等．爆破漏斗的几何特征反映了药包重量和埋深的关系，反映了爆破作用的影响范围．

例 5 建筑工程采石或取土时，常先用炸药包进行爆破．实践表明，爆破部分呈倒立圆锥形状，如图 4-10 所示．圆锥的母线长度（即爆破作用半径）R 是一定的，圆锥的底面半径（即漏斗底半径）为 r，试求炸药包埋藏多深（即 h 为多大）可使爆破体积最大？

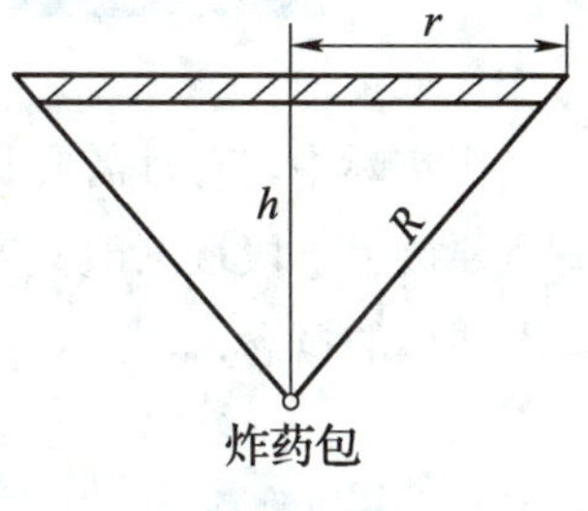

图 4-10

解 根据圆锥的体积公式 $V=\frac{1}{3}\pi r^2 h$，建立函数关系式．根据图 4-10 可知，$r^2=R^2-h^2$，即得

$$V=\frac{1}{3}\pi(R^2-h^2)h,$$

$$V'=-\pi h^2+\frac{1}{3}\pi R^2.$$

令 $V'=0$，得一个驻点

$$h=\frac{\sqrt{3}}{3}R.$$

因此，当炸药包埋深为 $h=\frac{\sqrt{3}}{3}R$ 时，爆破体积最大．

习题 4-4

1．求下列函数在指定区间上的最值：

（1）$y=2x^3-3x^2-80$，$x\in[-1,4]$；

（2）$y=x^4-8x$，$x\in[-1,3]$；

（3）$y=x+\sqrt{1-x}$，$x\in[-5,1]$；

（4）$y=\ln(x^2+1)$，$x\in[-1,2]$．

2．用一块半径为 R 的扇形铁皮，做一个锥形漏斗．问圆心角 φ 取多大时，做成的漏斗容积最大？

3．某车间要靠墙壁盖一间长方形小屋，现有存砖只够砌 20 m 长的墙壁．问应围成怎样的长方形才能使这间小屋的面积最大？

4．要造一圆柱形油桶，其体积为 V．问底半径 r 和高 h 等于多少时，才能使表面积最小？这时，底直径与高的比是多少？

5．把一根直径为 d 的圆木锯成截面为矩形的梁，问矩形截面的高 h 和宽 b 应如何选择才能使梁的抗弯截面模量 W（$W=\frac{1}{6}bh^2$）最大？

6．某单位用 2 160 万元购得一块空地，计划在该空地上建造一栋至少 10 层、每层 2 000 平方米的楼房．经测算，若将楼房建成 $x\,(x\geqslant 10)$ 层，则每平方米的平均建筑费用为 $560+48x$（单位：元）．为了使楼房每平方米的平均综合费用最少，该楼房应建多少层？（注：平均综合费用 = 平均建筑费用 + 平均购地费用，平均购地费用 $=\frac{\text{购地总费用}}{\text{建筑总面积}}$）

4.5 曲　率

在实际中，有时需要研究曲线的弯曲程度．例如，为了保证列车行驶安全，在铁路线路的转弯处，往往需要接上一段逐渐改变方向的曲线线路，这种曲线称为**缓和线**．本节将对曲线的弯曲程度做定量分析，给出曲率的概念．

4.5.1 曲率及其计算公式

曲率研究的是曲线的弯曲程度，如何衡量曲线的弯曲程度呢？如图 4-11 所示，设曲线是光滑的，在曲线上选定一点 A 作为度量弧的基点，设在点 A 处切线的倾斜角为 α，曲线上另外一点 B 处切线的倾斜角为 $\alpha+\Delta\alpha$．我们用比值 $\frac{|\Delta\alpha|}{|\Delta s|}$（即单位弧段上切线转过的角度大小）来表达弧段 $\overset{\frown}{AB}$ 的平均弯曲程度．

记 $\overline{K}=\left|\frac{\Delta\alpha}{\Delta s}\right|$，称 $\overline{K}$ 为弧段 $\overset{\frown}{AB}$ 的**平均曲率**．记 $K=\lim\limits_{\Delta s\to 0}\left|\frac{\Delta\alpha}{\Delta s}\right|$，称 K 为曲线在点 A 处的**曲率**．于是，在 $\lim\limits_{\Delta s\to 0}\frac{\Delta\alpha}{\Delta s}=\frac{\mathrm{d}\alpha}{\mathrm{d}s}$ 存在的条件下，有

$$K=\left|\frac{\mathrm{d}\alpha}{\mathrm{d}s}\right|.$$

此式说明曲线在点 A 处的曲率可表示为转角微分 $\mathrm{d}\alpha$ 与弧微分 $\mathrm{d}s$ 之商，其中弧微分 $\mathrm{d}s$ 为

$$\mathrm{d}s=\sqrt{(\mathrm{d}x)^2+(\mathrm{d}y)^2}=\sqrt{1+y'^2}\,\mathrm{d}x.$$

例如，设圆的半径为 R（见图 4-12），则圆的平均曲率 $\overline{K}=\frac{\Delta\alpha}{\overset{\frown}{AB}}=\frac{1}{R}$．

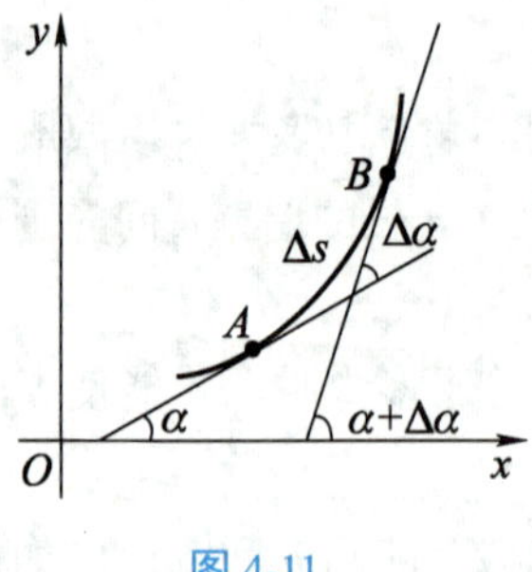

图 4-11

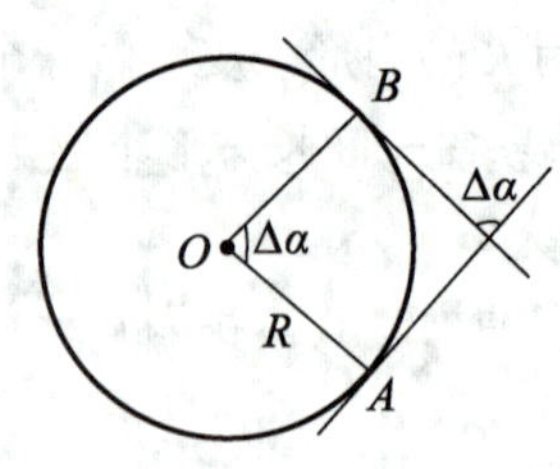

图 4-12

因为 $\overline{K}$ 与点 A 的位置无关，所以点 A 处的曲率为

$$K_A=\lim_{B\to A}\overline{K}=\lim_{B\to A}\frac{\Delta\alpha}{\overset{\frown}{AB}}=\frac{1}{R},$$

即圆上任意一点处的曲率都是相等的，等于 $\frac{1}{R}$．可见，半径越小，弯曲程度越大，曲率越大，这与我们对圆的认识是一样的．

设 $y=f(x)$ 且 $f(x)$ 具有二阶导数（这时 $f'(x)$ 连续，从而曲线是光滑的）．因为

$$f'(x)=y'=\tan\alpha,$$

所以，上式两边取微分得

$$y''\mathrm{d}x=\sec^2\alpha\,\mathrm{d}\alpha,$$

于是

$$\mathrm{d}\alpha=\frac{y''}{\sec^2\alpha}\mathrm{d}x=\frac{y''}{1+\tan^2\alpha}\mathrm{d}x=\frac{y''}{1+y'^2}\mathrm{d}x.$$

又知 $\mathrm{d}s=\sqrt{1+y'^2}\,\mathrm{d}x$，从而得到曲率的计算公式，即

$$K=\left|\frac{\mathrm{d}\alpha}{\mathrm{d}s}\right|=\frac{|y''|}{(1+y'^2)^{3/2}}.$$

例 1　计算直线 $y=ax+b$ 上任意一点的曲率.

解　由题意知，$y'=a$，$y''=0$，因此 $K=0$.

例 2　计算双曲线 $xy=1$ 在点 $(1,1)$ 处的曲率.

解　由 $y=\frac{1}{x}$ 得

$$y'=-\frac{1}{x^2},\quad y''=\frac{2}{x^3}.$$

于是，$y'|_{x=1}=-1$，$y''|_{x=1}=2$.

因此，双曲线 $xy=1$ 在点 $(1,1)$ 处的曲率为

$$K=\frac{|y''|}{(1+y'^2)^{3/2}}=\frac{2}{[1+(-1)^2]^{3/2}}=\frac{1}{\sqrt{2}}=\frac{\sqrt{2}}{2}.$$

例 3　设有两个弧形工件 A，B，工件 A 满足曲线方程 $y=x^3$，工件 B 满足曲线方程 $y=x^2$，试比较这两个工件在 $x=1$ 处的弯曲程度.

解　工件 A 在 $x=1$ 处有

$$y'|_{x=1}=3x^2|_{x=1}=3,\quad y''|_{x=1}=6x|_{x=1}=6,$$

故其曲率为

$$K_1=\left|\frac{y''}{(1+y'^2)^{3/2}}\right|=\frac{6}{(1+3^2)^{3/2}}=\frac{3\sqrt{10}}{50}\approx 0.1897.$$

工件 B 在 $x=1$ 处有

$$y'|_{x=1}=2x|_{x=1}=2,\quad y''|_{x=1}=2,$$

故其曲率为

$$K_2=\left|\frac{y''}{(1+y'^2)^{3/2}}\right|=\frac{2}{(1+2^2)^{3/2}}=\frac{2\sqrt{5}}{25}\approx 0.1789.$$

因此，$K_1>K_2$，即工件 A 在 $x=1$ 处的弯曲程度比 B 大.

注　意

若曲线以参数方程 $\begin{cases}x=\varphi(t),\\ y=\psi(t)\end{cases}$ 给出，则容易算出其曲率为

$$K=\frac{|\varphi'(t)\psi''(t)-\varphi''(t)\psi'(t)|}{[\varphi'^2(t)+\psi'^2(t)]^{3/2}}.$$

4.5.2 曲率圆与曲率半径

如图 4-13 所示，设曲线 $y=f(x)$ 在点 $M(x,y)$ 处的曲率为 $K\,(K\neq 0)$. 在点 $M(x,y)$ 处曲线的法线上，在凹的一侧取一点 D，使 $|DM|=K^{-1}=\rho$. 以 D 为圆心，ρ 为半径作圆，则这个圆称为曲线在点 M 处的**曲率圆**，曲率圆的圆心 D 称为曲线在点 M 处的**曲率中心**，曲率圆的半径 ρ 称为曲线在点 M 处的**曲率半径**.

曲线在点 M 处的曲率 $K\,(K\neq 0)$ 与曲线在点 M 处的曲率半径 ρ 有如下关系：

$$\rho=\frac{1}{K}，\quad K=\frac{1}{\rho}.$$

例 4 如图 4-14 所示，设工件表面的截线为抛物线 $y=0.4x^2$. 现要用砂轮磨削其内表面，问直径为多大时砂轮才比较合适？

解 由题意可知，砂轮的半径不应大于抛物线顶点处的曲率半径，于是有

$$y'=0.8x，\quad y''=0.8，$$

从而

$$y'\big|_{x=0}=0，\quad y''\big|_{x=0}=0.8，$$

将其代入曲率公式，得

$$K=\frac{|y''|}{(1+y'^2)^{3/2}}=0.8.$$

抛物线顶点处的曲率半径为

$$\rho=\frac{1}{K}=1.25，$$

因此选用砂轮的半径不得超过 1.25 单位长，即直径不得超过 2.50 单位长.

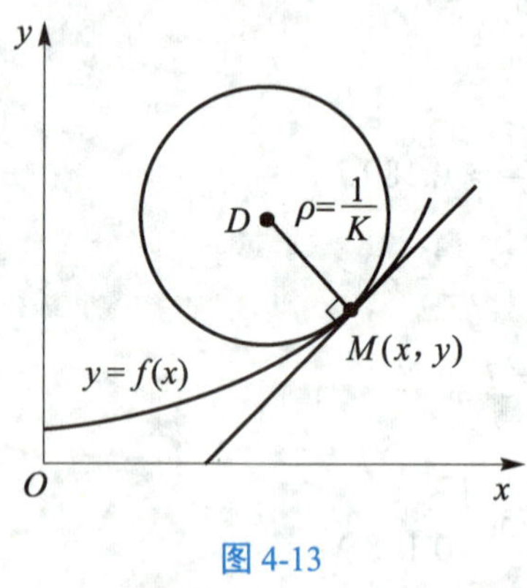

图 4-13

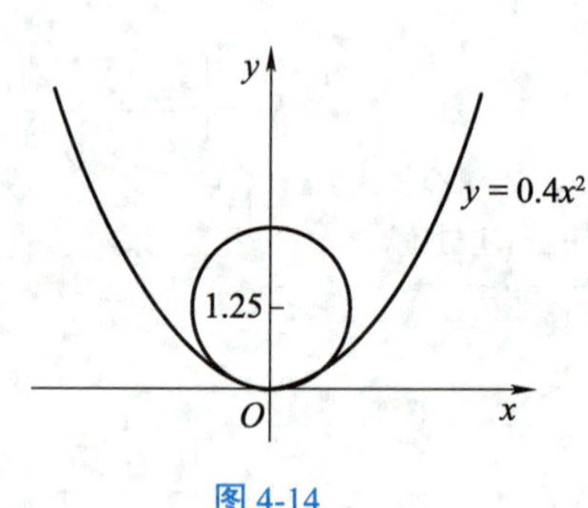

图 4-14

习题 4-5

1. 求 $y=x^2$ 的弧微分.
2. 求下列曲线在指定点处的曲率：
（1）函数 $y=x^3$ 在点 $(1,1)$ 处；（2）函数 $y=\sqrt{x}$ 在点 $(1,1)$ 处.
3. 曲线 $y=\ln x$ 上哪一点处的曲率最大？求出其曲率半径.

4.6 导数在经济分析中的应用

在经济工作的经营决策中，往往需要用数学方法，对经济量进行定量分析．本节就常见的经济函数介绍导数在边际分析与弹性分析中的应用．

4.6.1 边际分析

1. 边际成本

经济学中，**边际成本**是指总成本 $C(q)$ 对产量 q 的变化率 $C'(q)$，一般记作 MC．根据导数的定义，产量为 q_0 的边际成本为 $\mathrm{MC}=C'(q_0)=\lim\limits_{\Delta q\to 0}\dfrac{\Delta C}{\Delta q}$．由于产量的最小变化单位只能为 1，因此边际成本可看作，当产量为 q_0 时再增加一个单位的产量所增加的总成本．

例 1　某种产品生产 q 件时，总成本 $C(q)=100+6q-0.02q^2$（单位：元）．求当产量为 100 时的平均成本和边际成本．

解　由于平均成本＝总成本/产量，生产 100 件时，总成本为

$$C(100)=100+6\times 100-0.02\times 100^2=500 \text{（元）},$$

因此平均成本为

$$\overline{C}(100)=\frac{C(100)}{100}=\frac{500}{100}=5 \text{（元/件）}.$$

因为边际成本为

$$\mathrm{MC}=C'(q)=6-0.04q,$$

所以当 $q=100$ 件时，$\mathrm{MC}=C'(100)=2$ 元．

2. 边际收入

经济学中，**边际收入**是指总收入 $R(q)$ 对销售量 q 的变化率 $R'(q)$，一般记作 MR，即 $\mathrm{MR}=R'(q)$．其经济意义是当销售量达到某一点时，再多销售一个单位产品所增加的收入．

例 2　设某产品的价格与销售量的关系为 $p(q)=10-\dfrac{q}{5}$，求销售量为 20 时的总收入、平均收入与边际收入．

解　由于总收入＝销售量×价格，平均收入＝总收入/销售量，边际收入＝总收入的导数，因此先求出总收入、平均收入与边际收入的函数，再将 20 代入即可．

总收入函数为

$$R(q)=qp(q)=q\left(10-\frac{q}{5}\right)=10q-\frac{q^2}{5},$$

平均收入函数为

$$\overline{R}(q)=\frac{R(q)}{q}=p(q)=10-\frac{q}{5},$$

边际收入函数为

$$\mathrm{MR}=R'(q)=10-\frac{2q}{5}.$$

当 $q=20$ 时，

$$R(20)=10\times 20-\frac{20^2}{5}=120,\quad \overline{R}(20)=10-\frac{20}{5}=6,\quad \mathrm{MR}=R'(20)=10-\frac{2}{5}\times 20=2.$$

3. 边际利润

经济学中，**边际利润**是指总利润 $L(q)$ 对销售量 q 的变化率 $L'(q)$，一般记作 ML．其经济意义是当销售量达到某一点时，再多销售一个单位产品所增加的利润．由于总利润为总收入与总成本的差，即 $L(q)=R(q)-C(q)$，因此两边同时求导得 $L'(q)=R'(q)-C'(q)$．

例 3 某工厂生产 q 台产品的总成本为 $C(q)=300+11q$，总收入为 $R(q)=50q-0.03q^2$，试求：

（1）边际利润函数；

（2）产量为 600 台和 700 台时的边际利润，并说明其经济意义；

（3）当产量是多少时获得最大利润，最大利润是多少？

解 （1）因为总利润函数为

$$L(q)=R(q)-C(q)=39q-0.03q^2-300,$$

所以边际利润函数为

$$\mathrm{ML}=L'(q)=39-0.06q.$$

（2）将 $q=600$，$q=700$ 代入边际利润函数得

$$L'(600)=39-0.06\times 600=3\ （元/台），\quad L'(700)=39-0.06\times 700=-3\ （元/台），$$

其经济意义为：当产量为 600 台时，再多生产一台利润将增加 3 元；当产量为 700 台时，再多生产一台利润将减少 3 元．

（3）令 $L'(q)=39-0.06q=0$，得 $q=650$．

因为 $L''(q)=-0.06<0$，所以当 $q=650$ 时利润最大，最大利润为

$$L(650)=39\times 650-0.03\times 650^2-300=12\ 375\ （元）.$$

4.6.2 弹性分析

弹性概念是经济学中的另一个重要概念．弹性分析是经济分析中的重要工具，主要用于对生产、供给、需求等问题的研究，用来定量分析各经济量之间的关系．某个经济变量（因变量）的弹性是指与该因变量相关的某一个自变量 x 的值变动 1%时所引起的该因变量变化的百分比．

下面给出弹性的一般概念．

定义 设函数 $y=f(x)$ 在点 x_0 处的某个邻域内有定义，且 $f(x_0)\neq 0$．若极限 $\lim\limits_{\Delta x\to 0}\dfrac{\Delta y/f(x_0)}{\Delta x/x_0}$ 存在，则称此极限为函数 $y=f(x)$ 在点 x_0 处的**点弹性**，记作 $\left.\dfrac{Ey}{Ex}\right|_{x=x_0}$．

由定义可知 $\left.\dfrac{Ey}{Ex}\right|_{x=x_0}=\lim\limits_{\Delta x\to 0}\dfrac{\Delta y/y_0}{\Delta x/x_0}=\lim\limits_{\Delta x\to 0}\dfrac{x_0}{y_0}\cdot\dfrac{\Delta y}{\Delta x}=\dfrac{x_0}{y_0}\lim\limits_{\Delta x\to 0}\dfrac{\Delta y}{\Delta x}=\dfrac{x_0}{y_0}f'(x_0)$.

知识宝典

由弹性的一般概念可知：若某商品市场的需求量 Q 是价格 P 的函数，即 $Q=Q(P)$，且该函数可导，则称 $\dfrac{EQ}{EP}=\dfrac{P}{Q}\dfrac{\mathrm{d}Q}{\mathrm{d}P}$ 为商品的**需求价格弹性**，简称**需求弹性**.

例 4　某种商品的市场需求量 Q（单位：件）是价格 P（单位：元）的函数，即

$$Q=Q(P)=30(100-P^2),$$

求价格为每件 5 元时的需求弹性，并解释其经济意义.

解　由已知得

$$Q'=30(-2P)=-60P,$$

于是

$$\frac{EQ}{EP}=\frac{P}{Q}Q'=\frac{P}{30(100-P^2)}(-60P)=-\frac{2P^2}{100-P^2}.$$

价格为每件 5 元时，市场的需求弹性为

$$\left.\frac{EQ}{EP}\right|_{P=5}=-\frac{2\times 5^2}{100-5^2}\approx -0.67.$$

这就是说，当这种商品的价格为 5 元/件时，价格上升 1%，市场的需求量相应地下降约 0.67%.

例 5　设某种商品需求量 D（单位：件）与价格 P（单位：元）的函数关系是 $D(P)=\dfrac{10\ 000}{9P^2+6P+1}$，试求价格为 3 元时的需求弹性.

解　由已知得

$$D'(P)=-\frac{10\ 000(9P^2+6P+1)'}{(9P^2+6P+1)^2}=-\frac{60\ 000(3P+1)}{(9P^2+6P+1)^2},$$

于是

$$\frac{ED}{EP}=\frac{P}{D}D'(P)=-\frac{P}{\dfrac{10\ 000}{9P^2+6P+1}}\times\frac{60\ 000(3P+1)}{(9P^2+6P+1)^2}=-\frac{6P}{3P+1}.$$

当 $P=3$ 元时，其需求弹性为

$$\left.\frac{ED}{EP}\right|_{P=3}=-\frac{6\times 3}{3\times 3+1}=-1.8.$$

砥节砺行

弹性不同，即事物对变化的反应程度不同．在生活中我们也常常遇到这样的现象：同样的做法，上一次产生的效果很好，这一次效果却欠佳．这是因为，不同事物的“弹性”不同，上一次的问题和这一次的问题在背景、条件等方面可能会有所区别．因此我们要做到具体问题具体分析，根据事情的不同情况采取不同措施，不能一概而论.

习题 4-6

1．设某种产品产量为 q（单位：吨）时的总成本函数（单位：元）为 $C(q)=1\,000+7q+50\sqrt{q}$．求：

（1）产量为 100 吨时的总成本；

（2）产量为 100 吨时的平均成本；

（3）产量从 100 吨增加到 225 吨时，总成本的平均变化率；

（4）产量为 100 吨时，总成本的变化率（边际成本）.

2．某厂生产 q 个单位产品时的总收入 R 是 q 的函数 $R(q)=200q-0.01q^2$，当产量 $q=50$ 个单位时，求：

（1）总收入；

（2）平均单位产品收入；

（3）边际收入.

3．某产品的总成本函数和收入函数分别为 $C(q)=3+2\sqrt{q}$，$R(q)=\dfrac{5q}{q+1}$，其中 q 为该产品的销售量，求该产品的边际成本、边际收入和边际利润.

4．已知某产品的需求函数为 $Q(P)=100-10P$，求 $P=5$ 时的需求弹性.

5．设某产品的需求量 Q 与价格 P 的函数关系为 $Q=1\,600\left(\dfrac{1}{4}\right)^P$，求当 $P=3$ 时的需求弹性.

本章小结

1．洛必达法则

在一定条件下，通过对分子、分母分别求导来计算未定式极限的方法称为洛必达法则.

2．导数在研究函数特性方面的应用

（1）判断函数的单调区间．设函数 $f(x)$ 在 $[a,b]$ 上连续，在 (a,b) 内可导．若在 (a,b) 内 $f'(x)>0$，则函数 $f(x)$ 在 $[a,b]$ 上单调增加；若在 (a,b) 内 $f'(x)<0$，则函数 $f(x)$ 在 $[a,b]$ 上单调减少.

（2）求函数的极值．设 $f(x_0)=0$，当 x 由小增大经过点 x_0 时：若 $f'(x)$ 由正变负，则 x_0 为极大值点；若 $f'(x)$ 由负变正，则 x_0 为极小值点；若 $f'(x)$ 不改变符号，则 x_0 不是极值点.

或用二阶导数的符号判断：若 $f''(x_0)<0$，则 x_0 为极大值点；若 $f''(x_0)>0$，则 x_0 为极小值点.

（3）求函数的凹凸性和拐点．通过求解二阶导数为零的点和二阶导数不存在的点，判断函数的凹凸性和拐点.

（4）求函数在闭区间上的最大（小）值．将函数的极值（或驻点的函数值）和端点值做比较求得.

3．导数在经济问题中的应用

导数在经济问题中的应用主要介绍了边际成本、边际收入、边际利润和需求弹性.

复习题四

1．单项选择题：

（1）极限 $\lim\limits_{x\to0}=\dfrac{e^{3x}-e^{-x}}{\sin x}=$（　）.

A．0　　B．2　　C．4　　D．不存在

（2）曲线 $y=x^2e^{-x}$ 的单调递增区间为（　）.

A．$(-\infty,0]$　　B．$[2,-\infty)$　　C．$[0,2]$　　D．$(-\infty,+\infty)$

（3）满足方程 $f'(x)=0$ 的点，一定是函数 $y=f(x)$ 的（　）.

A．极值点　　B．驻点　　C．最值点　　D．间断点

（4）函数 $f(x)=x-\dfrac{3}{2}x^{\frac{2}{3}}$ 的极值点的个数是（　）.

A．0　　B．1　　C．2　　D．3

（5）曲线 $y=(x-1)^3$ 的拐点为（　）.

A．$(0,-1)$　　B．$(-1,-8)$　　C．$(1,0)$　　D．$(2,1)$

（6）函数 $f(x)=x-2\sqrt{x}$ 在区间 $[0,4]$ 上的最大值是（　）.

A．10　　B．8　　C．0　　D．无最大值

（7）某产品的需求函数为 $p=89-2q$（万元）（p 表示价格，q 表示需求量），边际利润函数为 $L'(q)=16q-q^2-11$（万元/套），当产量 $q=15$ 套时，该产品的边际成本是（　）.

A．0　　B．15　　C．20　　D．25

（8）某产品的需求函数为 $q=12\,000-80p$，成本函数为 $C(q)=25\,000+50q$，则当价格 p 为（　）销售利润达到最大.

A．100　　B．150　　C．200　　D．250

（9）某商品的需求量 q 与价格 p 的函数为 $q=e^{-\frac{p}{5}}$，则当 $p=5$ 时的需求弹性为（　）.

A．1　　B．−1　　C．2　　D．−2

2．用洛比达法则求下列极限：

（1）$\lim\limits_{x\to0}\dfrac{e^x-e^{-x}}{\sin x}$；　　（2）$\lim\limits_{x\to0}\dfrac{\ln(1+x)}{x}$；

（3）$\lim\limits_{x\to a}\dfrac{\sin x-\sin a}{x-a}$；　　（4）$\lim\limits_{x\to1}\dfrac{x^m-1}{x^n-1}$；

（5）$\lim\limits_{x\to\frac{\pi}{2}}\dfrac{\tan x}{\tan 3x}$；　　（6）$\lim\limits_{x\to\infty}\dfrac{x^3-2x+1}{1-2x^3}$.

3．确定下列函数的增减区间和极值：

（1）$f(x)=-3x^2+12x-5$；　　（2）$f(x)=x^3+4x-5$；

（3）$f(x)=x-\sin x$；　　　　（4）$f(x)=x^2\mathrm{e}^{-x^2}$．

4．一汽车厂家正在测试一款新开发的汽车发动机的效率，发动机的效率 p（单位：%）与汽车的速度 v（单位：km/h）之间的关系为

$$p=0.768v-0.000\,04v^3．$$

求发动机的最大效率．

5．求下列函数在所给区间上的最大值和最小值：

（1）$f(x)=x^3+3x^2-9x-7$，$x\in[-6,4]$；

（2）$f(x)=x^5-5x^4+5x^3+1$，$x\in[-1,2]$；

（3）$f(x)=\sin 2x-x$，$x\in\left[-\dfrac{\pi}{2},\dfrac{\pi}{2}\right]$．

6．设某企业的利润函数为 $L(q)=10+2q-0.1q^2$，求使利润最大的产量 q．

7．某工厂生产的成本函数为 $C(q)=9\,800-36q+0.5q^2$（q 为产品的件数），问该厂生产多少件产品时的平均成本最低？最低是多少？

8．生产某种产品 q 个单位时的费用为 $C(q)=5q+200$，收入函数为 $R(q)=10q-0.01q^2$，问每批生产多少个单位，才能使利润最大？

第 4 章答案

9．要做一个底面为长方形的带盖箱子，其体积为 72 cm³，底面边长的比为 1∶2，问箱子的长、宽、高为多少时才能使箱子的表面积最小？

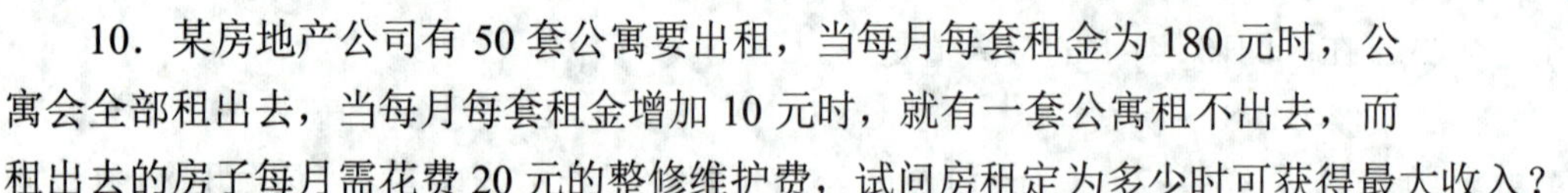

10．某房地产公司有 50 套公寓要出租，当每月每套租金为 180 元时，公寓会全部租出去，当每月每套租金增加 10 元时，就有一套公寓租不出去，而租出去的房子每月需花费 20 元的整修维护费，试问房租定为多少时可获得最大收入？

11．铁路线上 AB 段的距离为 100 km，工厂 C 距离 A 处为 20 km，AC 垂直于 AB，如图 4-15 所示．为了运输需要，要在 AB 段上选定一点 D，从 D 向工厂 C 修筑一条公路．已知铁路上每吨每公里的货运费用与公路上每吨每公里的货运费用之比为 3∶5，为了使货物从供应站 B 运到工厂 C 每吨货物的总运费最省，问 D 应选在何处？

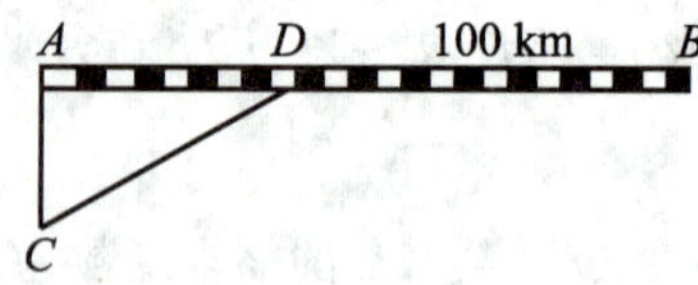

图 4-15

知中有行　用 MATLAB 求函数的极值

用 MATLAB 求函数极值的过程，就是使用 diff 函数求导，用解方程的 solve 函数求出驻点，再求出驻点的二阶导数值，即可求出函数的极值，具体步骤如下：

（1）定义符号变量：`syms x;`

（2）在 MATLAB 命令窗口输入函数求导，格式为 `f1=diff(表达式)`；

（3）在 MATLAB 命令窗口输入程序，求驻点，格式为 `x0=solve(f1)`；

（4）在 MATLAB 命令窗口输入程序，求二阶导数，格式为 `f2=diff(f1)`；

（5）定义 inline 函数，格式为 `f=inline(f2)`，将驻点代入 `f2`，求二阶导数值；

（6）输出结果，得到极值．

例　求 $y=\dfrac{1}{3}x^3-x^2-3x-3$ 的极值．

解　在命令窗口输入：

```
>> syms x
>> y=1/3*x^3-x^2-3*x-3;
>> f1=diff(y)                          %求一阶导数 y'
```

按回车，输出结果为

```
f1 =
x^2-2*x-3                              %输出结果为 x^2-2x-3
>> x0=solve(f1)                        %解方程求驻点
```

按回车，输出结果为

```
x0 =
 -1
  3
>> f2=diff(f1)                         %求二阶导数 y''
```

按回车，输出结果为

```
f2 =
2*x-2                                  %输出结果为 2x-2
>> ff=inline(f2);                      %定义 inline 函数
>> ff(x0)                              %求 y''|x=x0
```

按回车，输出结果为

```
ans =
 -4
  4
>> f=inline(y);                        %定义 inline 函数
>> f(3),f(-1)                          %求 y|x=x0
```

按回车，输出结果为

```
ans =
   -12
ans =
   -1.3333
```

由此可知，极大值点为 $x=-1$，极大值为 $f(-1)=-\dfrac{4}{3}$；极小值点为 $x=3$，极小值为 $f(3)=-12$．

数学故事　人民的数学家华罗庚

华罗庚（1910 年 11 月 12 日—1985 年 6 月 12 日），江苏金坛金城镇人，是世界著名数学家，是中国解析数论、矩阵几何学、典型群、自守函数论等多方面研究的创始人和开拓者．在国际上以华氏命名的数学科研成果有“华氏定理”“怀依—华不等式”“华氏不等式”“普劳威尔—加当华定理”“华氏算子”

"华一王方法"等．他为中国数学的发展做出了举世瞩目的贡献．美国著名数学家贝特曼著文称："华罗庚是中国的爱因斯坦，足够成为全世界所有著名科学院院士"．他被列为芝加哥科学技术博物馆中当今世界88位数学伟人之一．

华罗庚出生于江苏省金坛县一个小商人家庭，父亲华瑞栋，开一间小杂货铺．他初中毕业后，曾因家境贫寒，两次辍学，回到金坛县帮助父亲料理杂货铺．在单调的站柜台生活中，他开始自学数学．

1929年，华罗庚受雇为金坛中学庶务员，并开始在上海《科学》等杂志上发表论文．1930年春，他的论文《苏家驹之代数的五次方程式解法不能成立的理由》在上海《科学》杂志上发表．当时在清华大学数学系任主任的熊庆来教授看到后对这篇文章很重视，并因此把华罗庚请到了清华大学．

1936年，华罗庚经清华大学推荐，被派往英国剑桥大学留学．他在剑桥的两年中，把全部精力用于研究数学理论中的难题，不愿为申请学位浪费时间．他的研究成果引起了国际数学界的注意．1938年，华罗庚回国，受聘为西南联合大学教授．从1939年到1941年，他在极端困难的条件下，写了20多篇论文，完成了他的第一部数学专著《堆垒素数论》．在闻一多先生的影响下，他还积极参与到当时如火如荼的抗日民主爱国运动之中．

1946年，当时的国民政府也想搞原子弹，于是选派华罗庚、吴大猷、曾昭抡三位大名鼎鼎的科学家赴美考察．1949年新中国成立，华罗庚感到无比兴奋，克服了来自美国政府所带来的种种困难，决心携家人回国．华罗庚回到了清华园，担任清华大学数学系主任．

回国后短短的几年中，他在数学领域里的研究硕果累累：他写成的论文《典型域上的多元复变函数论》于1957年1月获国家发明一等奖，并先后出版了中文、俄文、英文版专著；1957年出版《数论导引》；1963年他和他的学生万哲先合写的《典型群》一书出版．他为培养青少年学习数学的热情，在北京发起组织了中学生数学竞赛活动，从出题、监考、阅卷，都亲自参加，并多次到外地去推广这一活动．

粉碎"四人帮"后，他被任命为中国科学院副院长．他多年的研究成果《从单位圆谈起》《数论在近似分析中的应用》(与王元合作)、《优选学》等专著也相继正式出版了．

1983年10月，他应美国加州理工学院邀请，赴美做为期一年的讲学活动．在美期间，他赴意大利里亚利特市出席第三世界科学院成立大会，并被选为院士；1984年4月，他在华盛顿出席了美国科学院授予他外籍院士的仪式，他是第一位获此殊荣的中国人．

科学无国界，科学家有祖国．爱国是科学家精神之魂，也是立德之源、立功之本．在中华民族伟大复兴的征程上，一代又一代科学家心系祖国和人民，不畏艰难，无私奉献，为科学技术进步、人民生活改善、中华民族发展做出了重大贡献．新时代更需要继承发扬以国家民族命运为己任的爱国主义精神，更需要继续发扬以爱国主义为底色的科学家精神．2020年9月11日，习近平总书记在科学家座谈会上指出："科学成就离不开精神支撑．科学家精神是科技工作者在长期科学实践中积累的宝贵精神财富．新中国成立以来，广大科技工作者在祖国大地上树立起一座座科技创新的丰碑，也铸就了独特的精神气质．"因此，我们应大力弘扬科学家精神，有信心、有意志、有能力登上科学高峰，为实现中华民族伟大复兴，为推动构建人类命运共同体做出应有贡献．

第5章 一元函数的积分学及其应用

名人名言

数学是知识的工具，亦是其他知识工具的泉源.

——笛卡尔

趣味数学——积分学的发展过程

积分思想是从面积、体积的计算（求积问题）中发展起来的. 早在公元前 3 世纪，古希腊的数学家阿基米德（公元前 287—前 212 年）在解决抛物弓形的面积、球的体积等问题中，就隐含着积分学的思想.

到了 16 世纪，开普勒（1571—1630 年）进一步发展了求积分的极限方法，开普勒的这一杰出思想，体现在 1615 年发表的《测定酒桶体积的新方法》一书中（据说他对求积问题的兴趣，起源于对啤酒商的酒桶体积的怀疑）.

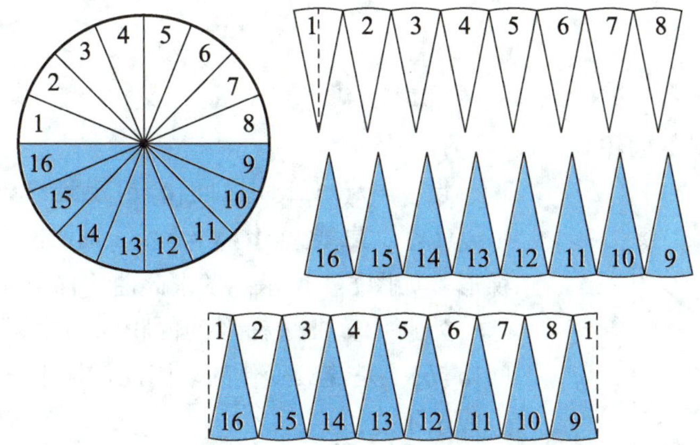

在该书中，他用无限分割的办法，求出了许多图形的面积和体积，其基本思想是化曲为直、无限求和，即把曲线形看作边数无限多的直线形. 例如，将圆面积分割为无穷多个等腰三角形的面积之和，这些三角形的顶点在圆心、底在圆上，而高为半径 R. 显然，圆面积等于圆周长与半径乘积的一半. 他对球体积公式的推导就是在此基础上发展而来的.

著名的开普勒行星三定律中的第二定律——由太阳到行星的向径扫过的面积与扫过的时间成正比，其推导过程也应用了这种求积方法. 用无穷多个无限小元素之和来确定曲边形面积和体积，这是开普勒求积术的核心，也是他对积分学的最大贡献.

此外，还有众多的数学家也为微积分的诞生做了积极的准备工作.

导学

微积分包含两部分内容：微分学和积分学."无限细分，无限求和"的积分思想先于微分的产生，早期的数学家逐步得到了一系列求面积和体积（积分）、求极值和切线斜率（导数）的重要结果，但这些结果都是孤立的、不成体系的．直到 17 世纪中期，牛顿和莱布尼茨意识到微分与积分之间的互逆关系，才创立了微积分．本章将主要介绍积分的概念、性质，积分计算方法，以及运用定积分的微元法解决实际问题.

素质目标

- 养成好学上进、拼搏创新的精神.
- 树立客观、严谨、细致的工作作风.

5.1 定积分的概念

在实际问题中，我们经常会遇到某些非均匀量的求和问题，如计算不规则图形的面积和体积、变速直线运动的路程、非匀质物体的质量、变力所做的功等，虽然它们各自的意义不同，但这些问题的解决都可归结为"无限细分，无限求和"的过程．先看下面两个实例.

定积分概述

5.1.1 两个引例

引例 1 曲边梯形的面积

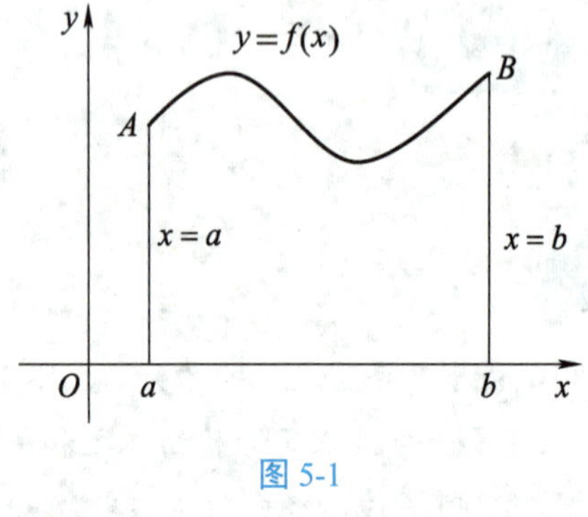

图 5-1

设 $y=f(x)$ 在闭区间 $[a,b]$ 上连续，且 $f(x)\geqslant 0$，则由曲线 $y=f(x)$、直线 $x=a$，$x=b$ 及 x 轴所围成的平面图形，称为**曲边梯形**，如图 5-1 所示．试求此曲边梯形的面积.

如何计算曲边梯形的面积呢？由于曲边梯形的高 $f(x)$ 在区间 $[a,b]$ 上是连续变化的，因此在很小一段区间上它的变化很小，近似于不变.

将区间 $[a,b]$ 划分为许多小区间，曲边梯形也相应地被划分成许多小曲边梯形．如果在每个小区间上用其中某一点的高近似代替同一区间上小曲边梯形的变高，那么每个小曲边梯形就可以近似看成小矩形．以这些小矩形的面积作为小曲边梯形面积的近似值，并将区间 $[a,b]$ 无限细分下去，使每个小区间的长度都趋于 0，这时所有小矩形面积之和的极限就是曲边梯形的面积.

根据上面的分析，可按下面的步骤计算曲边梯形的面积.

1）分割

任取分点 $a=x_0<x_1<\cdots<x_{n-1}<x_n=b$ 把区间 $[a,b]$ 任意分成 n 个小区间，即

$$[x_0,x_1],[x_1,x_2],[x_2,x_3],\cdots,[x_{n-1},x_n],$$

每个小区间的长度为 $\Delta x_i=x_i-x_{i-1}\ (i=1,2,\cdots,n)$．相应地，把曲边梯形分成 n 个小曲边梯形，其面积为

$\Delta S_i \ (i=1,2,\cdots,n)$.

2）近似代替

对于第 i 个小曲边梯形，在小区间 $[x_{i-1},x_i]$ 上任取一点 ξ_i，得到以区间 $[x_{i-1},x_i]$ 的长 Δx_i 为底，以 $f(\xi_i)$ 为高的小矩形（见图 5-2），用小矩形的面积 $f(\xi_i)\Delta x_i$ 近似代替小曲边梯形的面积 ΔS_i，即

$$\Delta S_i \approx f(\xi_i)\Delta x_i \ (i=1,2,\cdots,n).$$

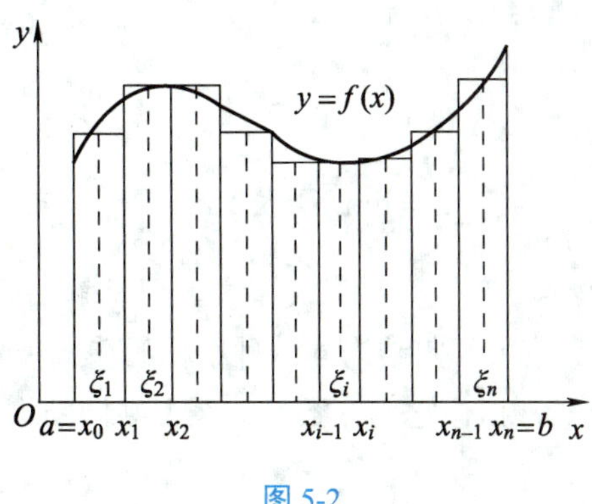

图 5-2

3）求和

将 n 个小矩形的面积加起来，便得到曲边梯形面积的近似值，即

$$S=\Delta S_1+\Delta S_2+\cdots+\Delta S_n \approx f(\xi_1)\Delta x_1+f(\xi_2)\Delta x_2+\cdots+f(\xi_n)\Delta x_n=\sum_{i=1}^{n} f(\xi_i)\Delta x_i .$$

4）取极限

当分点个数 n 无限增大，且小区间长度的最大值 $\lambda=\max\limits_{1\leqslant i\leqslant n}\{\Delta x_i\}$ 趋近于 0 时，上述和式的极限便是曲边梯形的面积，即

$$S=\lim_{\lambda\to 0}\sum_{i=1}^{n} f(\xi_i)\Delta x_i .$$

引例 2　变速直线运动的路程

设一物体做变速直线运动，其速度是时间 t 的连续函数 $v=v(t)$，求物体在时间段 $[T_1,T_2]$ 内所经过的路程 S.

我们知道，匀速直线运动的路程公式是 $S=vt$，现设物体的运动速度 v 是随时间连续变化的，因此不能直接用此公式计算路程，但可以采用以下方法计算.

1）分割

任取分点 $T_1=t_0<t_1<\cdots<t_{n-1}<t_n=T_2$，把 $[T_1,T_2]$ 分成 n 个小时间段 $[t_0,t_1],[t_1,t_2],\cdots,[t_{i-1},t_i],\cdots,[t_{n-1},t_n]$，第 i 个小区间的长度为 $\Delta t_i=t_i-t_{i-1}\ (i=1,2,\cdots,n)$，相应的路程被分成了 n 个小路程，记作 $\Delta S_i\ (i=1,2,\cdots,n)$.

2）近似代替

在每个小时间段上以匀速直线运动的路程近似代替变速直线运动的路程，即在小时间段 $[t_{i-1},t_i]$ 上任取一时刻 $\xi_i\ (i=1,2,\cdots,n)$，用速度 $v(\xi_i)$ 近似代替这个小时间段 $[t_{i-1},t_i]$ 上的速度，则有

$$\Delta S_i \approx v(\xi_i)\Delta t_i \ (i=1,2,\cdots,n).$$

3）求和

将所有小时间段的路程ΔS_i求和，便得到总路程的近似值，即

$$S \approx \sum_{i=1}^{n} v(\xi_i)\Delta t_i .$$

4）取极限

若分点的个数n无限增大，令$\lambda = \max\limits_{1 \leqslant i \leqslant n}\{\Delta t_i\}$，当$\lambda \to 0$时，上述和式的极限便是所求的路程$S$的精确值，即

$$S = \lim_{\lambda \to 0}\sum_{i=1}^{n} v(\xi_i)\Delta t_i .$$

从上面两个实例可以看出，虽然二者的实际意义不同，但是解决问题的方法是相同的，即采用“分割—近似—求和—取极限”的方法，最后都归结为同一种结构的和式极限问题. 类似这样的实际问题还有很多，我们抛开实际问题的具体意义，抓住它们在数量关系上共同的本质特征，从数学的结构加以研究，抽象出定积分的概念.

砥节砺行

在学习中，我们经常遇到一些难以解决的复杂问题，这时便可以运用定积分的思想，将复杂问题分割成若干个简单的问题，逐项解决这些小问题之后，再将它们按照逻辑累积起来，最终使得复杂问题得以解决. 在现实生活中，再复杂的事情都可以分解成一些简单的事情；同样的，再伟大的目标也都是由一些简单的小目标组合起来的. 因此，我们要学会将目标合理地分解之后再累积起来，一步一步实现自己的梦想.

5.1.2 定积分的定义

定义 设函数$f(x)$在区间$[a,b]$上有界，任意取分点$a = x_0 < x_1 < \cdots < x_{n-1} < x_n = b$，把区间$[a,b]$分成$n$个小区间$[x_{i-1}, x_i]$ $(i = 1, 2, \cdots, n)$，称为**子区间**，其长度记作

$$\Delta x_i = x_i - x_{i-1} .$$

在每个子区间$[x_{i-1}, x_i]$ $(i = 1, 2, \cdots, n)$上任取一点ξ_i $(x_{i-1} \leqslant \xi_i \leqslant x_i)$，得相应的函数值$f(\xi_i)$，作乘积$f(\xi_i)\Delta x_i$，并作和式$\sum\limits_{i=1}^{n} f(\xi_i)\Delta x_i$.

令$\lambda = \max\{\Delta x_i\}$，若$\lambda \to 0$，上述和式的极限存在，则称函数$f(x)$在区间$[a,b]$上**可积**，并将此极限值称为函数$f(x)$在$[a,b]$上的**定积分**，记作$\int_a^b f(x)\mathrm{d}x$，即

$$\int_a^b f(x)\mathrm{d}x = \lim_{\lambda \to 0}\sum_{i=1}^{n} f(\xi_i)\Delta x_i .$$

其中，$\int$称为**积分号**，$f(x)$称为**被积函数**，$f(x)\mathrm{d}x$称为**被积表达式**，x称为**积分变量**，区间$[a,b]$称为**积分区间**，a, b分别称为**积分下限**与**积分上限**.

指点迷津

关于定积分的定义作如下说明.

（1）和式极限存在（即函数可积），是指不论对区间 $[a,b]$ 怎样划分及点 ξ_i 如何选取，极限都唯一存在.

（2）定积分只与被积函数 $f(x)$ 和积分区间 $[a,b]$ 有关，与积分变量的记号无关，即

$$\int_a^b f(x)\mathrm{d}x=\int_a^b f(t)\mathrm{d}t=\int_a^b f(u)\mathrm{d}u.$$

（3）**定积分的存在性**：当 $f(x)$ 在区间 $[a,b]$ 上连续或只有有限个第一类间断点时，$f(x)$ 在区间 $[a,b]$ 上的定积分存在（即可积）. 初等函数在定义区间内部都是可积的.

（4）定义是在 $a<b$ 的情况下给出的，但不管 $a<b$ 还是 $a>b$，总有

$$\int_a^b f(x)\mathrm{d}x=-\int_b^a f(x)\mathrm{d}x.$$

例 1　利用定义计算定积分 $\int_0^1 x^2\mathrm{d}x$.

解　（1）分割：用分点 $0=x_0<x_1<\cdots<x_{n-1}<x_n=1$，把区间 $[0,1]$ 分成 n 等份，那么分点为

$$x_i=\frac{i}{n}(i=1,2,\cdots,n),$$

每个小区间的长度为

$$\Delta x_i=\frac{1}{n}.$$

（2）近似代替：取每个区间的右端点 $\xi_i=\frac{i}{n}(i=1,2,\cdots,n)$，于是小曲边梯形的面积为

$$\Delta S_i\approx f(\xi_i)\Delta x_i=\left(\frac{i}{n}\right)^2\frac{1}{n}=\frac{i^2}{n^3}(i=1,2,\cdots,n).$$

（3）求和：曲边梯形面积 S 的近似值为

$$\begin{aligned}S&\approx\sum_{i=1}^{n}f(\xi_i)\Delta x_i=\sum_{i=1}^{n}\frac{i^2}{n^3}=\frac{1}{n^3}\sum_{i=1}^{n}i^2\\&=\frac{1}{n^3}\cdot\frac{1}{6}n(n+1)(2n+1)=\frac{1}{6}\left(1+\frac{1}{n}\right)\left(2+\frac{1}{n}\right).\end{aligned}$$

（4）取极限：因为 $\lambda=\Delta x_i=\frac{1}{n}$，当 $\lambda\to 0$ 时，$n\to\infty$，所以

$$S=\int_0^1 x^2\mathrm{d}x=\lim_{\lambda\to 0}\sum_{i=1}^{n}f(\xi_i)\Delta x_i=\lim_{n\to\infty}\frac{1}{6}\left(1+\frac{1}{n}\right)\left(2+\frac{1}{n}\right)=\frac{1}{3}.$$

5.1.3　定积分的几何意义

定积分的几何意义

从曲边梯形面积的计算可以看出：

（1）若在 $[a,b]$ 上，$f(x)\geqslant 0$，则定积分 $\int_a^b f(x)\mathrm{d}x$ 表示由曲线 $f(x)$、直线 $x=a$，$x=b$ 及 x 轴所围成曲边梯形的面积 A，即 $\int_a^b f(x)\mathrm{d}x=A$，如图 5-3 所示.

（2）若在$[a,b]$上，$f(x)\leqslant 0$，则$\int_a^b f(x)\mathrm{d}x=-A$，如图 5-4 所示.

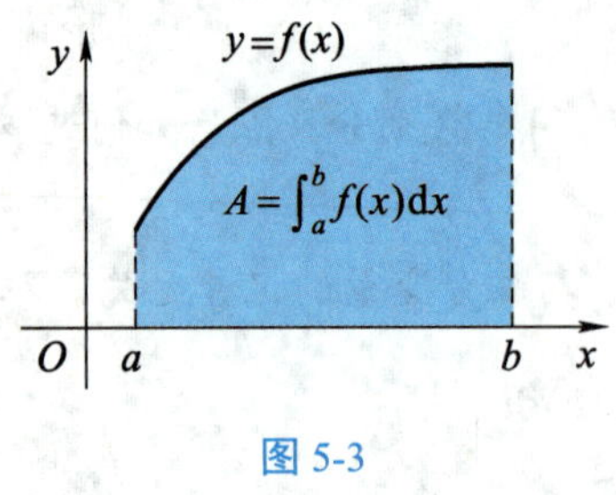

图 5-3

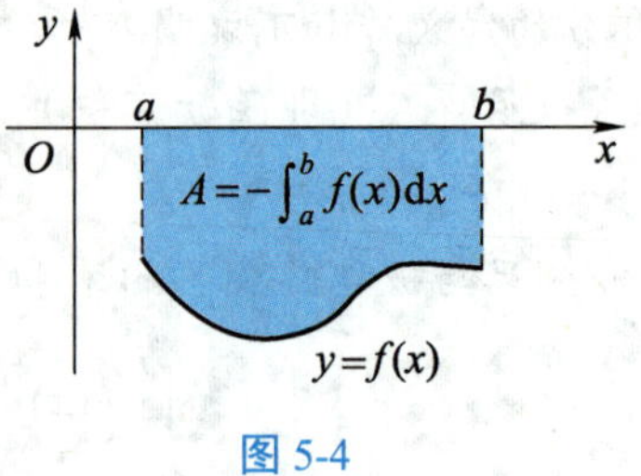

图 5-4

（3）若在$[a,b]$上，$f(x)$有正有负，即$f(x)$的图像某些部分在x轴上方，某些部分在x轴下方，则定积分$\int_a^b f(x)\mathrm{d}x$表示x轴上方图形的面积与x轴下方图形的面积之差，即$\int_a^b f(x)\mathrm{d}x=A_1-A_2+A_3$，如图 5-5 所示.

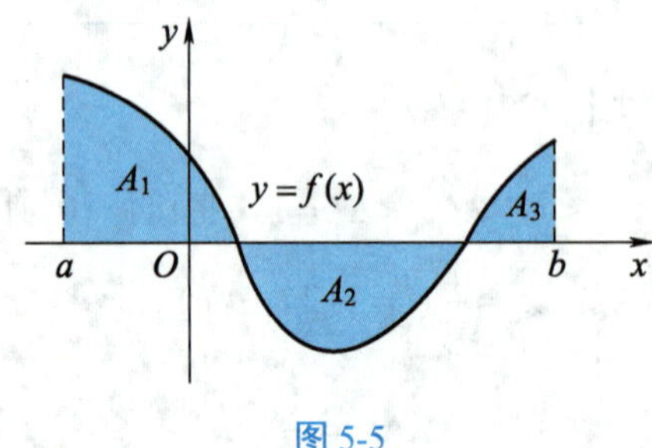

图 5-5

提　示

根据定积分的定义和几何意义，显然有如下结论:

（1）当$a=b$时，$\int_a^b f(x)\,\mathrm{d}x=0$；

（2）若在$[a,b]$上，$f(x)\equiv 1$，则$\int_a^b \mathrm{d}x=b-a$，如图 5-6 所示；

（3）若奇偶函数在对称区间$[-a,a]$上连续（见图 5-7），定积分计算可化简，则有

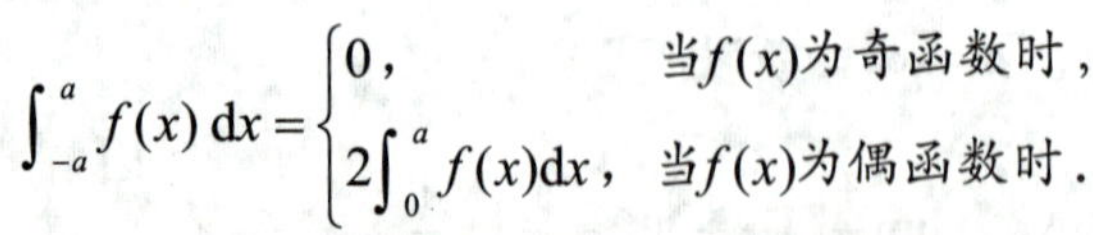

$$\int_{-a}^{a} f(x)\,\mathrm{d}x=\begin{cases}0, & \text{当} f(x) \text{为奇函数时},\\ 2\int_0^a f(x)\mathrm{d}x, & \text{当} f(x) \text{为偶函数时}.\end{cases}$$

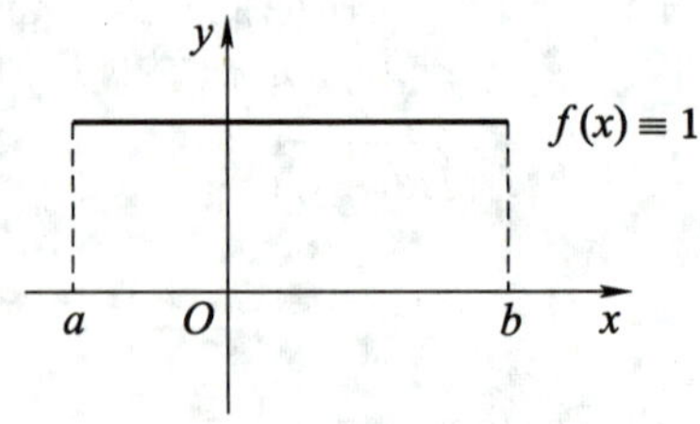

图 5-6

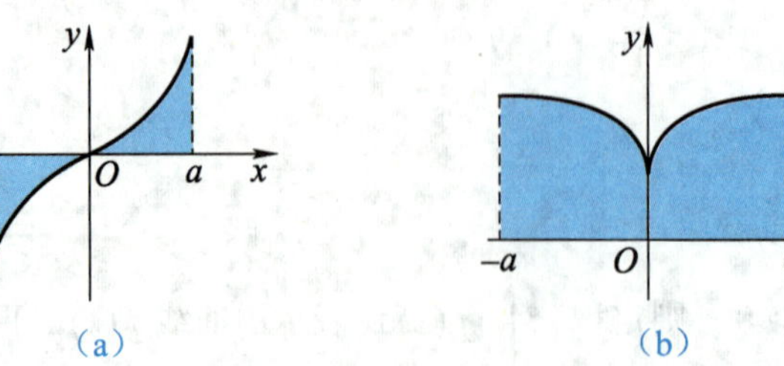

图 5-7

例 2　利用上述结论计算$\int_{-\pi}^{\pi}\sin x\mathrm{d}x$.

解　因为被积函数$y=\sin x$是奇函数，且积分区间$[-\pi,\pi]$是对称区间，由上述结论可知

$$\int_{-\pi}^{\pi}\sin x\mathrm{d}x=0.$$

例 3　用定积分表示如图 5-8 所示阴影部分的面积.

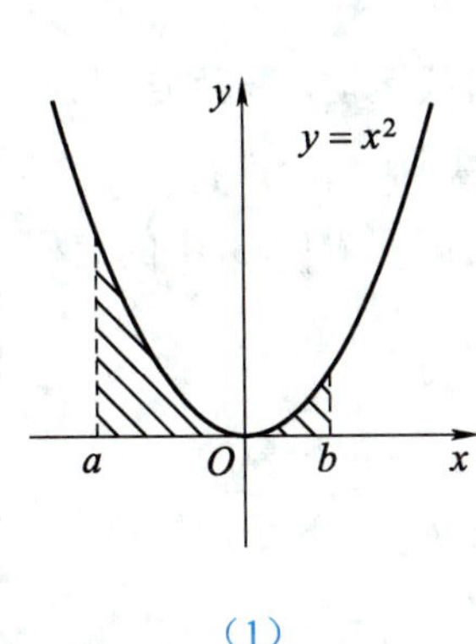

（1）

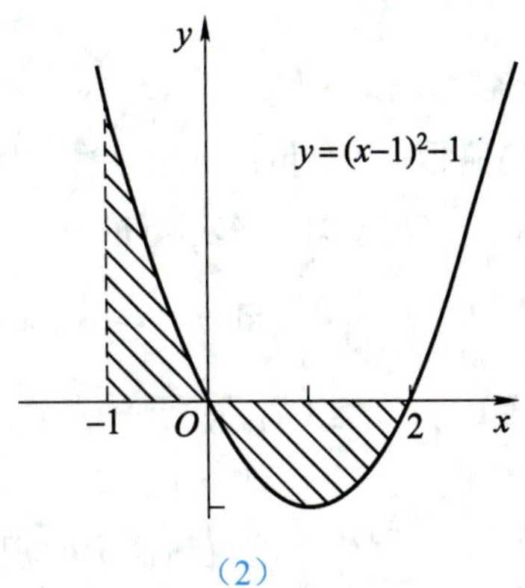

（2）

图 5-8

解　（1）被积函数$y=x^2$在区间$[a,b]$上连续，且有$f(x)\geqslant 0$，由定积分的几何意义可得阴影部分的面积

$$A=\int_a^b x^2\mathrm{d}x.$$

（2）被积函数$f(x)=(x-1)^2-1$在区间$[-1,2]$上连续，且在$[-1,0]$上$f(x)\geqslant 0$，在$[0,2]$上$f(x)\leqslant 0$，由定积分的几何意义可得阴影部分的面积

$$A=\int_{-1}^{0}[(x-1)^2-1]\,\mathrm{d}x-\int_{0}^{2}[(x-1)^2-1]\,\mathrm{d}x.$$

例 4　利用定积分的几何意义求下列定积分的值：

（1）$\int_{-R}^{R}\sqrt{R^2-x^2}\mathrm{d}x$；　　　　（2）$\int_0^1(1-x)\,\mathrm{d}x$.

解　（1）根据定积分的几何意义，该定积分为由曲线$y=\sqrt{R^2-x^2}$及x轴所围成图形的面积，即以R为半径的二分之一圆的面积，如图 5-9（a）所示. 因此，

$$\int_{-R}^{R}\sqrt{R^2-x^2}\mathrm{d}x=\frac{1}{2}\pi R^2.$$

（2）该定积分表示以$y=1-x$为曲边，以区间$[0,1]$为底的曲边梯形的面积，如图 5-9（b）所示. 这就是一个直角三角形，其底边和高均为 1，因此

$$\int_0^1(1-x)\,\mathrm{d}x=\frac{1}{2}\times 1\times 1=\frac{1}{2}.$$

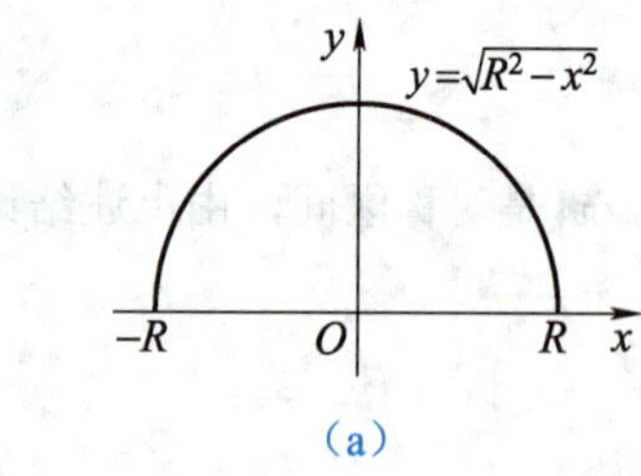

（a）

（b）

图 5-9

例 5 一辆汽车以速度 $v(t)=4t+3$（单位：m/s）做直线运动，试用定积分表示汽车在 $t_1=1\,\text{s}$ 到 $t_2=3\,\text{s}$ 期间所经过的路程 s（单位：m），并利用定积分的几何意义求出 s 的值.

解 由定积分的定义可知，汽车运行的路程是速度 $v(t)$ 在时间间隔 $[1,3]$ 上的定积分，即

$$s=\int_1^3 v(t)\mathrm{d}t=\int_1^3(4t+3)\mathrm{d}t\ .$$

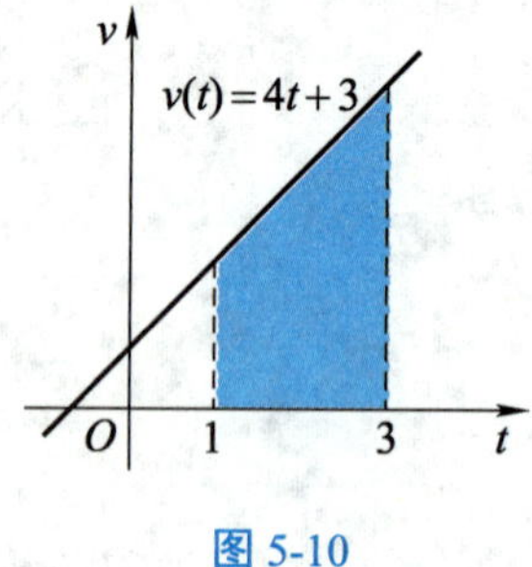

图 5-10

又因为被积函数 $v(t)=4t+3$ 的图形是一条直线（见图 5-10），由定积分的几何意义知，所求路程 s 的数值等于上底为 $v(1)=4\times1+3=7\,(\text{m/s})$，下底为 $v(3)=4\times3+3=15\,(\text{m/s})$，高为 2 的直角梯形面积，即

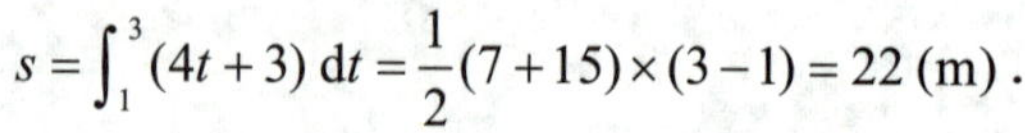

$$s=\int_1^3(4t+3)\,\mathrm{d}t=\frac{1}{2}(7+15)\times(3-1)=22\,(\text{m})\ .$$

习题 5-1

1．填空题：

（1）$\int_{-1}^{1}x\sqrt{1+x^2}\mathrm{d}x=$____________；

（2）$\int_{-2}^{2}\frac{x}{\sqrt{1+x^2}}\mathrm{d}x=$____________；

（3）$\int_{-1}^{1}x^3\mathrm{d}x=$____________；

（4）$\int_{-\frac{\pi}{4}}^{\frac{\pi}{4}}\frac{x^2\sin x}{1+\cos x}\mathrm{d}x=$____________.

2．用定积分表示下列量：

（1）由 $y=x^3$，$x=1$，$x=2$ 和 x 轴所围图形的面积；

（2）由 $y=\mathrm{e}^{-x}$，$y=x+1$，$x=1$ 所围图形的面积；

（3）设一汽车做变速直线运动，其速度与时间的函数关系为 $v=3t^2+1$，试用定积分表示汽车在 $[0,30]$ 内（单位：s）行驶的路程.

3．利用定积分的几何意义，求下列定积分的值：

（1）$\int_0^1 x\mathrm{d}x$；　（2）$\int_0^2 3\mathrm{d}x$；　（3）$\int_{-1}^{1}\sqrt{1-x^2}\mathrm{d}x$.

4．画出由下列各定积分表示的曲边梯形面积的图形：

（1）$\int_0^{\pi}\sin x\mathrm{d}x$；　（2）$\int_1^2\ln x\mathrm{d}x$；　（3）$\int_0^1(1+x^2)\mathrm{d}x$.

5.2 不定积分的概念与性质

5.2.1 原函数和不定积分的概念

在第 3 章中，我们通过研究变速直线运动引出了导数的概念，即已知物体运动的位置函数为 $s=s(t)$，则 $s(t)$ 的导数就是瞬时速度，即 $s'(t)=v(t)$．而在实际中常常会遇到相反的问题．

引例　若已知物体的运动速度为 $v(t)=2t$，怎样确定它的位置函数 $s=s(t)$ 呢？

根据导数的物理意义，要找的函数 $s=s(t)$ 应满足 $s'(t)=v(t)=2t$．不难看出 $s(t)=t^2$ 就满足上述要求．抽去该问题的物理背景，从数学角度看，就是寻找一个函数，使它的导数等于已知函数．此时我们称位置函数 $s(t)=t^2$ 为速度函数 $v(t)=2t$ 的一个原函数．

定义 1　设函数 $f(x)$ 是定义在区间 I 上的已知函数，若存在函数 $F(x)$，使对于区间 I 上任意一点 x 都有

$$F'(x)=f(x) \text{或} \mathrm{d}F(x)=f(x)\mathrm{d}x,$$

则称函数 $F(x)$ 是 $f(x)$ 在区间 I 上的一个**原函数**．

原函数和不定积分的概念

例如，$(x^2)'=2x$，故 x^2 是 $2x$ 在 $(-\infty,+\infty)$ 上的一个原函数．而 $(x^2+1)'=2x$，说明 x^2+1 也是 $2x$ 在 $(-\infty,+\infty)$ 上的一个原函数，同样对于任意常数 C，x^2+C 都是 $2x$ 在 $(-\infty,+\infty)$ 上的原函数．可见函数 $f(x)=2x$ 的原函数不是唯一的．

一般地，对于给定的函数 $f(x)$，若存在一个原函数 $F(x)$，则必定存在无穷多个原函数，因为对于任意常数 C，都有 $[F(x)+C]'=f(x)$．那么，这些原函数之间具有什么样的关系？如何寻求所有的原函数呢？下面，给出如下定理．

定理　若函数 $F(x)$ 是 $f(x)$ 的一个原函数，则 $f(x)$ 有无穷多个原函数，且 $F(x)+C$（C 是任意常数）是 $f(x)$ 的全体原函数．

为表示全体原函数，我们给出下面的定义．

定义 2　函数 $f(x)$ 的全体原函数 $F(x)+C$（C 是任意常数）称为 $f(x)$ 的**不定积分**，记作 $\int f(x)\mathrm{d}x$，即

$$\int f(x)\mathrm{d}x=F(x)+C.$$

其中，$\int$ 称为**积分号**，$f(x)$ 称为**被积函数**，$f(x)\mathrm{d}x$ 称为**被积表达式**，x 称为**积分变量**，C 称为**积分常数**．

由以上定义可知，若 $F'(x)=f(x)$，则有 $\int f(x)\mathrm{d}x=F(x)+C$．

例 1　求 $\int x^2\mathrm{d}x$．

解　由于 $\left(\dfrac{x^3}{3}\right)'=x^2$，即 $\dfrac{x^3}{3}$ 是 x^2 的一个原函数，因此

$$\int x^2\mathrm{d}x=\frac{1}{3}x^3+C.$$

例 2 求$\int \sin x \mathrm{d}x$.

解 因为$(-\cos x)' = \sin x$，所以$\int \sin x \mathrm{d}x = -\cos x + C$.

例 3 求$\int \frac{1}{x} \mathrm{d}x \ (x \neq 0)$.

解 当$x > 0$时，$(\ln x)' = \frac{1}{x}$，故$\int \frac{1}{x} \mathrm{d}x = \ln x + C$；

当$x < 0$时，$[\ln(-x)]' = \frac{1}{-x}(-1) = \frac{1}{x}$，故$\int \frac{1}{x} \mathrm{d}x = \ln(-x) + C$.

因此，

$$\int \frac{1}{x} \mathrm{d}x = \ln|x| + C \ (x \neq 0).$$

不定积分与导数（或微分）之间有如下运算关系：

（1）$\left[\int f(x)\mathrm{d}x\right]' = f(x)$ 或 $\mathrm{d}\left[\int f(x)\mathrm{d}x\right] = f(x)\mathrm{d}x$；

（2）$\int F'(x)\mathrm{d}x = F(x) + C$ 或 $\int \mathrm{d}F(x) = F(x) + C$.

上述运算关系可概括为“**先积后微形不变，先微后积多一常数**”. 由此可见，求不定积分的运算（简称积分运算）与求导运算是互逆的. 例如，$\left(\int 2x\mathrm{d}x\right)' = 2x$，$\int \mathrm{d}x^2 = x^2 + C$.

5.2.2 不定积分的几何意义

当积分常数C取不同值时，不定积分表示的不是一个函数，而是一族函数. 从几何上看，它们代表一族曲线，称为函数$f(x)$的**积分曲线族**，如图 5-11 所示.

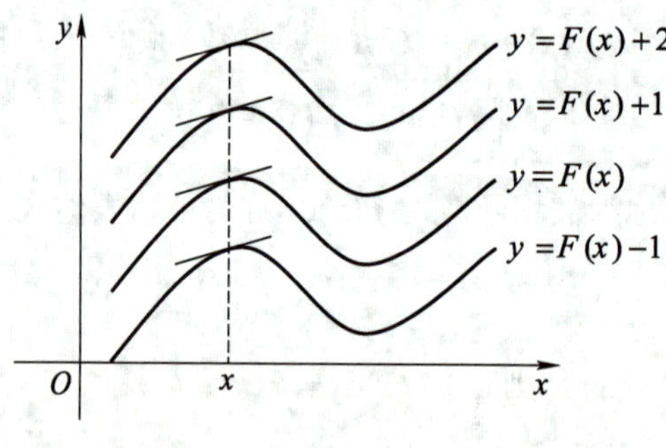

图 5-11

积分曲线族具有以下两个显著的特点：

（1）积分曲线族中所有的曲线都可以由其中任意一条曲线沿着y轴的方向上下平移得到；

（2）对应同一横坐标x的点，其所有切线互相平行.

5.2.3　基本积分公式

在导数知识的基础上，我们可以利用积分与导数互为逆运算的性质得到以下一些常用的积分公式.

（1）$\int k\mathrm{d}x = kx + C$；

（2）$\int x^n\mathrm{d}x = \frac{1}{(n+1)}x^{n+1} + C\ (n \neq -1)$；

（3）$\int \frac{1}{x}\mathrm{d}x = \ln|x| + C$；

（4）$\int a^x\mathrm{d}x = \frac{1}{\ln a}a^x + C$；

（5）$\int \mathrm{e}^x\mathrm{d}x = \mathrm{e}^x + C$；

（6）$\int \cos x\mathrm{d}x = \sin x + C$；

（7）$\int \sin x\mathrm{d}x = -\cos x + C$；

（8）$\int \frac{1}{\cos^2 x}\mathrm{d}x = \int \sec^2 x\mathrm{d}x = \tan x + C$；

（9）$\int \frac{1}{\sin^2 x}\mathrm{d}x = \int \csc^2 x\mathrm{d}x = -\cot x + C$；

（10）$\int \sec x\tan x\mathrm{d}x = \sec x + C$；

（11）$\int \csc x\cot x\mathrm{d}x = -\csc x + C$；

（12）$\int \frac{1}{\sqrt{1-x^2}}\mathrm{d}x = \arcsin x + C$；

（13）$\int \frac{1}{1+x^2}\mathrm{d}x = \arctan x + C$.

注：以上 13 个公式为积分常用公式，请熟记.

不定积分的性质如下：

（1）被积函数中不为零的常数因子可以提到积分号前面，即

$$\int kf(x)\mathrm{d}x = k\int f(x)\mathrm{d}x\quad (k \neq 0).$$

（2）两个函数代数和的不定积分等于这两个函数不定积分的代数和，即

$$\int [f_1(x) \pm f_2(x)]\,\mathrm{d}x = \int f_1(x)\mathrm{d}x \pm \int f_2(x)\,\mathrm{d}x .$$

性质（2）可以推广到任意有限多个函数代数和的情形.

例 4　求 $\int\left(x^2 + \sin x - \frac{1}{1+x^2}\right)\mathrm{d}x$.

解　$$\int\left(x^2 + \sin x - \frac{1}{1+x^2}\right)\mathrm{d}x = \int x^2\mathrm{d}x + \int \sin x\mathrm{d}x - \int \frac{1}{1+x^2}\mathrm{d}x$$

$$= \frac{1}{3}x^3 - \cos x - \arctan x + C .$$

注　意

逐项积分后，每个不定积分都含有任意常数，由于任意常数之和仍为任意常数，因此仅需最后加一个任意常数即可.

例 5　求 $\int \sqrt{x}(x^2 - 5)\mathrm{d}x$.

解　$$\int \sqrt{x}(x^2 - 5)\mathrm{d}x = \int (x^{\frac{5}{2}} - 5x^{\frac{1}{2}})\mathrm{d}x = \int x^{\frac{5}{2}}\mathrm{d}x - 5\int x^{\frac{1}{2}}\mathrm{d}x$$

$$= \frac{2}{7}x^{\frac{7}{2}} - 5\cdot\frac{2}{3}x^{\frac{3}{2}} + C = \frac{2}{7}x^3\sqrt{x} - \frac{10}{3}x\sqrt{x} + C .$$

例 6 求$\int 2^x e^x dx$.

解 $\int 2^x e^x dx = \int (2e)^x dx = \frac{(2e)^x}{\ln(2e)} + C = \frac{(2e)^x}{1+\ln 2} + C$.

例 7 求$\int \frac{(1-x)^2}{x} dx$.

解 $\int \frac{(1-x)^2}{x} dx = \int \frac{1-2x+x^2}{x} dx = \int \left(\frac{1}{x} - 2 + x\right) dx = \ln|x| - 2x + \frac{1}{2}x^2 + C$.

例 8 求$\int \frac{dx}{x^2(1+x^2)}$.

解 $\int \frac{dx}{x^2(1+x^2)} = \int \frac{(1+x^2)-x^2}{x^2(1+x^2)} dx = \int \frac{1}{x^2} dx - \int \frac{1}{1+x^2} dx = -\frac{1}{x} - \arctan x + C$.

例 9 求$\int \cos^2 \frac{x}{2} dx$.

解 因为$\cos^2 \frac{x}{2} = \frac{1}{2}(1+\cos x)$，所以

$$\int \cos^2 \frac{x}{2} dx = \int \frac{1}{2}(1+\cos x) dx = \frac{1}{2}\int (1+\cos x) dx = \frac{1}{2}(x+\sin x) + C.$$

例 10 已知物体以速度$v = 2t^2 + 1$（单位：m/s）沿Ox轴做直线运动，当$t = 1$ s时，物体经过的路程为3 m，求物体的运动方程.

解 设物体的运动方程为$x = x(t)$，于是有$x'(t) = v = 2t^2 + 1$，所以

$$x(t) = \int (2t^2+1) dt = \frac{2}{3}t^3 + t + C.$$

将已知条件$t = 1$ s时，$x = 3$ m，代入上式有

$$3 = \frac{2}{3} + 1 + C,$$

即$C = \frac{4}{3}$.

因此，所求物体的运动方程为

$$x(t) = \frac{2}{3}t^3 + t + \frac{4}{3}.$$

例 11 若某池塘结冰的速度为$\frac{dy}{dt} = k\sqrt{t}$，其中$y$（单位：厘米）表示冰的厚度，$t$（单位：小时）表示时间，$k$为正常数. 当$t = 0$时，池塘开始结冰，求结冰厚度$y$与时间$t$的函数关系.

解 已知$\frac{dy}{dt} = k\sqrt{t}$，求不定积分得

$$y(t) = \int k\sqrt{t} dt = k\int \sqrt{t} dt = k\frac{2}{3}t^{\frac{3}{2}} + C.$$

由于$t = 0$时$y = 0$，代入上式得$C = 0$，因此结冰厚度y与时间t的函数关系为

$$y(t) = k\frac{2}{3}t^{\frac{3}{2}}.$$

习题 5-2

1．填空题：

（1）函数 x^2 的一个原函数是______________.

（2）已知 $\int f(x)\mathrm{d}x=\arcsin x+C$，则 $f(x)=$______________.

（3）若 $f(x)=1$，则 $\int f(x)\mathrm{d}x=$______________.

（4）若 $f(x)=(x^2\mathrm{e}^x)'$，则 $\int f(x)\mathrm{d}x=$______________.

2．验证下列等式是否成立：

（1）$\int x\ln x\mathrm{d}x=\frac{1}{2}x^2\ln x-\frac{1}{4}x^2+C$；　　（2）$\int\frac{x}{\sqrt{x^2+a^2}}\mathrm{d}x=\sqrt{x^2+a^2}+C$；

（3）$\int\cos(2x+3)\mathrm{d}x=\frac{1}{2}\sin(2x+3)+C$.

3．求下列不定积分：

（1）$\int(x^3+3x^2+1)\mathrm{d}x$；　　（2）$\int(3-x^2)^2\mathrm{d}x$；

（3）$\int\frac{x+1}{\sqrt{x}}\mathrm{d}x$；　　（4）$\int(\mathrm{e}^x-3\cos x)\mathrm{d}x$；

（5）$\int(10^x+x^{10})\mathrm{d}x$；　　（6）$\int\frac{3^x+2^x}{3^x}\mathrm{d}x$.

4．解下列各题：

（1）已知在曲线上任意一点处的切线斜率为 $3x^2$，并且曲线经过点 $(1,2)$，求此曲线的方程；

（2）已知动点在时刻 t 的速度为 $v=3t-2$，且 $t=0$ 时，$s=5$，求此动点的运动方程.

5．求下列不定积分：

（1）$\int\frac{\cos^2 x}{1-\sin x}\mathrm{d}x$；　　（2）$\int\frac{x^2}{1+x^2}\mathrm{d}x$；

（3）$\int\frac{1+2x^2}{x^2(1+x^2)}\mathrm{d}x$；　　（4）$\int\frac{\mathrm{e}^{2x}-1}{\mathrm{e}^x+1}\mathrm{d}x$；

（5）$\int\frac{1}{1+\cos 2x}\mathrm{d}x$；　　（6）$\int\sin^2\frac{x}{2}\mathrm{d}x$；

（7）$\int\frac{(x+1)^2}{x(x^2+1)}\mathrm{d}x$；　　（8）$\int\tan^2 x\mathrm{d}x$.

6．某一电路中，电流关于时间的变化率为 $\frac{\mathrm{d}i}{\mathrm{d}t}=4t-0.6t^2$，若 $t=0$ s 时，电流 $i=2$ A，求电流 i 关于时间 t 的函数.

7．设某厂生产 q 件产品的边际成本为 $6q^2-5q+300$（单位：元），已知生产头 2 件产品的总成本为 600 元，求该产品的总成本函数．

5.3 微积分基本公式与定积分性质

定积分是一种特殊和式的极限，用定义计算定积分十分烦琐，本节通过微积分基本公式，揭示导数与积分、不定积分与定积分之间的联系，从而建立定积分的基本运算方法．

5.3.1 引例

设某物体做变速直线运动的速度函数为 $v=v(t)$，根据定积分的概念，在时间间隔 $[T_1,T_2]$ 内走过的路程 S 可表示为 $\int_{T_1}^{T_2}v(t)\mathrm{d}t$．若已知该运动方程（位置函数）为 $S(t)$，则在时间间隔 $[T_1,T_2]$ 内走过的路程 S 也可表示为 $S(T_2)-S(T_1)$，所以有

$$\int_{T_1}^{T_2}v(t)\mathrm{d}t=S(T_2)-S(T_1).$$

上式表明，速度函数 $v(t)$ 在区间 $[T_1,T_2]$ 上的定积分等于它的原函数 $S(t)$ 在区间 $[T_1,T_2]$ 上的增量．我们通过以下例题进行验证．

例 1 列车进站后必须减速，若列车减速后的速度函数为 $v(t)=1-\frac{1}{3}t$（单位：km/min），问列车应该在离站台多远的地方开始减速？

解 列车从开始刹车到停下来所用的时间，也就是列车速度降为零所用的时间．

令 $v(t)=1-\frac{1}{3}t=0$，得刹车时间为 $t=3\,\text{min}$．

根据定积分的概念，刹车的距离为

$$\Delta S=\int_0^3 v(t)\mathrm{d}t=\int_0^3\left(1-\frac{1}{3}t\right)\mathrm{d}t.$$

由于速度是路程的导数，即 $v(t)=S'(t)$，根据不定积分的定义有

$$S(t)=\int v(t)\,\mathrm{d}t=\int\left(1-\frac{1}{3}t\right)\mathrm{d}t=t-\frac{1}{6}t^2+C.$$

由题意可知，$t=0\,\text{min}$ 时 $S=0\,\text{km}$，代入上式得 $C=0$，故列车刹车过程中的运动方程为

$$S(t)=t-\frac{1}{6}t^2.$$

那么，刹车距离还可以表示为 $\Delta S=S(3)-S(0)$．

综上所述，

$$\int_0^3 v(t)\mathrm{d}t=S(3)-S(0)=3-\frac{1}{6}\times 3^2=1.5\,(\text{km}),$$

即列车应在距站台 1.5 km 处开始减速．

从这个特殊问题可以看出，求函数的定积分可以转化为求函数的不定积分．

5.3.2　微积分基本公式

定理　设函数 $f(x)$ 在闭区间 $[a,b]$ 上连续，$F(x)$ 是 $f(x)$ 的一个原函数，则有

$$\int_a^b f(x)\mathrm{d}x = F(x)\Big|_a^b = F(b)-F(a).$$

此公式称为**微积分基本公式**，也称为**牛顿-莱布尼茨公式**.

证明　已知函数 $F(x)$ 是连续函数 $f(x)$ 的一个原函数，则积分上限函数 $\Phi(x)=\int_a^x f(t)\mathrm{d}t$ 也是 $f(x)$ 的一个原函数．于是存在一常数 C，使

$$F(x)-\Phi(x)=C\ (a\leqslant x\leqslant b).$$

当 $x=a$ 时，有 $F(a)-\Phi(a)=C$，因为 $\Phi(a)=0$，所以 $C=F(a)$；当 $x=b$ 时，$F(b)-\Phi(b)=C=F(a)$，所以 $\Phi(b)=F(b)-F(a)$，即

$$\int_a^b f(x)\mathrm{d}x = F(b)-F(a).$$

公式表明计算定积分可分两步：

（1）先求 $f(x)$ 的一个原函数 $F(x)$，这就是求不定积分的问题；

（2）求这个原函数在积分区间上的增量 $F(b)-F(a)$.

牛顿-莱布尼茨公式进一步指出了定积分和不定积分之间的关系，使我们可以借助于求原函数来计算定积分，这为计算定积分提供了一个简单有效的方法.

例 2　求下列定积分：

（1）$\int_{-1}^1 \frac{1}{1+x^2}\mathrm{d}x$；　　（2）$\int_0^\pi \sin x\mathrm{d}x$.

解　（1）$\int_{-1}^1 \frac{1}{1+x^2}\mathrm{d}x = 2\int_0^1 \frac{1}{1+x^2}\mathrm{d}x = 2\arctan x\Big|_0^1 = 2(\arctan 1-\arctan 0)=\frac{\pi}{2}$.

（2）$\int_0^\pi \sin x\mathrm{d}x = -\cos x\Big|_0^\pi = 2$.

5.3.3　定积分的性质

由定积分的定义、定积分的几何意义及微积分基本公式，可以得到定积分的如下性质，假定涉及的函数在讨论的区间上都是可积的.

性质 1　被积函数的常数因子可以提到积分号外面，即

$$\int_a^b kf(x)\mathrm{d}x = k\int_a^b f(x)\mathrm{d}x\ (k\text{ 为常数}).$$

性质 2　两个函数代数和的定积分等于它们定积分的代数和，即

$$\int_a^b [f(x)\pm g(x)]\mathrm{d}x = \int_a^b f(x)\mathrm{d}x \pm \int_a^b g(x)\mathrm{d}x.$$

性质 2 可以推广到有限个函数代数和的情形，性质 1 和 2 是定积分的基本运算性质.

性质 3（区间可加性）　函数 $f(x)$ 在 $[a,b]$ 上的定积分等于 $f(x)$ 在 $[a,c]$ 和 $[c,b]$ 上定积分的和，即

$$\int_a^b f(x)\mathrm{d}x = \int_a^c f(x)\mathrm{d}x + \int_c^b f(x)\mathrm{d}x.$$

不论 c 点在 $[a,b]$ 内还是在 $[a,b]$ 外，上式都成立，如图 5-12 所示.

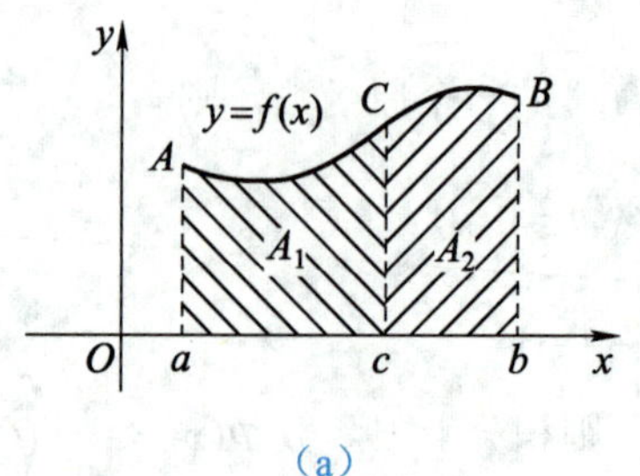

(a)

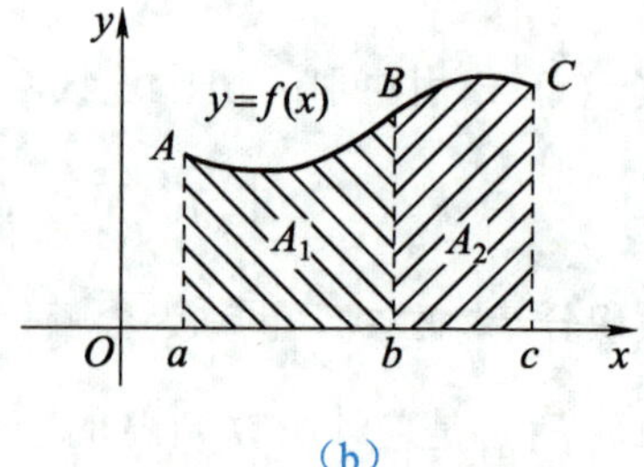

(b)

图 5-12

性质 4　若在区间 $[a,b]$ 上有 $f(x)\geqslant 0$，则

$$\int_a^b f(x)\mathrm{d}x \geqslant 0 \ (a<b).$$

推论 1　若在区间 $[a,b]$ 上有 $f(x)\leqslant g(x)$，则

$$\int_a^b f(x)\mathrm{d}x \leqslant \int_a^b g(x)\mathrm{d}x \ (a<b).$$

推论 2　$\left|\int_a^b f(x)\mathrm{d}x\right| \leqslant \int_a^b |f(x)|\mathrm{d}x \ (a<b)$.

性质 5（估值定理）　设 M，m 分别是函数 $f(x)$ 在区间 $[a,b]$ 上的最大值和最小值，则

$$m(b-a) \leqslant \int_a^b f(x)\mathrm{d}x \leqslant M(b-a) \ (a<b).$$

性质 6（积分中值定理）　若函数 $f(x)$ 在区间 $[a,b]$ 上连续，则在区间 $[a,b]$ 上至少存在一点 ξ，使得下式成立

$$\int_a^b f(x)\mathrm{d}x = f(\xi)(b-a) \ (a \leqslant \xi \leqslant b),$$

变形得

$$f(\xi) = \frac{1}{b-a}\int_a^b f(x)\mathrm{d}x.$$

积分中值定理的**几何意义**：由曲线 $y=f(x)$ $(f(x)\geqslant 0)$、直线 $x=a$，$x=b$ 及 x 轴所围成的曲边梯形的面积等于以区间 $[a,b]$ 为底，以 $f(\xi)$ 为高的矩形的面积，如图 5-13 所示. 称 $\frac{1}{b-a}\int_a^b f(x)\mathrm{d}x$ 为函数 $f(x)$ 在区间 $[a,b]$ 上的**平均值**.

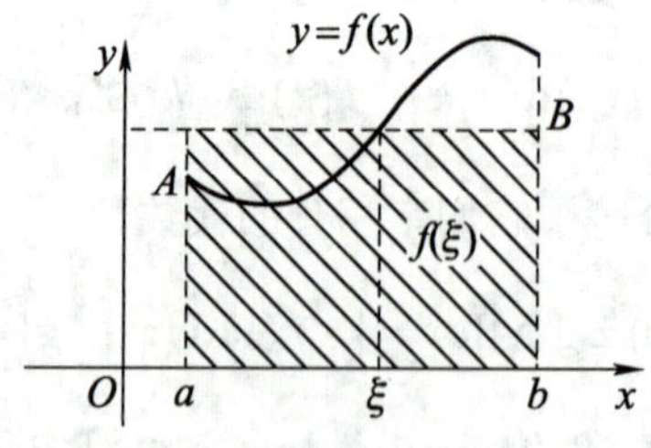

图 5-13

例 3 比较下列各对定积分的大小：

（1）$\int_0^1 x^2 dx$ 与 $\int_0^1 x^3 dx$；　　（2）$\int_1^e \ln^2 x dx$ 与 $\int_1^e \ln x dx$.

解 （1）由于在 $[0,1]$ 上有 $x^2 \geqslant x^3$，因此由推论 1 得 $\int_0^1 x^2 dx \geqslant \int_0^1 x^3 dx$.

（2）由于在 $[1,e]$ 上有 $0 \leqslant \ln x \leqslant 1$，$\ln^2 x \leqslant \ln x$，因此由推论 1 得 $\int_1^e \ln^2 x dx \leqslant \int_1^e \ln x dx$.

例 4 估计定积分 $\int_{-1}^1 e^{-x^2} dx$ 的值.

解 先求 $f(x)=e^{-x^2}$ 在 $[-1,1]$ 上的最大值和最小值．为此，求得 $f'(x)=-2xe^{-x^2}$，令 $f'(x)=0$，得驻点 $x=0$．求出驻点 $x=0$ 和区间端点 $x=\pm 1$ 的函数值：

$$f(0)=e^0=1,\quad f(\pm 1)=e^{-1}=\frac{1}{e},$$

故最小值 $m=\frac{1}{e}$，最大值 $M=1$.

因此，根据性质 5（估值定理）得

$$\frac{2}{e} \leqslant \int_{-1}^1 e^{-x^2} dx \leqslant 2 .$$

例 5 计算 $\int_0^2 |1-x| dx$.

解 被积函数可化为

$$f(x)=|1-x|=\begin{cases} 1-x, & 0 \leqslant x<1, \\ x-1, & 1 \leqslant x \leqslant 2, \end{cases}$$

因此，

$$\int_0^2 |1-x| dx=\int_0^1 (1-x) dx+\int_1^2 (x-1) dx=\left(x-\frac{1}{2}x^2\right)\Big|_0^1+\left(\frac{1}{2}x^2-x\right)\Big|_1^2=1 .$$

由例 5 可以看出，当被积函数含有绝对值符号时，可利用定积分的性质，将积分区间分成若干个子区间，从而去掉绝对值符号，然后分别在各个子区间上求定积分即可.

例 6 设 $f(x)=\begin{cases} x+1, & x \leqslant 1, \\ 2x^2, & x>1, \end{cases}$ 求 $\int_0^2 f(x) dx$.

解 $\int_0^2 f(x) dx=\int_0^1 (x+1) dx+\int_1^2 2x^2 dx=\left(\frac{1}{2}x^2+x\right)\Big|_0^1+\frac{2}{3}x^3\Big|_1^2=\frac{37}{6}$.

例 7 某地区的人均年收入正在逐年提高，据统计该地区 2015 年的人均收入为 25 836.45 元，若这一地区人均年收入的增长速度为 $V(t)=600 \times 1.05^t$（单位：元/年），t 是从 2015 年底开始计算的年数，估算 2020 年该地区的人均年收入是多少？

解 设第 t 年的人均年收入为 $R(t)$，已知 $\frac{dR}{dt}=V(t)=600 \times 1.05^t$，由变化率求总增量，那么从 2015 年

底到 2020 年的 5 年间人均年收入的总增量为

$$\Delta R=\int_0^5 600\times1.05^t\mathrm{d}t=600\times\left.\frac{1.05^t}{\ln1.05}\right|_0^5=600\times\frac{1.05^5-1}{\ln1.05}\approx3\,397.6\text{（元）}.$$

因此，2020 年该地区的人均年收入约为

$$25\,836.45+3\,397.6=29\,234.05\text{（元）}.$$

习题 5-3

1．判断下列定积分的正负：

（1）$\int_0^2 \mathrm{e}^x\mathrm{d}x$；（2）$\int_{-\frac{\pi}{2}}^0 \sin x\mathrm{d}x$；（3）$\int_{-1}^2 x^3\mathrm{d}x$．

2．利用定积分的性质比较下列各组积分的大小：

（1）$\int_0^1 x^2\mathrm{d}x$ 与 $\int_0^1 x\mathrm{d}x$；（2）$\int_1^2 x^2\mathrm{d}x$ 与 $\int_1^2 x^3\mathrm{d}x$；

（3）$\int_0^1 x\mathrm{d}x$ 与 $\int_0^1 \ln(x+1)\mathrm{d}x$；（4）$\int_0^{\frac{\pi}{2}} x\mathrm{d}x$ 与 $\int_0^{\frac{\pi}{2}} \sin x\mathrm{d}x$．

3．估计下列积分值的范围：

（1）$\int_0^1 (1+x^2)\mathrm{d}x$；（2）$\int_0^2 (4x-2x^2)\mathrm{d}x$．

4．计算下列定积分：

（1）$\int_0^1 x^3\mathrm{d}x$；（2）$\int_{-1}^2 3x\mathrm{d}x$；

（3）$\int_0^4 \sqrt{x}(1+\sqrt{x})\mathrm{d}x$；（4）$\int_{-1}^1 (x^3-x\cos x+1)\mathrm{d}x$；

（5）$\int_{-\frac{1}{2}}^{\frac{1}{2}} \frac{1}{\sqrt{1-x^2}}\mathrm{d}x$；（6）$\int_0^{2\pi} |\sin x|\mathrm{d}x$；

（7）$f(x)=\begin{cases}x^2, & x\leqslant1,\\ 2x-1, & x>1,\end{cases}$ 求 $\int_0^2 f(x)\mathrm{d}x$．

5．设一汽车做变速直线运动，其速度函数为 $v=4t+1$（单位：m/s），试用定积分计算汽车在 $[0,30]$ 内（单位：s）行驶的路程．

5.4 不定积分的积分方法

利用不定积分的基本积分公式及性质可以求出一些不定积分，但这种方法只能求一些简单的不定积分，对于一些复杂的积分（如 $\int\sin5x\mathrm{d}x$，$\int2x\mathrm{e}^{x^2}\mathrm{d}x$ 等），靠上述方法是解决不了的．为了能求出更多的不定积分，有必要研究求不定积分的其他方法．本节我们将介绍求不定积分的两种主要方法：换元积分法和分部积分法．

5.4.1　不定积分的换元积分法

不定积分的换元积分法

换元积分法可分为第一换元积分法（凑微分法）和第二换元积分法（去根号法）两种.

1. 第一换元积分法

定理 1（第一换元积分法）　设函数 $f(u)$ 具有原函数 $F(u)$，且 $u=\varphi(x)$ 可导，则函数 $F[\varphi(x)]$ 是函数 $f[\varphi(x)]\varphi'(x)$ 的原函数，即有换元公式

$$\int f[\varphi(x)]\varphi'(x)\mathrm{d}x = F[\varphi(x)]+C=\left[\int f(u)\mathrm{d}u\right]_{u=\varphi(x)}.$$

上述积分方法称为**第一换元积分法**，也称为**凑微分法**.

知识宝典

利用第一换元积分法求积分的具体步骤如下:

$$\int f[\varphi(x)]\varphi'(x)\mathrm{d}x \overset{\text{凑微分}}{=\!=} \int f[\varphi(x)]\mathrm{d}\varphi(x) \overset{u=\varphi(x)}{=\!=} \int f(u)\mathrm{d}u = F(u)+C \overset{\text{还原}}{=\!=} F[\varphi(x)]+C.$$

例 1　求 $\int \sin 5x\mathrm{d}x$.

解　将 $\mathrm{d}x$ 进行配凑，因为 $\mathrm{d}x=\frac{1}{5}\mathrm{d}(5x)$，所以

$$\int \sin 5x\mathrm{d}x=\frac{1}{5}\int \sin 5x\mathrm{d}(5x) \overset{u=5x}{=\!=} \frac{1}{5}\int \sin u\mathrm{d}u=-\frac{1}{5}\cos u+C \overset{\text{还原}}{=\!=} -\frac{1}{5}\cos 5x+C.$$

例 2　求 $\int (1+2x)^3\mathrm{d}x$.

解　将 $\mathrm{d}x$ 进行配凑，因为 $\mathrm{d}x=\frac{1}{2}\mathrm{d}(2x)=\frac{1}{2}\mathrm{d}(1+2x)$，所以

$$\int (1+2x)^3\mathrm{d}x=\int \frac{1}{2}(1+2x)^3\mathrm{d}(1+2x)=\frac{1}{2}\int (1+2x)^3\mathrm{d}(1+2x)$$

$$\overset{u=1+2x}{=\!=} \frac{1}{2}\int u^3\mathrm{d}u=\frac{1}{8}u^4+C \overset{\text{还原}}{=\!=} \frac{1}{8}(1+2x)^4+C.$$

例 3　求 $\int x\sqrt{4-x^2}\mathrm{d}x$.

解　将 $\mathrm{d}x$ 进行配凑，因为 $x\mathrm{d}x=\frac{1}{2}\mathrm{d}x^2=-\frac{1}{2}\mathrm{d}(-x^2)=-\frac{1}{2}\mathrm{d}(4-x^2)$，所以

$$\int x\sqrt{4-x^2}\mathrm{d}x=\int x(4-x^2)^{\frac{1}{2}}\mathrm{d}x=-\frac{1}{2}\int (4-x^2)^{\frac{1}{2}}\mathrm{d}(4-x^2)$$

$$\overset{u=4-x^2}{=\!=} -\frac{1}{2}\int u^{\frac{1}{2}}\mathrm{d}u=-\frac{1}{3}u^{\frac{3}{2}}+C \overset{\text{还原}}{=\!=} -\frac{1}{3}(4-x^2)^{\frac{3}{2}}+C.$$

例 4　求 $\int x\mathrm{e}^{x^2}\mathrm{d}x$.

解 将 $\mathrm{d}x$ 进行配凑，因为 $x\mathrm{d}x=\frac{1}{2}\mathrm{d}x^2$，所以

$$\int x\mathrm{e}^{x^2}\mathrm{d}x=\frac{1}{2}\int \mathrm{e}^{x^2}\mathrm{d}x^2 \xlongequal{u=x^2} \frac{1}{2}\int \mathrm{e}^u\mathrm{d}u=\frac{1}{2}\mathrm{e}^u+C \xlongequal{\text{还原}} \frac{1}{2}\mathrm{e}^{x^2}+C.$$

从以上例子可以看出，第一换元积分法的关键在于“配凑”. 为方便计算，下面给出一些常用的凑微分公式供大家参考.

（1）$\mathrm{d}x=\frac{1}{a}\mathrm{d}(ax+b)$；

（2）$x\mathrm{d}x=\frac{1}{2}\mathrm{d}x^2=\frac{1}{2a}\mathrm{d}(ax^2+b)$；

（3）$\frac{1}{\sqrt{x}}\mathrm{d}x=2\mathrm{d}\sqrt{x}=\frac{2}{a}\mathrm{d}(a\sqrt{x}+b)$；

（4）$a^x\mathrm{d}x=\frac{1}{\ln a}\mathrm{d}(a^x)$；

（5）$\frac{1}{x^2}\mathrm{d}x=-\mathrm{d}\left(\frac{1}{x}\right)$；

（6）$\frac{1}{x}\mathrm{d}x=\mathrm{d}(\ln x)$；

（7）$\cos x\mathrm{d}x=\mathrm{d}(\sin x)$；

（8）$\sin x\mathrm{d}x=-\mathrm{d}(\cos x)$；

（9）$\sec^2 x\mathrm{d}x=\mathrm{d}(\tan x)$；

（10）$\sec x\tan x\mathrm{d}x=\mathrm{d}(\sec x)$；

（11）$\frac{1}{\sqrt{1-x^2}}\mathrm{d}x=\mathrm{d}(\arcsin x)$；

（12）$\frac{1}{1+x^2}\mathrm{d}x=\mathrm{d}(\arctan x)$.

替换变量是为了计算上的方便，在计算熟练的基础上，我们可以省略设中间变量的步骤.

例 5 求 $\int\frac{\mathrm{e}^{3\sqrt{x}}}{\sqrt{x}}\mathrm{d}x$.

解 因为 $\frac{1}{\sqrt{x}}\mathrm{d}x=2\mathrm{d}\sqrt{x}$，所以

$$\int\frac{\mathrm{e}^{3\sqrt{x}}}{\sqrt{x}}\mathrm{d}x=2\int \mathrm{e}^{3\sqrt{x}}\mathrm{d}\sqrt{x}=\frac{2}{3}\int \mathrm{e}^{3\sqrt{x}}\mathrm{d}(3\sqrt{x})=\frac{2}{3}\mathrm{e}^{3\sqrt{x}}+C.$$

例 6 求 $\int\frac{\mathrm{d}x}{x(1+2\ln x)}$.

解 因为 $\frac{1}{x}\mathrm{d}x=\mathrm{d}(\ln x)$，所以

$$\int\frac{\mathrm{d}x}{x(1+2\ln x)}=\int\frac{\mathrm{d}(\ln x)}{1+2\ln x}=\frac{1}{2}\int\frac{\mathrm{d}(2\ln x)}{1+2\ln x}=\frac{1}{2}\int\frac{\mathrm{d}(1+2\ln x)}{1+2\ln x}=\frac{1}{2}\ln|1+2\ln x|+C.$$

例 7 求 $\int\tan x\mathrm{d}x$.

解 因为 $\int\tan x\mathrm{d}x=\int\frac{\sin x}{\cos x}\mathrm{d}x$，其中 $\sin x\mathrm{d}x=-\mathrm{d}(\cos x)$，所以

$$\int\tan x\mathrm{d}x=\int\frac{\sin x}{\cos x}\mathrm{d}x=-\int\frac{\mathrm{d}(\cos x)}{\cos x}=-\ln|\cos x|+C.$$

即

$$\int\tan x\mathrm{d}x=-\ln|\cos x|+C.$$

提 示

与例 7 同理，可求得 $\int\cot x\mathrm{d}x=\ln|\sin x|+C$.

例 8　求 $\int\frac{\mathrm{d}x}{a^2+x^2}$.

解　由已知可得

$$\int\frac{\mathrm{d}x}{a^2+x^2}=\frac{1}{a^2}\int\frac{a\mathrm{d}\left(\frac{x}{a}\right)}{1+\left(\frac{x}{a}\right)^2}\overset{u=\frac{x}{a}}{=\!=}\frac{1}{a}\int\frac{\mathrm{d}u}{1+u^2}=\frac{1}{a}\arctan u+C=\frac{1}{a}\arctan\frac{x}{a}+C,$$

即得

$$\int\frac{\mathrm{d}x}{a^2+x^2}=\frac{1}{a}\arctan\frac{x}{a}+C.$$

例 9　求 $\int\frac{\mathrm{d}x}{\sqrt{a^2-x^2}}\ (a>0)$.

解　由已知得

$$\int\frac{\mathrm{d}x}{\sqrt{a^2-x^2}}=\frac{1}{a}\int\frac{\mathrm{d}x}{\sqrt{1-\left(\frac{x}{a}\right)^2}}=\int\frac{\mathrm{d}\left(\frac{x}{a}\right)}{\sqrt{1-\left(\frac{x}{a}\right)^2}}=\arcsin\frac{x}{a}+C,$$

即得

$$\int\frac{\mathrm{d}x}{\sqrt{a^2-x^2}}=\arcsin\frac{x}{a}+C.$$

2. 第二换元积分法

通过上面的学习，我们可以总结出，第一换元积分法在运算过程中比较适合求解复合函数的积分问题，但有些积分不能通过第一换元积分法来求解，我们该怎样来计算呢？

定理 2（第二换元积分法）　设 $x=\psi(t)$ 是单调、可导的函数，且 $\psi'(t)\neq 0$. 又设 $f[\psi(t)]\psi'(t)$ 具有原函数，则有换元公式

$$\int f(x)\mathrm{d}x=\left[\int f[\psi(t)]\psi'(t)\mathrm{d}t\right]_{t=\psi^{-1}(x)},$$

其中，$t=\psi^{-1}(x)$ 为 $x=\psi(t)$ 的反函数.

知识宝典

利用第二换元积分法求积分的具体步骤如下：

$$\int f(x)\mathrm{d}x\overset{令x=\psi(t)}{=\!=\!=}\int f[\psi(t)]\psi'(t)\mathrm{d}t\overset{积分}{=\!=}F(t)+C\overset{回代t=\psi^{-1}(x)}{=\!=\!=\!=}F[\psi^{-1}(x)]+C.$$

第二换元积分法主要包括两种方法：简单根式换元法和三角换元法. 下面通过例子来介绍这两种方法.

1）简单根式换元法

例 10　求 $\int\frac{\mathrm{d}x}{1+\sqrt{x}}$.

解　求这个积分的主要困难是 $\sqrt{x}$，所以令 $\sqrt{x}=t$，则 $x=t^2$，显然 $\mathrm{d}x=2t\mathrm{d}t$，于是

$$\int\frac{dx}{1+\sqrt{x}}=\int\frac{2tdt}{1+t}=2\int\frac{t+1-1}{1+t}dt=2\int\left(1-\frac{1}{1+t}\right)dt$$

$$=2(t-\ln|1+t|)+C=2(\sqrt{x}-\ln|1+\sqrt{x}|)+C.$$

例 11 求$\int\frac{1}{2+\sqrt{x-1}}dx$.

解 为了去掉根号，设$t=\sqrt{x-1}$，则$x=1+t^2$，$dx=2tdt$，于是

$$\int\frac{1}{2+\sqrt{x-1}}dx=\int\frac{2t}{2+t}dt=2\int\frac{t+2-2}{2+t}dt$$

$$=2\int dt-4\int\frac{1}{2+t}dt=2t-4\ln|2+t|+C$$

$$=2\sqrt{x-1}-4\ln|2+\sqrt{x-1}|+C.$$

2）三角换元法

例 12 求$\int\sqrt{a^2-x^2}dx\ (a>0)$.

解 设$x=a\sin t$，则$dx=a\cos tdt$. 令$|t|<\frac{\pi}{2}$，于是得

$$\int\sqrt{a^2-x^2}dx=\int\sqrt{a^2-a^2\sin^2 t}\cdot a\cos tdt=a^2\int\cos^2 tdt$$

$$=\frac{a^2}{2}\int(1+\cos 2t)dt=\frac{a^2}{2}\left(t+\frac{1}{2}\sin 2t\right)+C$$

$$=\frac{a^2}{2}t+\frac{a^2}{2}\sin t\cos t+C.$$

因为$t=\arcsin\frac{x}{a}$，$\cos t=\frac{\sqrt{a^2-x^2}}{a}$，所以

$$\int\sqrt{a^2-x^2}dx=\frac{a^2}{2}\arcsin\frac{x}{a}+\frac{a^2}{2}\cdot\frac{x}{a}\frac{\sqrt{a^2-x^2}}{a}+C$$

$$=\frac{a^2}{2}\arcsin\frac{x}{a}+\frac{x}{2}\sqrt{a^2-x^2}+C.$$

例 13 求$\int\frac{dx}{\sqrt{x^2+a^2}}\ (a>0)$.

解 设$x=a\tan t$，则$dx=a\sec^2 tdt$. 令$|t|<\frac{\pi}{2}$，于是得

$$\sqrt{x^2+a^2}=a\sqrt{1+\tan^2 t}=a|\sec t|=a\sec t,$$

所以

$$\int\frac{dx}{\sqrt{x^2+a^2}}=\int\frac{a\sec^2 tdt}{a\sec t}=\int\sec tdt=\ln|\sec t+\tan t|+C_1.$$

又因为 $\sec t=\dfrac{\sqrt{x^2+a^2}}{a}$，且 $\sec t+\tan t>0$，所以

$$\int\frac{\mathrm{d}x}{\sqrt{x^2+a^2}}=\ln\left(\frac{x}{a}+\frac{\sqrt{x^2+a^2}}{a}\right)+C_1=\ln(x+\sqrt{x^2+a^2})+C .$$

一般被积函数含有 $\sqrt{a^2-x^2}$，$\sqrt{x^2+a^2}$，$\sqrt{x^2-a^2}$ 时，宜采用三角换元法.

（1）当被积函数含有 $\sqrt{a^2-x^2}$ 时，设 $x=a\sin t$；

（2）当被积函数含有 $\sqrt{x^2+a^2}$ 时，设 $x=a\tan t$；

（3）当被积函数含有 $\sqrt{x^2-a^2}$ 时，设 $x=\pm a\sec t$.

3. 补充的积分公式

利用换元法求得的一些积分结果，可以作为补充的积分公式，便于今后做题时使用.

（1）$\int\tan x\mathrm{d}x=-\ln|\cos x|+C$；

（2）$\int\cot x\mathrm{d}x=\ln|\sin x|+C$；

（3）$\int\sec x\mathrm{d}x=\ln|\sec x+\tan x|+C$；

（4）$\int\csc x\mathrm{d}x=\ln|\csc x-\cot x|+C$；

（5）$\int\dfrac{\mathrm{d}x}{\sqrt{a^2-x^2}}=\arcsin\dfrac{x}{a}+C$；

（6）$\int\dfrac{\mathrm{d}x}{a^2+x^2}=\dfrac{1}{a}\arctan\dfrac{x}{a}+C$；

（7）$\int\dfrac{\mathrm{d}x}{x^2-a^2}=\dfrac{1}{2a}\ln\left|\dfrac{x-a}{x+a}\right|+C$；

（8）$\int\dfrac{\mathrm{d}x}{a^2-x^2}=\dfrac{1}{2a}\ln\left|\dfrac{a+x}{a-x}\right|+C$；

（9）$\int\dfrac{\mathrm{d}x}{\sqrt{x^2\pm a^2}}=\ln|x+\sqrt{x^2\pm a^2}|+C$.

5.4.2　不定积分的分部积分法

不定积分的分部积分法

前面在复合函数微分法的基础上得到了换元积分法，现在我们利用函数乘积的微分运算来推导分部积分法.

设函数 $u=u(x)$，$v=v(x)$ 具有连续导数，则这两个函数乘积的导数为

$$[u(x)v(x)]'=u(x)'v(x)+u(x)v(x)' ,$$

即

$$u(x)v(x)'=[u(x)v(x)]'-u(x)'v(x) .$$

对上式的两边求不定积分，有

$$\int u(x)v(x)'\mathrm{d}x=\int[u(x)v(x)]'\mathrm{d}x-\int u(x)'v(x)\mathrm{d}x ,$$

即

$$\int u(x)\mathrm{d}v(x)=u(x)v(x)-\int v(x)\mathrm{d}u(x) ,$$

上式可简记为

$$\int u\mathrm{d}v=uv-\int v\mathrm{d}u .$$

此公式为**分部积分公式**. 在运用分部积分公式时，应当正确选取函数 u 和函数 v，下面举例来说明.

例 14 求$\int x\mathrm{e}^x\mathrm{d}x$.

解 设$u=x, \mathrm{d}v=\mathrm{e}^x\mathrm{d}x=\mathrm{d}(\mathrm{e}^x)$，于是$\mathrm{d}u=\mathrm{d}x, v=\mathrm{e}^x$，所以

$$\int x\mathrm{e}^x\mathrm{d}x=\int x\mathrm{d}\mathrm{e}^x=x\mathrm{e}^x-\int \mathrm{e}^x\mathrm{d}x=x\mathrm{e}^x-\mathrm{e}^x+C.$$

提 示

在例 14 中，若设$u=\mathrm{e}^x$，$\mathrm{d}v=x\mathrm{d}x=\frac{1}{2}\mathrm{d}x^2$，则$\int x\mathrm{e}^x\mathrm{d}x=\frac{1}{2}x^2\mathrm{e}^x-\frac{1}{2}\int x^2\mathrm{e}^x\mathrm{d}x$. 但是，积分$\int x^2\mathrm{e}^x\mathrm{d}x$比积分$\int x\mathrm{e}^x\mathrm{d}x$要复杂，没有达到预期目的. 由此可见，选择$u$与$\mathrm{d}v$非常关键，一般要考虑下列两点：

（1）v要易求；

（2）积分$\int v\mathrm{d}u$要比积分$\int u\mathrm{d}v$易计算.

例 15 求$\int x^2\mathrm{e}^x\mathrm{d}x$.

解 设$u=x^2$，$\mathrm{d}v=\mathrm{e}^x\mathrm{d}x=\mathrm{d}(\mathrm{e}^x)$，于是$\mathrm{d}u=2x\mathrm{d}x$，$v=\mathrm{e}^x$，所以

$$\int x^2\mathrm{e}^x\mathrm{d}x=\int x^2\mathrm{d}(\mathrm{e}^x)=x^2\mathrm{e}^x-2\int x\mathrm{e}^x\mathrm{d}x.$$

对$\int x\mathrm{e}^x\mathrm{d}x$再进行一次分部积分，得

$$\int x^2\mathrm{e}^x\mathrm{d}x=x^2\mathrm{e}^x-2x\mathrm{e}^x+2\mathrm{e}^x+C.$$

提 示

如果要进行两次分部积分，那么选取的u与$\mathrm{d}v$一定要一致，否则会还原.

例 16 求$\int x\sin x\mathrm{d}x$.

解 令$u=x$，$\mathrm{d}v=\sin x\mathrm{d}x=-\mathrm{d}(\cos x)$，则

$$\int x\sin x\mathrm{d}x=-\int x\mathrm{d}(\cos x)=-x\cos x+\int\cos x\mathrm{d}x=-x\cos x+\sin x+C.$$

小贴士

一般地，被积函数是不同类型函数的乘积时，常常运用分部积分法.

例 17 求$\int x^2\ln x\mathrm{d}x$.

解 令$u=\ln x$，$\mathrm{d}v=x^2\mathrm{d}x=\frac{1}{3}\mathrm{d}(x^3)$，则

$$\begin{aligned}\int x^2\ln x\mathrm{d}x&=\frac{1}{3}\int\ln x\mathrm{d}(x^3)=\frac{1}{3}x^3\ln x-\frac{1}{3}\int x^3\mathrm{d}(\ln x)=\frac{1}{3}x^3\ln x-\frac{1}{3}\int x^2\mathrm{d}x\\&=\frac{1}{3}x^3\ln x-\frac{1}{9}x^3+C.\end{aligned}$$

例 18　求 $\int \ln x\mathrm{d}x$.

解　因为被积函数是单一对数函数，所以可直接把 $\ln x$ 选作 u ，而把 $\mathrm{d}x$ 选作 $\mathrm{d}v$ ，应用分部积分公式，有

$$\int \ln x\mathrm{d}x = x\ln x - \int x\mathrm{d}(\ln x) = x\ln x - \int \mathrm{d}x = x\ln x - x + C .$$

例 19　求 $\int \arcsin x\mathrm{d}x$.

解　令 $u=\arcsin x$，$v=x$，由分部积分公式得

$$\int \arcsin x\mathrm{d}x = x\arcsin x - \int x\mathrm{d}(\arcsin x) = x\arcsin x - \int \frac{x}{\sqrt{1-x^2}}\mathrm{d}x$$

$$= x\arcsin x + \frac{1}{2}\int \frac{\mathrm{d}(1-x^2)}{\sqrt{1-x^2}} = x\arcsin x + \sqrt{1-x^2} + C .$$

例 20　求 $I=\int \mathrm{e}^x \sin x\mathrm{d}x$.

解　设 $u=\mathrm{e}^x$，$\mathrm{d}v=\sin x\mathrm{d}x=-\mathrm{d}(\cos x)$，于是 $\mathrm{d}u=\mathrm{e}^x\mathrm{d}x$，$v=-\cos x$，所以

$$I = -\mathrm{e}^x\cos x + \int \mathrm{e}^x \cos x\mathrm{d}x .$$

对于积分 $\int \mathrm{e}^x\cos x\mathrm{d}x$，再设 $u=\mathrm{e}^x$，$\mathrm{d}v=\cos x\mathrm{d}x=\mathrm{d}(\sin x)$，于是 $\mathrm{d}u=\mathrm{e}^x\mathrm{d}x$，$v=\sin x$，所以

$$I = -\mathrm{e}^x\cos x + \int \mathrm{e}^x\cos x\mathrm{d}x = -\mathrm{e}^x\cos x + \mathrm{e}^x\sin x - \int \mathrm{e}^x \sin x\mathrm{d}x ,$$

从而

$$I = -\mathrm{e}^x\cos x + \mathrm{e}^x\sin x - I ,$$

故

$$I = \frac{1}{2}\mathrm{e}^x(\sin x - \cos x) + C .$$

提　示

有些不定积分还需要将换元积分法与分部积分法结合才能计算出结果.

例 21　求 $\int \mathrm{e}^{\sqrt{x}}\mathrm{d}x$.

解　$$\int \mathrm{e}^{\sqrt{x}}\mathrm{d}x \xlongequal{\sqrt{x}=t} \int \mathrm{e}^t 2t\mathrm{d}t = 2\int t\,\mathrm{e}^t\mathrm{d}t = 2\int t\,\mathrm{d}\mathrm{e}^t = 2\left(t\,\mathrm{e}^t - \int \mathrm{e}^t\,\mathrm{d}t\right)$$

$$= 2t\,\mathrm{e}^t - 2\,\mathrm{e}^t + C = 2\sqrt{x}\,\mathrm{e}^{\sqrt{x}} - 2\,\mathrm{e}^{\sqrt{x}} + C .$$

提　示

分部积分公式中，u 与 $\mathrm{d}v$ 的选择是以积分运算简便易求为原则. 总结上面的例子可知，遇到下列被积表达式时，就可以考虑用分部积分法，具体凑微分如下：

（1）$P(x)\mathrm{e}^x\mathrm{d}x = P(x)\mathrm{d}\mathrm{e}^x$（$P(x)$ 为多项式，下同）；

（2）$P(x)\sin x\mathrm{d}x = -P(x)\mathrm{d}(\cos x)$ 或 $P(x)\cos x\mathrm{d}x = P(x)\mathrm{d}(\sin x)$；

（3）对于 $P(x)\ln x\mathrm{d}x$ 或 $P(x)\arcsin x\mathrm{d}x$，把 $P(x)\mathrm{d}x$ 凑成微分，如 $x^2\ln x\mathrm{d}x = \frac{1}{3}\ln x\mathrm{d}x^3$，$x\arcsin x\mathrm{d}x = \frac{1}{2}\arcsin x\mathrm{d}x^2$ 等.

习题 5-4

1. 计算下列不定积分：

（1）$\int e^{3x-1}dx$；（2）$\int (2x+3)^5 dx$；

（3）$\int \frac{x}{\sqrt{x^2+4}}dx$；（4）$\int \frac{2x}{1+x^2}dx$；

（5）$\int \frac{1}{x(\ln x+1)}dx$；（6）$\int \sin(\omega t+\varphi)dt$；

（7）$\int \cos x\sin x dx$；（8）$\int \cos^2 x dx$；

（9）$\int \frac{\cos\sqrt{t}}{\sqrt{t}}dt$；（10）$\int \frac{dx}{4+9x^2}$；

（11）$\int \frac{dx}{\sqrt{9-x^2}}$；（12）$\int \frac{dx}{x^2+2x+5}$；

（13）$\int \frac{dx}{e^x+e^{-x}}$；（14）$\int \cos^3 x dx$；

（15）$\int \frac{\sin x}{\cos^3 x}dx$；（16）$\int \frac{dx}{\sqrt{1-x^2}\arcsin x}$；

（17）$\int \frac{dx}{x^2-x-2}$；（18）$\int \frac{dx}{x^2-16}$.

2. 求下列不定积分：

（1）$\int \frac{dx}{\sqrt{1+2x}}$；（2）$\int \frac{dx}{\sqrt{x}(1+x)}$；

（3）$\int \frac{dx}{(x+2)\sqrt{x+1}}$；（4）$\int \frac{dx}{\sqrt{x}+\sqrt[3]{x}}$；

（5）$\int \frac{x^2}{\sqrt{9-x^2}}dx$；（6）$\int \frac{dx}{x^2\sqrt{x^2+1}}$.

3. 求下列不定积分：

（1）$\int x\cos x dx$；（2）$\int x\ln x dx$；

（3）$\int \ln(1+x^2)dx$；（4）$\int x\arctan x dx$；

（5）$\int xe^{-x}dx$；（6）$\int x^2e^{3x}dx$；

（7）$\int \frac{\ln(\ln x)}{x}dx$；（8）$\int x\cos\frac{x}{2}dx$.

4. 已知 $f(x)$ 的一个原函数是 e^{-x^2}，求 $\int xf'(x)dx$.

5.5 定积分的积分方法

牛顿-莱布尼茨公式告诉我们，求连续函数 $f(x)$ 的定积分 $\int_a^b f(x)\mathrm{d}x$ 的关键是求 $f(x)$ 的原函数．而求原函数时，我们会用到换元积分法和分部积分法．因此，为方便定积分的求解运算，本节我们将介绍换元积分法和分部积分法在定积分求解过程中的应用．

5.5.1 定积分的换元积分法

引例 某地发生了放射性碘物质泄漏事件．检测结果显示，事故发生时，大气辐射水平是可接受辐射水平最大限度的 5 倍．已知碘物质放射源辐射水平的衰减规律为

$$R(t)=R_0\mathrm{e}^{-0.003t},$$

其中，$R(t)$ 表示 t（单位：h）时刻的辐射水平（单位：mR/h），R_0 表示初始（$t=0$ h）时刻的辐射水平．问：

（1）该地辐射降低到可接受的辐射水平需要多长时间？

（2）假设可接受的辐射水平最大限度为 0.6 mR/h，那么降低到这一水平时，已经泄露出去的放射物总量是多少？

解　（1）设需要 t 才能使该地辐射降低到可接受的辐射水平 $\frac{1}{5}R_0$，则有

$$R(t)=R_0\mathrm{e}^{-0.003t}=\frac{1}{5}R_0,$$

解得 $t\approx 536.5$ h，即大概需要 536.5 h．

（2）若可接受辐射水平最大限度为 0.6 mR/h，则 $\frac{1}{5}R_0=0.6$，解得 $R_0=3$ mR/h．因此，放射源从 $t=0$ h 到降低到可接受辐射水平 $t=536.5$ h 时，泄露的放射物总量为

$$W=\int_0^{536.5}3\mathrm{e}^{-0.003t}\mathrm{d}t=-\frac{3}{0.003}\int_0^{536.5}\mathrm{e}^{-0.003t}\mathrm{d}(-0.003t)$$

$$=-1\,000\mathrm{e}^{-0.003t}\Big|_0^{536.5}\approx 800.0\ (\mathrm{mR}).$$

定理 1　若 $f(x)$ 在 $[a,b]$ 上连续，设函数 $x=\varphi(t)$ 满足下列条件：

（1）函数 $x=\varphi(t)$ 在区间 $[\alpha,\beta]$ 上是单调的且具有连续导数 $\varphi'(x)$；

（2）$\varphi(\alpha)=a$，$\varphi(\beta)=b$，且当 t 在 $[\alpha,\beta]$ 上变化时，$x=\varphi(t)$ 的值在区间 $[a,b]$ 上变化，则有

$$\int_a^b f(x)\mathrm{d}x=\int_\alpha^\beta f[\varphi(t)]\varphi'(t)\mathrm{d}t.$$

上式称为**定积分的换元积分公式**．

证明　因为 $f(x)$，$x=\varphi(t)$ 及 $\varphi'(t)$ 均为连续函数，所以 $f(x)$ 及 $f[\varphi(t)]\varphi'(t)$ 都有原函数，设 $F(x)$ 是 $f(x)$ 的一个原函数，则

$$\int_a^b f(x)\mathrm{d}x=F(b)-F(a).$$

另一方面，因为$\{F[\varphi(t)]\}'=F'[\varphi(t)]\varphi'(t)=f[\varphi(t)]\varphi'(t)$，所以$F[\varphi(t)]$是$f[\varphi(t)]\varphi'(t)$的一个原函数，从而

$$\int_{\alpha}^{\beta}f[\varphi(t)]\varphi'(t)\mathrm{d}t=F[\varphi(\beta)]-F[\varphi(\alpha)]=F(b)-F(a),$$

因此

$$\int_{a}^{b}f(x)\mathrm{d}x=\int_{\alpha}^{\beta}f[\varphi(t)]\varphi'(t)\mathrm{d}t.$$

例 1 求$\int_{0}^{4}\frac{1}{1+\sqrt{x}}\mathrm{d}x$.

解 设$\sqrt{x}=t$，即$x=t^2$，则$\mathrm{d}x=2t\mathrm{d}t$．当$x=0$时，$t=0$；当$x=4$时，$t=2$．于是

$$\int_{0}^{4}\frac{1}{1+\sqrt{x}}\mathrm{d}x=\int_{0}^{2}\frac{2t}{1+t}\mathrm{d}t=2\int_{0}^{2}\left(1-\frac{1}{1+t}\right)\mathrm{d}t$$

$$=2(t-\ln|1+t|)\Big|_{0}^{2}=2(2-\ln 3).$$

提 示

（1）在应用定积分的换元积分公式时，换元必须换限，并且积分新上下限依次对应原积分上下限.

（2）由于定积分是一个数值，因此换元后不需要变量回代，直接对新的积分变量应用牛顿-莱布尼茨公式进行计算即可.

例 2 求$\int_{0}^{\frac{\pi}{2}}\cos^3 x\sin x\mathrm{d}x$.

解法一 设$u=\cos x$，则$\mathrm{d}u=-\sin x\mathrm{d}x$．当$x=0$时，$u=1$；当$x=\frac{\pi}{2}$时，$u=0$.

于是

$$\int_{0}^{\frac{\pi}{2}}\cos^3 x\sin x\mathrm{d}x=-\int_{1}^{0}u^3\mathrm{d}u=\int_{0}^{1}u^3\mathrm{d}u=\frac{1}{4}u^4\Big|_{0}^{1}=\frac{1}{4}.$$

解法二

$$\int_{0}^{\frac{\pi}{2}}\cos^3 x\sin x\mathrm{d}x=-\int_{0}^{\frac{\pi}{2}}\cos^3 x\mathrm{d}(\cos x)=-\frac{1}{4}\cos^4 x\Big|_{0}^{\frac{\pi}{2}}$$

$$=-\frac{1}{4}\left(\cos^4\frac{\pi}{2}-\cos^4 0\right)=\frac{1}{4}.$$

例 3 求$\int_{0}^{\ln 2}\sqrt{\mathrm{e}^x-1}\mathrm{d}x$.

解 令$\sqrt{\mathrm{e}^x-1}=t$，则$x=\ln(1+t^2)$，$\mathrm{d}x=\frac{2t}{1+t^2}\mathrm{d}t$．当$x=0$时，$t=0$；当$x=\ln 2$时，$t=1$．于是

$$\int_{0}^{\ln 2}\sqrt{\mathrm{e}^x-1}\,\mathrm{d}x=\int_{0}^{1}t\cdot\frac{2t}{1+t^2}\mathrm{d}t=\int_{0}^{1}\frac{2t^2}{1+t^2}\mathrm{d}t=2\int_{0}^{1}\left(1-\frac{1}{1+t^2}\right)\mathrm{d}t$$

$$=2(t-\arctan t)\Big|_{0}^{1}=2-\frac{\pi}{2}.$$

若 $f(x)$ 在对称区间 $[-a,a]$ 上连续，利用定积分的几何意义已经证明如下结论：

$$\int_{-a}^{a} f(x)\mathrm{d}x=\begin{cases}2\int_{0}^{a} f(x)\mathrm{d}x, & \text{当 } f(x) \text{ 为偶函数时},\\ 0, & \text{当 } f(x) \text{ 为奇函数时}.\end{cases}$$

那么，利用这个结论，奇偶函数在对称区间上的积分计算可以得到简化.

例 4 求下列定积分：

（1）$\int_{-\sqrt{3}}^{\sqrt{3}} \frac{x^2\sin x}{1+x^4}\mathrm{d}x$； （2）$\int_{-1}^{1}\left(\sin 3x\cdot\tan^2 x+\frac{x}{\sqrt{1+x^2}}+x^2\right)\mathrm{d}x$.

解 （1）因为被积函数 $f(x)=\frac{x^2\sin x}{1+x^4}$ 是奇函数，且积分区间 $[-\sqrt{3},\sqrt{3}]$ 是对称区间，所以

$$\int_{-\sqrt{3}}^{\sqrt{3}} \frac{x^2\sin x}{1+x^4}\mathrm{d}x=0.$$

（2）因为 $\sin 3x\cdot\tan^2 x$ 和 $\frac{x}{\sqrt{1+x^2}}$ 都是奇函数，x^2 是偶函数，且积分区间 $[-1,1]$ 是对称区间，所以

$$\int_{-1}^{1}\left(\sin 3x\cdot\tan^2 x+\frac{x}{\sqrt{1+x^2}}+x^2\right)\mathrm{d}x=\int_{-1}^{1}\sin 3x\tan^2 x\mathrm{d}x+\int_{-1}^{1}\frac{x}{\sqrt{1+x^2}}\mathrm{d}x+2\int_{0}^{1}x^2\mathrm{d}x$$

$$=0+0+\frac{2}{3}x^3\Big|_0^1=\frac{2}{3}.$$

5.5.2 定积分的分部积分法

定理 2 若 $u=u(x)$ 与 $v=v(x)$ 在区间 $[a,b]$ 上有连续导数，则有

$$\int_a^b u\mathrm{d}v=uv\Big|_a^b-\int_a^b v\mathrm{d}u.$$

上式称为**定积分的分部积分公式**.

证明 由微分公式 $\mathrm{d}(uv)=u\mathrm{d}v+v\mathrm{d}u$ 两边积分得

$$uv=\int u\mathrm{d}v+\int v\mathrm{d}u,$$

移项后得

$$\int u\mathrm{d}v=uv-\int v\mathrm{d}u,$$

即

$$\int_a^b u\mathrm{d}v=uv\Big|_a^b-\int_a^b v\mathrm{d}u.$$

例 5 科学预测一个新开发的天然气新井在开采后第 t 年的产量为 $P(t)=8.49\times10^6 te^{-t}$（单位：$\mathrm{m}^3$），试求该天然气新井前 4 年开采的总产量是多少？

解 利用定积分求解问题的方法，在时间段 $[t,t+\Delta t]$ 内，天然气的产量为

$$\mathrm{d}P=P(t)\mathrm{d}t.$$

因此，该新井前 4 年的总产量为

$$P=\int_0^4 P(t)\mathrm{d}t=\int_0^4 8.49\times10^6 te^{-t}\mathrm{d}t=8.49\times10^6\int_0^4 t\mathrm{d}(-\mathrm{e}^{-t})$$
$$=8.49\times10^6\left[-te^{-t}\Big|_0^4-\int_0^4(-\mathrm{e}^{-t})\,\mathrm{d}t\right]=8.49\times10^6\left(-te^{-t}\Big|_0^4-\mathrm{e}^{-t}\Big|_0^4\right)$$
$$=8.49\times10^6(-5\mathrm{e}^{-4}+1)\approx7.7\times10^6\ (\mathrm{m}^3).$$

例 6 求$\int_1^2 x\ln x\mathrm{d}x$.

解 $\int_1^2 x\ln x\mathrm{d}x=\frac{1}{2}\int_1^2\ln x\mathrm{d}x^2=\frac{1}{2}x^2\ln x\Big|_1^2-\frac{1}{2}\int_1^2 x\mathrm{d}x=2\ln2-\frac{1}{4}x^2\Big|_1^2=2\ln2-\frac{3}{4}$.

例 7 求$\int_0^{\frac{\pi^2}{4}}\sin\sqrt{x}\,\mathrm{d}x$.

解 先用换元法，令$t=\sqrt{x}$，则$x=t^2$，$\mathrm{d}x=2t\mathrm{d}t$．当$x=0$时，$t=0$；当$x=\frac{\pi^2}{4}$时，$t=\frac{\pi}{2}$．于是

$$\int_0^{\frac{\pi^2}{4}}\sin\sqrt{x}\,\mathrm{d}x=2\int_0^{\frac{\pi}{2}}t\sin t\mathrm{d}t.$$

再对$\int_0^{\frac{\pi}{2}}t\sin t\mathrm{d}t$进行分部积分，即

$$\int_0^{\frac{\pi}{2}}t\sin t\mathrm{d}t=-\int_0^{\frac{\pi}{2}}t\mathrm{d}\cos t=-t\cos t\Big|_0^{\frac{\pi}{2}}+\int_0^{\frac{\pi}{2}}\cos t\mathrm{d}t=0+\sin t\Big|_0^{\frac{\pi}{2}}=1.$$

因此

$$\int_0^{\frac{\pi^2}{4}}\sin\sqrt{x}\mathrm{d}x=2\int_0^{\frac{\pi}{2}}t\sin t\mathrm{d}t=2.$$

习题 5-5

1．计算下列定积分：

（1）$\int_0^2\frac{\mathrm{d}t}{4+t^2}$；　（2）$\int_0^2\frac{x\mathrm{d}x}{(1+x^2)^2}$；

（3）$\int_1^{\mathrm{e}^3}\frac{\mathrm{d}x}{x\sqrt{1+\ln x}}$；　（4）$\int_{\frac{1}{\pi}}^{\frac{2}{\pi}}\frac{1}{t^2}\cos\frac{1}{t}\mathrm{d}t$；

（5）$\int_1^2\frac{\sqrt{t-1}}{t}\mathrm{d}t$；　（6）$\int_0^1\sqrt{1-x^2}\mathrm{d}x$．

2．计算下列定积分：

（1）$\int_0^{\pi}t\sin t\mathrm{d}t$；　（2）$\int_0^{\frac{1}{2}}\arcsin x\mathrm{d}x$；

（3）$\int_0^{\frac{\pi}{2}}\mathrm{e}^{2x}\cos x\mathrm{d}x$；　（4）$\int_0^{\pi}x^2\sin x\mathrm{d}x$；

（5）$\int_1^{\mathrm{e}}\ln x\mathrm{d}x$；　（6）$\int_0^4\mathrm{e}^{\sqrt{x}}\mathrm{d}x$．

3．利用函数的奇偶性计算下列积分：

（1）$\int_{-\pi}^{\pi}x^6\sin x\mathrm{d}x$；　（2）$\int_{-1}^1\frac{2+\sin x}{1+x^2}\mathrm{d}x$．

4．在传染病流行期间，人们被传染患病的速度可以近似地表示为 $r = 1000te^{-0.5t}$（单位：人/天），t 为传染病流行的天数，问：

（1）什么时候人们患病的速度最快？

（2）前 10 天共有多少人患病？

5．将某药物注射进人体，t（单位：h）后血液中药物浓度的衰减率为 $C'(t) = \dfrac{-0.33t}{\sqrt{0.02t^2 + 10}}$，试问药物注射 4 h 后血液中药物量改变了多少？

5.6 广义积分

在讨论定积分时，有两个基本的前提：一是积分区间是有限的；二是被积函数是有界的．但在实际问题中，常常会打破上述前提，从而产生了广义积分的概念．

5.6.1 无限区间的广义积分

定义 1　设函数 $f(x)$ 在区间 $[a, +\infty)$ 上连续，取 $b > a$，若极限 $\lim\limits_{b \to +\infty} \int_a^b f(x)\mathrm{d}x$ 存在，则称此极限为函数 $f(x)$ 在无限区间 $[a, +\infty)$ 上的**广义积分**，记作 $\int_a^{+\infty} f(x)\mathrm{d}x$，即

$$\int_a^{+\infty} f(x)\mathrm{d}x = \lim_{b \to +\infty} \int_a^b f(x)\mathrm{d}x .$$

此时，也称广义积分 $\int_a^{+\infty} f(x)\mathrm{d}x$ **收敛**．若极限 $\lim\limits_{b \to +\infty} \int_a^b f(x)\mathrm{d}x$ 不存在，则称广义积分 $\int_a^{+\infty} f(x)\mathrm{d}x$ **发散**．此时，虽然两种广义积分用同样的记号，但其已经不再表示数值了．

类似地，可定义 $f(x)$ 在无限区间 $(-\infty, b]$ 上的广义积分，即

$$\int_{-\infty}^b f(x)\mathrm{d}x = \lim_{a \to -\infty} \int_a^b f(x)\mathrm{d}x \quad (a < b) .$$

若上式等号右端的极限存在，则称之收敛，否则称之发散．

函数在无限区间 $(-\infty, +\infty)$ 上的广义积分定义为

$$\int_{-\infty}^{+\infty} f(x)\mathrm{d}x = \int_{-\infty}^{c} f(x)\mathrm{d}x + \int_{c}^{+\infty} f(x)\mathrm{d}x ,$$

其中，c 为任意实数．当上式等号右端的两个积分都收敛时，称之收敛，否则称之发散．

上述 3 类广义积分统称为**无限区间的广义积分**．

为方便起见，我们引入以下记号，若 $F(x)$ 是 $f(x)$ 的一个原函数，记

$$F(+\infty) = \lim_{x \to +\infty} F(x) ,\quad F(-\infty) = \lim_{x \to -\infty} F(x) \text{（假设极限存在），}$$

则无限区间的广义积分可表示为

$$\int_a^{+\infty} f(x)\,\mathrm{d}x = F(x)\Big|_a^{+\infty} = F(+\infty) - F(a) ,\quad \int_{-\infty}^{b} f(x)\,\mathrm{d}x = F(x)\Big|_{-\infty}^{b} = F(b) - F(-\infty) ,$$

$$\int_{-\infty}^{+\infty} f(x)\mathrm{d}x = F(x)\Big|_{-\infty}^{+\infty} = F(+\infty) - F(-\infty)\ .$$

由于无限区间的广义积分是通过变限定积分的极限来定义的，因此定积分的换元积分法和分部积分法可引用到无限区间的积分中来.

例 1 计算广义积分 $\int_0^{+\infty} \frac{1}{1+x^2}\mathrm{d}x$.

解 $\int_0^{+\infty} \frac{1}{1+x^2}\mathrm{d}x = \lim\limits_{A\to+\infty}\int_0^A \frac{1}{1+x^2}\mathrm{d}x = \lim\limits_{A\to+\infty}[\arctan x]_0^A = \lim\limits_{A\to+\infty}(\arctan A - \arctan 0) = \frac{\pi}{2}$.

若运用上述记号，则解题过程可表示为

$$\int_0^{+\infty} \frac{1}{1+x^2}\mathrm{d}x = \arctan x\Big|_0^{+\infty} = \frac{\pi}{2} - 0 = \frac{\pi}{2}\ .$$

例 2 判断 $\int_{-\infty}^0 \cos x\mathrm{d}x$ 的收敛性.

解 $\int_{-\infty}^0 \cos x\mathrm{d}x = \lim\limits_{a\to-\infty}\int_a^0 \cos x\mathrm{d}x = \lim\limits_{a\to-\infty}\sin x\Big|_a^0 = \lim\limits_{a\to-\infty}(-\sin a)$.

显然 $a\to-\infty$ 时， $\sin a$ 没有极限，所以广义积分 $\int_{-\infty}^0 \cos x\mathrm{d}x$ 是发散的.

例 3 求曲线 $y = \frac{1}{x^2}$ 与直线 $x = 1$， $y = 0$ 所围成的图形的面积.

解 如图5-14所示，阴影部分的面积可以看作函数 $f(x) = \frac{1}{x^2}$ 在 $[1,+\infty)$ 上的定积分，故所求图形的面积为

$$A = \int_1^{+\infty} \frac{1}{x^2}\mathrm{d}x = \lim_{b\to+\infty}\int_1^b \frac{1}{x^2}\mathrm{d}x = \lim_{b\to+\infty}\left(1 - \frac{1}{b}\right) = 1\ .$$

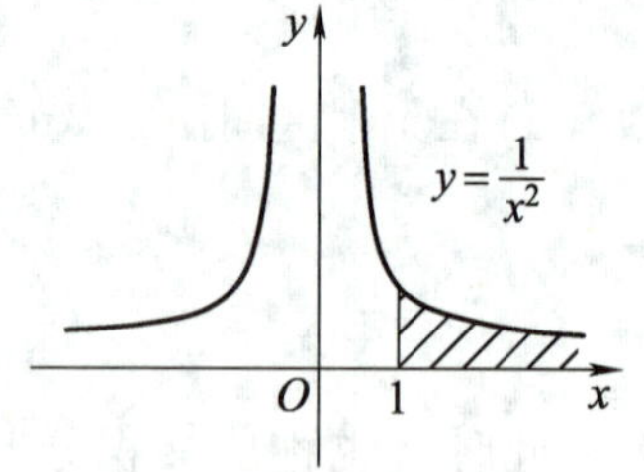

图 5-14

砥节砺行

人们常常理所当然地认为无界区域的面积一定无穷大，但通过学习我们发现，无界区域的面积是可以被计算出来的. 我们在平时生活和学习中遇到的许多事情也都可以看作是“广义积分”，我们主观上往往认为它是不可能完成的，但它实际上却是“收敛”的. 因此，我们平时看问题、想事情，一定要学会用科学理性的思维去辩证地看和思，不能想当然地感觉是什么就认为是什么，更不能以偏概全. 下结论以及做出判断之前要全方位思考，逻辑要缜密，不能绝对化，解决问题的方式要有创新，敢于突破.

5.6.2 无界函数的广义积分（瑕积分）

定义 2 设函数 $f(x)$ 在区间 $(a,b]$ 上连续，且 $\lim\limits_{x\to a^+} f(x) = \infty$， 即 $x = a$ 为 $f(x)$ 的无穷间断点（又称瑕点）. 取 $\varepsilon > 0$， 若极限 $\lim\limits_{\varepsilon\to 0^+}\int_{a+\varepsilon}^b f(x)\mathrm{d}x$ 存在，则称此极限为函数 $f(x)$ 在区间 $(a,b]$ 上的**广义积分**，记作

$\int_a^b f(x)\mathrm{d}x$，即

$$\int_a^b f(x)\mathrm{d}x = \lim_{\varepsilon\to 0^+}\int_{a+\varepsilon}^b f(x)\mathrm{d}x .$$

此时称广义积分收敛，否则称广义积分发散.

类似地，当 $x=b$ 为 $f(x)$ 的无穷间断点时，即 $\lim\limits_{x\to b^-} f(x)=\infty$，则 $f(x)$ 在 $[a,b)$ 上的广义积分定义为

$$\int_a^b f(x)\mathrm{d}x = \lim_{\varepsilon\to 0^+}\int_a^{b-\varepsilon} f(x)\mathrm{d}x \ (\varepsilon>0) .$$

当无穷间断点 $x=c$ 位于区间 $[a,b]$ 的内部时，其广义积分定义为

$$\int_a^b f(x)\mathrm{d}x = \int_a^c f(x)\mathrm{d}x + \int_c^b f(x)\mathrm{d}x .$$

上式等号右端的两个积分均为广义积分，只有当这两个广义积分都收敛时，才称 $\int_a^b f(x)\mathrm{d}x$ 收敛，否则称 $\int_a^b f(x)\mathrm{d}x$ 发散.

上述无界函数的广义积分也称为**瑕积分**.

与无限区间的广义积分类似，若 $F(x)$ 是 $f(x)$ 的一个原函数，我们引入记号 $\int_a^b f(x)\mathrm{d}x = F(x)\Big|_a^b$，其意义与无穷区间的广义积分类似.

例 4　计算广义积分 $\int_0^a \dfrac{\mathrm{d}x}{\sqrt{a^2-x^2}}\ (a>0)$.

解　因为 $x=a$ 是被积函数的无穷间断点，即 $\lim\limits_{x\to a^-}\dfrac{1}{\sqrt{a^2-x^2}}=\infty$，所以

$$\int_0^a \frac{\mathrm{d}x}{\sqrt{a^2-x^2}} = \lim_{\varepsilon\to 0^+}\int_0^{a-\varepsilon}\frac{\mathrm{d}x}{\sqrt{a^2-x^2}} = \lim_{\varepsilon\to 0^+}\left[\arcsin\frac{x}{a}\right]_0^{a-\varepsilon} = \lim_{\varepsilon\to 0^+}\arcsin\frac{a-\varepsilon}{a} - 0 = \frac{\pi}{2} .$$

例 5　讨论广义积分 $\int_0^2 \dfrac{\mathrm{d}x}{(x-1)^2}$ 的敛散性.

解　因为在 $[0,2]$ 内部有被积函数的瑕点 $x=1$，于是

$$\int_0^2 \frac{\mathrm{d}x}{(x-1)^2} = \int_0^1 \frac{\mathrm{d}x}{(x-1)^2} + \int_1^2 \frac{\mathrm{d}x}{(x-1)^2} ,$$

其中瑕点在小区间的端点处，而

$$\int_0^1 \frac{\mathrm{d}x}{(x-1)^2} = \lim_{\varepsilon\to 0^+}\int_0^{1-\varepsilon}\frac{\mathrm{d}x}{(x-1)^2} = \lim_{\varepsilon\to 0^+}\left[-\frac{1}{x-1}\right]_0^{1-\varepsilon} = \infty$$

不存在，所以广义积分 $\int_0^2 \dfrac{\mathrm{d}x}{(x-1)^2}$ 发散.

注　意

下述解法会导致错误结果：

$$\int_0^2 \frac{dx}{(x-1)^2} = -\frac{1}{x-1}\Bigg|_0^2 = -2 .$$

出错的原因是忽略了瑕点 $x=1$，所以它不是常义积分，不能用牛顿-莱布尼茨公式计算. 但 $\int_2^3 \frac{dx}{(x-1)^2}$ 是常义积分，可以直接应用牛顿-莱布尼茨公式计算.

习题 5-6

1. 判别下列各广义积分的敛散性，若收敛，求广义积分的值：

（1）$\int_0^{+\infty} e^{-x}dx$；　（2）$\int_0^{+\infty} \frac{1}{\sqrt{x}}dx$；

（3）$\int_{-1}^{1} \frac{dx}{\sqrt{1-x^2}}$；　（4）$\int_1^{+\infty} \frac{dx}{x^4}$.

2. 判别下列各广义积分的敛散性，若收敛，求广义积分的值：

（1）$\int_1^{+\infty} \frac{x}{(1+x)^3}dx$；　（2）$\int_0^{2} \frac{1}{(1-x)^2}dx$；

（3）$\int_1^{+\infty} \frac{dx}{x^2}$；　（4）$\int_1^{+\infty} \frac{\arctan x}{x^2}dx$.

5.7 定积分的应用

5.7.1 定积分的微元法

应用定积分解决实际问题时，常用的方法是定积分的微元法，下面说明应用微元法解题的过程.

我们已经知道，由闭区间 $[a,b]$ 上的连续曲线 $y=f(x)$、直线 $x=a$，$x=b$ 及 x 轴所围成的曲边梯形的面积 S，通过“分割—近似代替—求和—求极限”四步，可表达为特定和式的极限，即

$$S=\lim_{\lambda\to 0}\sum_{i=1}^{n} f(\xi_i)\Delta x_i .$$

由于 S 的值与对应区间 $[a,b]$ 的分法及 ξ_i 的取法无关，因此将 $[x_{i-1},x_i]$ $(i=1,2,\cdots,n)$ 简记为 $[x,x+dx]$，区间长度 Δx_i 即为 dx．若取 $\xi_i=x$，则 dx 段所对应的曲边梯形的面积近似为

$$\Delta S\approx f(x)dx .$$

我们将 $f(x)dx$ 称为面积 S 的**微元**，记作 dS，即

$$dS=f(x)dx .$$

以面积 S 的微元 $f(x)dx$ 为被积表达式，在区间 $[a,b]$ 上作定积分，得

$$S=\int_a^b f(x)\mathrm{d}x.$$

可见，面积 S 就是微元 $f(x)\mathrm{d}x$ 在 $[a,b]$ 上的积分.

一般地，我们把在区间 $[a,b]$ 上某个量 U 的定积分计算方法简化为两步：

第一步：将量 U 依赖的区间 $[a,b]$ 进行任意分割，代表性小区间记为 $[x,x+\mathrm{d}x]$，求出量 U 对应于代表性小区间 $[x,x+\mathrm{d}x]$ 上的微元（ΔU 的近似值）$\mathrm{d}U=f(x)\mathrm{d}x$.

第二步：将微元 $\mathrm{d}U=f(x)\mathrm{d}x$ 在区间 $[a,b]$ 上积分（无限累加），即得 $U=\int_a^b f(x)\mathrm{d}x$.

这种方法称为定积分**微元法**.

微元法中，第一步写出变量的微元是关键，通常运用“以常量代替变量，以直边代替曲边，以均匀量代替不均匀量”等方法. 微元法是一种实用性很强的数学方法和变量分析方法，在工程实践、经济管理和科学技术中有着广泛的应用.

5.7.2　定积分在几何上的应用

1. 平面图形的面积

设平面图形是由区间 $[a,b]$ 上的连续曲线 $y=f(x)$，$y=g(x)$ $(g(x)\leqslant f(x))$ 及直线 $x=a$，$x=b$ 围成的，如图 5-15 所示. 取 x 为积分变量，在变化区间 $[a,b]$ 上任取一小区间 $[x,x+\mathrm{d}x]$，其所对应的面积微元为 $\mathrm{d}S=[f(x)-g(x)]\mathrm{d}x$. 由微元法可知，该平面图形的面积为

$$S=\int_a^b[f(x)-g(x)]\mathrm{d}x.$$

若平面图形是由区间 $[c,d]$ 上的连续曲线 $x=\varphi(y)$，$x=\psi(y)$ $(\psi(y)\leqslant\varphi(y))$ 及直线 $y=c$，$y=d$ 围成的，如图 5-16 所示，那么该平面图形的面积为

$$S=\int_c^d[\varphi(y)-\psi(y)]\mathrm{d}y.$$

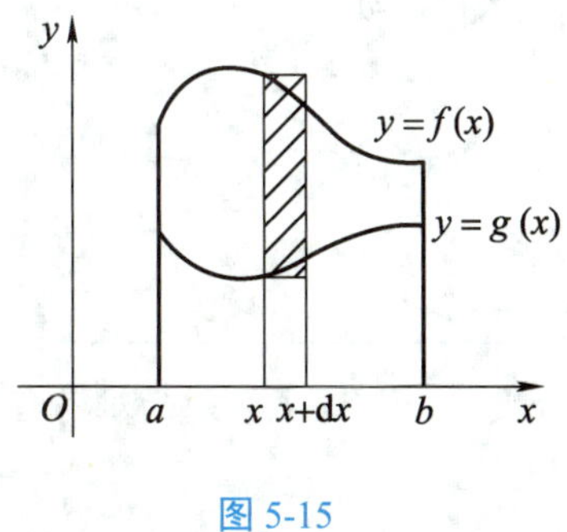

图 5-15

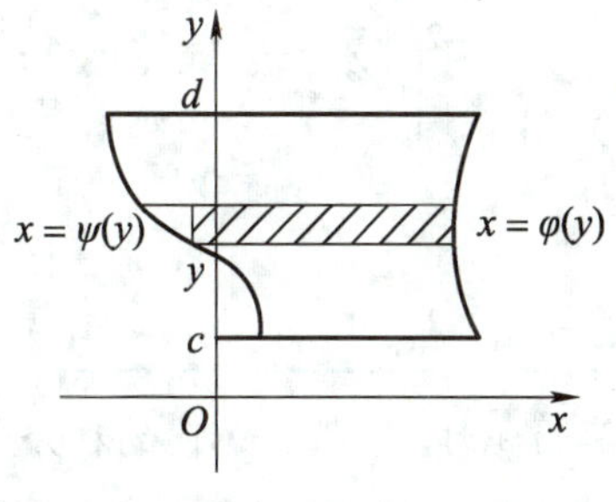

图 5-16

例 1　计算由两条抛物线 $y^2=x$，$y=x^2$ 所围成图形的面积.

解　(1) 先解方程组 $\begin{cases}y=x^2,\\y^2=x,\end{cases}$ 确定图形所在的范围，得交点坐标为 $(0,0)$ 及 $(1,1)$，如图 5-17 所示. 取 x 为积分变量，从而图形在直线 $x=0$，$x=1$ 之间，即积分区间为 $[0,1]$.

（2）在区间$[0,1]$上任取一小区间$[x,x+\mathrm{d}x]$，对应的窄条面积近似于以$\sqrt{x}-x^2$为高，$\mathrm{d}x$为底的小矩形的面积，从而得面积微元$\mathrm{d}S=(\sqrt{x}-x^2)\mathrm{d}x$.

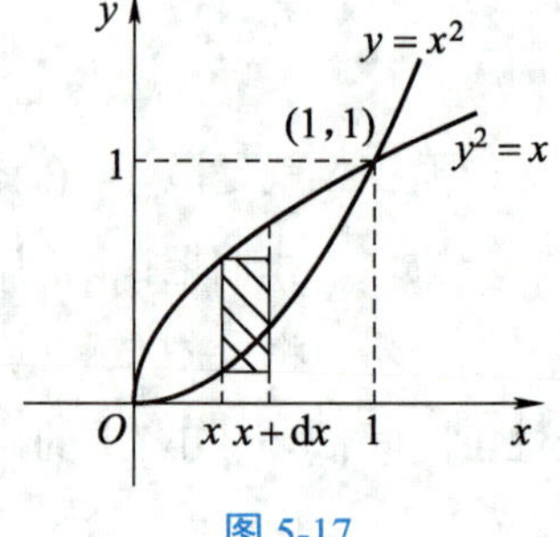

图 5-17

（3）所求面积为

$$S=\int_0^1(\sqrt{x}-x^2)\mathrm{d}x=\left[\frac{2}{3}x^{\frac{3}{2}}-\frac{1}{3}x^3\right]_0^1=\frac{1}{3}.$$

例 2 求抛物线$y^2=2x$与直线$y=x-4$所围成的平面图形的面积.

解 如图 5-18 所示，由$\begin{cases}y^2=2x,\\y=x-4\end{cases}$求出的交点坐标为$(2,-2)$和$(8,4)$. 若选$y$为积分变量，则它的变化区间为$[-2,4]$，面积微元为

$$\mathrm{d}S=\left[(y+4)-\frac{1}{2}y^2\right]\mathrm{d}y.$$

所求面积为
$$S=\int_{-2}^4\left(y+4-\frac{1}{2}y^2\right)\mathrm{d}y=\left[\frac{1}{2}y^2+4y-\frac{1}{6}y^3\right]_{-2}^4=18.$$

若此题选x作为积分变量，则必须过点$(2,-2)$作直线$x=2$，将图形分成两部分，如图 5-19 所示，所求面积为

$$S=\int_0^2[\sqrt{2x}-(-\sqrt{2x})]\mathrm{d}x+\int_2^8[\sqrt{2x}-(x-4)]\mathrm{d}x=18.$$

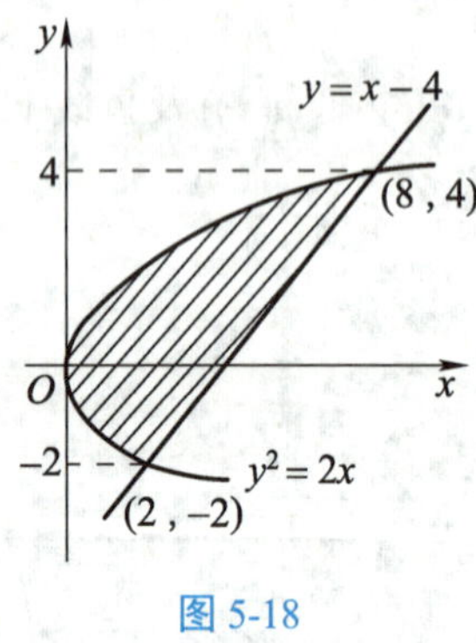

图 5-18

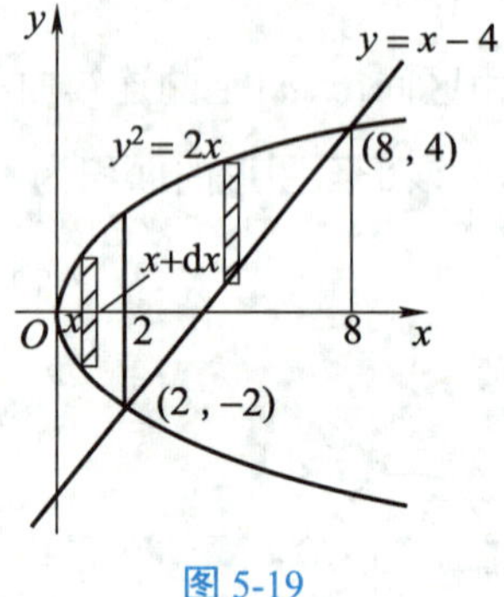

图 5-19

提 示

在求解面积时，可选择不同的积分变量，但是选择不同积分变量时，解决问题的难易程度是不同的. 为了能够简便地解决问题，应选择恰当的积分变量.

例 3 求椭圆$\dfrac{x^2}{a^2}+\dfrac{y^2}{b^2}=1$所围成图形的面积（简称椭圆的面积）.

解 如图 5-20 所示，椭圆关于两个坐标轴都对称，所以椭圆的面积S为第一象限部分面积S_1的 4 倍，即

$$S=4S_1=4\int_0^a y\mathrm{d}x.$$

利用椭圆的参数方程$\begin{cases} x = a\cos t, \\ y = b\sin t, \end{cases}$应用定积分换元法．令 $x = a\cos t$，则

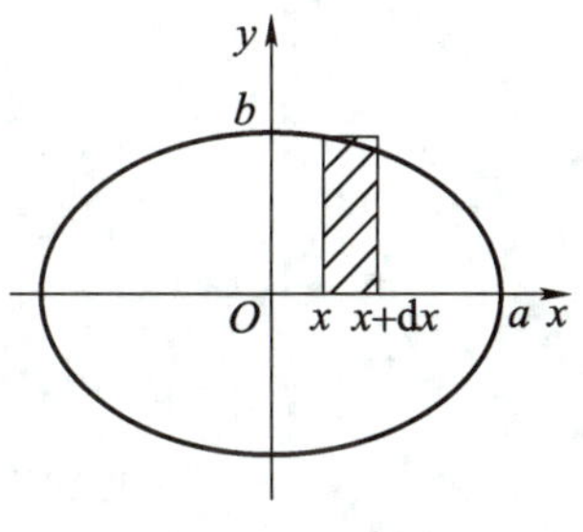

图 5-20

$t = \arccos\dfrac{x}{a}$， $dx = -a\sin t dt$.

当 $x = 0$ 时， $t = \dfrac{\pi}{2}$；当 $x = a$ 时， $t = 0$．所以

$$S = 4S_1 = 4\int_0^a y dx = 4\int_{\frac{\pi}{2}}^0 b\sin t(-a\sin t)dt = 4ab\int_0^{\frac{\pi}{2}} \sin^2 t dt$$

$$= 4ab\left[\frac{t}{2} - \frac{\sin 2t}{4}\right]_0^{\frac{\pi}{2}} = 4ab\frac{1}{2}\cdot\frac{\pi}{2} = \pi ab .$$

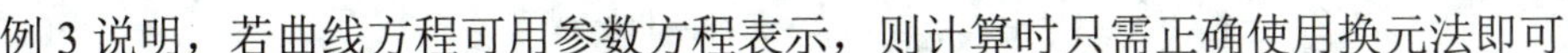

例 3 说明，若曲线方程可用参数方程表示，则计算时只需正确使用换元法即可．

2. 空间立体的体积

1）旋转体的体积

旋转体是由一个平面图形绕该平面内的一条直线旋转一周而成的立体，这条直线称为**旋转体的轴**．球体、圆柱体、圆台、圆锥、椭球体等都是旋转体．

类型 1　若一旋转体是由连续曲线 $y = f(x)$ 、直线 $x = a$, $x = b$ 及 x 轴所围成的曲边梯形绕 x 轴旋转一周而成的，如图 5-21 所示，求它的体积．

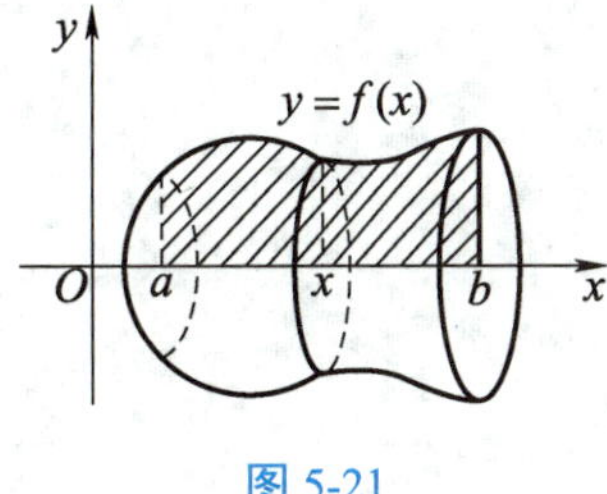

图 5-21

取横坐标 x 为积分变量，积分区间为 $[a, b]$ ，用过点 x ($x \in [a, b]$)且垂直于 x 轴的平面截旋转体，得到截面半径为 $|f(x)|$ 的圆盘，其面积为 $S(x) = \pi[f(x)]^2$ ，于是体积微元为

$$dV = \pi[f(x)]^2 dx .$$

从而所求体积为

$$V_x = \pi\int_a^b f^2(x)dx .$$

类型 2　若旋转体是由连续曲线 $x = \varphi(y)$ 、直线 $y = c$, $y = d$ 及 y 轴所围成的曲边梯形绕 y 轴旋转一周而成的，如图 5-22 所示．同理可求得其体积，即

$$V_y = \pi\int_c^d \varphi^2(y)dy .$$

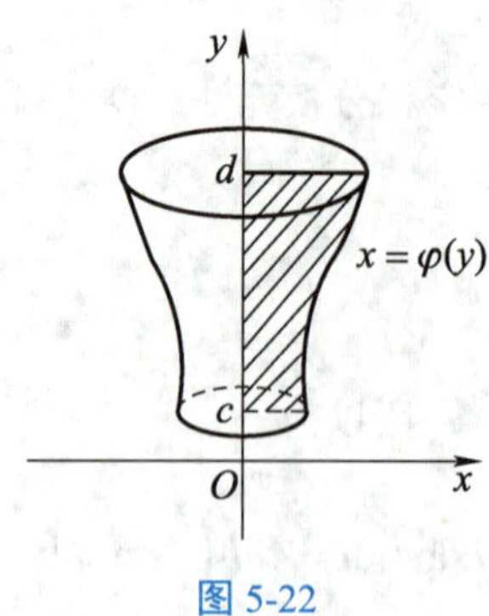

图 5-22

例 4 求由 $y=x^2+1$，$y=0$，$x=1$，$x=0$ 所围平面图形绕 x 轴旋转一周所得旋转体的体积.

解 如图 5-23 所示，所求旋转体的体积为

$$V=\pi\int_0^1(x^2+1)^2\mathrm{d}x=\pi\int_0^1(x^4+2x^2+1)\mathrm{d}x$$

$$=\pi\left[\frac{x^5}{5}+\frac{2x^3}{3}+x\right]_0^1=\frac{28}{15}\pi\ .$$

例 5 求由曲线 $y^2=x$ 与 $y=x$ 所围图形绕 x 轴旋转一周所形成的旋转体的体积.

解 如图 5-24 所示，积分变量 x 的变化区间为 $[0,1]$，此处 $y=\sqrt{x}$，则该立体的体积为

$$V=\pi\int_0^1(\sqrt{x})^2\mathrm{d}x-\pi\int_0^1x^2\mathrm{d}x=\pi\left[\frac{x^2}{2}-\frac{x^3}{3}\right]_0^1=\frac{\pi}{6}\cdot$$

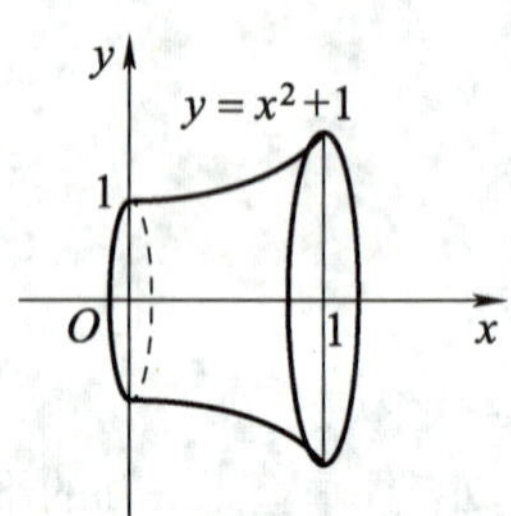

图 5-23

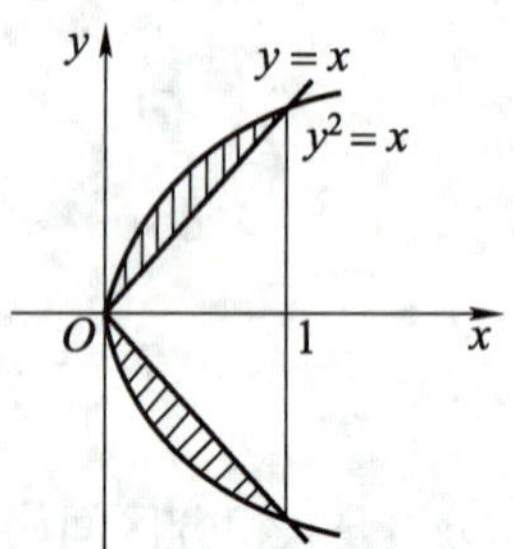

图 5-24

2）平行截面面积为已知的立体体积

设一立体位于平面 $x=a$ 与 $x=b$ $(a<b)$ 之间，如图 5-25 所示，用任意一个垂直于 x 轴的平面截此物体所得的截面面积 $S(x)$ 是 $[a,b]$ 上的连续函数，在 $[a,b]$ 上取一小区间 $[x,x+\mathrm{d}x]$，其相应薄片体积的近似值是底面积为 $S(x)$、高为 $\mathrm{d}x$ 的柱体体积. 于是该立体的体积微元为

$$\mathrm{d}V=S(x)\mathrm{d}x\ .$$

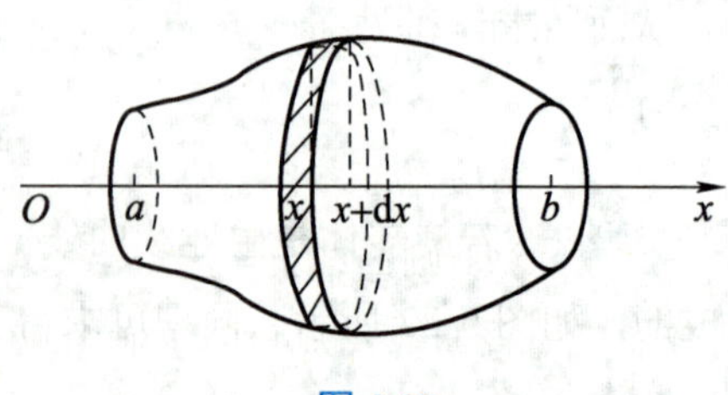

图 5-25

将其在 $[a,b]$ 上积分，即得该立体的体积为

$$V=\int_a^b S(x)\mathrm{d}x\ .$$

在实际应用时，$S(x)$ 通常情况下需要通过求解得到.

例 6　为了修建水库，需要拦河修筑土坝，若某段河床的横向坡度（坡面的垂直高度和水平距离的比）为 1∶100，土坝的顶宽为 4 m，横断面为等腰梯形，边坡为 1∶2，一端的坝高为 10 m，求修筑 100 m 长的土坝所需的土方量．

解　建立直角坐标系（见图 5-26），则过 $C(0,10)$ 和 $D(100,11)$ 两点的直线方程为

$$y=\frac{1}{100}x+10,$$

从而垂直于 x 轴的横截面面积为

$$\begin{aligned}S(x)&=\frac{1}{2}[4+(4+2\times 2y)]\times y=4y+2y^2\\&=4\left(\frac{1}{100}x+10\right)+2\left(\frac{1}{100}x+10\right)^2\\&=\frac{1}{5\,000}x^2+\frac{11}{25}x+240.\end{aligned}$$

所需的土方量为

$$\begin{aligned}V&=\int_0^{100}\left(\frac{1}{5\,000}x^2+\frac{11}{25}x+240\right)\mathrm{d}x\\&=\left[\frac{1}{15\,000}x^3+\frac{11}{50}x^2+240x\right]_0^{100}\approx 26\,267\ (\mathrm{m}^3).\end{aligned}$$

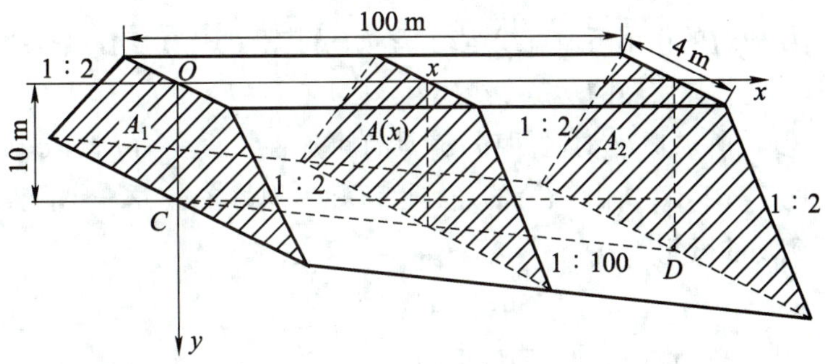

图 5-26

3. 平面曲线的弧长

现在来计算曲线 $y=f(x)$ 上 x 从 a 到 b 的一段弧的长度，如图 5-27 所示．

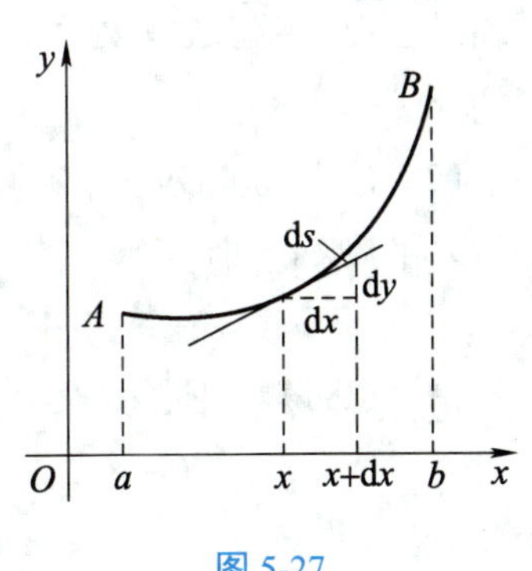

图 5-27

取横坐标 x 为积分变量，其变化区间为 $[a,b]$．若函数 $y=f(x)$ 具有一阶连续导数，则曲线 $y=f(x)$ 上任意一小区间 $[x,x+\mathrm{d}x]$ 上一段弧的长度微元可用该曲线在点 $(x,f(x))$ 处切线上相应的长度近似代替，而切线上这一小段的长度为

$$\mathrm{d}s=\sqrt{(\mathrm{d}x)^2+(\mathrm{d}y)^2}=\sqrt{1+y'^2}\,\mathrm{d}x,$$

从而曲线的弧长为

$$s=\int_a^b\sqrt{1+[f'(x)]^2}\,\mathrm{d}x.$$

若曲线的方程为参数方程 $\begin{cases} x=\varphi(t), \\ y=\psi(t), \end{cases}$ 其中 $\alpha \leqslant t \leqslant \beta$，取参数 t 为积分变量，其变化区间为 $[\alpha,\beta]$，则任意一小区间 $[t,t+\mathrm{d}t]$ 上一段弧的长度近似为

$$\mathrm{d}s=\sqrt{(\mathrm{d}x)^2+(\mathrm{d}y)^2}=\sqrt{[\varphi'(t)]^2+[\psi'(t)]^2}\,\mathrm{d}t .$$

于是，所求曲线长为

$$s=\int_\alpha^\beta \sqrt{[\varphi'(t)]^2+[\psi'(t)]^2}\,\mathrm{d}t .$$

例 7　计算曲线 $y=\frac{2}{3}x^{\frac{3}{2}}$ 上 x 从 0 到 2 的一段弧长.

解　因为 $y'=\sqrt{x}$，所以所求曲线长为

$$s=\int_0^2 \sqrt{1+\sqrt{x}^2}\,\mathrm{d}x=\int_0^2 \sqrt{1+x}\,\mathrm{d}x=\frac{2}{3}(1+x)^{\frac{3}{2}}\Big|_0^2=2\sqrt{3}-\frac{2}{3} .$$

5.7.3　定积分在物理上的应用

1. 变力做功

如果一个物体在恒力 F 的作用下，沿力 F 的方向移动距离 s，则力 F 对物体所做的功是

$$W=Fs .$$

如果一个物体在变力 $F(x)$ 的作用下做直线运动，不妨设其沿 Ox 轴运动，那么当物体由 Ox 轴上的点 a 移动到点 b 时，变力 $F(x)$ 对物体所做的功是多少呢？

我们仍然采用微元法，所求功 W 对区间 $[a,b]$ 具有可加性．设变力 $F(x)$ 是连续变化的，分割区间 $[a,b]$，任取一个小区间 $[x,x+\mathrm{d}x]$，由 $F(x)$ 的连续性可知，物体在 $\mathrm{d}x$ 这一小段路径上移动时，$F(x)$ 的变化很小，于是可以得到功的微元

$$\mathrm{d}W=F(x)\mathrm{d}x .$$

将微元从 a 到 b 积分，得到整个区间上力所做的功为

$$W=\int_a^b F(x)\mathrm{d}x .$$

例 8　如图 5-28 所示，某空气压缩机的活塞面积为 S，在等温压缩过程中，活塞由 x_1 处压缩到 x_2 处，求压缩机在这段压缩过程中所消耗的功.

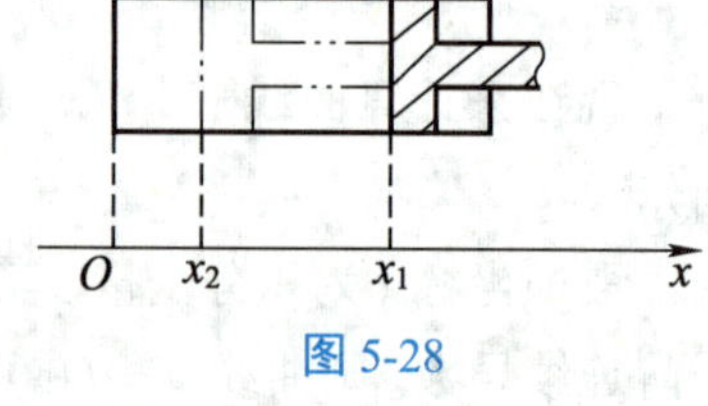

图 5-28

解　建立数轴 Ox，一定量的气体在等温条件下，压强 p 与体积 V 的乘积为常数 k，即

$$pV=k .$$

由题意可知，体积 V 是活塞面积 S 与任意一点位置 x 的乘积，即 $V=Sx$，因此

$$p=\frac{k}{V}=\frac{k}{Sx}.$$

于是气体作用于活塞上的力为

$$F=pS=\frac{k}{Sx}S=\frac{k}{x} .$$

因此，活塞所用的力 $f=-F=-\dfrac{k}{x}$，力 f 所做的功为

$$W=\int_{x_1}^{x_2}\left(-\frac{k}{x}\right)\mathrm{d}x=k\ln x\Big|_{x_2}^{x_1}=k\ln\frac{x_1}{x_2}.$$

2. 液体压力

现有一面积为 S 的平板，水平置于密度为 ρ、深度为 h 的液体中，则平板一侧所受的压力值为

$$F=pS=\rho ghS.$$

若将平板垂直放于该液体中，对应不同的液体深度，其所受的压强值也不同，那么平板所受压力该如何求解呢？

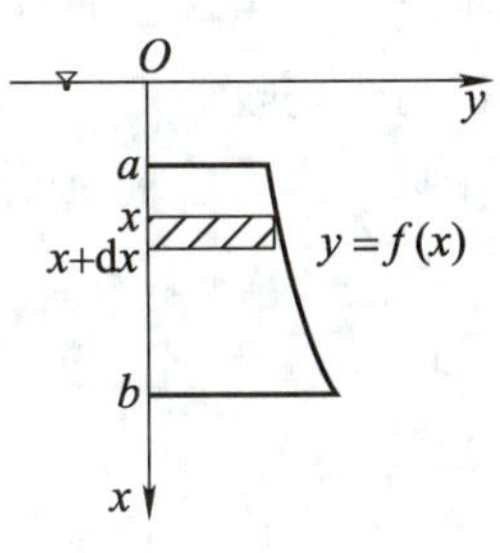

图 5-29

建立如图 5-29 所示直角坐标系，设平板边缘的曲线方程为 $y=f(x)$ $(a\leqslant x\leqslant b)$，则所求压力 F 对区间 $[a,b]$ 具有可加性．在 $[a,b]$ 上任取一个小区间 $[x,x+\mathrm{d}x]$，将其对应的小横条上每个点的液面深度近似看成 x，且将液体对它的压力近似看成长为 $f(x)$、宽为 $\mathrm{d}x$ 的小矩形所受的压力，根据微元法，可以知道压力的微元为

$$\mathrm{d}F=\rho gxf(x)\mathrm{d}x.$$

于是所求压力为

$$F=\int_a^b\rho gxf(x)\mathrm{d}x.$$

例 9　如图 5-30 所示，有一半径为 3 m 的圆形溢水洞，试求水位为 3 m 时作用在闸板上的压力．

解　积分变量 x 的变化区间为 $[0,R]$，其压力微元为

$$\mathrm{d}F=\rho gx2y\mathrm{d}x=2\rho gx\sqrt{R^2-x^2}\mathrm{d}x.$$

于是所求压力为

$$F=\int_0^R 2\rho gx\sqrt{R^2-x^2}\mathrm{d}x=2\rho g\int_0^R\left(-\frac{1}{2}\right)\sqrt{R^2-x^2}\mathrm{d}(R^2-x^2)$$

$$=-\frac{2}{3}\rho g(R^2-x^2)^{\frac{3}{2}}\Big|_0^R=\frac{2}{3}R^3\rho g.$$

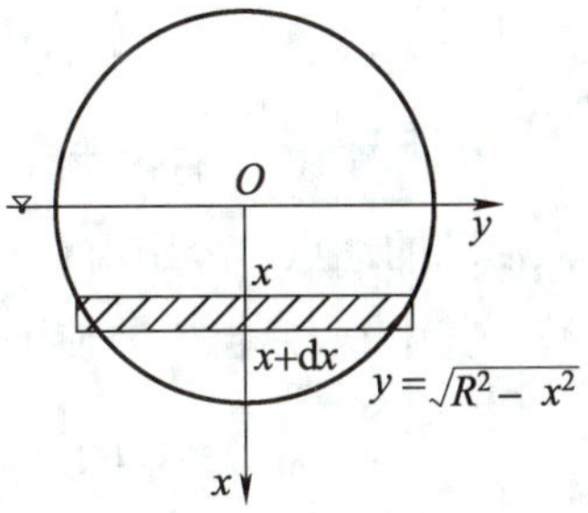

图 5-30

将 $\rho=1.0\times10^3\ \mathrm{kg/m^3}$，$g=9.8\ \mathrm{m/s^2}$，$R=3\ \mathrm{m}$ 代入上式得

$$F=\frac{2}{3}\times3^3\times10^3\times9.8=1.764\times10^5(\mathrm{N}).$$

5.7.4　定积分在经济上的应用

定积分在经济问题中的应用是多方面的，下面例 10 和例 11 体现了已知某经济量的变化率（即边际函数）如何求该经济量，例 12 是关于有效时段的问题．

例 10（利润问题）　某公司每个月生产 q 台电视机，边际利润（单位：元）由下式给出：

$$L'(q)=165-0.1q\quad(0\leqslant q\leqslant 4\ 000).$$

目前公司每月生产 1 500 台电视机，并计划提高产量，问每月生产 1 600 台电视机时，利润增加多少？

解 $L(1\,600)-L(1\,500)=\int_{1\,500}^{1\,600}L'(q)\mathrm{d}q=\int_{1\,500}^{1\,600}(165-0.1q)\mathrm{d}q=(165q-0.05q^2)\Big|_{1\,500}^{1\,600}$

$$=(165\times1\,600-0.05\times1\,600^2)-(165\times1\,500-0.05\times1\,500^2)$$
$$=136\,000-135\,000=1\,000(\text{元}).$$

故当电视机的产量每月从 1 500 台增加到 1 600 台时，利润增加 1 000 元.

例 11 **(收益问题)** 已知生产某产品 q 单位时，边际收益为 $R'(q)=20-\dfrac{q}{30}$（单位：万元/单位），试求生产 q 单位产品时的总收益函数 $R(q)$ 及平均单位收益函数 $\overline{R}(q)$，并求生产这种产品 120 单位时的总收益与平均收益.

解 因为总收益是边际收益函数在 $[0,q]$ 上的定积分，所以生产 q 单位产品时的总收益函数为

$$R(q)=\int_0^q\left(20-\frac{t}{30}\right)\mathrm{d}t=\left[20t-\frac{t^2}{60}\right]_0^q=20q-\frac{q^2}{60}.$$

平均收益函数为

$$\overline{R}(q)=\frac{R(q)}{q}=20-\frac{q}{60}.$$

当生产这种产品 120 单位时，总收益为

$$R(120)=20\times120-\frac{120^2}{60}=2\,160(\text{万元}),$$

平均收益为

$$\overline{R}(120)=20-\frac{120}{60}=18(\text{万元}).$$

例 12 **(有效时段)** 某娱乐公司把一种娱乐用品安装在一个公众活动的地点，分别用 $C(t)$ 和 $R(t)$ 表示该娱乐用品的成本函数与收益函数，其中 t 表示已安装使用的时间（单位：年）. 已知

$$C'(t)=2,\ R'(t)=9\mathrm{e}^{-0.5t}\ (\text{单位：万元}).$$

使 $C'(t)=R'(t)$ 成立的 t 值称为该娱乐用品的**有效时段**，其几何意义如图 5-31 所示.

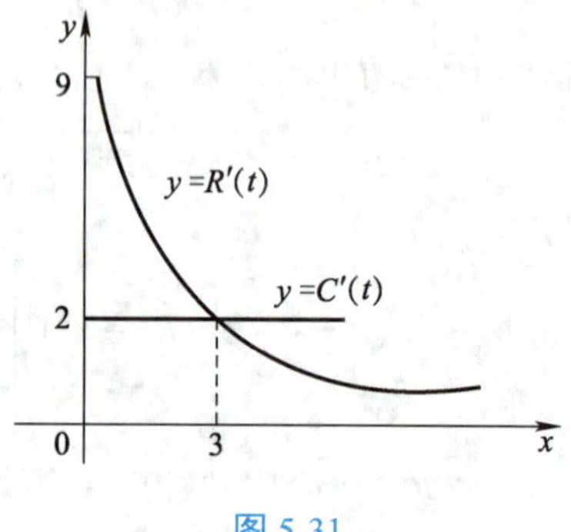

图 5-31

本例中有效时段的计算过程如下：

$$C'(t)=R'(t),$$
$$9\mathrm{e}^{-0.5t}=2,$$
$$\mathrm{e}^{-0.5t}=\frac{2}{9},$$
$$-0.5t=\ln\frac{2}{9},$$
$$t=-2\ln\frac{2}{9}\approx3.$$

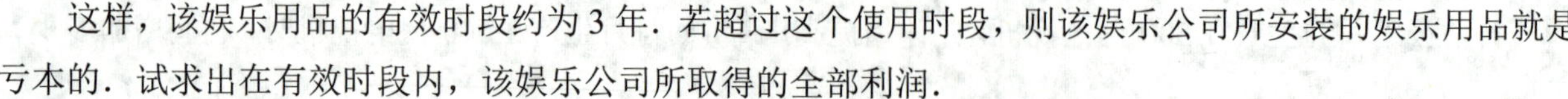
这样，该娱乐用品的有效时段约为 3 年. 若超过这个使用时段，则该娱乐公司所安装的娱乐用品就是亏本的. 试求出在有效时段内，该娱乐公司所取得的全部利润.

解　有效时段为[0,3]，因此该公司所取得的全部利润为

$$L(3)-L(0)=\int_0^3 L'(t)\,\mathrm{d}t=\int_0^3[R'(t)-C'(t)]\,\mathrm{d}t=\int_0^3(9\mathrm{e}^{-0.5t}-2)\,\mathrm{d}t=\left[\frac{9}{-0.5}\mathrm{e}^{-0.5t}-2t\right]_0^3$$

$$=(-18\mathrm{e}^{-1.5}-6)-(-18\mathrm{e}^{0}-0)=12-18\mathrm{e}^{-1.5}\approx 7.984\ （万元）.$$

砥节砺行

马克思说过，一门科学，只有它成功地运用数学时，才算达到了真正完善的地步．今天的技术科学，如通信、航天、能源、生物、医药、材料等，都运用了数学的相关知识．例如，我们常说的“大数据”的核心就是将数学算法运用到海量数据上，预测事情发生的可能性．现在流行的智能机器人，它的核心都是数学．医疗中的 CT 扫描、核磁共振等也都是以数学为灵魂的．没有了数学，这些便只是缺少灵魂的机器摆设．可以说，没有数学就没有国民经济的发展，就没有我们现在方便、快捷的幸福生活．2016 年 4 月 15 日，李克强总理在北京大学数学科学学院考察时说，数学是自然科学的皇冠，是其他科学研究的主要工具，而基础数学研究在我国是薄弱环节，对许多领域形成瓶颈制约，需要一批人静下心来把冷板凳坐热．因此，我们应重视数学的学习，培养数学思维，渗透数学思想，要有勇于奋斗、积极向上、自强不息的人生态度和不畏艰险的学习精神，为我国成为数学大国不懈努力．

习题 5-7

1．求图 5-32 中阴影部分的面积．

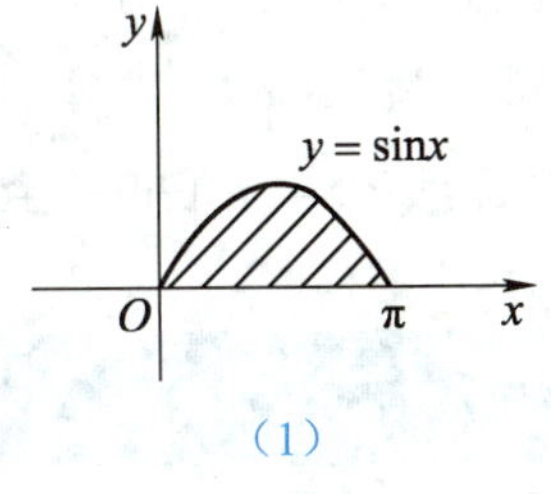

（1）

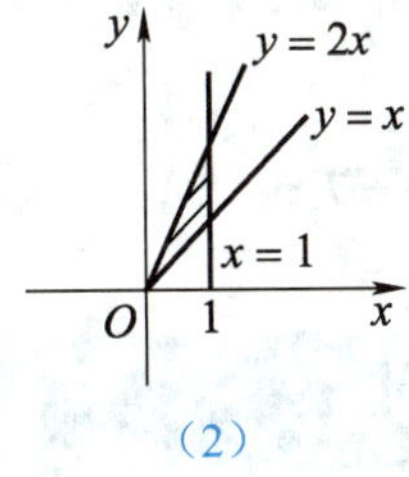

（2）

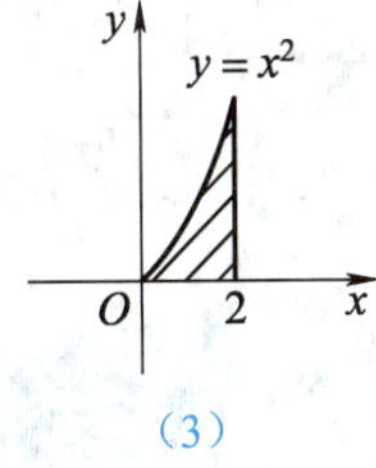

（3）

图 5-32

2．求下列各题中平面图形的面积：

（1）由抛物线 $y=x^2-4x+5$、横轴及直线 $x=3,x=5$ 所围成的平面图形；

（2）由 $y=\dfrac{1}{x}$ 与直线 $y=x,x=2$ 所围成的平面图形；

（3）由曲线 $y=x^3$ 与直线 $y=2x$ 所围成的平面图形；

（4）由曲线 $xy=1$ 与直线 $y=x,y=2$ 所围成的平面图形．

3．求下列各题中立体的体积：

（1）由曲线 $y=\sqrt{x}$ 与直线 $x=4,x=1,y=0$ 所围成的图形分别绕 x 轴和 y 轴旋转所形成的立体；

（2）由曲线 $y=x^3$ 与直线 $x=2,y=0$ 所围成的图形分别绕 x 轴和 y 轴旋转所形成的立体．

4．求下列各题曲线的弧长：

（1）$y^2=2px$，自点$(0,0)$至点$\left(\dfrac{p}{2},p\right)$；

（2）$\begin{cases}x=\mathrm{e}^t\sin t,\\ y=\mathrm{e}^t\cos t,\end{cases}$ 自$t=0$至$t=\dfrac{\pi}{2}$.

5．若 1 N 的力能使弹簧伸长 1 cm，现在要使弹簧伸长 10 cm，问需做多少功？

6．弹簧原长 1 m，每压缩 1 cm 需力 0.05 N．若将其从 80 cm 压缩到 50 cm，需做多少功？

7．假设某产品的边际收入函数为$R'(q)=9-q$（万元/万台），边际成本函数为$C'(q)=4+\dfrac{q}{4}$（万元/万台），其中产量q以万台为单位.

（1）试求当产量由 4 万台增加到 5 万台时利润的变化量；

（2）当产量为多少时利润最大？

（3）已知固定成本为 1 万元，求总成本函数和利润函数.

8．有一长方形的闸门，长 3 m，宽 2 m，垂直放入水中，水面超过门顶 2 m，求闸门上所受的水压力.

9．有一圆台形的桶，盛满了汽油，桶高为 3 m，上、下底面半径分别为 1 m 和 2 m，试求将桶内汽油全部吸出所耗费的功.（汽油密度$\rho=0.8\times10^3\ \mathrm{kg/m^3}$）

10．已知某商品的边际收益为$R'(q)=200-\dfrac{1}{2}q$（元/单位），其中q表示该商品的产量，求该商品的总收益函数，并求当商品的产量达到 100 单位时的总收益和平均收益.

11．某汽车生产商估计一种新型车在投入生产之后销售逐月增加，增加的比率由下式给出：

$$S'(t)=4\mathrm{e}^{-0.08t}\ (0\leqslant t\leqslant 24),$$

其中t表示新型车投入生产之后的第t月份．试求该新型车销售量$S(t)$的表示式，并求出投入生产之后前 6 个月的月平均销售量.

12．本节例 12 中，若$C'(t)=1$，$R'(t)=7.5\mathrm{e}^{-0.5t}$，试求在有效时段内该公司所取得的全部利润.

本章小结

1．不定积分

在区间I内，函数$f(x)$的全体原函数$F(x)+C$称为$f(x)$在区间I上的不定积分，记作$\int f(x)\mathrm{d}x$．牢记不定积分的性质.

不定积分的积分方法主要有换元积分法和分部积分法两种．换元积分法可分为第一换元积分法（凑微分法）和第二换元积分法（去根号法）两种．第二换元积分法又主要包括两种方法：简单的根式换元和三角换元．分部积分公式为$\int u\mathrm{d}v=uv-\int v\mathrm{d}u$.

2. 定积分

若在区间$[a,b]$上$f(x)\geqslant 0$，则定积分$\int_a^b f(x)\mathrm{d}x$表示由曲线$y=f(x)$、直线$x=a,x=b$及x轴所围成的曲边梯形的面积．牢记定积分的性质．

3. 牛顿-莱布尼茨公式

设函数$F(x)$是连续函数$f(x)$在区间$[a,b]$上的一个原函数，则

$$\int_a^b f(x)\mathrm{d}x=F(b)-F(a).$$

4. 求定积分的方法

（1）$\int_a^b f(x)\mathrm{d}x=\int_\alpha^\beta f[\varphi(t)]\varphi'(t)\mathrm{d}t$；　　（2）$\int_a^b u(x)\mathrm{d}v(x)=[u(x)v(x)]_a^b-\int_a^b v(x)\mathrm{d}u(x)$.

5. 广义积分

本章主要介绍了无限区间的广义积分和无界函数的广义积分（瑕积分）．其中，无限区间的广义积分记作$\int_a^{+\infty} f(x)\mathrm{d}x=\lim\limits_{b\to+\infty}\int_a^b f(x)\mathrm{d}x$；无界函数的广义积分记作$\int_a^b f(x)\mathrm{d}x=\lim\limits_{\varepsilon\to 0^+}\int_{a+\varepsilon}^b f(x)\mathrm{d}x$.

6. 定积分的应用

定积分的应用主要介绍了定积分的几何应用和物理应用．其中，几何应用主要介绍了应用定积分求面积、体积及平面曲线的弧长；物理应用主要介绍了应用定积分求变力做功和液体压力．

复习题五

1．填空题：

（1）定积分的几何意义是________________________________.

（2）函数$f(x)$的全部原函数称为函数$f(x)$的____________.

（3）若$F'(x)=f(x)$，则$\int_a^b f(x)\mathrm{d}x=$____________.

（4）若$\int f(x)\mathrm{d}x=x^3+C$，则$f(x)=$____________.

（5）$\left(\int_0^1 \mathrm{e}^{\sqrt{x}}\mathrm{d}x\right)'=$____________.

（6）$\int_{-1}^1 \dfrac{x}{1+\cos x}\mathrm{d}x=$____________.

（7）若$\ln x$是函数$f(x)$的一个原函数，则$\int 2x^2 f(x)\mathrm{d}x=$____________.

（8）若$\int f(x)\mathrm{d}x=F(x)+C$，则$\int \dfrac{f(\ln x)}{x}\mathrm{d}x=$____________.

2. 单项选择题：

（1）$\int_a^b 1\mathrm{d}x =$（　　）.

A. 0　　B. 1　　C. $a-b$　　D. $b-a$

（2）下列等式成立的是（　　）.

A. $\int_a^a f(x)\mathrm{d}x = f(x)$　　B. $\int_a^b 0\mathrm{d}x = b-a$

C. $\int_a^a f(x)\mathrm{d}x = 0$　　D. $\int_a^a f(x)\mathrm{d}x = F(x)$

（3）若 $f(x)$ 的一个原函数是 $2\mathrm{e}^{2x}$，则 $f(x)=$（　　）.

A. $\mathrm{e}^{2x}+C$　　B. $\frac{1}{4}\mathrm{e}^{2x}$

C. $4\mathrm{e}^{2x}$　　D. e^{2x}

（4）下列四式正确的是（　　）.

A. $\left[\int f(x)\mathrm{d}x\right]' = f(x)$　　B. $\left[\int_a^b f(x)\mathrm{d}x\right]' = f(x)$

C. $\int f'(x)\mathrm{d}x = f(x)$　　D. $\mathrm{d}\left[\int f(x)\mathrm{d}x\right] = f(x)$

（5）下列等式正确的有（　　）.

A. $\int \arctan x\mathrm{d}x = \frac{1}{1+x^2}+C$　　B. $\int \sin(-x)\mathrm{d}x = -\cos(-x)+C$

C. $\int \frac{1}{\sqrt{1-x^2}}\mathrm{d}x = -\arccos x + C$　　D. $\int x\mathrm{d}x = \frac{x^2}{2}$

（6）不定积分 $\int (x^3+2\mathrm{e}^x)\mathrm{d}x =$（　　）.

A. $3x^2+2\mathrm{e}^x$　　B. $\frac{1}{4}x^4+2\mathrm{e}^x$

C. $\frac{1}{4}x^4+2\mathrm{e}^x+C$　　D. $3x^2+2\mathrm{e}^x+C$

（7）若 $f(x)$ 的一个原函数是 $4x^3$，则 $\int f(x)\mathrm{d}x =$（　　）.

A. x^4+C　　B. $12x^2+C$　　C. $4x^3+C$　　D. x^3+C

（8）设 $f(x)=\sqrt{x}$，则 $\int f'(x)\mathrm{d}x =$（　　）.

A. $\frac{1}{2\sqrt{x}}$　　B. $\frac{1}{2\sqrt{x}}+C$　　C. $\sqrt{x}$　　D. $\sqrt{x}+C$

（9）$\int \frac{\ln x}{x}\mathrm{d}x =$（　　）.

A. $\ln^2 x + C$　　B. $\frac{1}{2}\ln^2 x + C$　　C. $-\frac{1}{2}$　　D. 不存在

（10）广义积分 $\int_{-\infty}^{+\infty}\frac{1}{1+x^2}\mathrm{d}x=$（　　）.

A. π　　B. 0　　C. $\frac{\pi}{2}$　　D. 发散

3. 计算下列积分：

（1）$\int \mathrm{e}^{-3x+1}\mathrm{d}x$；　　（2）$\int 2x\mathrm{e}^{-x^2}\mathrm{d}x$；

（3）$\int x\sqrt{2+x^2}\mathrm{d}x$；　　（4）$\int_4^9\sqrt{x}(1+\sqrt{x})\mathrm{d}x$；

（5）$\int_1^2\left(x+\frac{1}{x}\right)^2\mathrm{d}x$；　　（6）$\int_{\frac{1}{\mathrm{e}}}^{\mathrm{e}}\frac{|\ln x|}{x}\mathrm{d}x$；

（7）$\int_0^{\mathrm{e}-1}\ln(1+x)\mathrm{d}x$；　　（8）$\int_1^4\frac{\ln x}{\sqrt{x}}\mathrm{d}x$.

4. 已知某物体做直线运动，其加速度为 $a=12t^2-3\sin t$，且 $t=0$ 时，$v=5$，$s=3$. 求：

（1）速度 v 与时间 t 的函数关系；

（2）路程 s 与时间 t 的函数关系.

5. 一窗户是由抛物线 $y=1-x^2$ 与 x 轴所围成的图形，求此图形的面积.

6. 有一截面积为 20 m^2、深为 5 m 的水池盛满了水，用抽水泵把池中的水全部吸出，需做多少功？

第 5 章答案

7. 设某茶叶生产企业生产某品牌出口茶叶的边际成本、边际收益是日产量 q（kg）的函数，边际成本为 $(q+10)$（元/kg），边际收益为 $(210-4q)$（元/kg），固定成本为 3 000 元. 求日产量为多少时，利润最大？在获得最大利润时，总收益、平均单位收益、总成本、总利润分别是多少？

知中有行　用 MATLAB 求定积分

通过前面的学习，我们知道积分运算过程比较复杂，但是利用 MATLAB 求解就非常容易了. 在 MATLAB 中，积分由 int 函数来实现，该函数可求不定积分、定积分和广义积分，其基本格式如下：

`int(f)`：表示函数 f 对默认自变量 x 的不定积分，即求 $\int f(x)\mathrm{d}x$；

`int(f,t)`：表示函数 f 对自变量 t 的不定积分，即求 $\int f(t)\mathrm{d}t$；

`int(f,x,a,b)`：表示函数 f 对自变量 x 从 a 到 b 的定积分，即求 $\int_a^b f(x)\mathrm{d}x$.

例 1　计算不定积分 $\int\frac{2x}{1+x^2}\mathrm{d}x$.

解　在命令窗口输入：

```
>> syms x                  %创建符号变量x
>> f=2*x/(1+x^2);          %定义函数f=2x/(1+x^2)
```

```
>> f1=int(f,x)                %对函数f求不定积分
```

按回车，输出结果为

```
f1 =
log(1+x^2)                    %输出的积分结果为ln(1+x^2)
```

例 2 计算定积分 $\int_0^2 \sqrt{4-x^2}\mathrm{d}x$.

解 在命令窗口输入：

```
>> syms x                     %创建符号变量x
>> f=sqrt(4-x^2);             %定义函数f=sqrt(4-x^2)
>> f1=int(f,x,0,2)            %对函数f从0到2求定积分
```

按回车，输出结果为

```
f1 =
pi                            %输出的积分结果为π
```

数学故事 一片丹心向阳开，毕生奉献育新人

朱世杰，元代数学家、教育家，毕生从事数学教育，有“中世纪世界最伟大的数学家”之誉. 朱世杰在天元术的基础上发展出四元术，也就是列出四元高次多项式方程，以及消元求解的方法. 此外他还创造出垛积术（即高阶等差数列的求和方法）与招差术（即高次内插法）.

朱世杰曾以数学家的身份周游各地 20 余年，向他求学的人很多，他到广陵（现扬州）时“踵门而学者云集”. 他全面继承了前人数学成果，既吸收了北方的天元术，又吸收了南方的正负开方术、各种日用算法及通俗歌诀，在此基础上进行了创造性的研究，写成以总结和普及当时各种数学知识为宗旨的《算学启蒙》，又写成四元术的代表作——《四元玉鉴》，先后于 1299 年和 1303 年刊印.《算学启蒙》由浅入深，从一位数乘法开始，一直讲到当时的最新数学成果——天元术，形成一个完整体系.《四元玉鉴》的主要内容是四元术，即多元高次方程组的建立和求解方法.

在宋元时期的数学群英中，朱世杰的工作具有重要的特殊意义. 他对宋元数学进行了总结，并使之在理论上达到新的高度，主要表现在以下三个领域.

（1）方程理论的研究.

在列方程方面，蒋周的演段法为天元术做了准备工作，他已具有寻找等值多项式的思想；洞渊马与信道是天元术的先驱，但他们推导方程仍受几何思维的束缚；李冶基本上摆脱了这种束缚，总结出一套固定的天元术程序，使天元术进入成熟阶段. 在解方程方面，贾宪给出增乘开方法，刘益则用正负开方术求出四次方程正根，秦九韶在此基础上解决了高次方程的数值解法问题. 至此，一元高次方程的建立和求解都已实现. 而线性方程组古已有之，所以具备了多元高次方程组产生的条件. 李德载的二元术和刘大鉴的三元术相继出现，朱世杰的四元术正是对二元术、三元术的总结与提高. 从方程种类看，天元术产生之前的方程都是整式方程. 从洞渊马到李冶，分式方程逐渐得到发展. 而朱世杰，突破了有理式的限制，开始处理无理方程.

（2）高阶等差级数的研究.

沈括的隙积术开研究高阶等差级数之先河，杨辉给出包括隙积术在内的一系列二阶等差级数求和公式. 朱世杰则在此基础上依次研究了二阶、三阶、四阶乃至五阶等差级数的求和问题，从而发现其规律，掌握了三角垛统一公式. 他还发现了垛积术与内插法的内在联系，利用垛积公式给出规范的四次内插公式.

（3）几何学的研究.

宋代以前，几何研究离不开勾股和面积、体积. 蒋周的《益古集》也是以面积问题为研究对象的. 李冶开始注意到圆城因式中各元素的关系，得到一些定理，但未能推广到更一般的情形. 朱世杰不仅总结了前人的勾股及求积理论，而且在李冶思想的基础上更进一步，深入研究了勾股形内及圆内各几何元素的数量关系，发现了两个重要定理——射影定理和弦幂定理. 他在立体几何中也开始注意到图形内各元素的关系. 朱世杰的工作，使得几何研究的对象由图形整体深入到图形内部，体现了数学思想的进步.

朱世杰在数学科学上，全面地继承了秦九韶、李冶、杨辉等数学家的数学成就，并给予创造性的发展，写出了《算学启蒙》《四元玉鉴》等著名作品，把我国古代数学推向更高的境界，为中国古代数学的光辉史册，增加了新的篇章，形成了宋代中国数学发展的最高峰.

第6章 多元函数的微积分初步

名人名言

数学的发展与完善和国家的繁荣昌盛密切相关.

——拿破仑

趣味数学——阿基米德轶事

古希腊伟大的科学家阿基米德有这样一则传诵千古的轶事. 国王做了一顶金王冠, 他怀疑工匠用银子偷换了一部分金子, 便邀请阿基米德来鉴定, 且不能损坏王冠. 阿基米德捧着这顶王冠日夜苦苦思索. 一天, 阿基米德去浴室洗澡, 他刚跨入浴盆, 就有一部分水溢了出来. 看到这个现象, 阿基米德恍然大悟, 他立刻跳出浴盆, 忘了穿衣服, 就跑到大街上去了, 一边跑一边叫: "我发现了! 我发现了!" 阿基米德成为历史记载中第一个裸奔的人.

阿基米德认为对于两个密度与重量都相同的物体, 它们的体积应该相同, 与物体的形状无关. 他将一块金块和一块重量相等的银块, 分别放入盛满水的相同容器中, 发现银块排出的水更多. 于是阿基米德将一块与王冠重量相等的金块, 放入盛满水的容器里, 测出排出的水量; 再把王冠放入另一个盛满水的容器里, 看看排出的水量是否一样, 问题就解决了.

罗马为攻占叙拉古城, 将此城包围, 而阿基米德的多项发明帮助叙拉古人在罗马军队的包围中坚守了三年. 罗马军队占领古城的那一天, 阿基米德正在沙盘上画着图形, 正在专心地研究着问题, 他的注意力非常集中, 这时罗马士兵突然来到他面前, 打断了他. 于是, 阿基米德对士兵说: "不要踩到我的图形", 结果被激怒的无知的罗马士兵杀害了这位人类历史上优秀的科学家. 虽然罗马将军在攻打叙拉古城时, 曾下令所有士兵不得伤害阿基米德, 但这个愚蠢的士兵还是惹了大祸.

导 学

前面研究的函数都是只有一个自变量的函数, 称为一元函数. 但自然科学和工程技术中经常遇到依赖于多个变量的函数, 我们把这种自变量多于一个的函数称为多元函数. 多元函数的微积分是一元函数微积分的推广和发展, 它们有许多相似之处, 但也有很多差异. 本章重点讲述二元函数的极限、偏导数, 二重积分的概念、计算及其应用.

素质目标

- 培养执着专注、科学严谨、精益求精、追求卓越的工匠精神.
- 培养勇于探索、敢为人先、知难而进、乐于奉献的创新精神.

6.1 空间解析几何简介

6.1.1 空间直角坐标系

1. 空间直角坐标系的概念

过空间一定点 O，作三条互相垂直的数轴 Ox 轴（横轴）、Oy 轴（纵轴）、Oz 轴（竖轴），三条数轴符合右手规则（即用右手握住 z 轴，当右手的四个手指从 x 轴正向以 $\frac{\pi}{2}$ 的角度转向 y 轴正向时，大拇指的指向就是 z 轴的正向，如图 6-1 所示），这就构成了一个**空间直角坐标系**．我们把点 O 称为坐标原点，数轴 Ox，Oy，Oz 称为坐标轴，平面 xOy，yOz，zOx 称为坐标面．

三个坐标面将空间分成八个部分，每一部分称为一个卦限，如图 6-2 所示．在 xOy 坐标面上方有四个卦限，下方有四个卦限．含 x 轴、y 轴、z 轴正向的卦限称为第一卦限，然后沿着 z 轴正向看时，按逆时针顺序依次为第二、三、四卦限；分别位于第一、二、三、四卦限下面的四个卦限，依次为第五、六、七、八卦限．这八个卦限分别用字母Ⅰ，Ⅱ，Ⅲ，Ⅳ，Ⅴ，Ⅵ，Ⅶ，Ⅷ表示．

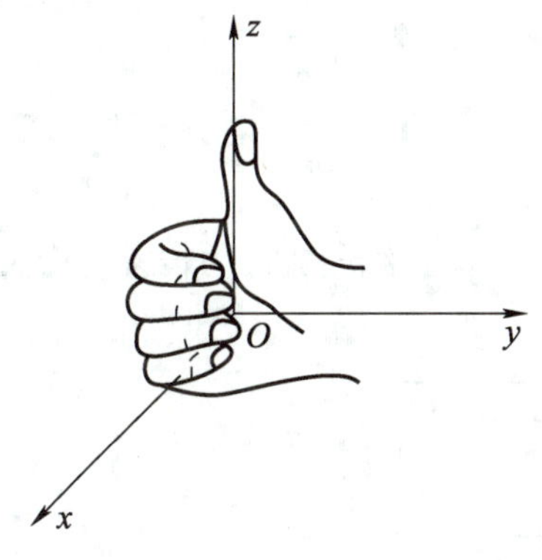

图 6-1

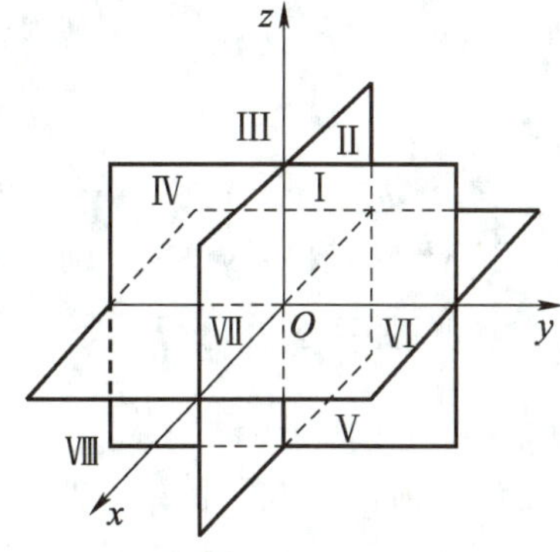

图 6-2

2. 空间点的坐标

设 M 为空间中一点，过 M 点作三个平面分别垂直于三条坐标轴，它们与 x 轴、y 轴、z 轴的交点依次为 P，Q，R，如图 6-3 所示，设 P，Q，R 三点在三个坐标轴的坐标依次为 x，y，z．由此，空间一点 M 就唯一地确定了一个有序三维数组 (x,y,z)，称为点 M 的直角坐标，x，y，z 分别称为点 M 的横坐标、纵坐标和竖坐标，记作 $M(x,y,z)$．

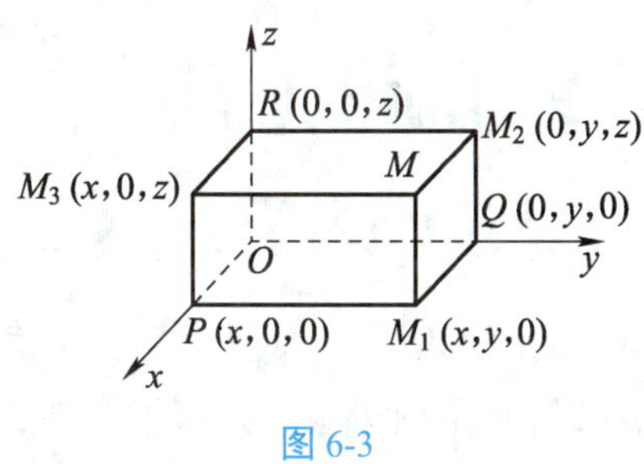

图 6-3

显然，原点 O 的坐标为 $(0,0,0)$，x 轴、y 轴和 z 轴上点的坐标分别为 $(x,0,0)$，$(0,y,0)$ 和 $(0,0,z)$，xOy 平面、yOz 平面和 zOx 平面上点的坐标分别为 $(x,y,0)$，$(0,y,z)$ 和 $(x,0,z)$．

八个卦限中点的坐标 (x,y,z) 的特点如下：

第一卦限：$x>0$，$y>0$，$z>0$；　　第二卦限：$x<0$，$y>0$，$z>0$；

第三卦限：$x<0$，$y<0$，$z>0$；　　第四卦限：$x>0$，$y<0$，$z>0$；

第五卦限：$x>0$，$y>0$，$z<0$；　　第六卦限：$x<0$，$y>0$，$z<0$；
第七卦限：$x<0$，$y<0$，$z<0$；　　第八卦限：$x>0$，$y<0$，$z<0$.

3. 两点间的距离

设 $M_1(x_1,y_1,z_1)$，$M_2(x_2,y_2,z_2)$ 为空间两点，如图 6-4 所示，则点 M_1 与点 M_2 之间的距离为

$$|M_1M_2|=\sqrt{(x_2-x_1)^2+(y_2-y_1)^2+(z_2-z_1)^2}.$$

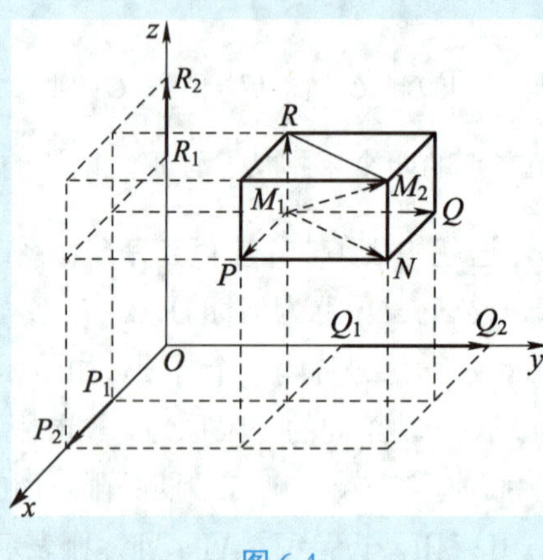

图 6-4

特别地，点 $M(x,y,z)$ 与原点 $O(0,0,0)$ 之间的距离为

$$|OM|=\sqrt{x^2+y^2+z^2}.$$

例 1　求点 $M(x,y,z)$ 到三条坐标轴的距离.

解　设点 M 在 x 轴的投影为点 P，则点 P 的坐标为 $(x,0,0)$，且线段 MP 的长就是点 M 到 x 轴的距离. 由空间中两点间的距离公式可得

$$|MP|=\sqrt{(x-x)^2+(y-0)^2+(z-0)^2}=\sqrt{y^2+z^2}.$$

同理，点 M 到 y 轴和 z 轴的距离分别为

$$|MQ|=\sqrt{x^2+z^2}，|MR|=\sqrt{x^2+y^2}，$$

其中，Q，R 分别是点 M 在 y 轴和 z 轴上的投影点.

6.1.2 曲面及其方程

1. 曲面方程的概念

在空间解析几何中，我们把曲面看成是空间中按照一定规律运动的点的轨迹. 空间中的点按一定的规律运动，它的坐标 (x,y,z) 就要满足某个关系式，这个关系式就是曲面方程，记作 $F(x,y,z)=0$. 于是有下列定义.

若曲面 Σ 上任意一点的坐标都满足方程 $F(x,y,z)=0$，不在曲面 Σ 上的点的坐标都不满足方程 $F(x,y,z)=0$，则称方程 $F(x,y,z)=0$ 为曲面 Σ 的方程，而曲面 Σ 称为方程 $F(x,y,z)=0$ 的图形.

2. 几种常见曲面及其方程

1）球面

现在建立球心在点 $M_0(x_0, y_0, z_0)$，半径为 R 的球面的方程.

设点 $M(x, y, z)$ 为球面上任意一点，如图 6-5 所示，则

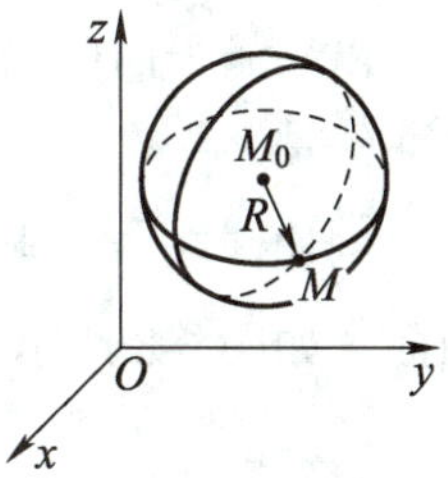

$$\left|\overrightarrow{M_0M}\right| = R .$$

图 6-5

于是有

$$\sqrt{(x-x_0)^2+(y-y_0)^2+(z-z_0)^2} = R ,$$

即

$$(x-x_0)^2+(y-y_0)^2+(z-z_0)^2 = R^2 ,$$

将上式展开并整理，可得

$$x^2+y^2+z^2-2x_0x-2y_0y-2z_0z+x_0^2+y_0^2+z_0^2-R^2=0 ,$$

即有

$$x^2+y^2+z^2+Dx+Ey+Fz+G=0 .$$

显然，球面上的点的坐标都满足上述方程，不在球面上的点的坐标都不满足该方程，因此它就是所求的球面方程.

特别地，球心在原点 $O(0,0,0)$，半径为 R 的球面的方程为

$$x^2+y^2+z^2=R^2 .$$

例 2　方程 $x^2+y^2+z^2-4x+2z=0$ 表示怎样的曲面？

解　通过配方可将原方程写成

$$(x-2)^2+y^2+(z+1)^2=5 ,$$

将上式与 $(x-x_0)^2+(y-y_0)^2+(z-z_0)^2=R^2$ 对比，可知它表示球心在点 $(2,0,-1)$，半径为 $\sqrt{5}$ 的球面.

2）柱面

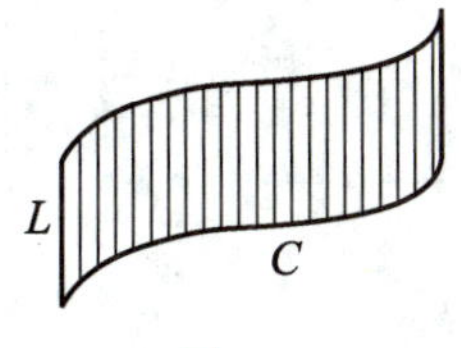

图 6-6

动直线 L 沿定曲线 C 平行移动所形成的曲面称为**柱面**. 定曲线 C 称为柱面的**准线**，动直线 L 称为柱面的**母线**，如图 6-6 所示.

下面我们只讨论准线在坐标面上，而母线垂直于该坐标面的柱面（即母线平行于某坐标轴的柱面）. 先看一个例子.

设一个圆柱面的母线平行于 z 轴，准线 C 是 xOy 平面上以原点为圆心，R 为半径的圆. 在平面直角坐标系中，准线 C 的方程为 $x^2+y^2=R^2$，现在我们来求这个圆柱面的方程.

设点 $M(x, y, z)$ 为圆柱面上任意一点，过点 M 的母线与 xOy 平面的交点 $M_0(x, y, 0)$ 一定在准线 C 上，如图 6-7 所示. 因此，不论点 M 坐标中的 z 取什么值，它的横坐标 x 和纵坐标 y 必定满足方程 $x^2+y^2=R^2$. 反之，不在圆柱面上的点的坐标不满足该方程，因此所求圆柱面的方程为 $x^2+y^2=R^2$.

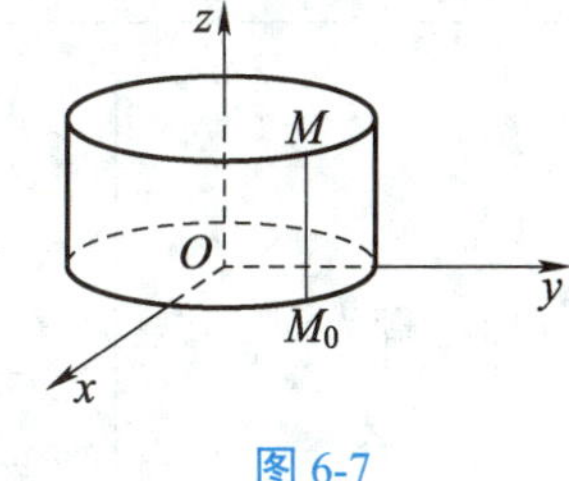

图 6-7

由此可知，在平面直角坐标系中，方程 $x^2+y^2=R^2$ 表示一个圆，而在空间直角坐标系中，方程 $x^2+y^2=R^2$ 表示一个母线平行于 z 轴的圆柱面.

一般地，如果柱面的准线是 xOy 平面上的曲线 C，它在平面直角坐标系中的方程为 $f(x, y)=0$，那么以 C 为准线，母线平行于 z 轴的柱面方程就是 $f(x, y)=0$.

类似地，方程 $g(y,z)=0$ 表示母线平行于 x 轴的柱面，方程 $h(x,z)=0$ 表示母线平行于 y 轴的柱面.由此可见，在空间直角坐标系 $Oxyz$ 中，只含两个变量的方程表示母线平行于所缺坐标轴的柱面.

3）旋转曲面

以一条平面曲线绕其平面上的一条定直线旋转一周所形成的曲面称为**旋转曲面**，这条定直线称为旋转曲面的**轴**.

例如，在 yOz 坐标面上的抛物线 $z=y^2$，把这条曲线绕 z 轴旋转一周，就得到一个以 z 轴为轴的旋转曲面，如图 6-8 所示.

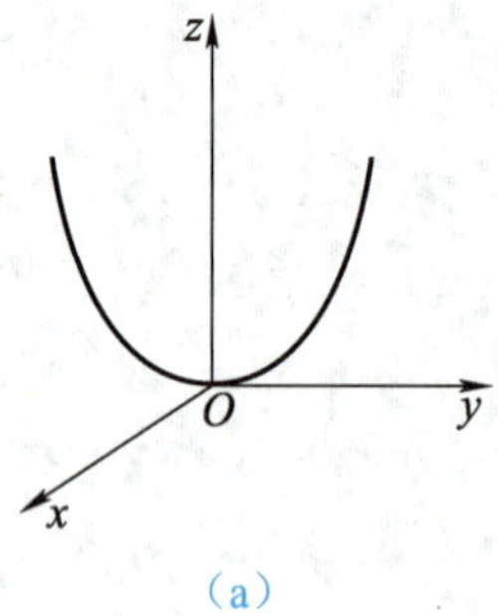

（a）

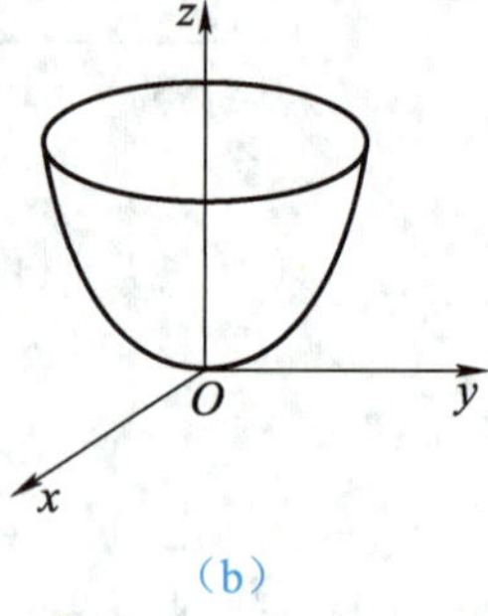

（b）

图 6-8

在曲线方程 $z=y^2$ 中，将 y 换成 $\pm\sqrt{x^2+y^2}$，便得到旋转曲面的方程，即

$$z=x^2+y^2.$$

知识宝典

由以上例子可见，若曲线 C 在 yOz 坐标面上的方程为 $f(y,z)=0$，则它绕 z 轴旋转所形成旋转曲面的方程为

$$f(\pm\sqrt{x^2+y^2},z)=0.$$

同理，曲线 C 绕 y 轴旋转所形成旋转曲面的方程为

$$f(y,\pm\sqrt{x^2+z^2})=0.$$

其他坐标面上的曲线都可以用类似方法得到对应旋转曲面的方程.

一些常用空间曲面的方程及图像如表 6-1 所示.

表 6-1

曲面名称	方程	图像
椭球面	$\frac{x^2}{a^2}+\frac{y^2}{b^2}+\frac{z^2}{c^2}=1\ (a>0,\ b>0,\ c>0)$	

（续表）

曲面名称	方程	图像
单叶双曲面	$\frac{x^2}{a^2}+\frac{y^2}{b^2}-\frac{z^2}{c^2}=1\ (a>0,\ b>0,\ c>0)$	
双叶双曲面	$\frac{x^2}{a^2}+\frac{y^2}{b^2}-\frac{z^2}{c^2}=-1\ (a>0,\ b>0,\ c>0)$	
椭圆抛物面	$\frac{x^2}{a^2}+\frac{y^2}{b^2}=z\ (a>0,\ b>0)$	

砥节砺行

柱面就像是每一个个体在行为方向的指引下走出的人生．不同的曲线绕着同一条直线旋转，得到的曲面不同．同一个人，当我们具备不同的特质时（母线发生了改变），还是那个方向（准线不变），但是我们走出来的人生（生成的曲面）完全不一样．这就要求每个人不断提升自我内涵，多方面发展，要有不断学习的能力，提高个人修养，自觉把小我融入大我．

柱面的形成，不能只有一条母线，还需要准线．就像我们的人生必须要有追求，要有目标，要有方向．因此，我们应认真学习“四史”，增强对党的创新理论的政治认同、思想认同和情感认同，坚定四个自信，成长为优秀的社会主义建设者．

6.1.3 空间曲线

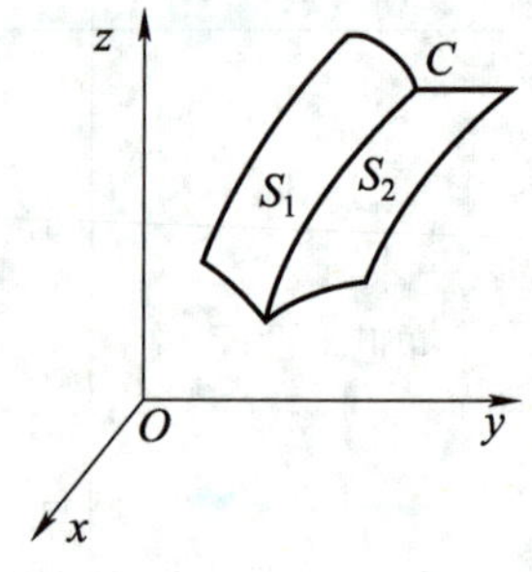

图 6-9

空间曲线可以视为两个曲面的交线．设两个曲面方程分别为

$$S_1: F(x,y,z)=0; \quad S_2: G(x,y,z)=0.$$

它们的交线为 C，如图 6-9 所示．因为曲线 C 上的任意一点的坐标都同时满足这两个方程，不在曲线 C 上的点的坐标不能同时满足这两个方程，所以方程组

$$\begin{cases} F(x,y,z)=0, \\ G(x,y,z)=0 \end{cases}$$

就是曲线 C 的方程．

例如，方程组 $\begin{cases} x^2+y^2+z^2=R^2, \\ z=0 \end{cases}$ 中第一个方程表示以原点为球心、R 为半径的球面，第二个方程表示 xOy 面，因此方程组表示球面与 xOy 面的交线，即 xOy 面上以原点为圆心、R 为半径的圆．

例 3（**地球赤道曲线**） 设地球是半径为 6 371 km 的球体，若以地球球心为坐标原点，赤道所在平面为 xOy 平面，以 0 度经线方向为 x 轴正向建立空间直角坐标系．试写出赤道的曲线方程．

解 将地球视为以原点为球心，半径为 6 371 km 的球，球面方程为

$$x^2+y^2+z^2=6\,371^2,$$

因为赤道所在平面为 xOy 面，即赤道所在平面方程为

$$z=0,$$

所以，赤道的曲线方程为

$$\begin{cases} x^2+y^2+z^2=6\,371^2, \\ z=0. \end{cases}$$

习题 6-1

1．在空间直角坐标系下，指出下列各点所在的卦限：

（1）$(1,-2,3)$；　（2）$(2,4,-3)$；

（3）$(1,-1,-1)$；　（4）$(-1,-2,1)$．

2．求下列各对点之间的距离：

（1）$(2,3,1)$，$(2,7,4)$；　（2）$(4,-1,2)$，$(-1,3,4)$．

3．求点 $M(4,-3,5)$ 与原点及各坐标轴之间的距离．

4．指出下列方程在平面直角坐标系和空间直角坐标系中分别代表什么图形？

（1）$(x-a)^2+y^2=a^2$；　（2）$\dfrac{x^2}{4}+\dfrac{y^2}{9}=1$；　（3）$y=x^2+1$．

6.2 多元函数的概念、极限与连续性

6.2.1 多元函数的概念

1. 实例

多元函数的基本概念

实例 1 具有一定质量的理想气体，其体积 V，压强 P，热力学温度 T 之间具有下面的依赖关系

$$P=\frac{RT}{V}\ \text{（}R\text{是常数）}.$$

这里有三个变量 P,V,T，当 V 和 T 每取一组值时，按照上面的关系，就有一确定的压强 P 与之对应. 若考虑等温过程，即 T 保持不变，则 P 只随 V 的变化而变化，此时压强 P 是体积 V 的一元函数.

实例 2 设长方体的边长分别为 x,y,z，则长方形的体积 V 为

$$V=xyz\ .$$

这里有四个变量 V,x,y,z，当 x,y,z 每取一组值时，都有一确定的体积 V，即 V 随 x,y,z 变化而变化.

2. 二元函数的定义

定义 1 设有三个变量 x,y,z，若变量 x,y 在某一范围 D 内任取一对值，按照一定的法则 f，变量 z 总有唯一确定的值与其对应，则称变量 z 是变量 x,y 的**二元函数**，记作 $z=f(x,y)$. 其中，x,y 称为**自变量**，z 称为**因变量**. 自变量 x,y 的取值范围 D 称为函数 $f(x,y)$ 的**定义域**.

二元函数 $z=f(x,y)$ 在点 (x_0,y_0) 处的函数值记为

$$f(x_0,y_0)\ \text{或}\ z\Big|_{(x_0,y_0)}\ \text{或}\ z\Big|_{\substack{x=x_0\\y=y_0}}\ .$$

类似于二元函数的定义，我们可以给出三元函数、四元函数甚至多元函数的定义，我们把二元及二元以上的函数统称为**多元函数**.

一元函数的定义域一般来说是一个或几个区间，而二元函数的定义域通常是由平面上一条或几条光滑曲线所围成的平面区域. 围成区域的曲线称为区域的**边界**，边界上的点称为**边界点**，包括边界在内的区域称为**闭区域**，不包括边界在内的区域称为**开区域**.

常见的区域如下：

（1）矩形域 $D=\{(x,y)\,|\,a<x<b,c<y<d\}$；

（2）圆域 $D=\{(x,y)\,|\,(x-x_0)^2+(y-y_0)^2<\delta^2\}$.

圆域 $D=\{(x,y)\,|\,(x-x_0)^2+(y-y_0)^2<\delta^2\}$ 一般又称为平面上点 $P(x_0,y_0)$ 的 δ **邻域**，记作 $U(P,\delta)$，而称不包含 P 点的邻域为**空心邻域**，记作 $\overset{\circ}{U}(P,\delta)$.

若区域 D 可以被包含在以原点为圆心，以一定长为半径的圆内，则称 D 为**有界区域**，否则称为**无界区域**.

二元函数定义域的求法与一元函数类似，就是找出使函数有意义的自变量的范围，不过定义域的图形要复杂一些.

例 1 求二元函数 $z=\ln(x^2+y^2-1)$ 的定义域.

解 要使函数 $z=\ln(x^2+y^2-1)$ 有意义，应有

$$x^2+y^2-1>0,$$

即

$$x^2+y^2>1.$$

因此，函数的定义域为 $\{(x,y)\mid x^2+y^2>1\}$.

例 2 求二元函数 $z=\arcsin(x^2+y^2-1)$ 的定义域.

解 该函数的定义域应满足

$$|x^2+y^2-1|\leqslant 1,$$

即

$$-1\leqslant x^2+y^2-1\leqslant 1,$$

于是

$$x^2+y^2\leqslant 2.$$

因此，函数的定义域为 $\{(x,y)\mid x^2+y^2\leqslant 2\}$.

3. 二元函数的图形

二元函数 $z=f(x,y)$ 的图形在空间直角坐标系中表示一个曲面，如图 6-10 所示.

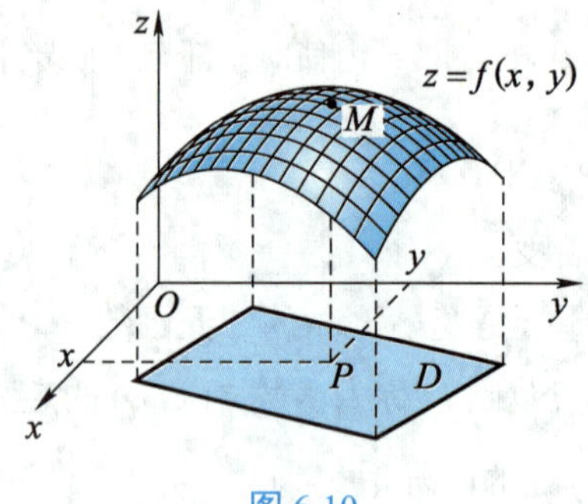

图 6-10

设二元函数 $z=f(x,y)$ 的定义域为 D，D 中任意一点 $P(x,y)$ 对应的函数值就确定空间点 $M(x,y,z)$，当点 P 在 D 中移动时，对应点 M 的轨迹就是函数 $z=f(x,y)$ 的几何图形，它通常是一个曲面，而其定义域 D 就是此曲面在平面 xOy 上的投影.

例如，二元函数 $z=\sqrt{R^2-x^2-y^2}\ (R>0)$ 表示球心在原点，半径为 R 的上半球面，其定义域为

$$D=\{(x,y)\mid x^2+y^2\leqslant R^2\}.$$

6.2.2 二元函数的极限

定义 2 对于二元函数 $z=f(x,y)$，如果点 (x,y) 以任意方式趋向点 (x_0,y_0) 时，$f(x,y)$ 总趋向于一个确定的常数 A，那么就称 A 是二元函数 $f(x,y)$ 当 $(x,y)\to(x_0,y_0)$ 时的**极限**，记作

$$\lim_{(x,y)\to(x_0,y_0)} f(x,y)=A \text{ 或 } \lim_{\substack{x\to x_0\\ y\to y_0}} f(x,y)=A.$$

注意

定义 2 中要求 $(x,y)\to(x_0,y_0)$ 的方式是任意的，即无论 $(x,y)\to(x_0,y_0)$ 是何种方式，对应的函数值必须接近同一个常数，否则二元函数的极限不存在.

二元函数的极限也有与一元函数类似的运算法则.

例 3　求极限 $\lim\limits_{(x,y)\to(0,2)}\dfrac{\sin(xy)}{x}$.

解　$\lim\limits_{(x,y)\to(0,2)}\dfrac{\sin(xy)}{x}=\lim\limits_{(x,y)\to(0,2)}\left[\dfrac{\sin(xy)}{xy}\cdot y\right]$

$$=\lim_{(x,y)\to(0,2)}\frac{\sin(xy)}{xy}\cdot\lim_{(x,y)\to(0,2)}y=1\times2=2.$$

例 4　求 $\lim\limits_{(x,y)\to(0,0)}\dfrac{x^3+y^3}{\sqrt{x+y+1}-1}$.

解　$\lim\limits_{(x,y)\to(0,0)}\dfrac{x^3+y^3}{\sqrt{x+y+1}-1}=\lim\limits_{(x,y)\to(0,0)}\dfrac{(x^3+y^3)(\sqrt{x+y+1}+1)}{x+y}$

$$=\lim_{(x,y)\to(0,0)}(x^2-xy+y^2)(\sqrt{x+y+1}+1)=0.$$

例 5　求 $\lim\limits_{(x,y)\to(0,0)}\dfrac{xy}{x^2+y^2}$.

解　当点 (x,y) 沿 x 轴趋于原点 $(0,0)$ 时，即当 $y=0$ 而 $x\to0$ 时，

$$\lim_{(x,y)\to(0,0)}\frac{xy}{x^2+y^2}=\lim_{x\to0}\frac{0}{x^2}=0.$$

当点 (x,y) 沿 y 轴趋于原点 $(0,0)$ 时，即当 $x=0$ 而 $y\to0$ 时，

$$\lim_{(x,y)\to(0,0)}\frac{xy}{x^2+y^2}=\lim_{y\to0}\frac{0}{y^2}=0.$$

但当点 (x,y) 沿直线 $y=kx\ (k\neq0)$ 趋于原点 $(0,0)$ 时，即 $y=kx$ 而 $x\to0$ 时，有

$$\lim_{(x,y)\to(0,0)}\frac{xy}{x^2+y^2}=\lim_{x\to0,\,y=kx\to0}\frac{kx^2}{x^2+k^2x^2}=\frac{k}{1+k^2}.$$

因为随着 k 取值的不同，$\dfrac{k}{1+k^2}$ 的值也不同，所以 $\lim\limits_{(x,y)\to(0,0)}\dfrac{xy}{x^2+y^2}$ 的极限不存在.

6.2.3　二元函数的连续性

定义 3　设函数 $z=f(x,y)$ 在点 $P_0(x_0,y_0)$ 的某邻域内有定义，若

$$\lim_{\substack{x\to x_0\\ y\to y_0}}f(x,y)=f(x_0,y_0),$$

则称二元函数 $z=f(x,y)$ 在点 $P_0(x_0,y_0)$ 处**连续**.

若 $z=f(x,y)$ 在区域 D 内的每一点处都连续，则称 $z=f(x,y)$ 在区域 D 内**连续**，或称 $z=f(x,y)$ 是 D 内的**连续函数**.

若函数 $z=f(x,y)$ 在点 $P_0(x_0,y_0)$ 处不连续，则称 $P_0(x_0,y_0)$ 为函数 $z=f(x,y)$ 的**不连续点**或**间断点**.

与一元函数类似，二元连续函数的和、差、积、商（分母不等于零）及复合函数仍是连续函数. 多元初等函数在其定义域内连续.

习题 6-2

1．已知 $f(x,y)=x^2-xy+y^3$，求 $f(1,2)$．

2．已知 $f(x,y)=\dfrac{xy}{x^2+y^2}$，求 $f\left(1,\dfrac{x}{y}\right)$．

3．求下列函数的定义域，并画出定义域的图像：

（1）$z=\sqrt{x^2+\dfrac{1}{4}y^2-1}$；（2）$z=\arcsin\dfrac{x}{3}+\sqrt{xy}$；

（3）$z=\sqrt{x-\sqrt{y}}$；（4）$z=\ln(y-x^2+1)$．

4．求下列各极限：

（1）$\lim\limits_{(x,y)\to(1,2)}(3x-2y)$；

（2）$\lim\limits_{(x,y)\to(0,0)}\dfrac{2-\sqrt{xy+4}}{xy}$；

（3）$\lim\limits_{(x,y)\to(0,0)}\dfrac{1-\cos(x^2+y^2)}{(x^2+y^2)^2}$．

5．已知 $f(x+y,x-y)=xy+y^2$，求 $f(x,y)$．

6．设 $f(x,y)=\dfrac{x^2y}{x^4+y^2}$，当 $(x,y)\to(0,0)$ 时，讨论 $f(x,y)$ 的极限是否存在．

6.3 偏导数

6.3.1 偏导数的概念及求法

定义 1 设函数 $z=f(x,y)$ 在点 (x_0,y_0) 的某一邻域内有定义，当 y 固定在 y_0，而 x 在 x_0 处有改变量 Δx 时，相应地函数有改变量 $f(x_0+\Delta x,y_0)-f(x_0,y_0)$，称其为函数 z 对 x 的**偏增量**，记为 Δz_x．若极限

$$\lim_{\Delta x\to 0}\frac{\Delta z_x}{\Delta x}=\lim_{\Delta x\to 0}\frac{f(x_0+\Delta x,y_0)-f(x_0,y_0)}{\Delta x}$$

存在，则称此极限值为函数 $z=f(x,y)$ 在点 (x_0,y_0) 处对 x 的**偏导数**，记为

$$\left.\frac{\partial z}{\partial x}\right|_{\substack{x=x_0\\y=y_0}},\quad \left.\frac{\partial f}{\partial x}\right|_{\substack{x=x_0\\y=y_0}},\quad z'_x\big|_{\substack{x=x_0\\y=y_0}},\quad f'_x(x_0,y_0).$$

类似地，当 x 固定在 x_0，而 y 在 y_0 处有改变量 Δy 时，若极限

$$\lim_{\Delta y\to 0}\frac{\Delta z_y}{\Delta y}=\lim_{\Delta y\to 0}\frac{f(x_0,y_0+\Delta y)-f(x_0,y_0)}{\Delta y}$$

存在，则称此极限为函数 $z=f(x,y)$ 在点 (x_0,y_0) 处对 y 的偏导数，记为

$$\left.\frac{\partial z}{\partial y}\right|_{\substack{x=x_0\\y=y_0}},\quad \left.\frac{\partial f}{\partial y}\right|_{\substack{x=x_0\\y=y_0}},\quad \left.z'_y\right|_{\substack{x=x_0\\y=y_0}},\quad f'_y(x_0,y_0).$$

若函数 $z=f(x,y)$ 在区域 D 内每一点 (x,y) 处对 x 的偏导数都存在，且这个偏导数仍是 x,y 的函数，则称这个偏导数为函数 $z=f(x,y)$ 对自变量 x 的**偏导函数**，简称**偏导数**，记为

$$\frac{\partial z}{\partial x},\quad \frac{\partial f}{\partial x},\quad z'_x,\quad f'_x(x,y).$$

类似地，可以定义函数 $z=f(x,y)$ 对自变量 y 的偏导函数，简称偏导数，记为

$$\frac{\partial z}{\partial y},\quad \frac{\partial f}{\partial y},\quad z'_y,\quad f'_y(x,y).$$

提 示

对于偏导数的记号 $\frac{\partial z}{\partial x}$ 和 $\frac{\partial z}{\partial y}$，不能将其理解为 ∂z 与 ∂x 或 ∂y 的商，它与一元函数的导数 $\frac{\mathrm{d}y}{\mathrm{d}x}$ 可看成是两个微分 $\mathrm{d}y$ 与 $\mathrm{d}x$ 之商是不同的，这是一个整体的记号.

从偏导数的定义可以看出，偏导数的实质就是把一个自变量固定，而将二元函数 $z=f(x,y)$ 看成是只有一个自变量的一元函数的导数．因此，求二元函数的偏导数不需引进新的方法，只需用一元函数的求导方法，把一个自变量视为常数，而对另一个自变量进行一元函数的求导即可.

例 1 设 $z=x^3-2x^2y+3y^4$，求 $\frac{\partial z}{\partial x}$，$\frac{\partial z}{\partial y}$，$\left.\frac{\partial z}{\partial x}\right|_{(1,1)}$ 和 $\left.\frac{\partial z}{\partial y}\right|_{(1,-1)}$.

解 由已知可得

$$\frac{\partial z}{\partial x}=3x^2-4xy,\quad \frac{\partial z}{\partial y}=-2x^2+12y^3,$$

$$\left.\frac{\partial z}{\partial x}\right|_{(1,1)}=\left.(3x^2-4xy)\right|_{\substack{x=1\\y=1}}=-1,\quad \left.\frac{\partial z}{\partial y}\right|_{(1,-1)}=\left.(-2x^2+12y^3)\right|_{\substack{x=1\\y=-1}}=-14.$$

例 2 设 $z=x^y\ (x>0)$，求 $\frac{\partial z}{\partial x}$，$\frac{\partial z}{\partial y}$.

解 $\frac{\partial z}{\partial x}=yx^{y-1}$，$\frac{\partial z}{\partial y}=x^y\ln x$.

例 3 设二元函数 $z=\ln xy$，求 $\frac{\partial z}{\partial x}$，$\frac{\partial z}{\partial y}$.

解 $\frac{\partial z}{\partial x}=\frac{1}{xy}\cdot(xy)'_x=\frac{1}{xy}\cdot y=\frac{1}{x}$，$\frac{\partial z}{\partial y}=\frac{1}{xy}\cdot(xy)'_y=\frac{1}{xy}\cdot x=\frac{1}{y}$.

例 4 设 $z=\mathrm{e}^x\sin xy$，求 $\frac{\partial z}{\partial x}$，$\frac{\partial z}{\partial y}$.

解 $\frac{\partial z}{\partial x}=\mathrm{e}^x\sin xy+\mathrm{e}^x\cos xy\cdot y=\mathrm{e}^x(\sin xy+y\cos xy)$，$\frac{\partial z}{\partial y}=\mathrm{e}^x\cos xy\cdot x=x\mathrm{e}^x\cos xy$.

例 5 求 $r=\sqrt{x^2+y^2+z^2}$ 的偏导数.

解 $\dfrac{\partial r}{\partial x}=\dfrac{x}{\sqrt{x^2+y^2+z^2}}$，$\dfrac{\partial r}{\partial y}=\dfrac{y}{\sqrt{x^2+y^2+z^2}}$，$\dfrac{\partial r}{\partial z}=\dfrac{z}{\sqrt{x^2+y^2+z^2}}$.

6.3.2 高阶偏导数

定义 2 设函数 $z=f(x,y)$ 的两个偏导数 $\dfrac{\partial z}{\partial x}$，$\dfrac{\partial z}{\partial y}$ 都存在，若 $\dfrac{\partial z}{\partial x}$，$\dfrac{\partial z}{\partial y}$ 对自变量 x,y 的偏导数仍存在，则这两个偏导数的偏导数称为 $z=f(x,y)$ 的**二阶偏导数**，按照对变量求导的先后次序记为下列四个二阶偏导数：

$$\frac{\partial}{\partial x}\left(\frac{\partial z}{\partial x}\right)=\frac{\partial^2 z}{\partial x^2}=f''_{xx}(x,y)=z''_{xx};$$

$$\frac{\partial}{\partial y}\left(\frac{\partial z}{\partial x}\right)=\frac{\partial^2 z}{\partial x\partial y}=f''_{xy}(x,y)=z''_{xy};$$

$$\frac{\partial}{\partial x}\left(\frac{\partial z}{\partial y}\right)=\frac{\partial^2 z}{\partial y\partial x}=f''_{yx}(x,y)=z''_{yx};$$

$$\frac{\partial}{\partial y}\left(\frac{\partial z}{\partial y}\right)=\frac{\partial^2 z}{\partial y^2}=f''_{yy}(x,y)=z''_{yy}.$$

其中 $f''_{xy}(x,y)$，$f''_{yx}(x,y)$ 称为**二阶混合偏导数**. 类似地，有三阶、四阶和更高阶的偏导数，二阶及二阶以上的偏导数统称为**高阶偏导数**.

定理 若函数 $z=f(x,y)$ 的两个二阶混合偏导数 $\dfrac{\partial^2 z}{\partial x\partial y}$，$\dfrac{\partial^2 z}{\partial y\partial x}$ 在区域 D 内连续，则在区域 D 内有

$$\frac{\partial^2 z}{\partial x\partial y}=\frac{\partial^2 z}{\partial y\partial x}.$$

这个定理告诉我们，二阶混合偏导数在连续的情况下与求导次序无关.

例 6 求 $z=x^3y-3xy^2+y^3$ 的二阶偏导数.

解 因为 $\dfrac{\partial z}{\partial x}=3x^2y-3y^2$，$\dfrac{\partial z}{\partial y}=x^3-6xy+3y^2$，所以

$$\frac{\partial^2 z}{\partial x^2}=\frac{\partial}{\partial x}\left(\frac{\partial z}{\partial x}\right)=6xy,$$

$$\frac{\partial^2 z}{\partial x\partial y}=\frac{\partial}{\partial y}\left(\frac{\partial z}{\partial x}\right)=\frac{\partial}{\partial x}\left(\frac{\partial z}{\partial y}\right)=3x^2-6y,$$

$$\frac{\partial^2 z}{\partial y^2}=\frac{\partial}{\partial y}\left(\frac{\partial z}{\partial y}\right)=-6x+6y.$$

习题 6-3

1．求下列函数的偏导数：

（1）$z = x^3y - y^3x$；　　（2）$z = \arctan\dfrac{x}{y} + \ln xy$；

（3）$z = xye^{x+y}$；　　（4）$z = \sin xy + \cos^2 xy$；

（5）$z = \ln\cos(2x - y)$；　　（6）$u = (x + 2y)^z$．

2．求下列函数的二阶偏导数：

（1）$z = xy^2 + y\sin^2(x + y)$；　　（2）$z = \arctan\dfrac{y}{x}$．

3．设 $f(x, y) = e^{-\sin x}(x + 2y)$，求 $f_x'(0, 1)$，$f_y'(0, 1)$．

4．设 $u = x + \dfrac{x - y}{y - z}$，证明：$\dfrac{\partial u}{\partial x} + \dfrac{\partial u}{\partial y} + \dfrac{\partial u}{\partial z} = 1$．

6.4 全微分

6.4.1 全微分的概念

定义　若函数 $z = f(x, y)$ 在点 (x, y) 处的全增量 $\Delta z = f(x + \Delta x, y + \Delta y) - f(x, y)$ 可以表示为

$$\Delta z = A\Delta x + B\Delta y + \alpha,$$

其中，A, B 与 $\Delta x, \Delta y$ 无关，α 是 $\rho = \sqrt{(\Delta x)^2 + (\Delta y)^2}$ 的高阶无穷小，则称 $A\Delta x + B\Delta y$ 为函数 $z = f(x, y)$ 在点 (x, y) 处的**全微分**，记作 dz，即

$$dz = A\Delta x + B\Delta y.$$

这时也称函数 $z = f(x, y)$ 在点 (x, y) 处**可微**.

若函数 $z = f(x, y)$ 在区域 D 内处处可微，则称函数 $z = f(x, y)$ 在区域 D 内可微.

若函数 $z = f(x, y)$ 在点 (x, y) 处可微，则函数在该点必连续；若函数在点 (x, y) 处不连续，则函数在该点必不可微.

定理 1（可微的必要条件）　若函数 $z = f(x, y)$ 在点 (x, y) 处可微，则函数 $z = f(x, y)$ 在点 (x, y) 处的两个偏导数存在，且有

$$A = \frac{\partial z}{\partial x}\Big|_{(x, y)},\quad B = \frac{\partial z}{\partial y}\Big|_{(x, y)}.$$

由此定理可知，若函数 $z = f(x, y)$ 在点 (x, y) 处可微，则全微分为

$$dz = \frac{\partial z}{\partial x}\Big|_{(x, y)}\Delta x + \frac{\partial z}{\partial y}\Big|_{(x, y)}\Delta y.$$

与一元函数一样，规定 $\Delta x = dx, \Delta y = dy$，则函数 $z = f(x, y)$ 的全微分可写成

$$dz = \frac{\partial z}{\partial x}\Big|_{(x, y)}dx + \frac{\partial z}{\partial y}\Big|_{(x, y)}dy.$$

若函数 $z=f(x,y)$ 在任意一点 (x,y) 处可微，则函数 $z=f(x,y)$ 的全微分可写成

$$\mathrm{d}z=\frac{\partial z}{\partial x}\mathrm{d}x+\frac{\partial z}{\partial y}\mathrm{d}y\ .$$

定理 2（可微的充分条件） 若函数 $z=f(x,y)$ 在点 (x,y) 的某邻域内偏导数连续，则函数 $z=f(x,y)$ 在该点一定可微.

全微分的概念也可以推广到三元或更多元函数. 例如，若三元函数 $u=f(x,y,z)$ 具有连续偏导数，则其全微分可写成

$$\mathrm{d}u=\frac{\partial u}{\partial x}\mathrm{d}x+\frac{\partial u}{\partial y}\mathrm{d}y+\frac{\partial u}{\partial z}\mathrm{d}z\ .$$

例 1 求 $z=\mathrm{e}^x\sin(2x-y)$ 的全微分.

解 因为 $\frac{\partial z}{\partial x}=\mathrm{e}^x\sin(2x-y)+2\mathrm{e}^x\cos(2x-y)$，$\frac{\partial z}{\partial y}=-\mathrm{e}^x\cos(2x-y)$，所以

$$\mathrm{d}z=\frac{\partial z}{\partial x}\mathrm{d}x+\frac{\partial z}{\partial y}\mathrm{d}y=\mathrm{e}^x[\sin(2x-y)+2\cos(2x-y)]\mathrm{d}x-\mathrm{e}^x\cos(2x-y)\mathrm{d}y\ .$$

例 2 求 $z=x^2y^2$ 在点 $(2,-1)$ 处的全微分.

解 因为 $\frac{\partial z}{\partial x}=2xy^2$，$\frac{\partial z}{\partial y}=2x^2y$，将点 $(2,-1)$ 代入得

$$\left.\frac{\partial z}{\partial x}\right|_{\substack{x=2\\y=-1}}=2\times2\times(-1)^2=4\,,\quad \left.\frac{\partial z}{\partial y}\right|_{\substack{x=2\\y=-1}}=2\times2^2\times(-1)=-8\,.$$

因此，函数 $z=x^2y^2$ 在点 $(2,-1)$ 处的全微分为 $\mathrm{d}z=4\mathrm{d}x-8\mathrm{d}y$.

6.4.2 全微分在近似计算中的应用

若函数 $z=f(x,y)$ 在点 (x,y) 处可微，则当 $|\Delta x|$ 和 $|\Delta y|$ 都较小时，其全微分

$$\mathrm{d}z=f'_x(x,y)\mathrm{d}x+f'_y(x,y)\mathrm{d}y=f'_x(x,y)\Delta x+f'_y(x,y)\Delta y\,,$$

且其全增量 $\Delta z=f(x+\Delta x,y+\Delta y)-f(x,y)$ 与全微分 dz 之差是一个比 $\rho=\sqrt{(\Delta x)^2+(\Delta y)^2}$ 高阶的无穷小. 因此，当 $|\Delta x|$ 和 $|\Delta y|$ 都较小时，全增量可以近似地用全微分代替，于是有

$$f(x+\Delta x,y+\Delta y)-f(x,y)\approx f'_x(x,y)\Delta x+f'_y(x,y)\Delta y$$

或

$$f(x+\Delta x,y+\Delta y)\approx f(x,y)+f'_x(x,y)\Delta x+f'_y(x,y)\Delta y\ .$$

例 3 要做一个无盖的圆柱形容器，其内径为 2 m，高为 4 m，厚度为 0.01 m，问需要多少材料？

解 设圆柱底半径为 r，高为 h，则其体积为

$$V=\pi r^2h\,,\quad \frac{\partial V}{\partial r}=2\pi rh\,,\quad \frac{\partial V}{\partial h}=\pi r^2\ .$$

当 r,h 分别有增量 $\Delta r,\Delta h$ 时，

$$\Delta V\approx \mathrm{d}V=2\pi rh\Delta r+\pi r^2\Delta h\ .$$

将 $r=2$，$\Delta r=0.01$，$h=4$，$\Delta h=0.01$ 代入，得到所求体积的近似值为

$$\Delta V\approx 2\pi\times2\times4\times0.01+\pi\times2^2\times0.01=0.2\pi\ (\mathrm{m}^3)\,,$$

因此需要的材料为 $0.2\pi\ \mathrm{m}^3$.

例 4　计算$1.04^{2.02}$的近似值.

解　设函数 $f(x,y)=x^y$. 显然，要计算的值就是函数在 $x=1.04$，$y=2.02$ 时的函数值 $f(1.04,2.02)$. 取 $x=1$，$y=2$，$\Delta x=0.04$，$\Delta y=0.02$. 由于

$$f(x+\Delta x,y+\Delta y)\approx f(x,y)+f'_x(x,y)\Delta x+f'_y(x,y)\Delta y$$
$$=x^y+yx^{y-1}\Delta x+x^y\ln x\Delta y,$$

因此

$$1.04^{2.02}\approx 1^2+2\times 1^{2-1}\times 0.04+1^2\times\ln 1\times 0.02=1.08.$$

习题 6-4

1. 求下列函数的全微分：

（1）$z=\sin(x^2+y^2)$；　　（2）$z=\arcsin\dfrac{x}{y}$；

（3）$z=xy+\dfrac{x}{y}$；　　（4）$z=\ln(x^2+y^2)$；

（5）$u=x\mathrm{e}^{xy+2z}$；　　（6）$u=xyz\mathrm{e}^{xyz}$.

2. 利用全微分近似计算：

（1）$0.98^{2.03}$；　　（2）2.01^5.

3. 为制造轴承，需对 1 000 个半径为 4 mm、高为 10 mm 的圆柱体钢材镀厚度为 0.1 mm 的铬，问大约需多少铬？（已知铬的密度 $\rho=7.1\ \mathrm{g/cm^3}$）

4. 用某种材料做一个长方形箱子，其外形长 1 m，宽 0.8 m，高 0.6 m，厚 2 cm，求所需材料的近似值与精确值.

6.5　多元复合函数的求导法则与隐函数的求导公式

6.5.1　多元复合函数的求导法则

在一元函数中，复合函数的求导法则是求导的核心，起到了非常重要的作用，现将一元复合函数的求导法则推广到多元复合函数，具体情况如下.

1. 中间变量是一元函数的情况

定理 1　若函数 $u=\varphi(t)$ 及 $v=\psi(t)$ 都在点 t 处可导，函数 $z=f(u,v)$ 在对应点 (u,v) 处具有连续偏导数，则复合函数 $z=f[\varphi(t),\psi(t)]$ 在点 t 处可导，且有

$$\frac{\mathrm{d}z}{\mathrm{d}t}=\frac{\partial z}{\partial u}\frac{\mathrm{d}u}{\mathrm{d}t}+\frac{\partial z}{\partial v}\frac{\mathrm{d}v}{\mathrm{d}t}.$$

证明　因为 $z=f(u,v)$ 具有连续的偏导数，所以它是可微的，即有

$$\mathrm{d}z=\frac{\partial z}{\partial u}\mathrm{d}u+\frac{\partial z}{\partial v}\mathrm{d}v.$$

又因为 $u=\varphi(t)$ 及 $v=\psi(t)$ 都可导，因而可微，即有

$$\mathrm{d}u=\frac{\mathrm{d}u}{\mathrm{d}t}\mathrm{d}t\,,\quad \mathrm{d}v=\frac{\mathrm{d}v}{\mathrm{d}t}\mathrm{d}t\,,$$

以此代入 $\mathrm{d}z$ 的表达式中得

$$\mathrm{d}z=\frac{\partial z}{\partial u}\frac{\mathrm{d}u}{\mathrm{d}t}\mathrm{d}t+\frac{\partial z}{\partial v}\frac{\mathrm{d}v}{\mathrm{d}t}\mathrm{d}t=\left(\frac{\partial z}{\partial u}\frac{\mathrm{d}u}{\mathrm{d}t}+\frac{\partial z}{\partial v}\frac{\mathrm{d}v}{\mathrm{d}t}\right)\mathrm{d}t\,,$$

从而

$$\frac{\mathrm{d}z}{\mathrm{d}t}=\frac{\partial z}{\partial u}\frac{\mathrm{d}u}{\mathrm{d}t}+\frac{\partial z}{\partial v}\frac{\mathrm{d}v}{\mathrm{d}t}.$$

此公式可由图 6-11 表示出来．对于 $z=f(u,v)$，z 有两个直接变量 u 和 v，画两个箭头，而 u 和 v 都有变量 t，再画两个箭头．箭头表示求导数，两个箭头连起来是相乘关系，z 关于 t 的导数就是两条路径之和，即遵循“连线相乘，分道相加”的原则．

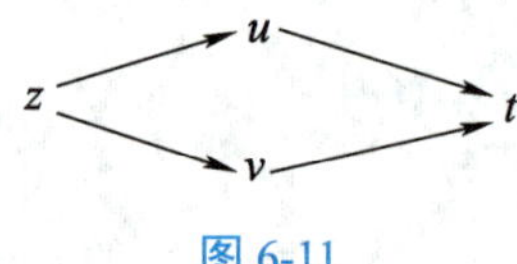

图 6-11

例 1 设 $z=uv$，而 $u=\mathrm{e}^t$，$v=\cos t$，求 $\frac{\mathrm{d}z}{\mathrm{d}t}$．

解 $\frac{\mathrm{d}z}{\mathrm{d}t}=\frac{\partial z}{\partial u}\frac{\mathrm{d}u}{\mathrm{d}t}+\frac{\partial z}{\partial v}\frac{\mathrm{d}v}{\mathrm{d}t}=v\mathrm{e}^t-u\sin t=\mathrm{e}^t\cos t-\mathrm{e}^t\sin t$.

提　示

以上是函数有两个中间变量的求导情况．如图 6-12 所示，若 $z=f(u,v,w)$，存在三个中间变量，u,v,w 都是 t 的函数，则

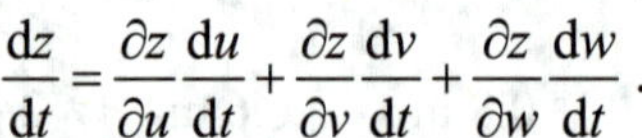

$$\frac{\mathrm{d}z}{\mathrm{d}t}=\frac{\partial z}{\partial u}\frac{\mathrm{d}u}{\mathrm{d}t}+\frac{\partial z}{\partial v}\frac{\mathrm{d}v}{\mathrm{d}t}+\frac{\partial z}{\partial w}\frac{\mathrm{d}w}{\mathrm{d}t}.$$

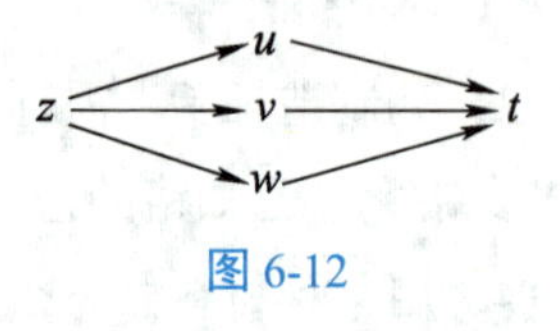

图 6-12

2. 中间变量是多元函数的情况

定理 2 设 $u=\varphi(x,y)$，$v=\psi(x,y)$ 都在点 (x,y) 处有偏导数，而 $z=f(u,v)$ 在对应点 (u,v) 处具有连续偏导数，则复合函数 $z=f[\varphi(x,y),\psi(x,y)]$ 在对应点 (x,y) 处的两个偏导数均存在，且有

$$\frac{\partial z}{\partial x}=\frac{\partial z}{\partial u}\frac{\partial u}{\partial x}+\frac{\partial z}{\partial v}\frac{\partial v}{\partial x},$$

$$\frac{\partial z}{\partial y}=\frac{\partial z}{\partial u}\frac{\partial u}{\partial y}+\frac{\partial z}{\partial v}\frac{\partial v}{\partial y}.$$

这两个计算公式求导过程可由图 6-13 表示出来．

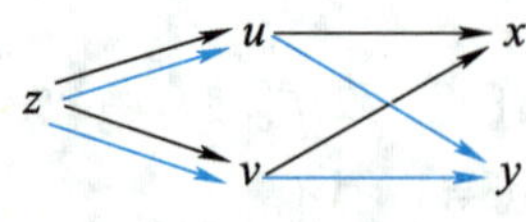

图 6-13

例 2 设 $z=\mathrm{e}^u\sin v$，而 $u=xy$，$v=x+y$，求 $\frac{\partial z}{\partial x}$ 和 $\frac{\partial z}{\partial y}$．

解 $\frac{\partial z}{\partial x}=\frac{\partial z}{\partial u}\frac{\partial u}{\partial x}+\frac{\partial z}{\partial v}\frac{\partial v}{\partial x}=\mathrm{e}^u\sin v\cdot y+\mathrm{e}^u\cos v\cdot 1$

$$=\mathrm{e}^{u}(y\sin v+\cos v)=\mathrm{e}^{xy}[y\sin(x+y)+\cos(x+y)].$$

$$\frac{\partial z}{\partial y}=\frac{\partial z}{\partial u}\frac{\partial u}{\partial y}+\frac{\partial z}{\partial v}\frac{\partial v}{\partial y}=\mathrm{e}^{u}\sin v\cdot x+\mathrm{e}^{u}\cos v\cdot 1$$

$$=\mathrm{e}^{u}(x\sin v+\cos v)=\mathrm{e}^{xy}[x\sin(x+y)+\cos(x+y)].$$

例 3　求 $z=(x^2+y^2)^{xy}$ 的偏导数.

解　令 $u=x^2+y^2$，$v=xy$，则 $z=u^v$．因为

$$\frac{\partial u}{\partial x}=2x,\quad \frac{\partial v}{\partial x}=y,\quad \frac{\partial u}{\partial y}=2y,\quad \frac{\partial v}{\partial y}=x,\quad \frac{\partial z}{\partial u}=vu^{v-1},\quad \frac{\partial z}{\partial v}=u^v\ln u,$$

所以

$$\frac{\partial z}{\partial x}=\frac{\partial z}{\partial u}\frac{\partial u}{\partial x}+\frac{\partial z}{\partial v}\frac{\partial v}{\partial x}=vu^{v-1}2x+(u^v\ln u)y=(x^2+y^2)^{xy}\left[\frac{2x^2y}{x^2+y^2}+y\ln(x^2+y^2)\right].$$

同理，可相应写出

$$\frac{\partial z}{\partial y}=(x^2+y^2)^{xy}\left[\frac{2xy^2}{x^2+y^2}+x\ln(x^2+y^2)\right].$$

例 4　设 $z=f(x,x\cos y)$，求 $\frac{\partial z}{\partial x},\frac{\partial z}{\partial y}$.

解　设 $u=x\cos y$，则

$$\frac{\partial z}{\partial x}=\frac{\partial f}{\partial u}\frac{\partial u}{\partial x}+\frac{\partial f}{\partial x}\frac{\mathrm{d}x}{\mathrm{d}x}=\cos y\frac{\partial f}{\partial u}+\frac{\partial f}{\partial x},$$

$$\frac{\partial z}{\partial y}=\frac{\partial f}{\partial u}\frac{\partial u}{\partial y}=-x\sin y\frac{\partial f}{\partial u}.$$

如图 6-14 所示，若 $z=f(u,v,w)$，而 $u=u(x,y)$，$v=v(x,y)$，$w=w(x,y)$，则

$$\frac{\partial z}{\partial x}=\frac{\partial z}{\partial u}\frac{\partial u}{\partial x}+\frac{\partial z}{\partial v}\frac{\partial v}{\partial x}+\frac{\partial z}{\partial w}\frac{\partial w}{\partial x},$$

$$\frac{\partial z}{\partial y}=\frac{\partial z}{\partial u}\frac{\partial u}{\partial y}+\frac{\partial z}{\partial v}\frac{\partial v}{\partial y}+\frac{\partial z}{\partial w}\frac{\partial w}{\partial y}.$$

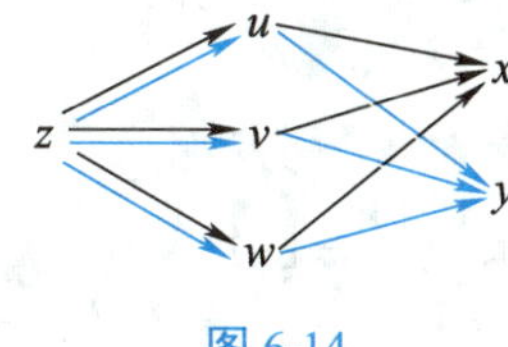

图 6-14

6.5.2　隐函数的求导公式

在一元函数中，我们曾介绍过隐函数的求导法则．但未给出一般公式．下面由复合函数的求导法则推导出隐函数的求导公式．

设方程 $F(x,y)=0$ 确定了隐函数 $y=f(x)$，将其代入方程，得

$$F(x,f(x))=0,$$

两端对 x 求导，得

$$F'_x+F'_y\frac{\mathrm{d}y}{\mathrm{d}x}=0.$$

若 $F'_y\neq 0$，则有

$$\frac{\mathrm{d}y}{\mathrm{d}x}=-\frac{F'_x}{F'_y}.$$

设方程 $F(x,y,z)=0$ 确定了隐函数 $z=f(x,y)$，将 $z=f(x,y)$ 代入方程得 $F(x,y,z(x,y))=0$，两端对 x，y 求偏导数得

$$F'_x+F'_z\frac{\partial z}{\partial x}=0\text{，}\quad F'_y+F'_z\frac{\partial z}{\partial y}=0\text{ .}$$

若 $F'_z\neq 0$，则得

$$\frac{\partial z}{\partial x}=-\frac{F'_x}{F'_z}\text{，}\quad\frac{\partial z}{\partial y}=-\frac{F'_y}{F'_z}\text{ .}$$

例 5 求由方程 $xy+\sin z+y=2z$ 确定的隐函数 $z=f(x,y)$ 的偏导数.

解法一 令 $F(x,y,z)=xy+\sin z+y-2z$，则

$$\frac{\partial F}{\partial x}=y\text{，}\quad\frac{\partial F}{\partial y}=x+1\text{，}\quad\frac{\partial F}{\partial z}=\cos z-2\text{，}$$

所以

$$\frac{\partial z}{\partial x}=-\frac{\dfrac{\partial F}{\partial x}}{\dfrac{\partial F}{\partial z}}=\frac{y}{2-\cos z}\text{，}\quad\frac{\partial z}{\partial y}=-\frac{\dfrac{\partial F}{\partial y}}{\dfrac{\partial F}{\partial z}}=\frac{x+1}{2-\cos z}\text{ .}$$

解法二 因为方程 $xy+\sin z+y=2z$ 确定的函数为 $z=f(x,y)$，所以两边对 x 求导得

$$y+\cos z\frac{\partial z}{\partial x}=2\frac{\partial z}{\partial x}\text{，}$$

即

$$\frac{\partial z}{\partial x}=\frac{y}{2-\cos z}\text{ .}$$

同理可得

$$\frac{\partial z}{\partial y}=\frac{x+1}{2-\cos z}\text{ .}$$

习题 6-5

1．设 $z=\ln(u^2+v)$，$u=\mathrm{e}^{x^2+y^2}$，$v=x^2+y$，求 $\dfrac{\partial z}{\partial x},\dfrac{\partial z}{\partial y}$.

2．设 $z=\mathrm{e}^u\cos v$，$u=xy$，$v=2x+y$，求 $\dfrac{\partial z}{\partial x},\dfrac{\partial z}{\partial y}$.

3．设 $z=\mathrm{e}^{u-2v}$，$u=\sin x$，$v=x^2$，求 $\dfrac{\mathrm{d}z}{\mathrm{d}x}$.

4．求下列函数的偏导数：

（1）$z=f(x^2-y^2,\mathrm{e}^{xy})$；　（2）$x+y+z=\mathrm{e}^z$；

（3）$z=f\left(x+y,\dfrac{x}{y}\right)$；　（4）$z=(x+\sin y)^{xy}$.

5．设 $\mathrm{e}^x-x^2y+\sin y=0$，求 $\dfrac{\mathrm{d}y}{\mathrm{d}x}$.

6．已知 $\dfrac{x}{z}=\varphi\left(\dfrac{y}{z}\right)$，其中 φ 可微，求 $x\dfrac{\partial z}{\partial x}+y\dfrac{\partial z}{\partial y}$.

7. 设 $x+z=yf(x^2-z^2)$，其中 f 可微，证明：$z\dfrac{\partial z}{\partial x}+y\dfrac{\partial z}{\partial y}=x$.

6.6 二元函数的极值和最值

在一元函数中，可以利用导数求得函数的极值．类似地，利用偏导数也可以求得二元函数的极值．

6.6.1 二元函数的极值

定义　设函数 $z=f(x,y)$ 在点 (x_0,y_0) 的某个邻域内有定义，若对该邻域内任意一点 (x,y) 都有

$$f(x,y)\leqslant f(x_0,y_0)\ (\text{或}\ f(x,y)\geqslant f(x_0,y_0)),$$

则称函数 $z=f(x,y)$ 在点 (x_0,y_0) 处有**极大值**（或**极小值**）$f(x_0,y_0)$，而称点 (x_0,y_0) 为函数 $z=f(x,y)$ 的**极大值点**（或**极小值点**）．极大值点与极小值点统称**极值点**．

定理 1（极值存在的必要条件）　设函数 $z=f(x,y)$ 在点 (x_0,y_0) 处有极大值，且在该点的偏导数存在，则必有 $f'_x(x_0,y_0)=0$，$f'_y(x_0,y_0)=0$．

证明　如果取 $y=y_0$，则函数 $f(x,y_0)$ 是 x 的一元函数．因为在 $x=x_0$ 处，$f(x_0,y_0)$ 是 $f(x,y_0)$ 的极值，所以根据一元函数极值存在的必要条件，有 $f'_x(x_0,y_0)=0$．同理可证 $f'_y(x_0,y_0)=0$．

使一阶偏导数 $f'_x(x_0,y_0)=0$，$f'_y(x_0,y_0)=0$ 的点 (x_0,y_0) 称为 $z=f(x,y)$ 的**驻点**．

由定理 1 可知，可导函数的极值点必然是驻点，但是驻点却不一定是极值点．例如，点 $(0,0)$ 是函数 $f(x,y)=x^2-y^2$ 的驻点，但不是其极值点．

定理 2（极值存在的充分条件）　设函数 $z=f(x,y)$ 在定义域内一点 (x_0,y_0) 的某邻域内有二阶连续偏导数，且 $f'_x(x_0,y_0)=0$，$f'_y(x_0,y_0)=0$，令 $f''_{xx}(x_0,y_0)=A$，$f''_{xy}(x_0,y_0)=B$，$f''_{yy}(x_0,y_0)=C$，则可得到以下几个结论：

（1）当 $B^2-AC<0$ 且 $A>0$ 时，函数 $f(x,y)$ 在点 (x_0,y_0) 处有极小值 $f(x_0,y_0)$；

当 $B^2-AC<0$ 且 $A<0$ 时，函数 $f(x,y)$ 在点 (x_0,y_0) 处有极大值 $f(x_0,y_0)$；

（2）当 $B^2-AC>0$ 时，函数 $f(x,y)$ 在点 (x_0,y_0) 处无极值；

（3）当 $B^2-AC=0$ 时，函数 $f(x,y)$ 在点 (x_0,y_0) 处可能有极值，也可能无极值．

综上所述，具有连续二阶偏导数的函数 $z=f(x,y)$，其极值求法如下：

（1）先求出偏导数 $f'_x,f'_y,f''_{xx},f''_{xy},f''_{yy}$；

（2）解方程组 $\begin{cases}f'_x(x,y)=0,\\f'_y(x,y)=0,\end{cases}$ 求出定义域内的全部驻点；

（3）求出驻点处的二阶偏导数值：$A=f''_{xx},B=f''_{xy},C=f''_{yy}$，确定 $\Delta=B^2-AC$ 的符号，并判断 $f(x)$ 是否有极值，如果有，求出其极值．

例 1　求函数 $f(x,y)=x^3+y^3-3xy$ 的极值．

解　先求偏导数

$$f'_x(x,y)=3x^2-3y,\ f'_y(x,y)=3y^2-3x,$$

$$f''_{xx}=6x，f''_{xy}=-3，f''_{yy}=6y .$$

解方程组$\begin{cases}3x^2-3y=0,\\3y^2-3x=0,\end{cases}$求得驻点为$(0,0)$和$(1,1)$.

在驻点$(0,0)$处，$A=f''_{xx}(0,0)=0$，$B=f''_{xy}(0,0)=-3$，$C=f''_{yy}(0,0)=0$，即有$B^2-AC=9>0$，故点$(0,0)$不是函数的极值点.

在驻点$(1,1)$处，$A=f''_{xx}(1,1)=6$，$B=f''_{xy}(1,1)=-3$，$C=f''_{yy}(1,1)=6$，即有$B^2-AC=-27<0$，且$A=6>0$，故点$(1,1)$是函数的极小值点，$f(1,1)=-1$为函数的极小值.

砥节砺行

人生何尝不是一张曲面，极大值在高峰处取得，极小值在低谷处取得. 人生总会有起有落，无法一帆风顺. 我们在完成目标的过程中，会有辛酸、有困难，但这些在人生漫漫旅途中，只能算是小小的涟漪. 我们一定不能轻言放弃，低谷是为了更好地迎接胜利，所以，勇敢面对困难，不忘初心，砥砺前行吧！

6.6.2　二元函数的最大值与最小值

若函数$z=f(x,y)$在有界闭区域D上连续，则函数在D上一定取得最大值和最小值. 若函数的最大值或最小值在区域D的内部取得，则最大值点或最小值点必为驻点. 因此，求出驻点处的函数值及边界上函数的最大值和最小值，其中最大值便是函数在闭区域D上的最大值，最小值便是函数在闭区域D上的最小值.

实际问题中，常常通过分析可知函数的最大值或最小值存在，且在定义域内取得，若函数在定义域内只有唯一驻点，则该驻点处的函数值便是函数的最大值或最小值.

例 2　要做一容积为a^3 m^{3}的无盖长方体铁皮容器，问如何设计最省材料？

解　所谓最省材料就是无盖长方体的表面积最小.

设该容器的长、宽、高分别为x,y,z，表面积为S，则有

$$xyz=a^3,$$
$$S=xy+2xz+2yz .$$

消去z，得表面积函数为

$$S=xy+\frac{2a^3}{y}+\frac{2a^3}{x},$$

其定义域为$x>0, y>0$.

由$\begin{cases}S'_x=y-\dfrac{2a^3}{x^2}=0,\\S'_y=x-\dfrac{2a^3}{y^2}=0,\end{cases}$求得驻点为$(\sqrt[3]{2}a,\sqrt[3]{2}a)$.

由于D为开区域，且该问题必有最小值存在，于是$(\sqrt[3]{2}a,\sqrt[3]{2}a)$必为$S$的最小值点，此时$z=\frac{\sqrt[3]{2}}{2}a$，

因此长方体的长、宽、高分别为$\sqrt[3]{2}a$，$\sqrt[3]{2}a$，$\frac{\sqrt[3]{2}}{2}a$时，容器所需铁皮最少．

6.6.3　条件极值

如果函数的自变量除了限制在定义域内以外，再也没有其他限制，那么这种极值问题称为**无条件极值**．但在实际问题中，自变量经常会受到某些条件的约束，这种对自变量有约束条件的极值问题称为**条件极值**．

条件极值的解法有两种．一种是将条件极值转化为无条件极值．例如，例 2 就是求$S = xy + 2xz + 2yz$在自变量满足约束条件时的条件极值，我们从约束条件$xyz = a^3$中解出$z = \frac{a^3}{xy}$，并将其代入S中，得$S = xy + \frac{2a^3}{y} + \frac{2a^3}{x}$，此时条件极值就变成了无条件极值，于是可以求解．但要把实际问题中的许多条件极值转化为无条件极值，是很复杂的甚至是不可能的．下面介绍解条件极值的另一种更一般的方法——**拉格朗日乘数法**．

设(x, y)是函数$z = f(x, y)$在约束条件$\varphi(x, y) = 0$下条件极值的极值点，若函数$f(x, y)$，$\varphi(x, y)$在点(x, y)的邻域内有连续偏导数（不妨设$\varphi'_y(x, y) \neq 0$），则一元函数$z = f(x, y(x)) = z(x)$在点x处的导数$\frac{\mathrm{d}z}{\mathrm{d}x} = 0$．由复合函数的求导法则，有

$$\frac{\mathrm{d}z}{\mathrm{d}x} = f'_x(x, y) + f'_y(x, y)\frac{\mathrm{d}y}{\mathrm{d}x} = 0 .$$

因为$y = y(x)$是由$\varphi(x, y) = 0$所确定的，所以

$$\frac{\mathrm{d}y}{\mathrm{d}x} = -\frac{\varphi'_x(x, y)}{\varphi'_y(x, y)} .$$

将其代入上式，消去$\frac{\mathrm{d}y}{\mathrm{d}x}$，得

$$f'_x(x, y) + f'_y(x, y)\left(-\frac{\varphi'_x(x, y)}{\varphi'_y(x, y)}\right) = 0 ,$$

即

$$f'_x(x, y) + \varphi'_x(x, y)\left(-\frac{f'_y(x, y)}{\varphi'_y(x, y)}\right) = 0 .$$

令$-\frac{f'_y(x, y)}{\varphi'_y(x, y)} = \lambda$，则有

$$\begin{cases} f'_x(x, y) + \lambda\varphi'_x(x, y) = 0, \\ f'_y(x, y) + \lambda\varphi'_y(x, y) = 0, \\ \varphi(x, y) = 0 . \end{cases} \tag{6-1}$$

我们称满足方程组（6-1）的点(x, y)为可能的极值点．

我们构造一个函数$L(x, y, \lambda) = f(x, y) + \lambda\varphi(x, y)$，则方程组（6-1）等价于

$$\begin{cases} L_x'(x,y,\lambda)=f_x'(x,y)+\lambda\varphi_x'(x,y)=0, \\ L_y'(x,y,\lambda)=f_y'(x,y)+\lambda\varphi_y'(x,y)=0, \\ L_\lambda'(x,y,\lambda)=\varphi(x,y)=0. \end{cases}$$

用**拉格朗日乘数法**求解条件极值问题可归纳为以下步骤：

（1）构造拉格朗日函数 $L(x,y,\lambda)=f(x,y)+\lambda\varphi(x,y)$，$\lambda$ 称为**拉格朗日乘数**；

（2）解方程组

$$\begin{cases} L_x'(x,y,\lambda)=f_x'(x,y)+\lambda\varphi_x'(x,y)=0, \\ L_y'(x,y,\lambda)=f_y'(x,y)+\lambda\varphi_y'(x,y)=0, \\ L_\lambda'(x,y,\lambda)=\varphi(x,y)=0, \end{cases}$$

得点 (x,y)，为可能极值点；

（3）根据实际问题的性质，在可能的极值点处求极值.

例 3 设某公司下属的甲、乙两厂生产同一产品，当甲、乙两厂的产量分别为 x,y（单位：件）时，总成本为 $C(x,y)=3x^2+xy+y^2+200\,000$（单位：元）. 现有总成本 530 000 元，问如何分配甲、乙两厂的生产指标，才能使甲、乙两厂的产量之和最大.

解 所求问题是在约束条件

$$3x^2+xy+y^2+200\,000=530\,000$$

下求目标函数 $x+y$ 的最大值.

设函数 $L(x,y,\lambda)=x+y+\lambda(3x^2+xy+y^2+200\,000-530\,000)$，解方程组

$$\begin{cases} L_x'=0, \\ L_y'=0, \\ L_\lambda'=0, \end{cases} \text{即} \begin{cases} 1+6\lambda x+\lambda y=0, \\ 1+\lambda x+2\lambda y=0, \\ 3x^2+xy+y^2=330\,000. \end{cases}$$

由前两式消去 λ，得 $y=5x$，代入第三式，得 $x^2=10\,000$，由实际意义得 $x=100$，$y=500$. 由于可能的极值点只有一个，因此当 $x=100,y=500$ 时，两厂的产量之和最大，最大产量为

$$100+500=600(\text{件}).$$

习题 6-6

1. 求下列各题中函数的极值点和极值：

（1）$f(x,y)=x^2+2y^2$；（2）$f(x,y)=2xy-3x^2-2y^2$；

（3）$f(x,y)=4x-4y-x^2-y^2$；（4）$f(x,y)=e^{2x}(x+2y+y^2)$.

2. 求表面积为 a^2 而体积最大的长方体的体积.

3. 欲围一个面积为 $60\ \text{m}^2$ 的矩形场地，正面围墙的单位造价是其余三面单位造价的 2 倍. 矩形场地的长、宽各为多少时，所用材料费最少？

4. 求下列函数的极值：

（1）$f(x,y)=(6x-x^2)(4y-y^2)$；

（2）求函数 $z=xy$ 在附加条件 $x+y=1$ 下的极大值．

5．从斜边之长为 l 的一切直角三角形中，求周长最大的直角三角形．

6.7 二重积分的概念与性质

在许多实际问题中，往往需要计算与多元函数及平面区域有关的量．把定积分的概念加以推广，当被积函数是二元函数，积分范围是平面区域时，这种积分就是二重积分．

6.7.1 两个实例

1．曲顶柱体的体积

设有一个立体，它的底是 xOy 平面上的有界区域 D，它的侧面是以 D 的边界曲线为准线，而母线平行于 z 轴的柱面，它的顶是定义在 D 上的二元函数 $z=f(x,y)$ 所表示的连续曲面，并设 $f(x,y)\geqslant 0$．这种柱体称为**曲顶柱体**，如图 6-15 所示．

现在来求曲顶柱体的体积，如图 6-16 所示．

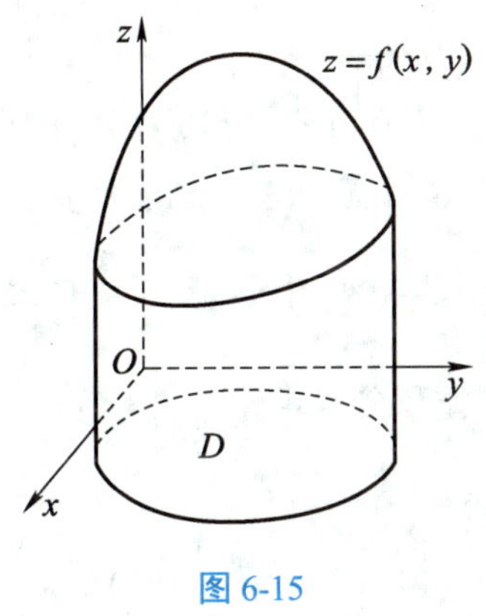

图 6-15

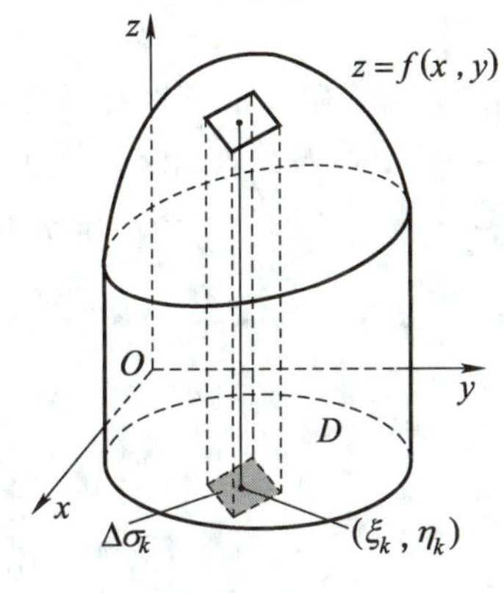

图 6-16

（1）把闭区域 D 任意分成 n 个小闭区域 $\sigma_1,\sigma_2,\cdots,\sigma_n$，它们的面积分别记作 $\Delta\sigma_k\ (k=1,2,\cdots,n)$，分别以这些小闭区域的边界曲线为准线，作母线平行于 z 轴的柱面，这些柱面把原来的曲顶柱体分成 n 个小曲顶柱体．

（2）在每个 σ_k 中任意取一点 $P_k(\xi_k,\eta_k)$，则以 $\Delta\sigma_k$ 为底、$f(\xi_k,\eta_k)$ 为高的小曲顶柱体的体积近似值为 $\Delta V_k\approx\Delta\sigma_k f(\xi_k,\eta_k)\ (k=1,2,\cdots,n)$．

（3）n 个小曲顶柱体体积近似值的累加等于大曲顶柱体体积的近似值，即

$$V=\sum_{k=1}^{n}\Delta V_k\approx\sum_{k=1}^{n}\Delta\sigma_k f(\xi_k,\eta_k).$$

（4）当各个小闭区域直径（有界闭区域的直径是指区域中任意两点间距离的最大值）的最大值 $\lambda\to 0$ 时，若和式的极限存在，则此极限值就是所求曲顶柱体的体积，即 $V=\lim\limits_{\lambda\to 0}\sum\limits_{k=1}^{n}f(\xi_k,\eta_k)\Delta\sigma_k$．

2. 平面薄板的质量

如图 6-17 所示，设质量非均匀分布的平面薄板，在 xOy 面上所占的区域为 D，它的面密度为 $\rho(x,y)$，其中 $\rho(x,y)$ 在 D 上连续，求薄板的质量.

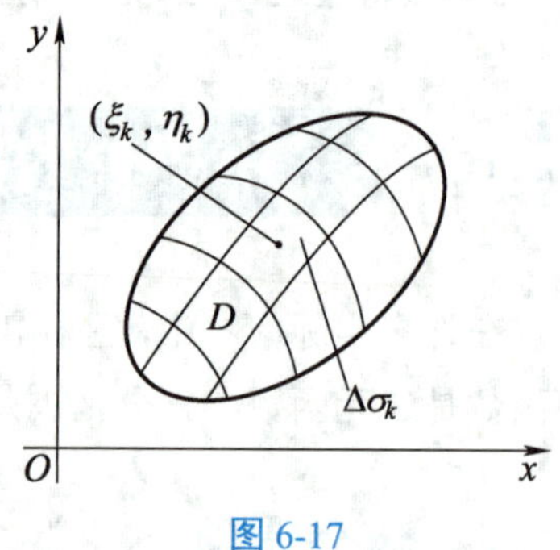

图 6-17

（1）将区域 D 任意分成 n 个小闭区域 $\sigma_1,\sigma_2,\cdots,\sigma_n$，它们的面积分别记作 $\Delta\sigma_k\ (k=1,2,\cdots,n)$.

（2）在 σ_k 上任意取一点 $P_k(\xi_k,\eta_k)$，该小闭区域对应的质量 $\Delta m_k \approx \rho(\xi_k,\eta_k)\Delta\sigma_k$.

（3）n 个小闭区域质量近似值的累加等于薄板质量的近似值 $m \approx \sum\limits_{k=1}^{n}\Delta\sigma_k\rho(\xi_k,\eta_k)$.

（4）当各小闭区域直径中的最大值 $\lambda\to 0$ 时，若和式的极限存在，则此极限值就是所求平面薄板的质量，即 $m=\lim\limits_{\lambda\to 0}\sum\limits_{k=1}^{n}\Delta\sigma_k\rho(\xi_k,\eta_k)$.

6.7.2 二重积分的定义

上述体积问题及许多类似的问题经过抽象，就形成了二重积分的概念.

定义 设 $z=f(x,y)$ 为有界闭区域 D 上的有界函数. 把闭区域 D 任意分成 n 个小闭区域 σ_k，它们的面积分别记作 $\Delta\sigma_k\ (k=1,2,\cdots,n)$. 在每个小闭区域 σ_k 中，任意取一点 $P_k(\xi_k,\eta_k)$，作乘积 $f(\xi_k,\eta_k)\Delta\sigma_k$，并作和式 $\sum\limits_{k=1}^{n}f(\xi_k,\eta_k)\Delta\sigma_k$. 无论 σ_k 怎样划分，$P_k(\xi_k,\eta_k)$ 怎样取，当各小闭区域直径中的最大值 $\lambda\to 0$ 时，若和式的极限存在，则此极限值为函数 $f(x,y)$ 在区域 D 上的**二重积分**，记作 $\iint\limits_D f(x,y)\mathrm{d}\sigma$，即

$$\iint\limits_D f(x,y)\mathrm{d}\sigma=\lim_{\lambda\to 0}\sum_{k=1}^{n}f(\xi_k,\eta_k)\Delta\sigma_k .$$

式中，x,y 称为**积分变量**，$f(x,y)$ 称为**被积函数**，$f(x,y)\mathrm{d}\sigma$ 称为**被积表达式**，$\mathrm{d}\sigma$ 称为**面积元素**，D 称为**积分区域**.

下面，对二重积分做如下几点说明：

（1）若被积函数 $f(x,y)$ 在闭区域 D 上的二重积分存在，则称 $f(x,y)$ 在 D 上可积. 当 $f(x,y)$ 在闭区域 D 上连续时，其在 D 上一定可积. 以后，总假定 $f(x,y)$ 在 D 上连续.

（2）二重积分与被积函数、积分区域有关，与积分变量的表示无关，即

$$\iint\limits_D f(x,y)\mathrm{d}x\mathrm{d}y=\iint\limits_D f(u,v)\mathrm{d}u\mathrm{d}v .$$

（3）二重积分的几何意义：若 $f(x,y)\geqslant 0$，则二重积分表示以 $f(x,y)$ 为曲顶、以 D 为底的曲顶柱体的体积；若 $f(x,y)\leqslant 0$，则二重积分表示曲顶柱体体积的负值；若 $f(x,y)$ 有正、有负，则二重积分就等于这些部分区域上柱体体积的代数和.

6.7.3　二重积分的性质

性质 1　常数因子可提到积分号的外面，即

$$\iint_D kf(x,y)\mathrm{d}\sigma = k\iint_D f(x,y)\mathrm{d}\sigma\ (k\text{ 为常数}).$$

性质 2　函数和与差的积分等于各函数积分的和与差，即

$$\iint_D [f_1(x,y)\pm f_2(x,y)]\mathrm{d}\sigma = \iint_D f_1(x,y)\mathrm{d}\sigma \pm \iint_D f_2(x,y)\mathrm{d}\sigma .$$

性质 3　若区域 D 分为两个部分区域 D_1, D_2，则

$$\iint_D f(x,y)\mathrm{d}\sigma = \iint_{D_1} f(x,y)\mathrm{d}\sigma + \iint_{D_2} f(x,y)\mathrm{d}\sigma .$$

性质 4　若在区域 D 上，$f(x,y)\equiv 1$，σ 为区域 D 的面积，则

$$\sigma = \iint_D 1\,\mathrm{d}\sigma = \iint_D \mathrm{d}\sigma .$$

性质 5　若在区域 D 上，$f(x,y)\leqslant \varphi(x,y)$，则有不等式

$$\iint_D f(x,y)\mathrm{d}\sigma \leqslant \iint_D \varphi(x,y)\mathrm{d}\sigma .$$

推论　由于 $-|f(x,y)|\leqslant f(x,y)\leqslant |f(x,y)|$，则

$$\left|\iint_D f(x,y)\mathrm{d}\sigma\right| \leqslant \iint_D |f(x,y)|\mathrm{d}\sigma .$$

性质 6　设 M 与 m 分别是 $f(x,y)$ 在闭区域 D 上的最大值和最小值，σ 是 D 的面积，则

$$m\sigma \leqslant \iint_D f(x,y)\mathrm{d}\sigma \leqslant M\sigma .$$

性质 7（二重积分的中值定理）　设函数 $f(x,y)$ 在闭区域 D 上连续，σ 是 D 的面积，则在 D 上至少存在一点 (ξ,η)，使得

$$\iint_D f(x,y)\mathrm{d}\sigma = f(\xi,\eta)\cdot\sigma .$$

习题 6-7

1. 利用二重积分的几何意义解释 $\iint_D \sqrt{R^2-x^2-y^2}\,\mathrm{d}\sigma = \frac{2}{3}\pi R^3$，其中 D 是以原点为中心、R 为半径的圆形区域.

2. 利用二重积分的几何意义，不经计算直接给出下列二重积分的值：

（1）$\iint_D \mathrm{d}\sigma\ (D: x^2+y^2\leqslant 1)$；　　（2）$\iint_D \sqrt{9-x^2-y^2}\,\mathrm{d}\sigma\ (D: x^2+y^2\leqslant 9)$.

3. 由积分的几何意义求下列二重积分的值：

（1）$\iint\limits_{x^2+y^2\leqslant 1} \sqrt{1-x^2-y^2}\,\mathrm{d}\sigma$；　　（2）$\iint\limits_{\frac{x^2}{4}+\frac{y^2}{9}\leqslant 1} \mathrm{d}\sigma$.

4．估计积分 $I=\iint\limits_{\substack{0\leqslant x\leqslant 1\\0\leqslant y\leqslant 1}} xy(x^2+y^2)\mathrm{d}\sigma$ 的值．

6.8 二重积分的计算

按定义来计算二重积分一般比较困难，因此需要找到其他计算方法来计算二重积分．本节我们将介绍在直角坐标系和极坐标系中把二重积分化成两次单积分进行计算的方法．

6.8.1 直角坐标系下二重积分的计算方法

设二重积分 $\iint\limits_D f(x,y)\mathrm{d}\sigma$ 的被积函数 $f(x,y)$ 在积分区域 D 上连续，且 $f(x,y)\geqslant 0$，积分区域可用不等式 $y_1(x)\leqslant y\leqslant y_2(x)$，$a\leqslant x\leqslant b$ 来表示，如图 6-18 所示．

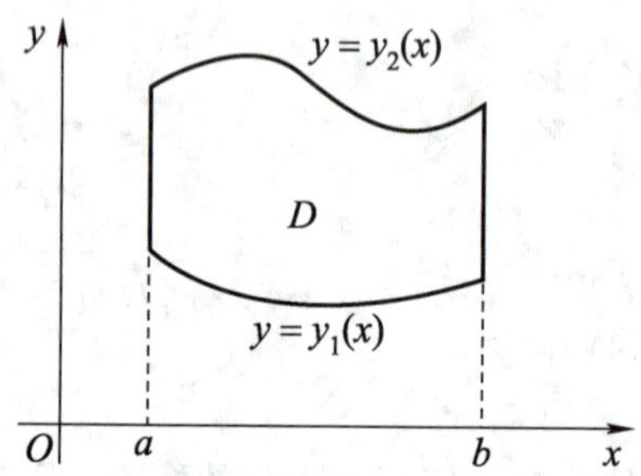

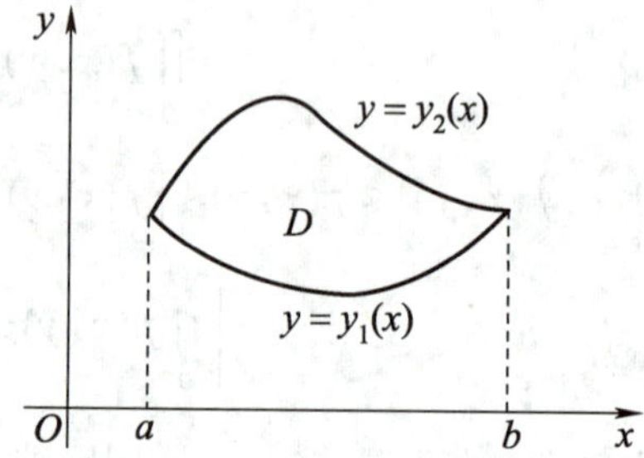

图 6-18

用平行截面法求曲顶柱体的体积．先求平行截面的面积．如图 6-19 所示，在区间 $[a,b]$ 上任意取定一个点 x_0，作平行于 yOz 面的平面 $x=x_0$，用这个平面去截曲顶柱体，得到一个曲边梯形，它以区间 $[y_1(x_0),y_2(x_0)]$ 为底、$z=f(x_0,y)$ 为曲边，其面积为

$$S(x_0)=\int_{y_1(x_0)}^{y_2(x_0)} f(x_0,y)\mathrm{d}y\,.$$

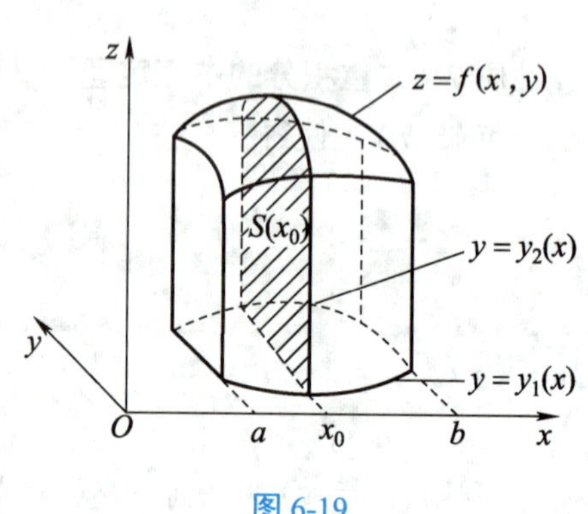

图 6-19

一般地，过区间 $[a,b]$ 上任意一点 x，且平行于 yOz 面的平面，截曲顶柱体所得截面的面积为

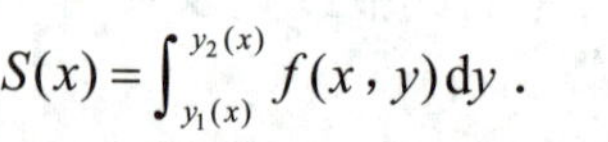

$$S(x)=\int_{y_1(x)}^{y_2(x)} f(x,y)\mathrm{d}y\,.$$

利用计算平行截面面积为已知的立体体积的方法，该曲顶柱体的体积为

$$V=\int_a^b S(x)\mathrm{d}x=\int_a^b\left[\int_{y_1(x)}^{y_2(x)} f(x,y)\mathrm{d}y\right]\mathrm{d}x\,.$$

根据二重积分的几何意义 $V=\iint\limits_D f(x,y)\mathrm{d}\sigma$，从而有

$$\iint\limits_D f(x,y)\mathrm{d}\sigma=\int_a^b\left[\int_{y_1(x)}^{y_2(x)} f(x,y)\mathrm{d}y\right]\mathrm{d}x=\int_a^b\mathrm{d}x\int_{y_1(x)}^{y_2(x)} f(x,y)\mathrm{d}y\,.$$

这就把二重积分化为先对 y、后对 x 的**二次积分**，也称为**累次积分**. 显然，在 $\int_{y_1(x)}^{y_2(x)} f(x,y)\mathrm{d}y$ 中把 x 看作常数. 类似地，若积分区域 D 由不等式 $x_1(y)\leqslant x\leqslant x_2(y),c\leqslant y\leqslant d$ 来表示（见图 6-20），则二重积分有下列计算公式

$$\iint_D f(x,y)\mathrm{d}\sigma=\int_c^d\left[\int_{x_1(y)}^{x_2(y)} f(x,y)\mathrm{d}x\right]\mathrm{d}y=\int_c^d \mathrm{d}y\int_{x_1(y)}^{x_2(y)} f(x,y)\mathrm{d}x .$$

这是先对 x、后对 y 的二次积分.

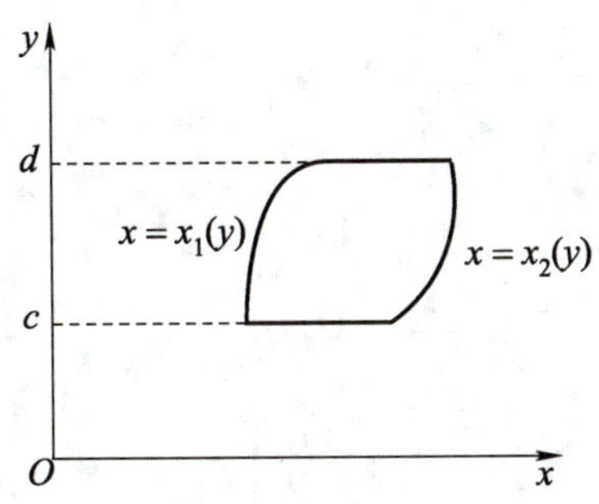

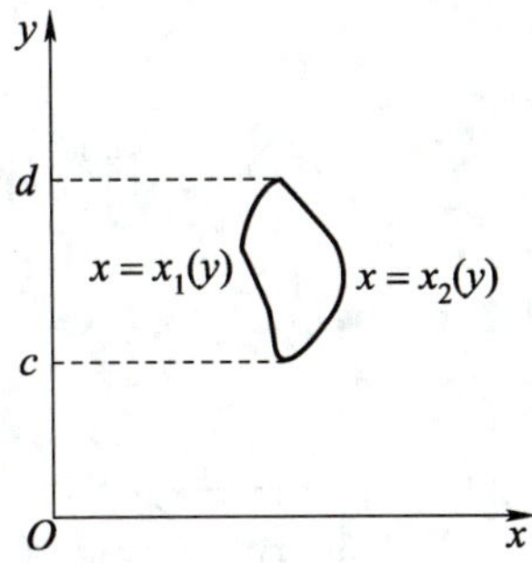

图 6-20

提　示

如果平行于 x 轴（或 y 轴）的直线与 D 的边界相交多于两点，那么我们可以把 D 分成几个满足上面两种类型的区域.

例 1　计算 $\iint_D \mathrm{e}^{-y^2}\mathrm{d}\sigma$，其中 D 为由 $y=x,y=1$ 及 y 轴所围成的区域.

解　依题意作区域 D 的图形，如图 6-21 所示. 先对 x 积分，再对 y 积分，即有

$$\iint_D \mathrm{e}^{-y^2}\mathrm{d}\sigma=\int_0^1\mathrm{d}y\int_0^y \mathrm{e}^{-y^2}\mathrm{d}x=\int_0^1 \mathrm{e}^{-y^2}y\mathrm{d}y=-\frac{1}{2}\mathrm{e}^{-y^2}\Big|_0^1=\frac{1}{2}(1-\mathrm{e}^{-1}) .$$

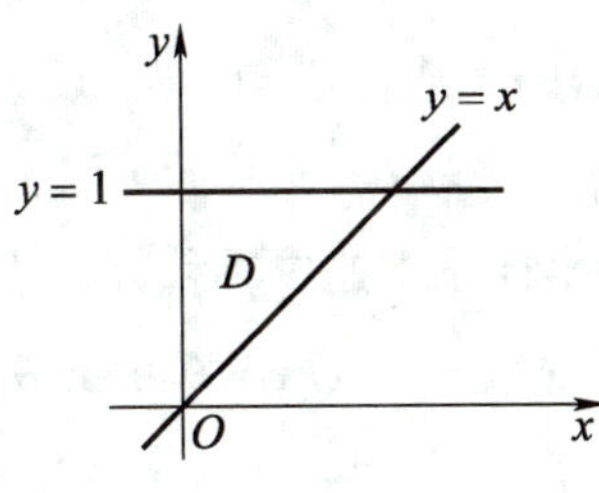

图 6-21

例 2　计算 $\iint_D y\mathrm{d}\sigma$，其中 D 是曲线 $x=y^2+1$、直线 $x=0,y=0$ 与 $y=1$ 所围成的区域.

解　依据题中条件作区域 D 的图形，如图 6-22 所示. 先对 x 积分，再对 y 积分，即有

$$\iint_D y\mathrm{d}\sigma=\int_0^1\mathrm{d}y\int_0^{y^2+1} y\mathrm{d}x=\int_0^1 yx\Big|_0^{y^2+1}\mathrm{d}y=\int_0^1 y(y^2+1)\mathrm{d}y=\frac{3}{4} .$$

例 3 确定积分区域，并更换积分的次序 $I=\int_1^2 \mathrm{d}x\int_{\frac{1}{x}}^{x} f(x,y)\mathrm{d}y$.

解 将积分区域 D 用不等式表示，即 $\begin{cases}1\leqslant x\leqslant 2,\\ \dfrac{1}{x}\leqslant y\leqslant x,\end{cases}$ 画出积分区域 D，如图 6-23 所示．更换积分次序：先对 x 积分，再对 y 积分，作辅助线 BK 将区域 D 分成两个区域：

$$D_1:\begin{cases}\dfrac{1}{2}\leqslant y\leqslant 1,\\ \dfrac{1}{y}\leqslant x\leqslant 2,\end{cases}\quad D_2:\begin{cases}1\leqslant y\leqslant 2,\\ y\leqslant x\leqslant 2,\end{cases}$$

因此

$$I=\int_{\frac{1}{2}}^{1}\mathrm{d}y\int_{\frac{1}{y}}^{2} f(x,y)\mathrm{d}x+\int_1^2\mathrm{d}y\int_y^2 f(x,y)\mathrm{d}x .$$

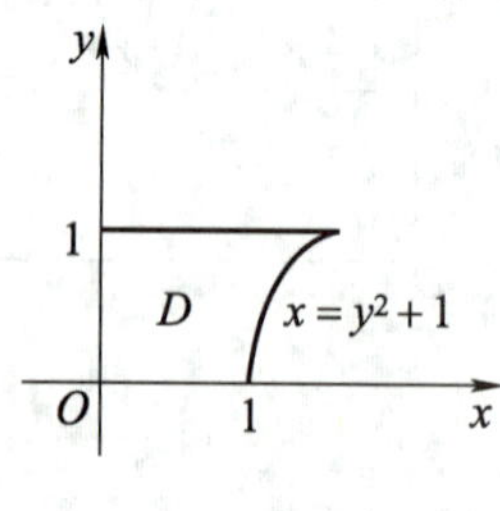

图 6-22

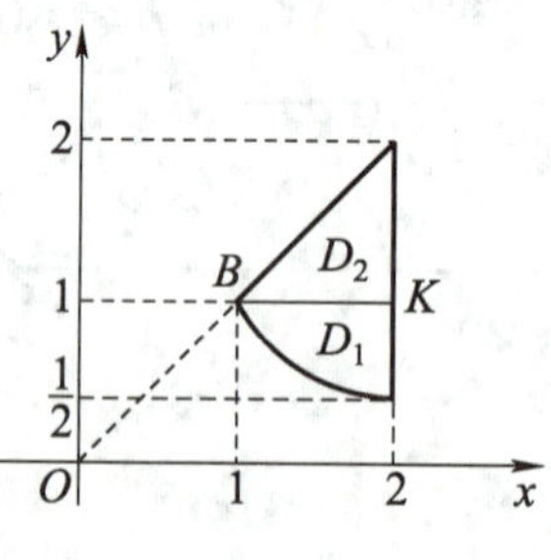

图 6-23

6.8.2 极坐标下二重积分的计算方法

在实际计算中，某些被积函数积分区域的边界曲线方程用极坐标形式来表示比较方便，或被积函数用极坐标变量 r,θ 来表示比较简单，这时我们就考虑用图 6-24 所示的极坐标来计算．

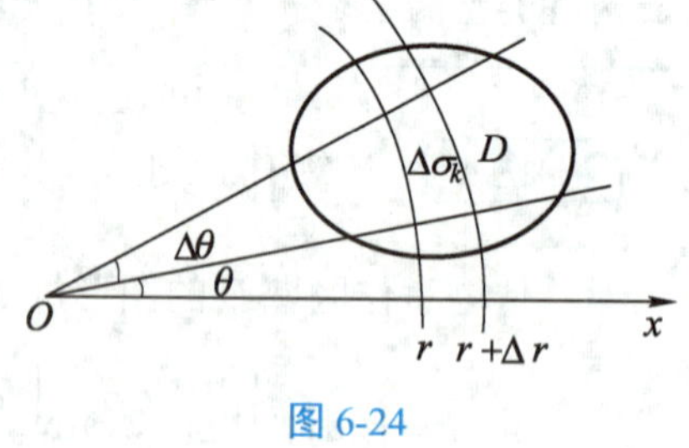

图 6-24

假定从极点 O 出发且穿过区域 D 内部的射线与 D 的边界相交不多于两点．如图 6-24 所示，在极坐标变换 $x=r\cos\theta$ ，$y=r\sin\theta$（r 和 θ 均为常数）下，用以极点为中心的一族同心圆和从极点出发的一族射线，把 D 分成 n 个小闭区域．此时，小闭区域的面积为 $\Delta\sigma_k\approx r\Delta r\Delta\theta$ ，因此面积元素为 $\mathrm{d}\sigma=r\mathrm{d}r\mathrm{d}\theta$ ，而被积函数为 $f(x,y)=f(r\cos\theta,r\sin\theta)$，于是将直角坐标系下的二重积分公式转换为极坐标系下的二重积分公式，即

$$\iint_D f(x,y)\mathrm{d}x\mathrm{d}y=\iint_D f(r\cos\theta,r\sin\theta)r\mathrm{d}r\mathrm{d}\theta .$$

极坐标下二重积分化为二次积分的公式：

（1）若极点在区域 D 之外，$D:\alpha\leqslant\theta\leqslant\beta, r_1(\theta)\leqslant r\leqslant r_2(\theta)$，则

$$\iint_D f(r\cos\theta,r\sin\theta)r\mathrm{d}r\mathrm{d}\theta=\int_\alpha^\beta\mathrm{d}\theta\int_{r_1(\theta)}^{r_2(\theta)} f(r\cos\theta,r\sin\theta)r\mathrm{d}r .$$

（2）若极点在区域 D 之内，$D:0\leqslant\theta\leqslant 2\pi, 0\leqslant r\leqslant r(\theta)$，则

$$\iint_D f(r\cos\theta,r\sin\theta)r\mathrm{d}r\mathrm{d}\theta=\int_0^{2\pi}\mathrm{d}\theta\int_0^{r(\theta)} f(r\cos\theta,r\sin\theta)r\mathrm{d}r .$$

（3）若极点在区域 D 的边界上，$D:\alpha\leqslant\theta\leqslant\beta,0\leqslant r\leqslant r(\theta)$，则

$$\iint\limits_D f(r\cos\theta,r\sin\theta)r\mathrm{d}r\mathrm{d}\theta=\int_\alpha^\beta\mathrm{d}\theta\int_0^{r(\theta)}f(r\cos\theta,r\sin\theta)r\mathrm{d}r.$$

一般情况下，当二重积分的被积函数中自变量以 $x^2+y^2,x^2-y^2,xy,\dfrac{x}{y}$ 等形式出现，以及积分区域为以原点为中心的圆域、扇形域或环形域时，利用极坐标来计算往往会比较简便.

例 4　计算 $\iint\limits_D y\mathrm{d}\sigma$，其中 D 为 $x^2+y^2=2ax$ 与 x 轴围成的上半圆.

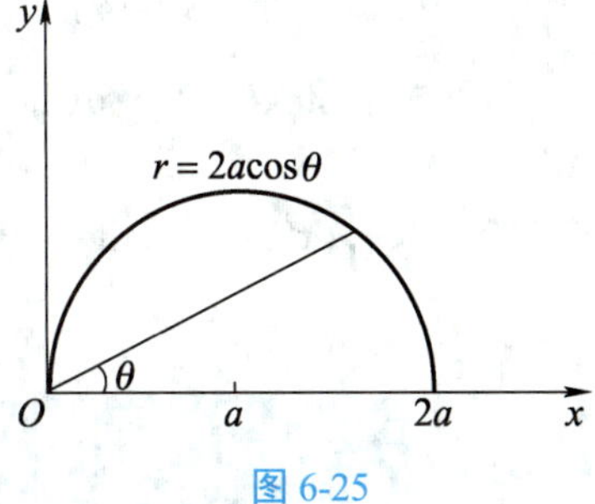

图 6-25

解　圆周 $x^2+y^2=2ax$，在极坐标系下的方程为 $r=2a\cos\theta$，如图 6-25 所示. D 可以表示为

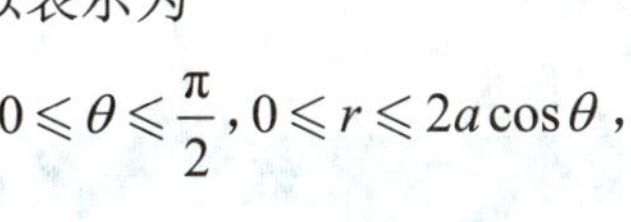

$$0\leqslant\theta\leqslant\frac{\pi}{2},0\leqslant r\leqslant 2a\cos\theta,$$

因此有

$$\iint\limits_D y\mathrm{d}\sigma=\int_0^{\frac{\pi}{2}}\mathrm{d}\theta\int_0^{2a\cos\theta}r\sin\theta r\mathrm{d}r=\frac{1}{3}\int_0^{\frac{\pi}{2}}r^3\Big|_0^{2a\cos\theta}\sin\theta\mathrm{d}\theta$$

$$=\frac{8}{3}a^3\int_0^{\frac{\pi}{2}}\cos^3\theta\sin\theta\mathrm{d}\theta=-\frac{2}{3}a^3\cdot\cos^4\theta\Big|_0^{\frac{\pi}{2}}=\frac{2}{3}a^3.$$

习题 6-8

1．填空题：

（1）设 $I=\int_0^1\mathrm{d}x\int_x^1\mathrm{e}^{-y^2}\mathrm{d}y$，交换积分顺序后，$I=$________________；

（2）设 $I=\int_0^4\mathrm{d}x\int_{3x^2}^{12x}f(x,y)\mathrm{d}y$，交换积分顺序后，$I=$________________；

（3）设 $I=\int_1^3\mathrm{d}x\int_{x^2}^{x+9}f(x,y)\mathrm{d}y$，交换积分顺序后，$I=$________________；

（4）设 D 是矩形域 $-1\leqslant x\leqslant1,0\leqslant y\leqslant1$，则积分 $\iint\limits_D y\mathrm{e}^{xy}\mathrm{d}x\mathrm{d}y=$________________.

2．利用直角坐标计算下列二重积分：

（1）求 $I=\iint\limits_D\left(1-\dfrac{x}{3}-\dfrac{y}{4}\right)\mathrm{d}\sigma$，其中 $D:-1\leqslant x\leqslant1,-2\leqslant y\leqslant2$；

（2）计算 $\iint\limits_D xy\mathrm{d}\sigma$，式中 D 是由抛物线 $y^2=x$ 及直线 $y=x-2$ 所围成的区域；

（3）计算 $\iint\limits_D x^2y\mathrm{d}x\mathrm{d}y$，式中 D 是由抛物线 $y=x^2$ 及直线 $y=2x$ 所围成的区域.

3．利用极坐标计算下列各题：

（1）求 $I=\iint\limits_D\sqrt{a^2-x^2-y^2}\,\mathrm{d}\sigma$，其中 $D:x^2+y^2\leqslant ax$ $(a>0)$；

（2）求 $I=\iint\limits_D(x^2+y^2)\mathrm{d}\sigma$，其中 $D:a^2\leqslant x^2+y^2\leqslant b^2$.

4．利用直角坐标计算下列二重积分：

（1）计算 $\iint\limits_D xy^2\mathrm{d}x\mathrm{d}y$，式中 D 是由抛物线 $y^2=4x$ 及直线 $x=1$ 所围成的区域；

（2）计算 $\iint\limits_D xy\mathrm{d}x\mathrm{d}y$，式中 D 是由 $y=2x$，$y=x$ 及 $y=x^2$ 所围成的区域.

5．利用极坐标计算下列各题：

（1）求 $\iint\limits_D \sin\sqrt{x^2+y^2}\,\mathrm{d}x\mathrm{d}y$，其中 $D:\pi^2\leqslant x^2+y^2\leqslant 4\pi^2$；

（2）求 $\iint\limits_D(x^2+y^2)\mathrm{d}x\mathrm{d}y$，其中 $D:x^2+y^2\leqslant 2ax$.

6.9 二重积分在几何上的应用

6.9.1 体积和平面图形的面积

由前面的讨论可知，曲顶柱体的体积可以用二重积分来计算．此外，还可用二重积分来计算一些平面图形的面积.

例 1 求平面 $2x+y+z=4$ 和三个坐标面所围成的四面体体积.

解 平面 $2x+y+z=4$ 与三条坐标轴的交点为 $P(2,0,0)$，$Q(0,4,0)$，$R(0,0,4)$．据此画出该四面体的大致图形，如图 6-26 所示．这个四面体可视为曲面 $z=4-2x-y$ 相应于区域 D 的曲顶柱体，这里 D 是该四面体在 xOy 平面上的投影区域，即三角形 POQ．在 xOy 平面上直线 PQ 的方程是

$$4-2x-y=0 .$$

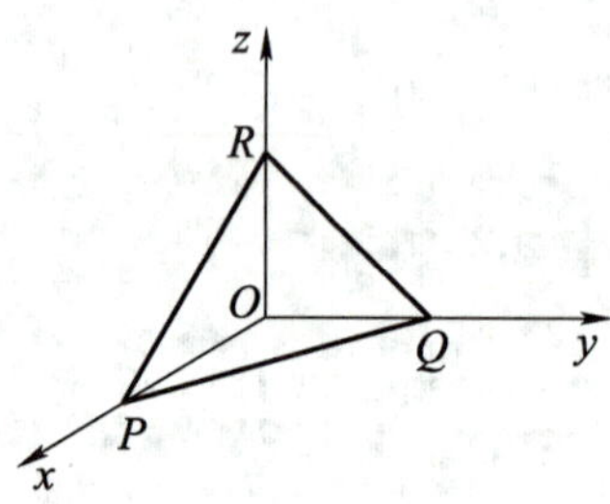

图 6-26

于是四面体体积为

$$V=\iint\limits_D(4-2x-y)\mathrm{d}\sigma=\int_0^2\mathrm{d}x\int_0^{4-2x}(4-2x-y)\mathrm{d}y=\int_0^2\left(4y-2xy-\frac{1}{2}y^2\right)\Big|_0^{4-2x}\mathrm{d}x$$

$$=\int_0^2\frac{1}{2}(4-2x)^2\mathrm{d}x=\frac{16}{3} .$$

例 2　求曲线 $r=2\sin\theta$ 与直线 $\theta=\dfrac{\pi}{6}$，$\theta=\dfrac{\pi}{3}$ 围成的平面图形的面积.

解　设所求图形的面积为 S，所占区域为 D，则 $S=\iint\limits_D \mathrm{d}\sigma$.

若采用极坐标，D 可表示为 $\begin{cases}\dfrac{\pi}{6}\leqslant\theta\leqslant\dfrac{\pi}{3},\\ 0\leqslant r\leqslant 2\sin\theta.\end{cases}$ 于是

$$S=\iint\limits_D \mathrm{d}\sigma=\int_{\frac{\pi}{6}}^{\frac{\pi}{3}}\mathrm{d}\theta\int_0^{2\sin\theta} r\mathrm{d}r=\frac{1}{2}\int_{\frac{\pi}{6}}^{\frac{\pi}{3}} r^2\Big|_0^{2\sin\theta}\mathrm{d}\theta=\int_{\frac{\pi}{6}}^{\frac{\pi}{3}}2\sin^2\theta\mathrm{d}\theta=\int_{\frac{\pi}{6}}^{\frac{\pi}{3}}(1-\cos 2\theta)\,\mathrm{d}\theta=\frac{\pi}{6}.$$

6.9.2　曲面的面积

设曲面 S 由方程 $z=f(x,y)$ 给出，D 为曲面 S 在 xOy 面上的投影区域，函数 $f(x,y)$ 在 D 上具有连续偏导数 $f'_x(x,y)$ 和 $f'_y(x,y)$，现计算曲面 S 的面积 A .

如图 6-27 所示，在闭区域 D 上任取一直径很小的闭区域 $\mathrm{d}\sigma$（它的面积也记作 $\mathrm{d}\sigma$），在 $\mathrm{d}\sigma$ 内取一点 $P(x,y)$，对应着曲面 S 上一点 $M(x,y,f(x,y))$，曲面 S 在点 M 处的切平面设为 T，以小闭区域 $\mathrm{d}\sigma$ 的边界为准线作母线平行于 z 轴的柱面，该柱面在曲面 S 上截下一小片曲面，在切平面 T 上截下一小片平面，由于 $\mathrm{d}\sigma$ 的直径很小，因此那一小片平面面积 $\mathrm{d}A$ 近似地等于那一小片曲面面积.

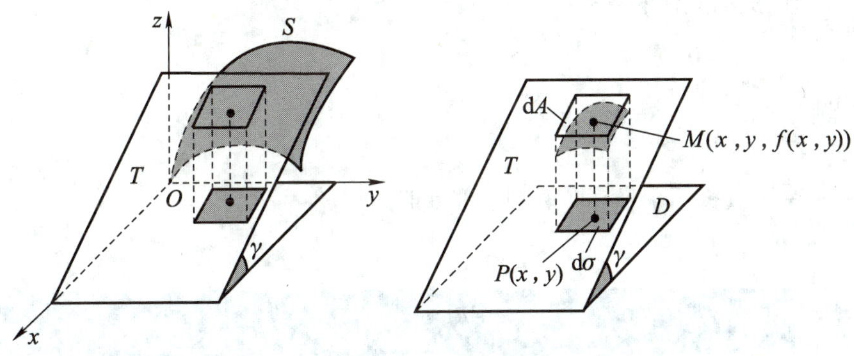

图 6-27

曲面 S 在点 M 处的法线向量（指向朝上）为

$$\vec{n}=\{-f'_x(x,y),-f'_y(x,y),1\}.$$

它与 z 轴正向所成夹角 γ 的方向余弦为 $\cos\gamma=\dfrac{1}{\sqrt{1+f'^2_x(x,y)+f'^2_y(x,y)}}$，又因为 $\mathrm{d}A=\dfrac{\mathrm{d}\sigma}{\cos\gamma}$，所以

$$\mathrm{d}A=\sqrt{1+f'^2_x(x,y)+f'^2_y(x,y)}\,\mathrm{d}\sigma.$$

这是曲面 S 的面积元素，故

$$A=\iint\limits_D\sqrt{1+\left(\frac{\partial z}{\partial x}\right)^2+\left(\frac{\partial z}{\partial y}\right)^2}\,\mathrm{d}x\mathrm{d}y.$$

上式即为计算曲面面积的公式.

设曲面的方程为 $x=g(y,z)$ 或 $y=h(z,x)$，可分别把曲面投影到 yOz 面上或 zOx 面上，类似地可得

$$A=\iint\limits_{D}\sqrt{1+\left(\frac{\partial x}{\partial y}\right)^2+\left(\frac{\partial x}{\partial z}\right)^2}\,\mathrm{d}y\mathrm{d}z \quad 或 \quad A=\iint\limits_{D}\sqrt{1+\left(\frac{\partial y}{\partial x}\right)^2+\left(\frac{\partial y}{\partial z}\right)^2}\,\mathrm{d}x\mathrm{d}z .$$

例 3 求球面 $x^2+y^2+z^2=a^2$ 的面积.

解 根据对称性，先考虑上半球面 $z=\sqrt{a^2-x^2-y^2}$，

$$\frac{\partial z}{\partial x}=-\frac{x}{\sqrt{a^2-x^2-y^2}},\quad \frac{\partial z}{\partial y}=-\frac{y}{\sqrt{a^2-x^2-y^2}},$$

则

$$\sqrt{1+\left(\frac{\partial z}{\partial x}\right)^2+\left(\frac{\partial z}{\partial y}\right)^2}=\frac{a}{\sqrt{a^2-x^2-y^2}}.$$

因此，整个球的表面积为

$$S=2\iint\limits_{D}\sqrt{1+\left(\frac{\partial z}{\partial x}\right)^2+\left(\frac{\partial z}{\partial y}\right)^2}\,\mathrm{d}\sigma=2\iint\limits_{D}\frac{a}{\sqrt{a^2-x^2-y^2}}\mathrm{d}\sigma=4\pi a^2 .$$

习题 6-9

1．求下列曲面所围成的立体的体积：

（1）$z=1-x^2-y^2$，$z=0$；

（2）$z=\frac{1}{4}(x^2+y^2)$，$x^2+y^2=8x$，$z=0$.

2．求平面 $\frac{x}{a}+\frac{y}{b}+\frac{z}{c}=1$ 被三个坐标面所割出部分的面积.

本章小结

1. 空间解析几何

设空间两点 $M_1(x_1,y_1,z_1)$，$M_2(x_2,y_2,z_2)$，则点 M_1 与点 M_2 之间的距离为

$$|M_1M_2|=\sqrt{(x_2-x_1)^2+(y_2-y_1)^2+(z_2-z_1)^2} .$$

球心在点 $M_0(x_0,y_0,z_0)$，半径为 R 的球面的方程为

$$x^2+y^2+z^2+Dx+Ey+Fz+G=0 .$$

如果柱面的准线是 xOy 平面上的曲线 C，它在平面直角坐标系中的方程为 $f(x,y)=0$，那么以 C 为准线，母线平行于 z 轴的柱面方程就是 $f(x,y)=0$. 类似地，方程 $g(y,z)=0$ 表示母线平行于 x 轴的柱面，方程 $h(x,z)=0$ 表示母线平行于 y 轴的柱面.

2. 多元函数的概念、极限与连续性

设有三个变量 x,y,z，若变量 x,y 在某一范围 D 内任取一对值，按照一定的法则 f，变量 z 总有唯

一确定的值与其对应，则称变量 z 是变量 x,y 的二元函数.

二元函数 $f(x,y)$ 当 $(x,y)\to(x_0,y_0)$ 时的极限记作

$$\lim_{(x,y)\to(x_0,y_0)} f(x,y)=A \text{ 或 } \lim_{\substack{x\to x_0\\ y\to y_0}} f(x,y)=A .$$

若 $z=f(x,y)$ 在区域 D 内的每一点处都连续，则称 $z=f(x,y)$ 在区域 D 内连续，或称 $z=f(x,y)$ 是 D 内的连续函数.

3. 偏导数

求二元函数的偏导数不需引进新的方法，只需用一元函数的求导方法，把一个自变量视为常数，而对另一个自变量进行一元函数的求导即可.

若函数 $z=f(x,y)$ 的两个二阶混合偏导数 $\dfrac{\partial^2 z}{\partial x\partial y},\dfrac{\partial^2 z}{\partial y\partial x}$ 在区域 D 内连续，则在区域 D 内有 $\dfrac{\partial^2 z}{\partial x\partial y}=\dfrac{\partial^2 z}{\partial y\partial x}$.

4. 全微分

可微的必要条件：若函数 $z=f(x,y)$ 在点 (x_0,y_0) 处可微，则函数 $z=f(x,y)$ 在点 (x_0,y_0) 处的两个偏导数存在，且有

$$A=\frac{\partial z}{\partial x}\Big|_{(x_0,y_0)},\quad B=\frac{\partial z}{\partial y}\Big|_{(x_0,y_0)} .$$

可微的充分条件：若函数 $z=f(x,y)$ 在点 (x_0,y_0) 的某邻域内偏导数连续，则函数 $z=f(x,y)$ 在该点一定可微.

5. 多元复合函数的求导法则与隐函数的求导公式

设 $u=\varphi(x,y)$，$v=\psi(x,y)$ 在点 (x,y) 处有偏导数，$z=f(u,v)$ 在相应点 (u,v) 有连续偏导数，则复合函数 $z=f[\varphi(x,y),\psi(x,y)]$ 在点 (x,y) 处有偏导数

$$\frac{\partial z}{\partial x}=\frac{\partial z}{\partial u}\frac{\partial u}{\partial x}+\frac{\partial z}{\partial v}\frac{\partial v}{\partial x},\quad \frac{\partial z}{\partial y}=\frac{\partial z}{\partial u}\frac{\partial u}{\partial y}+\frac{\partial z}{\partial v}\frac{\partial v}{\partial y} .$$

设方程 $F(x,y,z)=0$ 确定了隐函数 $z=f(x,y)$，将 $z=f(x,y)$ 代入方程得 $F(x,y,z(x,y))=0$，若 $F'_z\neq 0$，则得

$$\frac{\partial z}{\partial x}=-\frac{F'_x}{F'_z},\quad \frac{\partial z}{\partial y}=-\frac{F'_y}{F'_z} .$$

6. 二元函数的极值和最值

对具有连续二阶偏导数的函数 $z=f(x,y)$，求其极值时，应先求出偏导数，再解出定义域内的全部驻点，然后求出驻点处的二阶偏导数值，根据 $\varDelta=B^2-AC$ 的符号确定是否有极值，如果有，求出其极值.

若函数 $z=f(x,y)$ 在有界闭区域 D 上连续，则函数在 D 上一定取得最大值和最小值. 实际问题中求条件极值时，通常采用拉格朗日乘数法.

7. 二重积分

函数 $f(x,y)$ 在区域 D 上的二重积分记作 $\iint\limits_D f(x,y)\mathrm{d}\sigma$，即

$$\iint\limits_D f(x,y)\mathrm{d}\sigma=\lim_{\lambda\to 0}\sum_{k=1}^{n}f(\xi_k,\eta_k)\Delta\sigma_k .$$

本章我们主要介绍了在直角坐标系和极坐标系中计算二重积分的方法，并介绍了利用二重积分计算体积，以及平面、曲面的面积.

复习题六

1. 若函数 $z=f(x,y)$ 在点 (x_0,y_0) 的某邻域内偏导数连续，则函数 $z=f(x,y)$ 在该点一定________.

2. 可导函数的极值点______是驻点，但是驻点却______是极值点.

3. 求下列函数的一阶和二阶偏导数：

（1） $z=x^4y^2-x^2y^3+x$；

（2） $z=\dfrac{y^2-x^2}{y^2+x^2}$.

4. 求下列函数的极值：

（1） $f(x,y)=y^3-x^2+6x-12y+5$；

（2） $f(x,y)=x^2+y^2-2\ln x-2\ln y\ (x>0,y>0)$.

5. 要造一个容积等于定数 K 的长方体无盖水池，应如何选择水池的尺寸，方可使表面积最小？

6. 计算下列二重积分：

（1）D 是顶点分别为 $(0,0),(1,0),(1,2),(0,1)$ 的直边梯形，计算 $\iint\limits_D y(1+x)\mathrm{d}\sigma$；

（2）$D=\{(x,y)\,|\,|x|+|y|\leqslant 1\}$，计算 $I=\iint\limits_D \mathrm{e}^{x+y}\mathrm{d}\sigma$；

（3）计算 $\iint\limits_D xy^2\,\mathrm{d}x\mathrm{d}y$，其中 D 是由 $y=x,y=0,x=1$ 围成的区域.

7. 选用适当的坐标计算：

（1）D 由 $y=x,y=x^2$ 围成，求 $\iint\limits_D \dfrac{\mathrm{d}x\mathrm{d}y}{\sqrt{x^2+y^2}}$；

（2）D 由 $y=x,y^2=x,y=2$ 围成，求 $\iint\limits_D (x^2+y^2)\mathrm{d}\sigma$；

（3）D 由 $x=2,y=x,xy=1$ 围成，求 $\iint\limits_D \dfrac{x^2}{y^2}\mathrm{d}\sigma$.

第 6 章答案

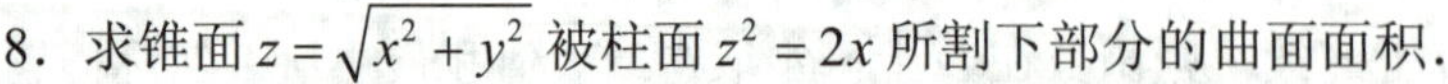
8. 求锥面 $z=\sqrt{x^2+y^2}$ 被柱面 $z^2=2x$ 所割下部分的曲面面积.

知中有行　用 MATLAB 求多元函数的偏导数

MATLAB 中提供的 diff 函数，可以求多元函数的偏导，diff 函数的调用格式主要有以下几种：

（1）若求 $f(x,y,z)$ 对 x 的偏导数，则输入：

```
diff(f(x,y,z),x)
```

（2）若求 $f(x,y,z)$ 对 y 的偏导数，则输入：

```
diff(f(x,y,z),y)
```

（3）若求 $f(x,y,z)$ 对 x 的二阶偏导数，则输入：

```
diff(diff(f(x,y,z),x),x)  或  diff(f(x,y,z),x,2)
```

（4）若求 $f(x,y,z)$ 对 x，y 的二阶混合偏导数，则输入：

```
diff(diff(f(x,y,z),x),y)
```

例　设 $z=x^2\sin 2y$，求 $\frac{\partial z}{\partial x}$，$\frac{\partial z}{\partial y}$，$\frac{\partial^2 z}{\partial x^2}$，$\frac{\partial^2 z}{\partial x\partial y}$.

解　在命令窗口输入：

```
>> syms x y                    %定义变量x，y
>> z=x^2*sin(2*y)              %输出函数z，注意*不能省略
```

按回车，输出结果为

```
z =
x^2*sin(2*y)
>> zx=diff(z,x)                %对x求一阶偏导数
```

按回车，输出结果为

```
zx =
2*x*sin(2*y)                   %输出一阶偏导数的结果为∂z/∂x=2xsin2y
>> zy=diff(z,y)                %对y求一阶偏导数
```

按回车，输出结果为

```
zy =
2*x^2*cos(2*y)                 %输出一阶偏导数的结果为∂z/∂y=2x^2cos2y
>> zxx=diff(z,x,2)             %对x求二阶偏导数
```

按回车，输出结果为

```
zxx =
2*sin(2*y)                     %输出二阶偏导数的结果为∂^2z/∂x^2=2sin2y
>> zxy=diff(diff(z,x),y)       %对x，y求二阶混合偏导数
```

按回车，输出结果为

```
zxy =
4*x*cos(2*y)                   %输出二阶混合偏导数的结果为∂^2z/(∂x∂y)=4xcos2y
```

数学故事　一生风雨任“几何”

苏步青，中国著名数学家、教育家，有“东方第一几何学家”“数学之王”之称.

（1）立志报国，东渡求学.

苏步青在读初中时，对数学并不感兴趣，直到后来的一堂数学课影响了他的一生. 课上，从日本留学归国的杨霁朝老师说，“当今世界弱肉强食，中华民族面临亡国灭种之危，在座的学生都要负起救亡图存的责任.”他说：“要救国，就要振兴科学，发展事业，就要学好数学. 数学是科学技术的基础.”苏步青心中豁然开朗，学好数学报效祖国便成了他的理想. 就这样，在杨霁朝老师的影响下，苏步青的兴趣从文学转向了数学，他表现出了不凡的数学天赋. 高中毕业后，苏步青怀揣着“天下兴亡，匹夫有责，要为中华富强而奋发”的志向，东渡日本留学.

（2）遵守诺言，回国报效.

早在日本留学期间，苏步青就与陈建功先生约定，学成后要报效祖国. “祖国正处在水深火热之中，我不能袖手旁观.”为了兑现诺言、报效祖国，1931 年，他放弃国外的优越条件，毅然决定回国执教. 回国后，他到浙江大学执教，担任数学系系主任，开设了四门课. 图书馆资料少，他利用暑期到日本去抄最新的资料. 他和陈建功先生分别主持了两个数学研讨班，让参加的青年教师和学生定期报告阅读最新文献的体会和研究的成果，互相质询、答辩，从而将青年教师和学生推到世界数学发展的前沿.

（3）诲人不倦，无私奉献.

1952 年，苏步青因院系调整来到复旦大学工作，先后担任教务长、副校长和校长. 他在非常繁重的行政工作的同时，仍狠抓数学的教学工作. 他重视基础课的教学，提倡教学与科研相结合，坚持数学讨论班的教学形式，指导编写中学数学教材，设立数学教学基金，鼓励学生学好数学.

在复旦执教期间，苏步青精心培养学生，他为每个学生的进步而感到高兴，希望每个学生都能超过他. 他说：“个人的成名成家是次要的，重要的是要根据时代发展的要求，努力使我国的科研教育事业发扬光大. 作为一个学科带头人，不仅要培养学生，而且要鼓励、帮助学生超过自己，真正做到承上启下，继往开来.”

20 世纪 60 年代初，他牵头在上海进行了中学数学教材的改革，编出了一整套高质量的中学数学试点教材. 他还一直关心中学数学师资的质量，主张大学要关心支持中学教育. 他 85 岁高龄时，还亲自为中学教师举办系统讲座，以扩大他们的眼界，提高他们的教学水平.

1998 年 10 月，苏步青荣获该年度何梁何利基金科学技术成就奖. 这个奖励，是对他数十年来在数学科学中取得成就和卓越贡献的表彰. 他完全可以自己用这笔奖金，但他想到的是党和国家的教育事业. 他将这笔奖金悉数捐出，为数学教育事业做贡献.

苏步青不仅是数学事业的奠基人，更是数学精神文化的代言人. 我们在数学的学习中，也应当培养探究意识，把握核心问题，探究数学本质，不仅要善于观察和总结，更要善于分析和证明潜在的规律. 如果真正钻研进去，哪怕定理不是自己证明的，也能够在欣赏别人证明的过程中，感受到数学的美.

第7章 微分方程

名人名言

一个国家的科学进步可以用它消耗的数学来衡量.

——拉奥

趣味数学——微分方程发展简史

怎样判定一块化石的地质年代？怎样鉴定一张古代油画的真伪？怎样分析预测传染病的发展趋势？怎样推断尸体死亡的时间？怎样分析研究、预测人口的增长趋势？……在研究自然现象及其他许多实际问题时，为了深入了解自然规律，常常需要寻求与问题有关的变量之间的函数关系，如果根据实际问题所建立的是未知函数与其导数的关系式，这就是所谓的微分方程，求解实际问题都可以归结为微分方程的求解.

微分方程差不多和微积分同时产生，牛顿在建立微积分的同时，对简单的微分方程用级数来求解，后来瑞士数学家雅各布·伯努利、欧拉等人又不断地丰富了微分方程理论. 1676 年，伯努利在致牛顿的信中第一次提出微分方程，直到 18 世纪中期，微分方程才成为一门独立的学科. 微分方程建立后，立即成为探索现实世界的重要工具.

牛顿研究天体力学的时候，利用了微分方程这个工具，从理论上得到了行星运动规律. 后来，法国天文学家勒维烈和英国天文学家亚当斯使用微分方程，各自计算出那时尚未发现的海王星的位置. 现在，微分方程在很多科学领域发挥着重要作用.

导 学

在科学研究和生产实际中，经常需要寻找表示客观事物的变量之间的函数关系，但是在大量的实际问题中，往往不能直接找出所需的函数关系，只能根据问题给出的条件，列出含有未知函数的导数或微分关系式，这种关系式就是微分方程.

素质目标

- 养成脚踏实地、认真负责的工作作风，提升职业素养.
- 弘扬科学严谨、执着专注、精益求精、追求卓越的工匠精神.

7.1 微分方程的基本概念

7.1.1 引例

微分方程的基本概念

先看一个实例.

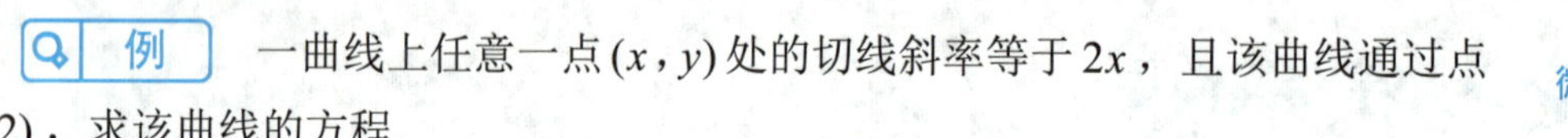

例 一曲线上任意一点(x,y)处的切线斜率等于$2x$，且该曲线通过点$(1,2)$，求该曲线的方程.

解 设所求曲线为$y=f(x)$，由导数的几何意义可知，$y=f(x)$满足关系式

$$\frac{\mathrm{d}y}{\mathrm{d}x}=2x. \tag{7-1}$$

又因曲线经过点$(1,2)$，故所求曲线应满足

$$y|_{x=1}=2. \tag{7-2}$$

对式（7-1）两边积分，得

$$y=\int 2x\mathrm{d}x=x^2+C\ (C\text{为任意常数}). \tag{7-3}$$

把条件（7-2）代入式（7-3），得

$$C=1.$$

将$C=1$代入式（7-3）得所求方程为

$$y=x^2+1. \tag{7-4}$$

可以看出，解决此问题的方法为首先建立一个含有未知函数的导数的方程，然后通过此方程求出满足所给附加条件的未知函数.

7.1.2 微分方程的概念

1. 微分方程的定义

表示未知函数、未知函数的导数及自变量之间关系的方程称为**微分方程**. 例如，$\frac{\mathrm{d}y}{\mathrm{d}x}=2x$，$\frac{\mathrm{d}^2s}{\mathrm{d}t^2}-2\frac{\mathrm{d}s}{\mathrm{d}t}=2s$等都是微分方程. 这里必须指出，在微分方程中，自变量及未知函数可以不出现，但未知函数的导数必须出现.

未知函数是一元函数的微分方程称为**常微分方程**. 未知函数是多元函数的微分方程称为**偏微分方程**. 本章我们只介绍常微分方程的有关知识，故本章所述的微分方程都是指常微分方程.

2. 微分方程的阶

微分方程中所含未知函数的导数的最高阶数称为微分方程的**阶**. 例如，$\frac{dy}{dx}=2x$ 是一阶微分方程；$\frac{d^2s}{dt^2}-2\frac{ds}{dt}=2s$ 是二阶微分方程；$4y'''+10y''-12y'+15y=\sin 2x$ 是三阶微分方程.

一般地，一阶微分方程的一般形式为

$$y'=f(x,y) \text{ 或 } F(x,y,y')=0,$$

二阶微分方程的一般形式为

$$y''=f(x,y,y') \text{ 或 } F(x,y,y',y'')=0,$$

n 阶微分方程的一般形式为

$$y^{(n)}=f(x,y,y',\cdots,y^{(n-1)}) \text{ 或 } F(x,y,y',y'',\cdots,y^{(n)})=0.$$

3. 微分方程的解

在引例中将式（7-1）中的未知函数 y 用已知函数 $y=x^2+1$ 代替，则式（7-1）成为恒等式，我们可把 $y=x^2+1$ 称为式（7-1）的一个解.

定义　若函数 $y=f(x)$ 满足一个微分方程，则称它是该微分方程的**解**. 求微分方程的解的过程，称为**解微分方程**.

微分方程的解可以是显函数，也可以是隐函数.

若微分方程的解中含有相互独立的任意常数，并且任意常数的个数等于该微分方程的阶数，则这个解称为该微分方程的**通解**. 例如，引例中式（7-3）$y=x^2+C$ 是方程 $\frac{dy}{dx}=2x$ 的通解，如图 7-1 所示.

通解中的任意常数根据某些条件确定下来后，对应的解称为该微分方程的一个**特解**. 用于确定通解中任意常数的条件称为**初始条件**. 例如，引例中式（7-4）$y=x^2+1$ 是方程 $\frac{dy}{dx}=2x$ 满足初始条件 $y|_{x=1}=2$ 的特解，如图 7-1 所示.

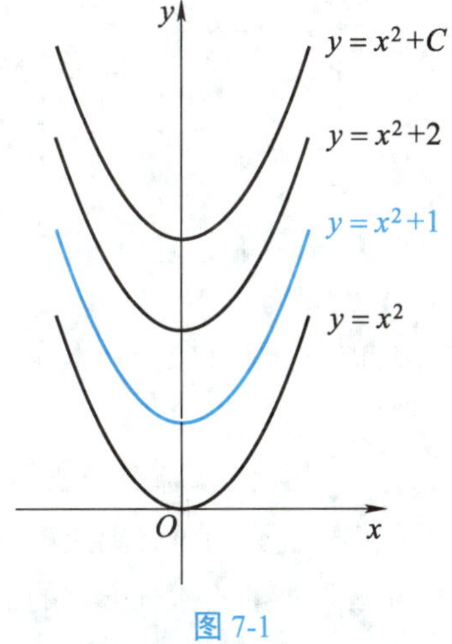

图 7-1

从几何上说，微分方程通解的图形是一族曲线，即积分曲线族，而微分方程的特解是积分曲线族的一条积分曲线.

利用微分方程解决实际问题时，步骤大致如下：

第一步：分析问题，建立微分方程，并列出初始条件；

第二步：求微分方程的通解；

第三步：利用初始条件，确定通解中的任意常数，从而解出微分方程的特解.

习题 7-1

1. 讨论下列方程是否为微分方程，如果是，请指出它们的阶数：

（1）$m\frac{dv}{dt}=mg-kv$；　　（2）$\frac{d^4x}{dt^4}+2\frac{d^2x}{dt^2}+x=0$；

（3）$\mathrm{d}y=\dfrac{y}{x+y^2}\mathrm{d}x$；（4）$y^2=2xy+x^2$；

（5）$\left(\dfrac{\mathrm{d}y}{\mathrm{d}x}\right)^2+\left(\dfrac{\mathrm{d}y}{\mathrm{d}x}\right)^3+xy=1+x^2$；（6）$(y')^2+2xy'-y^2=0$．

2．验证下列函数（C 为任意常数）是否是相应微分方程的解，是通解还是特解：

（1）$y=Cx^2$，$y=x^2$，$xy'=2y$；

（2）$y=\sin x$，$y=3\sin x-4\cos x$，$y''=-y$；

（3）$y=\mathrm{e}^x$，$y=C\mathrm{e}^{2x}$，$\dfrac{\mathrm{d}y}{\mathrm{d}x}=2y$．

3．验证函数 $y=C_1+C_2\mathrm{e}^{-x}+\dfrac{1}{2}x^2-x$ 是方程 $y''+y'=x$ 的通解．

4．已知函数 $y=C_1\cos x+C_2\sin x$ 是微分方程 $y''+y=0$ 的通解，求满足初始条件 $y|_{x=0}=2$ 及 $y'|_{x=0}=-1$ 的特解．

5．一曲线上任意一点的切线斜率都等于这个点横坐标的平方，且该曲线通过坐标原点 $(0,0)$，求这一曲线的方程．

7.2 一阶微分方程

一阶微分方程的一般形式为 $y'=f(x,y)$ 或 $F(x,y,y')=0$，本节仅介绍最常见一阶微分方程的概念及解法．

一阶微分方程

7.2.1 可分离变量的微分方程

如果一个一阶微分方程能化成

$$g(y)\mathrm{d}y=f(x)\mathrm{d}x$$

的形式，也就是说，微分方程可化成一端只含 y 的函数和 $\mathrm{d}y$ 的乘积，而另一端只含 x 的函数和 $\mathrm{d}x$ 的乘积，那么原方程就称为**可分离变量的微分方程**．

可分离变量的微分方程的解法称为**分离变量法**．其步骤如下：

（1）分离变量：$g(y)\mathrm{d}y=f(x)\mathrm{d}x$；

（2）两边求不定积分：$\int g(y)\mathrm{d}y=\int f(x)\mathrm{d}x$，得通解

$$G(y)=F(x)+C．$$

其中，$G(y),F(x)$ 分别为 $g(y),f(x)$ 的一个原函数．

例 1 求微分方程 $\dfrac{\mathrm{d}y}{\mathrm{d}x}=1+x+y^2+xy^2$ 的通解．

解 微分方程可化为

$$\frac{\mathrm{d}y}{\mathrm{d}x}=(1+x)(1+y^2)，$$

分离变量得
$$\frac{1}{1+y^2}\mathrm{d}y=(1+x)\mathrm{d}x,$$
等式两边积分得
$$\int\frac{1}{1+y^2}\mathrm{d}y=\int(1+x)\mathrm{d}x,$$
即有
$$\arctan y=\frac{1}{2}x^2+x+C.$$
因此，原微分方程的通解为
$$y=\tan\left(\frac{1}{2}x^2+x+C\right).$$

例 2　求微分方程 $\mathrm{d}y=2xy\mathrm{d}x$ 的通解.

解　这是可分离变量的微分方程.

将微分方程 $\mathrm{d}y=2xy\mathrm{d}x$ 分离变量得
$$\frac{1}{y}\mathrm{d}y=2x\mathrm{d}x,$$
等式两边积分得
$$\int\frac{1}{y}\mathrm{d}y=\int 2x\mathrm{d}x,$$
于是
$$\ln|y|=x^2+C_1,$$
从而
$$|y|=\mathrm{e}^{x^2+C_1}=\mathrm{e}^{C_1}\mathrm{e}^{x^2},$$
即
$$y=\pm\mathrm{e}^{C_1}\mathrm{e}^{x^2}.$$
若令 $C=\pm\mathrm{e}^{C_1}$，则它仍是任意常数. 因此，所给微分方程的通解为 $y=C\mathrm{e}^{x^2}$.

注　意

（1）为了书写方便，可以不必先取绝对值 $\ln|y|$，再去掉绝对值后令 $C=\pm\mathrm{e}^{C_1}$，而在积分时写成 $\ln y$，常数 C_1 写成 $\ln C$，这样可由 $\ln y=x^2+\ln C$，得到 $y=C\mathrm{e}^{x^2}$. 但要记住，最后得到的常数 C 是任意常数. 以后遇到类似情况时，就可以不用再写绝对值符号了，以简化计算过程.

（2）求出的通解，除特殊情况外，通常为显函数形式.

7.2.2　齐次型微分方程

形如
$$\frac{\mathrm{d}y}{\mathrm{d}x}=f\left(\frac{y}{x}\right)$$
的微分方程称为**齐次型微分方程**. 它的解法是变量替换法.

令 $u=\frac{y}{x}$，则 $y=xu$，$\frac{\mathrm{d}y}{\mathrm{d}x}=u+x\frac{\mathrm{d}u}{\mathrm{d}x}$，代入上式，得到关于未知函数 u、自变量 x 的微分方程
$$u+x\frac{\mathrm{d}u}{\mathrm{d}x}=f(u).$$
该方程是可分离变量方程，因此可求其通解，进而求得齐次型微分方程的解.

例 3 求微分方程 $\frac{dy}{dx}=\frac{y}{x}+\tan\frac{y}{x}$ 的通解.

解 令 $u=\frac{y}{x}$，则 $y=xu$，$\frac{dy}{dx}=u+x\frac{du}{dx}$，将其代入原方程得

$$u+x\frac{du}{dx}=u+\tan u,$$

即
$$\frac{du}{dx}=\frac{\tan u}{x},$$

分离变量得
$$\cot u du=\frac{1}{x}dx,$$

等式两边积分得
$$\int\cot u du=\int\frac{1}{x}dx,$$

于是
$$\ln\sin u=\ln x+\ln C,$$

即有
$$\sin u=Cx.$$

将 $u=\frac{y}{x}$ 回代，得原方程的通解为 $\sin\frac{y}{x}=Cx$.

7.2.3 一阶线性微分方程

形如

$$y'+p(x)y=Q(x)$$

的方程称为**一阶线性微分方程**，其中 $p(x),Q(x)$ 为已知连续函数.

当 $Q(x)\equiv 0$ 时，方程变为

$$y'+p(x)y=0,$$

称为**一阶线性齐次微分方程**.

当 $Q(x)\neq 0$ 时，对应的微分方程称为**一阶线性非齐次微分方程**.

下面介绍这两种方程的解法.

1. 一阶线性齐次微分方程的解法

对于这种方程，可以用分离变量法求出通解.

分离变量
$$\frac{dy}{y}=-p(x)dx,$$

等式两边积分得
$$\int\frac{1}{y}dy=\int-p(x)dx,$$

即有
$$\ln y=-\int p(x)dx+\ln C,$$

故一阶线性齐次微分方程 $y'+p(x)y=0$ 的通解为

$$y=Ce^{-\int p(x)dx}.$$

例 4　求方程 $\frac{dy}{dx}+3x^2y=0$ 的通解.

解　所给方程为一阶线性齐次方程，且 $p(x)=3x^2$，根据通解公式得

$$y=Ce^{-\int p(x)dx}=Ce^{-\int 3x^2dx}=Ce^{-x^3},$$

即 $y=Ce^{-x^3}$ 为所求方程的通解.

2. 一阶线性非齐次微分方程的解法

求一阶线性非齐次微分方程 $y'+p(x)y=Q(x)$ 的通解，可采用 **"常数变易法"**，即将上述一阶线性齐次微分方程通解中的常数 C 换成待定函数 $C(x)$，设微分方程 $y'+p(x)y=Q(x)$ 的解为

$$y=C(x)e^{-\int p(x)dx},$$

于是

$$y'=C'(x)e^{-\int p(x)dx}+C(x)[-p(x)]e^{-\int p(x)dx}.$$

将 y，y' 代入 $y'+p(x)y=Q(x)$ 得

$$C'(x)=e^{\int p(x)dx}Q(x),$$

等式两边积分得

$$C(x)=\int e^{\int p(x)dx}Q(x)dx+C,$$

于是可得

$$y=e^{-\int p(x)dx}\left[\int e^{\int p(x)dx}Q(x)dx+C\right].$$

这就是一阶线性非齐次微分方程的通解.

例 5　求方程 $(1+x^2)y'-2xy=(1+x^2)^2$ 的通解.

解　将原方程改写成

$$y'-\frac{2x}{1+x^2}y=1+x^2.$$

这是一阶线性非齐次微分方程.

方法一：常数变易法.

先求出对应齐次方程 $y'-\frac{2x}{1+x^2}y=0$ 的通解.

分离变量得

$$\frac{dy}{y}=\frac{2x}{1+x^2}dx,$$

等式两边积分得

$$\int\frac{dy}{y}=\int\frac{2x}{1+x^2}dx,$$

于是

$$\ln y=\ln(1+x^2)+\ln C,$$

因此对应齐次方程的通解为

$$y=C(1+x^2).$$

设非齐次方程的解为 $y=C(x)(1+x^2)$，代入原方程得

$$C'(x)(1+x^2)+2xC(x)-\frac{2x}{1+x^2}C(x)(1+x^2)=1+x^2,$$

于是

$$C'(x)(1+x^2)=(1+x^2),$$

即有

$$C'(x)=1,$$

等式两边积分得
$$C(x)=x+C.$$
因此，原方程的通解为
$$y=(1+x^2)(x+C).$$
方法二：公式法.

因为
$$y'-\frac{2x}{1+x^2}y=1+x^2,$$
此时
$$p(x)=-\frac{2x}{1+x^2},\ Q(x)=1+x^2,$$
所以原方程的通解为
$$y=\mathrm{e}^{\int\frac{2x}{1+x^2}\mathrm{d}x}\left[\int\mathrm{e}^{-\int\frac{2x}{1+x^2}\mathrm{d}x}(1+x^2)\mathrm{d}x+C\right]=\mathrm{e}^{\ln(1+x^2)}\left(\int\frac{1+x^2}{1+x^2}\mathrm{d}x+C\right)$$
$$=(1+x^2)(x+C).$$

例 6 求方程 $y'+3y=\mathrm{e}^{-2x}$ 满足初始条件 $y|_{x=0}=0$ 的特解.

解 由题意可知 $p(x)=3$，$Q(x)=\mathrm{e}^{-2x}$.

根据通解公式，可得方程的通解为
$$y=\mathrm{e}^{-\int 3\mathrm{d}x}\left(\int\mathrm{e}^{\int 3\mathrm{d}x}\mathrm{e}^{-2x}\,\mathrm{d}x+C\right)=\mathrm{e}^{-3x}\left(\int\mathrm{e}^{x}\,\mathrm{d}x+C\right)=\mathrm{e}^{-3x}(\mathrm{e}^{x}+C),$$
将初始条件 $y|_{x=0}=0$ 代入通解，得 $C=-1$.

因此，所求方程的特解为
$$y=\mathrm{e}^{-2x}-\mathrm{e}^{-3x}.$$

砥节砺行

一阶线性微分方程的常数变易法看起来简单明了，却是拉格朗日长达十一年的研究成果. 这体现了科学家在追求真理、探求知识过程中的宝贵工匠精神. 因此，我们在学习任何知识时都不能急于求成，要有不怕困难、勇往直前的勇气与斗志.

习题 7-2

1. 求下列微分方程的通解：

（1）$\dfrac{\mathrm{d}y}{\mathrm{d}x}=2xy^2$；（2）$x\ln x\cdot y'-y=0$；

（3）$x(y^2-1)\mathrm{d}x+y(x^2-1)\mathrm{d}y=0$；（4）$xy\mathrm{d}x+(x+2)\mathrm{d}y=0$.

2. 求下列齐次型微分方程的通解：

（1）$y'=\dfrac{y}{x}+\mathrm{e}^{\frac{2y}{x}}$；（2）$x\dfrac{\mathrm{d}y}{\mathrm{d}x}+y=2\sqrt{xy}$；

（3）$xy' - y - \sqrt{x^2 - y^2} = 0$.

3．求下列微分方程满足所给初始条件的特解：

（1）$y' = e^{2x-y}$, $y|_{x=0} = 0$；　（2）$\sqrt{1-x^2}\,y' = x$, $y|_{x=0} = 0$；

（3）$\dfrac{dy}{dx} - y\tan x = \sec x$, $y|_{x=0} = 0$；　（4）$y' + y\cos x = e^{-\sin x}$, $y|_{x=0} = 0$.

4．求下列微分方程的通解：

（1）$y' + 2y = 2x$；　（2）$y' - y\cot x = 2x\sin x$；

（3）$y' + \dfrac{e^x}{1+e^x}y = 1$；　（4）$y' + 2xy = 2xe^{-x^2}$.

5．求下列微分方程的通解：

（1）$x\dfrac{dy}{dx} = x + y$；　（2）$\dfrac{dy}{dx} = \dfrac{1}{x+y}$.

6．设一曲线过原点，且在点 (x, y) 处的切线斜率等于 $2x + y$，求此曲线的方程.

7.3 二阶常系数线性微分方程

在自然科学及工程问题中，遇到的高阶方程很多都是线性方程，或者可以简化为线性方程.

形如

$$y'' + p(x)y' + q(x)y = f(x)$$

的二阶微分方程，称为**二阶线性微分方程**. 其中，$p(x), q(x)$ 及 $f(x)$ 都是自变量 x 的已知函数.

当 $p(x), q(x)$ 为常数时，方程

$$y'' + py' + qy = f(x)$$

称为**二阶常系数线性微分方程**，$f(x)$ 称为**自由项**. 当 $f(x) \equiv 0$ 时，方程

$$y'' + py' + qy = 0$$

称为**二阶常系数齐次线性微分方程**. 当 $f(x) \neq 0$ 时，对应的方程称为**二阶常系数非齐次线性微分方程**.

7.3.1 二阶常系数齐次线性微分方程

定理 1（二阶常系数齐次线性微分方程通解的结构定理）　若 y_1, y_2 是二阶常系数齐次线性微分方程 $y'' + py' + qy = 0$ 的两个线性无关的特解，即 $\dfrac{y_1}{y_2} \neq$ 常数，则方程的通解为

$$y = C_1y_1 + C_2y_2 \ (C_1, C_2\text{为常数}).$$

证明　将 $y = C_1y_1 + C_2y_2$ 代入方程 $y'' + py' + qy = 0$ 可得

$$(C_1y_1'' + C_2y_2'') + p(C_1y_1' + C_2y_2') + q(C_1y_1 + C_2y_2) = C_1[y_1'' + py_1' + qy_1] + C_2[y_2'' + py_2' + qy_2].$$

因为 y_1，y_2 都是方程 $y'' + py' + qy = 0$ 的解，则有

$$\begin{aligned}&(C_1y_1'' + C_2y_2'') + p(C_1y_1' + C_2y_2') + q(C_1y_1 + C_2y_2)\\ &= C_1[y_1'' + py_1' + qy_1] + C_2[y_2'' + py_2' + qy_2] = 0.\end{aligned}$$

故 $y = C_1y_1 + C_2y_2$ 也是方程 $y'' + py' + qy = 0$ 的解.

由于 y_1, y_2 线性无关，故 $y_1 \neq ky_2$，即 C_1，C_2 两个任意常数不能合并，是相互独立的，故 $y = C_1y_1 + C_2y_2$ 是方程 $y'' + py' + qy = 0$ 的通解.

下面我们研究二阶常系数齐次线性微分方程 $y'' + py' + qy = 0$ 的解法.

根据求导的经验，我们知道指数函数 $y = \mathrm{e}^{rx}$ 的一、二阶导数 $r\mathrm{e}^{rx}, r^2\mathrm{e}^{rx}$ 仍是同类型的指数函数，若选取适当的常数 r，则有可能使 $y = \mathrm{e}^{rx}$ 满足方程 $y'' + py' + qy = 0$. 因此猜想方程 $y'' + py' + qy = 0$ 的解为

$$y = \mathrm{e}^{rx}.$$

将它代入方程并整理可得

$$\mathrm{e}^{rx}(r^2 + pr + q) = 0.$$

由于 $\mathrm{e}^{rx} \neq 0$，因此必有

$$r^2 + pr + q = 0. \tag{7-5}$$

由此可知，当 r 是一元二次方程（7-5）的根时，$y = \mathrm{e}^{rx}$ 就是方程 $y'' + py' + qy = 0$ 的一个解. 我们称方程（7-5）是微分方程 $y'' + py' + qy = 0$ 的**特征方程**，它的根 r_1, r_2 称为微分方程的**特征根**.

由于特征方程（7-5）是一元二次方程，它的根为 $r_{1,2} = \dfrac{-p \pm \sqrt{p^2 - 4q}}{2}$，因此特征根 $r_{1,2}$ 就有 3 种不同的情况，分别讨论如下：

（1）当 $p^2 - 4q > 0$ 时，r_1, r_2 是两个不相等的实根；

（2）当 $p^2 - 4q = 0$ 时，r_1, r_2 是两个相等的实根；

（3）当 $p^2 - 4q < 0$ 时，r_1, r_2 是一对共轭虚根.

下面根据特征根的 3 种不同情况，分别讨论方程 $y'' + py' + qy = 0$ 的通解.

1. r_1，r_2 是两个不相等的实根

若 r_1, r_2 是两个不相等的实根，则方程 $y'' + py' + qy = 0$ 的两个特解是

$$y_1 = \mathrm{e}^{r_1x}, y_2 = \mathrm{e}^{r_2x}，且 \frac{y_1}{y_2} = \mathrm{e}^{(r_1 - r_2)x} \neq 常数.$$

因此，方程 $y'' + py' + qy = 0$ 的通解为

$$y = C_1\mathrm{e}^{r_1x} + C_2\mathrm{e}^{r_2x} \ (C_1, C_2为常数).$$

2. r_1，r_2 是两个相等的实根

若 r_1, r_2 是两个相等的实根，则 $r_1 = r_2 = -\dfrac{p}{2}$，得到方程 $y'' + py' + qy = 0$ 的一个特解为 $y_1 = \mathrm{e}^{r_1x}$. 为了求通解，还需求另一个与 y_1 线性无关的解 y_2. 设 $y_2 = C(x)y_1$，其中 $\dfrac{y_2}{y_1} = C(x) \neq 常数$，将其代入方程整理得

$$\mathrm{e}^{r_1x}[C''(x) + (2r_1 + p)C'(x) + (r_1^2 + pr_1 + q)C(x)] = 0.$$

因为 $\mathrm{e}^{r_1x} \neq 0$，r_1 是方程（7-5）的重根，于是有 $r_1^2 + pr_1 + q = 0$，$2r_1 + p = 0$，所以可得

$$C''(x) = 0.$$

对上式积分两次，得

$$C(x)=C_1x+C_2\ (C_1,C_2\text{为常数}).$$

因为只需找出一个与 y_1 线性无关的特解，也就是找出一个不为常数的 $C(x)$ 即可，所以可令 $C_1=1$，$C_2=0$，取 $C(x)=x$，由此得到方程 $y''+py'+qy=0$ 的另一个解 $y_2=xe^{r_1x}$.

因此，方程 $y''+py'+qy=0$ 的通解为

$$y=(C_1+C_2x)e^{r_1x}\ (C_1,C_2\text{为常数}).$$

3. r_1，r_2 是一对共轭虚根

若 r_1,r_2 是一对共轭虚根，设 $r_1=\alpha+i\beta$，$r_2=\alpha-i\beta$ $(\beta\neq0)$. 这时，$y_1=e^{(\alpha+i\beta)x}$，$y_2=e^{(\alpha-i\beta)x}$ 是方程 $y''+py'+qy=0$ 的两个复数解. 由于它们使用起来不方便，因此可根据欧拉公式

$$e^{\beta i}=\cos\beta+i\sin\beta,$$

将 y_1,y_2 改写为

$$y_1=e^{(\alpha+i\beta)x}=e^{\alpha x}e^{i\beta x}=e^{\alpha x}(\cos\beta x+i\sin\beta x),$$

$$y_2=e^{(\alpha-i\beta)x}=e^{\alpha x}e^{-i\beta x}=e^{\alpha x}(\cos\beta x-i\sin\beta x).$$

取方程 $y''+py'+qy=0$ 的两个特解，即

$$\overline{y}_1=\frac{1}{2}(y_1+y_2)=e^{\alpha x}\cos\beta x,$$

$$\overline{y}_2=\frac{1}{2i}(y_1-y_2)=e^{\alpha x}\sin\beta x,$$

且 $\dfrac{\overline{y}_1}{\overline{y}_2}=\cot\beta x\neq$ 常数，则方程 $y''+py'+qy=0$ 的通解为

$$y=e^{\alpha x}(C_1\cos\beta x+C_2\sin\beta x).$$

综上所述，求二阶常系数齐次线性微分方程通解的步骤如下：

（1）写出特征方程 $r^2+pr+q=0$；

（2）求出特征根 r_1,r_2；

（3）由特征根的情况写出其通解.

例 1　求微分方程 $y''-4y'+3y=0$ 的通解.

解　所给微分方程的特征方程为 $r^2-4r+3=0$，特征根为 $r_1=1$，$r_2=3$.

因为 $r_1\neq r_2$，所以原微分方程的通解为

$$y=C_1e^x+C_2e^{3x}.$$

例 2　求微分方程 $y''-2y'+y=0$ 满足初始条件 $y|_{x=0}=1,y'|_{x=0}=3$ 的一个特解

解　所给微分方程的特征方程为 $r^2-2r+1=0$，特征根为 $r_1=r_2=1$，因此方程的通解为

$$y=(C_1+C_2x)e^x,$$

将 $y|_{x=0}=1$ 代入得 $C_1=1$.

对 $y=(C_1+C_2x)e^x$ 求导得

$$y'=(C_1+C_2x+C_2)e^x,$$

将 $y'|_{x=0}=3$，$C_1=1$ 代入得 $C_2=2$.

因此，原微分方程的特解为

$$y=(1+2x)\mathrm{e}^{x}.$$

例 3 求微分方程 $y''-6y'+13y=0$ 的通解.

解 所给微分方程的特征方程为 $r^2-6r+13=0$，特征根 $r=3\pm 2\mathrm{i}$.

因为 $\alpha=3$，$\beta=2$，所以原微分方程的通解是

$$y=\mathrm{e}^{3x}(C_1\cos 2x+C_2\sin 2x).$$

7.3.2 二阶常系数非齐次线性微分方程

1. 二阶常系数非齐次线性微分方程的通解结构

定理 2 若 y^* 是二阶常系数非齐次线性微分方程 $y''+py'+qy=f(x)$ 的一个特解，Y 是其对应的齐次线性微分方程 $y''+py'+qy=0$ 的通解，则

$$y=Y+y^*$$

就是方程 $y''+py'+qy=f(x)$ 的通解.

证明 将 $y=Y+y^*$ 代入方程 $y''+py'+qy=f(x)$ 得

$$\begin{aligned}&(Y''+y^{*\prime\prime})+p(Y'+y^{*\prime})+q(Y+y^*)\\&=[Y''+pY'+qY]+[y^{*\prime\prime}+py^{*\prime}+qy^*]=0+f(x)=f(x),\end{aligned}$$

故 $y=Y+y^*$ 是方程 $y''+py'+qy=f(x)$ 的解，且 Y 中含有 2 个独立的任意常数，故 y 是方程 $y''+py'+qy=f(x)$ 的通解.

定理 2 表明：求二阶常系数非齐次线性微分方程的通解，只要求得相应的齐次线性方程的通解，再求出非齐次线性方程的一个特解即可.

2. 二阶常系数非齐次线性微分方程的解法

下面只介绍当 $f(x)$ 取两种常见形式时求特解 y^* 的方法.

1） $f(x)=\mathrm{e}^{\lambda x}P_m(x)$ 型

设方程 $y''+py'+qy=f(x)$ 的右端 $f(x)=\mathrm{e}^{\lambda x}P_m(x)$，其中 λ 是常数，$P_m(x)$ 是一个已知的 x 的 m 次多项式，则

$$y''+py'+qy=\mathrm{e}^{\lambda x}P_m(x). \tag{7-6}$$

不难想象，方程（7-6）的特解的形式仍然是多项式与指数函数 $\mathrm{e}^{\lambda x}$ 的乘积. 因此，我们假设 $y^*=x^kQ_m(x)\mathrm{e}^{\lambda x}$ 是方程（7-6）的特解，其中 $Q_m(x)$ 是与 $P_m(x)$ 同次的多项式，其各项系数待定，k 的取值如下：

$$k=\begin{cases}0, & \text{当}\lambda\text{不是特征根时},\\1, & \text{当}\lambda\text{是特征单根时},\\2, & \text{当}\lambda\text{是特征重根时}.\end{cases}$$

因此，求 y^* 的步骤是：首先依据条件设出 y^*，然后将 y^* 代入方程（7-6）确定 $Q_m(x)$ 中的 $m+1$ 个待定系数. 这种求 y^* 的方法称为**待定系数法**.

例 4　求微分方程 $y''+y'-6y=3\mathrm{e}^{2x}$ 的一个特解.

解　所给微分方程的特征方程为 $r^2+r-6=0$，其特征根为 $r_1=2$，$r_2=-3$.

因为 $\lambda=2$ 是方程的特征单根，所以设原微分方程的特解为

$$y^*=ax\mathrm{e}^{2x},$$

于是有

$$y^{*\prime}=(a+2ax)\mathrm{e}^{2x},\ y^{*\prime\prime}=(4a+4ax)\mathrm{e}^{2x}.$$

将 y^*，$y^{*\prime}$ 和 $y^{*\prime\prime}$ 代入原微分方程得

$$(4a+4ax)\mathrm{e}^{2x}+(a+2ax)\mathrm{e}^{2x}-6ax\mathrm{e}^{2x}=3\mathrm{e}^{2x},$$

即 $5a\mathrm{e}^{2x}=3\mathrm{e}^{2x}$，解得 $a=\dfrac{3}{5}$.

因此，原微分方程的一个特解为

$$y^*=\frac{3}{5}x\mathrm{e}^{2x}.$$

例 5　求微分方程 $y''-2y'-3y=(x+1)\mathrm{e}^{x}$ 的一个特解.

解　所给微分方程的特征方程为 $r^2-2r-3=0$，其特征根为 $r_1=-1$，$r_2=3$.

因为 $\lambda=1$ 不是特征方程的根，所以设原微分方程的特解为

$$y^*=(b_0x+b_1)\mathrm{e}^{x},$$

于是有

$$y^{*\prime}=(b_0x+b_1+b_0)\mathrm{e}^{x},\ y^{*\prime\prime}=(b_0x+b_1+2b_0)\mathrm{e}^{x}.$$

将 y^*，$y^{*\prime}$ 和 $y^{*\prime\prime}$ 代入原微分方程得

$$(b_0x+b_1+2b_0)\mathrm{e}^{x}-2(b_0x+b_1+b_0)\mathrm{e}^{x}-3(b_0x+b_1)\mathrm{e}^{x}=(x+1)\mathrm{e}^{x},$$

即

$$-4b_0x-4b_1=x+1.$$

比较等式两边 x 的同次幂系数，得 $b_0=-\dfrac{1}{4}$，$b_1=-\dfrac{1}{4}$.

因此，原微分方程的特解为

$$y^*=-\frac{1}{4}(x+1)\mathrm{e}^{x}.$$

2）$f(x)=A\cos\omega x+B\sin\omega x$ 型

若方程 $y''+py'+qy=f(x)$ 的右端 $f(x)=A\cos\omega x+B\sin\omega x$，其中 A,B,ω 为实数，则有

$$y''+py'+qy=A\cos\omega x+B\sin\omega x. \tag{7-7}$$

可以证明，方程（7-7）的特解为

$$y^*=x^k(a\cos\omega x+b\sin\omega x).$$

其中，a 和 b 是待定常数，k 是整数，其取值如下：

$$k=\begin{cases}0, & \text{当}\ \omega\mathrm{i}\ \text{不是特征根}\ r\ \text{时},\\ 1, & \text{当}\ \omega\mathrm{i}\ \text{是特征根}\ r\ \text{时}.\end{cases}$$

例 6　求微分方程 $y''+3y'+2y=20\cos 2x$ 的通解.

解　该方程的特征方程为 $r^2+3r+2=0$，其特征根为 $r_1=-1$，$r_2=-2$，故原微分方程对应的齐次方程

的通解为

$$Y = C_1\mathrm{e}^{-x} + C_2\mathrm{e}^{-2x}.$$

因为$\omega\mathrm{i} = 2\mathrm{i}$不是特征方程的根，所以设方程的特解为

$$y^* = a\cos 2x + b\sin 2x.$$

于是有

$$y^{*\prime} = -2a\sin 2x + 2b\cos 2x, \quad y^{*\prime\prime} = -4a\cos 2x - 4b\sin 2x.$$

将y^*，$y^{*\prime}$和$y^{*\prime\prime}$代入原微分方程得

$$-4a\cos 2x - 4b\sin 2x + 3(-2a\sin 2x + 2b\cos 2x) + 2(a\cos 2x + b\sin 2x) = 20\cos 2x,$$

合并同类项得 $$(-4a + 6b + 2a)\cos 2x + (-4b - 6a + 2b)\sin 2x = 20\cos 2x,$$

即 $$(-2a + 6b)\cos 2x + (-2b - 6a)\sin 2x = 20\cos 2x,$$

比较系数可得 $$\begin{cases} -2a + 6b = 20, \\ -2b - 6a = 0, \end{cases}$$

解得$a = -1$，$b = 3$. 于是原微分方程的特解为

$$y^* = -\cos 2x + 3\sin 2x.$$

因此，原微分方程的通解为

$$y = C_1\mathrm{e}^{-x} + C_2\mathrm{e}^{-2x} - \cos 2x + 3\sin 2x.$$

习题 7-3

1．求下列微分方程的通解：

（1）$y'' - 2y' - 3y = 0$；　　（2）$y'' - 2\sqrt{2}y' + 2y = 0$；

（3）$y'' + 2y = 0$；　　（4）$y'' - 4y' + 13y = 0$.

2．求下列微分方程的一个特解：

（1）$y'' - y' = -2x + 1$；　　（2）$y'' - 3y' + 2y = x\mathrm{e}^{2x}$.

3．求下列微分方程满足初始条件的一个特解：

（1）$4y'' - 4y' + y = 0$，$y|_{x=0} = 1$，$y'|_{x=0} = 3$；

（2）$y'' + 2y' + 10y = 0$，$y|_{x=0} = 1$，$y'|_{x=0} = 2$.

4．求下列微分方程的通解：

（1）$y'' + 3y' + 2y = 3x + 1$；　　（2）$y'' - 5y' + 6y = x\mathrm{e}^{2x}$；

（3）$y'' + y' = x^2 + 4$；　　（4）$y'' + 4y' + 5y = \sin x$.

5．求下列微分方程满足初始条件的一个特解：

（1）$y'' - 3y' + 2y = 5$，$y|_{x=0} = 1$，$y'|_{x=0} = 2$；

（2）$y'' - y = 4x\mathrm{e}^{x}$，$y|_{x=0} = 0$，$y'|_{x=0} = 1$.

7.4 微分方程的应用

数学建模是一种数学的思考方法，是运用数学的语言和方法，通过抽象、简化建立能近似刻画并解决实际问题的一种强有力的数学手段.

数学建模就是用数学语言描述实际现象的过程. 这里的“实际现象”既包含具体的自然现象（如自由落体现象），也包含抽象的现象（如顾客对某种商品所取的价值倾向）. 这里的“描述”不但包括外在形态和内在机制的描述，也包括预测、试验和解释实际现象等内容的描述. 数学模型就是对实际问题的一种数学表述.

1. 冷却模型

例 1　假设一高温物体在冷却剂中均匀冷却，其介质（冷却剂）温度始终保持为 10℃，物体的初始温度为 200℃，且由 200℃冷却到 100℃需要 40 s. 已知冷却定律：冷却速率与物体和介质的温度差成正比. 试建立物体温度变化的数学模型，并求出物体温度降到 20℃所需的时间.

解　设物体温度为 $\theta=\theta(t)$，它是时间 t 的函数，则物体的冷却速率就是温度 $\theta(t)$ 对时间 t 的变化率，即 $\theta'(t)$. 因此，由冷却定律可得 $\theta(t)$ 应满足的微分方程为

$$\theta'(t)=-k[\theta(t)-10],$$

其中比例系数 $k>0$. 由于物体在冷却中降温，因此温度变化率为负，上式右端有负号.

此外，由题意知 $\theta(t)$ 所满足的初始条件为

$$\theta(t)|_{t=0}=200,$$

于是，初值问题为

$$\begin{cases}\theta'(t)=-k[\theta(t)-10],\\ \theta(t)|_{t=0}=200.\end{cases}$$

解此初值问题，得特解

$$\theta(t)=10+190\mathrm{e}^{-kt}.$$

下面由题意确定比例系数 k. 因为该物体由 200℃冷却到 100℃需要 40 s，即

$$100=10+190\mathrm{e}^{-40k},$$

解得 $k=-\dfrac{1}{40}\ln\dfrac{9}{19}\approx 0.018\,68$，从而得物体温度 θ 变化的数学模型为

$$\theta(t)=10+190\mathrm{e}^{-0.018\,68t}.$$

由上式可见，物体的冷却是按指数规律变化的. 当 t 增加时，温度开始时下降得比较快，以后逐渐变慢而趋于环境温度. 将 $\theta=20$ 代入上式得

$$t=\frac{\ln 19}{0.018\,68}\approx 158\,(\mathrm{s}),$$

即物体温度降到 20℃大约需要 2 分 38 秒.

2. 振动模型

振动是生活与工程中的常见现象，研究振动规律有着极其重要的意义. 在自然界中，许多振动现象都可以抽象为下述振动问题.

例 2 设有一个弹簧，它的上端固定，下端挂一个质量为 m 的物体. 试建立描述物体振动的方程.

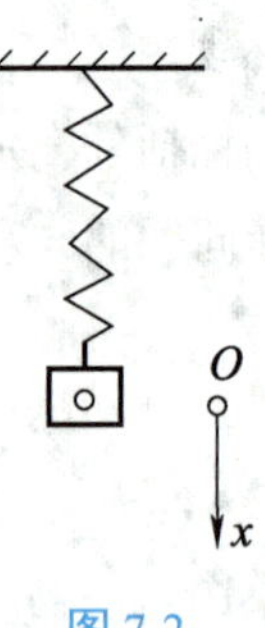

图 7-2

解 当物体处于静止状态时，作用在物体上的重力与弹性力的大小相等、方向相反，这个位置就是物体的平衡位置，如图 7-2 所示，取 x 轴垂直向下，并取物体的平衡位置为坐标原点.

如果使物体具有一个初速度 $v_0 \neq 0$，那么物体便离开平衡位置，并在平衡位置附近上下振动. 在振动过程中，物体的位置 x 随时间 t 变化，即 x 是 t 的函数 $x=x(t)$. 要确定物体的振动规律，就是要求出函数 $x=x(t)$.

由力学知道，弹簧使物体回到平衡位置的弹性恢复力 f 和物体离开平衡位置的位移 x 成正比，即有

$$f=-cx.$$

其中，c 为弹簧的弹性系数，负号表示弹性恢复力的方向和物体的位移方向相反.

另外，物体在运动过程中还受到阻尼介质（如空气、油等）的阻力作用，以致振动逐渐趋于停止. 由实验知道，阻力 R 总与运动方向相反，当振动不大时，其大小与物体运动的速度成正比，设比例系数为 μ，则有

$$R=-\mu\frac{\mathrm{d}x}{\mathrm{d}t}.$$

根据上述关于物体受力情况的分析，由牛顿第二定律得

$$m\frac{\mathrm{d}^2x}{\mathrm{d}t^2}=-cx-\mu\frac{\mathrm{d}x}{\mathrm{d}t},$$

移项，并设 $2\delta=\frac{\mu}{m}$，$\omega^2=\frac{c}{m}$，则上式化为

$$\frac{\mathrm{d}^2x}{\mathrm{d}t^2}+2\delta\frac{\mathrm{d}x}{\mathrm{d}t}+\omega^2x=0.$$

这就是在有阻尼的情况下物体自由振动的微分方程.

若物体在振动过程中还受到垂直阻力 $F=H\sin pt$ 的作用，则

$$\frac{\mathrm{d}^2x}{\mathrm{d}t^2}+2\delta\frac{\mathrm{d}x}{\mathrm{d}t}+\omega^2x=h\sin pt,$$

其中 $h=\frac{H}{m}$. 这就是强迫振动的微分方程.

3. 人口模型

例 3 18 世纪末，英国人口统计学家马尔萨斯在研究了百余年的人口统计资料后发现，在人口自然增长过程中，净相对增长率（出生率与死亡率之差）是常数，即单位时间内人口的增长量与人口成正比. 在此假设下，求人口随时间变化的数学模型.

解 设时刻 t 的人口为 $N(t)$，净相对增长率为 r，把 $N(t)$ 当作连续变量考虑，按照马尔萨斯的假设，在 t 到 $t+\Delta t$ 时间内人口的增长量为

$$N(t+\Delta t)-N(t)=rN(t)\Delta t\ .$$

设 $t=t_0$ 时的人口为 N_0，于是

$$\begin{cases}\dfrac{\mathrm{d}N}{\mathrm{d}t}=rN\,,\\ N(t_0)=N_0\,,\end{cases}$$

即为马尔萨斯的人口模型，用分离变量法求出其解为

$$N(t)=N_0\mathrm{e}^{r(t-t_0)}\ .$$

若 $r>0$，则此式表明人口将以指数规律增长．特别地，当 $t\to+\infty$ 时，$N(t)\to+\infty$，这似乎不太可能．这个模型与 19 世纪以前欧洲一些地区的人口统计数据恰好吻合，但是当后来人们用它与 19 世纪的美国人口资料比较时，却发现了相当大的差异．

分析表明，上述现象的主要原因是随着人口的增长，自然资源、环境条件等因素对人口增长的限制作用越来越显著．人口较少时，人口的自然增长率基本上是常数，而当人口增加到一定数量后，这个增长率就会随着人口的增长而减少，因此应对指数模型中关于净相对增长率为常数的假设进行修改．

砥节砺行

中科院的杨超研究员率领科研团队，研究如何快速提高天气实时预报的效率．他们将天气预报问题转化成复杂的全球大气动力学非线性微分方程组模型，并设计了全隐式的计算格式进行该模型的数值求解．2016 年，该研究工作获得了超级计算界的诺贝尔奖——戈登贝尔奖，实现了中国在此奖项上零的突破．我们应该为我国取得这项里程碑式的计算数学成就感到无比自豪，也应立志发奋图强，积极投身于数学领域的学习，自主创新，勇攀科学高峰．

习题 7-4

1．在某池塘内养鱼，该池塘最多能养鱼 1 000 尾．在时刻 t，鱼数 y 是时间 t 的函数 $y=y(t)$，其变化率与鱼数 y 及 $1000-y$ 成正比．已知在池塘内放养鱼 100 尾，3 个月后池塘内有鱼 250 尾，求放养 t 月后鱼数 $y(t)$ 的公式．

2．质量为 1 g 的质点受外力作用做直线运动，外力的大小与时间成正比，与质点运动的速度成反比．在 $t=10\,\mathrm{s}$ 时，速度等于 50 cm/s，外力为 $4\times10^{-5}\ \mathrm{N}$．问从运动开始经过 1 min 后速度是多少？

3．镭的衰变有如下规律：衰变速度与镭的现存量成正比，由经验材料得知，镭经过 1 600 年后，只余原始量 R_0 的一半．试求镭在任意时刻 t 的含量 $R(t)$ 与时间 t 的函数关系．

4．一质量为 m 的潜水艇从水面由静止状态下沉，所受阻力与下沉速度成正比（比例系数 $k>0$）．试求潜水艇下沉速度与时间 t 的关系．

5．设一直径为 0.5 m 的圆柱形浮筒垂直地置于水中，将它稍向下压后，突然放开，若浮筒在水中上下振动一次的周期为 2 s，试求该浮筒的质量．

本章小结

1. 微分方程的基本概念

（1）表示未知函数、未知函数的导数及自变量之间关系的方程称为微分方程．未知函数是一元函数的微分方程称为常微分方程．微分方程中所含未知函数的导数的最高阶数称为微分方程的阶．

（2）若函数 $y=f(x)$ 满足一个微分方程，则称它是该微分方程的解．若微分方程的解中含有相互独立的任意常数，并且任意常数的个数等于该微分方程的阶数，则这个解称为该微分方程的通解．通解中的任意常数，根据某些条件确定下来后，对应的解称为该微分方程的一个特解．用于确定通解中任意常数的条件称为初始条件．

2. 一阶微分方程

一阶微分方程的几种类型和解法归纳如表 7-1 所示．

表 7-1

类型		方程	解法
可分离变量的微分方程		$g(y)\mathrm{d}y=f(x)\mathrm{d}x$	分离变量 $g(y)\mathrm{d}y=f(x)\mathrm{d}x$，两边积分 $\int g(y)\mathrm{d}y=\int f(x)\mathrm{d}x$
齐次型微分方程		$\frac{\mathrm{d}y}{\mathrm{d}x}=f\left(\frac{y}{x}\right)$	先代换，再分离变量，最后两边积分 令 $u=\frac{y}{x}$，得 $\frac{\mathrm{d}y}{\mathrm{d}x}=u+x\frac{\mathrm{d}u}{\mathrm{d}x}$，原方程化为 $u+x\frac{\mathrm{d}u}{\mathrm{d}x}=f(u)$
一阶线性微分方程	齐次	$y'+p(x)y=0$	方法一：分离变量，两边积分 方法二：公式 $y=C\mathrm{e}^{-\int p(x)\mathrm{d}x}$
	非齐次	$y'+p(x)y=Q(x)$	方法一：常数变易法 方法二：公式 $y=\mathrm{e}^{-\int p(x)\mathrm{d}x}\left[\int \mathrm{e}^{\int p(x)\mathrm{d}x}Q(x)\mathrm{d}x+C\right]$

3. 二阶常系数线性微分方程

（1）二阶常系数齐次线性微分方程 $y''+py'+qy=0$ 可以用特征方程 $r^2+pr+q=0$ 的根，来确定通解的形式，如表 7-2 所示．

表 7-2

特征方程 $r^2+pr+q=0$ 的两个根 r_1, r_2	微分方程 $y''+py'+qy=0$ 的通解
两个不相等的实根 $r_1\neq r_2$	$y=C_1\mathrm{e}^{r_1x}+C_2\mathrm{e}^{r_2x}$
两个相等的实根 $r_1=r_2$	$y=(C_1+C_2x)\mathrm{e}^{r_1x}$
一对共轭虚根 $r_1=\alpha+\mathrm{i}\beta, r_2=\alpha-\mathrm{i}\beta$	$y=\mathrm{e}^{\alpha x}(C_1\cos\beta x+C_2\sin\beta x)$

（2）二阶常系数非齐次线性微分方程 $y''+py'+qy=f(x)$ 的通解为 $y=Y+y^*$，其中 Y 是对应的齐次微分方程 $y''+py'+qy=0$ 的通解，y^* 是原非齐次微分方程的一个特解．

求 $y''+py'+qy=f(x)$ 的一个特解 y^* 时，按表 7-3 所示用待定系数法．

表 7-3

$f(x)$ 的形式	特解 y^* 的形式	条件
$f(x)=\mathrm{e}^{\lambda x}P_m(x)$	$y^*=x^kQ_m(x)\mathrm{e}^{\lambda x}$	$k=\begin{cases}0, & \text{当}\lambda\text{不是特征根时,}\\1, & \text{当}\lambda\text{是特征单根时,}\\2, & \text{当}\lambda\text{是特征重根时}\end{cases}$
$f(x)=A\cos\omega x+B\sin\omega x$	$y^*=x^k(a\cos\omega x+b\sin\omega x)$	a 和 b 是待定常数，k 是整数，其取值如下：$k=\begin{cases}0, & \text{当}\omega\mathrm{i}\text{不是特征根}r\text{时,}\\1, & \text{当}\omega\mathrm{i}\text{是特征根}r\text{时}\end{cases}$

4. 微分方程在数学建模中的应用

微分方程在数学建模中的应用很多，本章主要介绍了冷却模型、振动模型和人口模型.

复习题七

1．单项选择题：

（1）下列微分方程中，是一阶方程的是（　　）.

A．$y''+3y'-2y=\mathrm{e}^{x^2}$　　B．$y'=x^2+y$

C．$\dfrac{\mathrm{d}^2y}{\mathrm{d}x^2}=-xy$　　D．$\dfrac{\mathrm{d}^3s}{\mathrm{d}t^3}+s=s^4$

（2）下列函数中，（　　）是微分方程 $y'+\dfrac{y}{x}=x$ 的解.

A．$\dfrac{x^2}{3}+1$　　B．$\dfrac{x^3}{3}+\dfrac{1}{x}$

C．$-\dfrac{x^2}{3}+1$　　D．$\dfrac{x^2}{3}+\dfrac{1}{x}$

（3）方程 $x^2\mathrm{d}y=y^2\mathrm{d}x-x\mathrm{d}y$ 是（　　）.

A．一阶线性微分方程　　B．齐次型微分方程

C．可分离变量微分方程　　D．二阶线性微分方程

（4）方程 $xy'+3y=0$ 的通解是（　　）.

A．x^{-3}　　B．$Cx\mathrm{e}^x$

C．$x^{-3}+C$　　D．Cx^{-3}

（5）方程 $xy'=y\ln y$ 满足条件 $y|_{x=1}=\mathrm{e}^2$ 的特解为 $y=$（　　）.

A．$2\mathrm{e}^x$　　B．$2x$

C．e^x　　D．e^{2x}

2．求下列微分方程的通解：

（1）$y'+2y=1$；　　（2）$xy'=y+2$；

（3）$y'\tan x-y=1$；　　（4）$y'-\dfrac{2}{x+1}y=(x+1)^2$.

3．求下列微分方程的通解：

（1）$y''-5y'=0$；（2）$y''-10y'-11y=0$；

（3）$y''-2y'+y=e^x$；（4）$y''+y=2\cos x$．

第7章答案

4．求下列微分方程的一个特解：

（1）$y''-4y=2e^x$；（2）$y''+2y'+y=e^{-x}$．

5．一质量为m的物体沿倾角为α的斜面由静止开始下滑，摩擦力为$kv+lP$，其中P为物体对斜面的正压力，v为运动速度，k，l为正常数．试求物体下滑速度的变化规律．

6．跳伞员与降落伞共重150 kg，当降落伞张开时，他以10 m/s的速度垂直下落．设空气阻力与速度成正比，且当速度为5 m/s时，空气阻力为60 N．试求跳伞员的下落速度与时间的关系及其极限速度（即当时间$t\to+\infty$时的速度）．

知中有行　用MATLAB求解微分方程

在MATLAB中使用dsolve函数求解微分方程，其调用格式为

y=dsolve('微分方程','初始条件','自变量')

注：（1）利用dsolve函数求解微分方程只能用字符串方式表示，自变量缺省值为t；

（2）一阶导数用D表示，二阶导数用D2表示，以此类推；

（3）所求的是方程在初始条件下的特解；若无初始条件，则求出的是方程的通解．

例1　求微分方程$\dfrac{dy}{dx}=2y+3$．

解　在命令窗口输入：

```
>> y=dsolve('Dy=2*y+3','x')
```

按回车，输出结果为

```
y =
-3/2+exp(2*x)*C1
```

%无初始条件时得到的是通解，即$y=-\dfrac{3}{2}+Ce^{2x}$

例2　求微分方程$\dfrac{dy}{dt}=y-\dfrac{2t}{y}$，$y(0)=1$．

解　在命令窗口输入：

```
>> y=dsolve('Dy=y-2*t/y','y(0)=1')
```

按回车，输出结果为

```
y =
(2*t+1)^(1/2)
```

%有初始条件时得到的是特解，即$y=\sqrt{2t+1}$

数学故事　凭一己之力，令中国数学飞速发展

在数学领域，沃尔夫奖与菲尔兹奖是公认的能与诺贝尔奖相媲美的数学大奖. 菲尔兹奖主要奖励在现代数学中做出突出贡献的年轻数学家，而沃尔夫奖主要奖励在数学上做出开创性工作、具有世界声誉的数学家. 到 1990 年为止，世界上仅有 24 位数学家获得过沃尔夫奖，而陈省身教授就是其中之一. 他由于在整体微分几何上的杰出工作获得 1984 年度沃尔夫奖，成为唯一获此殊荣的华人数学家.

陈省身先生，1911 年生，浙江嘉兴人；1930 年毕业于南开大学数学系，受教于姜立夫教授；1934 年获清华大学硕士学位；同年入德国汉堡大学随布拉施克教授研究几何，仅用一年零三个月便在 1936 年获博士学位；之后以“法国巴黎索邦中国基金会博士后研究员”身份到巴黎大学从事研究工作，师从国际数学大师 E・嘉当.

陈省身在 1937—1943 年，任清华大学和西南联合大学教授；1943—1946 年，在美国普林斯顿高级研究所任研究员，在微分几何中高斯-波内公式的研究和拓扑学方面取得重要进展；1946—1948 年筹建中央数学研究所并任代理所长；1949—1960 年，任美国芝加哥大学教授；1960—1979 年任加州大学伯克利分校教授；1981—1984 年任美国国家数学研究所首任所长，后任名誉所长.

陈省身是美国科学院院士，法国、意大利、俄罗斯等国家科学院外籍院士. 他对整体微分几何的深远贡献，影响了整个数学界，被公认为“20 世纪伟大的几何学家”，先后获美国国家科学奖章、以色列沃尔夫奖、中国国际科技合作奖及首届邵逸夫数学科学奖等多项荣誉.

陈省身对祖国心怀赤诚，1972 年后多次回到祖国访问讲学，曾经感慨道：“为祖国工作，是我崇高的荣誉.”陈省身于 2000 年定居天津，被天津市人民政府授予永久居留权. 他盛赞新中国欣欣向荣，瞩望祖国早日统一，诚挚地向党和国家领导人就发展科学事业、培养和引进人才等建言献策，受到高度重视. 他曾于 1984 年出任南开数学研究所所长，创办立足国内、面向世界培养中国高级数学人才的基地；努力推进中国科学家与美国及各国的学术交流，促成国际数学家大会在北京召开，并被推选为大会名誉主席. 他殚精竭虑地为把中国建成数学大国、科技强国贡献力量，多次受到邓小平、江泽民等党和国家领导人接见，他对中国数学科学发展所做的杰出贡献受到了高度称赞. 除了在数学上做出的巨大成就，陈省身教授还培养了一大批世界级的科学家，其中包括诺贝尔物理学奖获得者杨振宁、菲尔兹奖获得者丘成桐、中国国家自然科学奖一等奖获得者吴文俊等.

“天津是我的第二故乡.”陈省身先生曾动情地说. 自 2000 年夫人郑士宁女士去世后，陈省身先生多次表示将来百年后要将自己和夫人的骨灰安葬在南开园，他希望在墓碑前有黑板、有座位，以便大家讨论学术问题. 如今，陈省身和夫人的骨灰被永远安葬在了这片他们深深热爱并为之呕心沥血的母校南开园中. 南开园里省身楼旁边的一块绿地上，在大树的环抱下，几个石凳静地地待在那里，它们的前方是一块“黑板”，上面写着数学方程式……这就是陈省身先生永远的栖身之所.

墓碑由两块石头组成，一块是汉白玉，另一块是贴在白色汉白玉上的黑色花岗岩. 墓碑整体横截面为曲边三角形，象征着数学史上著名的高斯-邦内-陈公式的最简单情形. 墓碑的正面犹如一块黑板，上半部

写有数学符号和公式，那是陈省身先生在美国任教时手书讲义中的高斯-邦内-陈公式，整个素朴的墓园犹如一个开放的露天教室，随时欢迎人们来这里自由自在地辩论.

2011 年 6 月 19 日，89 岁的世界著名物理学家杨振宁来到南开大学，以理论物理前沿讨论的方式为他创办的陈省身数学研究所理论物理研究室庆祝 25 周岁. 学术报告会后，他来到老友陈省身夫妇的墓前，与众人一同揭开陈省身先生的纪念碑——一块写着数学方程式的“黑板”.

陈省身先生的主要著作如下：

（1）《微分几何的若干论题》，美国普林斯顿高级研究院 1951 年油印本.

（2）《微分流形》，美国芝加哥大学 1953 年油印本.

（3）《复流形》，美国芝加哥大学 1956 年版；巴西累西腓大学 1959 年版；俄译本 1961 年版.

（4）《整体几何和分析的研究》（编辑），美国数学协会 1967 年版.

（5）《不具位势原理的复流形》，凡·诺斯特兰德 1968 年版；斯普林格出版社第二版.

（6）《黎曼流形中的极小子流形》，美国堪萨斯大学 1968 年油印本.

（7）《微分几何讲义》（合著），北京大学出版社 1983 年出版.

（8）《陈省身论文选集》（1—4 卷），斯普林格出版社 1978 年、1989 年出版.

（9）《整体微分几何的研究》（编辑），美国数学协会 1988 年版.

（10）《陈省身文选——传记、通俗演讲及其他》，科学出版社 1989 年出版.

20 世纪 70 年代末，我国不但在经济上同世界发达国家存在很大差距，在科技上的差距也同样不容乐观. 科技水平低、科技人才匮乏成为制约改革开放和现代化建设的重要障碍. 因此，与海外华侨华人加强交流，是我国学习外国先进科学技术，吸收外国先进科技经验和成果的一个重要的、直接的渠道. 海外华人科学家的知识和经验是振兴中国科学技术事业的独特而宝贵的财富，且华侨和华人都有着一颗爱国心，美国有很多华人科学家，但心是在中国的，愿意帮助中国实现四个现代化. 所以，邓小平把加强同华裔专家的交流沟通作为中国现代化建设的一项重要战略举措来抓，他提出：“接受华裔学者回国是我们发展科学技术的一项具体措施.” 许多海外华人科学家不仅为中国的科技发展积极建言献策，还经常回国讲学、指导和参与一些重要的科学研究工作，这对于促进中国科学技术的发展、缩短同世界的差距发挥了十分重要的作用. 因此，我们应大力弘扬科学家精神以及爱国精神，继承和发扬艰苦奋斗的优良传统，培养创新意识，学以致用，报效祖国.

第8章 无穷级数

名人名言

数学方法渗透并支配着一切自然科学的理论分支．它愈来愈成为衡量科学成就的主要标志了．

——冯·诺依曼

趣味数学——冯·诺依曼与蜜蜂问题

冯·诺依曼，美籍匈牙利人，1903年12月28日生于匈牙利的布达佩斯．小时候的他已经显出惊人的记忆力和计算能力，六岁已能心算八位数除法．他在计算机、博弈论、核武器和生化武器等诸多领域内都有杰出的建树，他是最伟大的科学全才之一，被后人称为“计算机之父”和“博弈论之父”．

有一天他和朋友在车站等车，朋友向他提出了蜜蜂问题：“相距100 km的两列火车A，B相向开出，时速均为50 km．一只时速100 km的蜜蜂从火车A飞向火车B，当与火车B相遇后，蜜蜂立即折返向回飞，遇到A时再折返，……，如此下去，当两列火车相遇时，蜜蜂共飞了多长距离？”

冯·诺依曼当场说出了答案 100 km，对此他的朋友很无趣地说：“你是不是知道简便的解答方法．我以为你要用无穷级数求和的方法解答呢!”冯·诺依曼不解地说：“我就是用无穷级数求和的方法解答的！还有更简便的解法？”这回轮到他的朋友吃惊了，冯·诺依曼的计算能力太强了！

冯·诺依曼是这样计算的：蜜蜂从火车A出发到首次与火车B相遇用时 $100\div(100+50)=\frac{2}{3}\,(\mathrm{h})$，行程 $100\times\frac{2}{3}=\frac{200}{3}\,(\mathrm{km})$，此时两车相距 $(50+50)\times\left(1-\frac{2}{3}\right)=\frac{100}{3}\,(\mathrm{km})$，即原来距离的1/3．由此分析，每次蜜蜂折返时，都只飞了其上一次飞行距离的1/3，因此蜜蜂在两车相遇时共飞行的距离为

$$\begin{aligned}100\times\frac{2}{3}+\frac{1}{3}\times100\times\frac{2}{3}+\frac{1}{3^2}\times100\times\frac{2}{3}+\cdots&=100\times\frac{2}{3}\times\left(1+\frac{1}{3}+\frac{1}{3^2}+\frac{1}{3^3}+\cdots\right)\\&=100\times\frac{2}{3}\times\frac{1}{1-1/3}=100\,(\mathrm{km}).\end{aligned}$$

此问题简便的算法是：蜜蜂在两车相遇前一直在飞，速度是 100 km/h，两车相遇所需时间是 $\frac{100}{50+50}=1\,(\mathrm{h})$，因此蜜蜂共飞了100 km.

导 学

无穷级数是应用数学的一个重要组成部分，它是函数的一种重要表示形式，也是研究函数和进行近似计算的重要工具，它在工程技术和数学的许多分支中有着广泛的应用．本章先介绍无穷级数的一些基本概念，接着进一步讨论一些重要级数的敛散性，最后介绍幂级数和如何将函数展成幂级数．

素质目标

- 加强实践练习，注重学思结合、知行统一，增强勇于探索的创新精神．
- 具备独立思考、举一反三的能力．

8.1 常数项级数的概念和性质

8.1.1 常数项级数的概念

举一个具体例子：在计算半径为 R 的圆面积 S 时，可先作圆的内接正六边形 $ABCDEF$，其面积记为 u_1，则 u_1 就是圆面积 S 的一个粗略的近似值，如图 8-1 所示．

常数项级数的概念和性质

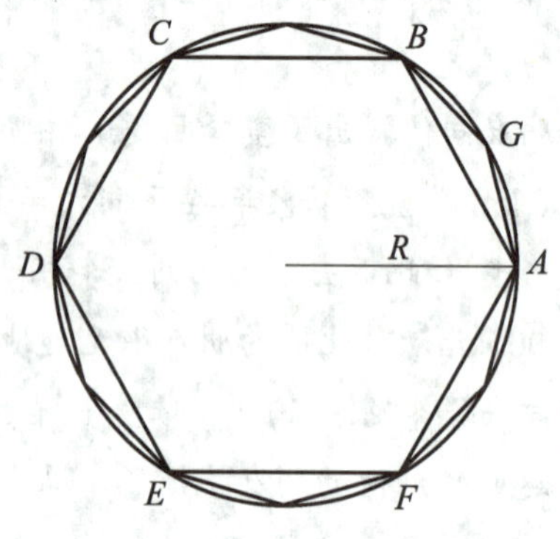

图 8-1

如果再以这正六边形的每一边为底边，在弓形内作顶点在圆上的六个等腰三角形（$\triangle ABG$ 是其中之一），得圆内接正十二边形．设这六个新增的等腰三角形的面积之和为 u_2，则圆内接正十二边形的面积为 u_1+u_2，它也是圆面积的一个近似值，其近似程度要比前一个好．同样地，再增加十二个等腰三角形，得圆内接二十四边形，设这十二个等腰三角形的面积为 u_3，则圆内接二十四边形的面积为 $u_1+u_2+u_3$，它仍是圆面积的一个近似值，其程度当然比前面的近似值都要好．

如此继续进行 n 次，这个圆的面积就十分地近似等于圆内接正 3×2^n 边形的面积：

$$u_1+u_2+u_3+\cdots+u_n.$$

n 越大，则近似程度越好．当 $n\to\infty$ 时，和 $u_1+u_2+u_3+\cdots+u_n$ 的极限，就是这个圆的面积，也就是说，圆面积 S 是无穷多个数累加的和，即

$$S=u_1+u_2+u_3+\cdots+u_n+\cdots.$$

把上面的具体问题抽象以后，就得到无穷级数的一般概念．

定义 1 给定一个数列 $u_1,u_2,u_3,\cdots,u_n,\cdots$，则由这个数列构成的表达式

$$u_1+u_2+u_3+\cdots+u_n+\cdots$$

称为**无穷级数**，简称**级数**，记为$\sum\limits_{n=1}^{\infty}u_n$，即

$$\sum_{n=1}^{\infty}u_n=u_1+u_2+u_3+\cdots+u_n+\cdots,$$

其中第 n 项 u_n 称为级数的**一般项**或**通项**．各项都是常数的级数称为**常数项级数**．

作级数$\sum\limits_{n=1}^{\infty}u_n$的前 n 项和 $s_n=\sum\limits_{i=1}^{n}u_i=u_1+u_2+u_3+\cdots+u_n$，称为级数$\sum\limits_{n=1}^{\infty}u_n$的**部分和**．

定义 2　若级数$\sum\limits_{n=1}^{\infty}u_n$的部分和数列$\{s_n\}$有极限 s，即$\lim\limits_{n\to\infty}s_n=s$，则称无穷级数$\sum\limits_{n=1}^{\infty}u_n$**收敛**，这时极限 s 称为该级数的**和**，并写成

$$s=\sum_{n=1}^{\infty}u_n=u_1+u_2+u_3+\cdots+u_n+\cdots.$$

若数列$\{s_n\}$没有极限，则称无穷级数$\sum\limits_{n=1}^{\infty}u_n$**发散**．

当级数$\sum\limits_{n=1}^{\infty}u_n$收敛时，其部分和 s_n 是级数$\sum\limits_{n=1}^{\infty}u_n$的和 s 的近似值，它们之间的差值

$$r_n=s-s_n=u_{n+1}+u_{n+2}+\cdots$$

称为级数$\sum\limits_{n=1}^{\infty}u_n$的**余项**．

例 1　讨论等比级数（几何级数）

$$\sum_{n=0}^{\infty}aq^n=a+aq+aq^2+\cdots+aq^n+\cdots$$

的敛散性，其中 $a\neq 0$，q 为级数的公比．

解　若 $q\neq 1$，则部分和

$$s_n=a+aq+aq^2+\cdots+aq^{n-1}=\frac{a-aq^n}{1-q}=\frac{a}{1-q}-\frac{aq^n}{1-q}.$$

当$|q|<1$时，因为$\lim\limits_{n\to\infty}s_n=\dfrac{a}{1-q}$，所以此时级数$\sum\limits_{n=0}^{\infty}aq^n$收敛，其和为$\dfrac{a}{1-q}$．

当$|q|>1$时，因为$\lim\limits_{n\to\infty}s_n=\infty$，所以此时级数$\sum\limits_{n=0}^{\infty}aq^n$发散．

若$|q|=1$，当 $q=1$ 时，$s_n=na$，级数$\sum\limits_{n=0}^{\infty}aq^n$发散；当 $q=-1$ 时，级数$\sum\limits_{n=0}^{\infty}aq^n$成为 $a-a+a-a+\cdots$，s_n 随着 n 为奇数或偶数而等于 a 或零，所以 s_n 的极限不存在，级数$\sum\limits_{n=0}^{\infty}aq^n$也发散．

综上所述，若$|q|<1$，则级数$\sum\limits_{n=0}^{\infty}aq^n$收敛，其和为$\dfrac{a}{1-q}$；若$|q|\geqslant 1$，则级数$\sum\limits_{n=0}^{\infty}aq^n$发散．

例 2　A，B，C 三人按以下方法分一个苹果：先将苹果分成 4 份，每人各取一份；然后将剩下的一份再分成 4 份，每人再取一份；以此类推，直至无穷．验证：最终每人分得苹果的$\dfrac{1}{3}$．

解　据题意，每人分得的苹果为

$$\frac{1}{4}+\frac{1}{4^2}+\frac{1}{4^3}+\cdots+\frac{1}{4^n}+\cdots.$$

上式是 $a=q=\frac{1}{4}$ 的等比级数，因此其和为

$$s=\frac{\frac{1}{4}}{1-\frac{1}{4}}=\frac{1}{3},$$

即最终每人分得苹果的 $\frac{1}{3}$.

例 3 判别级数 $1+2+3+\cdots+n+\cdots$ 的敛散性.

解 此级数的部分和为

$$s_n=1+2+3+\cdots+n=\frac{n(n+1)}{2}.$$

显然，$\lim\limits_{n\to\infty}s_n=\infty$，因此该级数是发散的.

例 4 判别级数 $\frac{1}{1\times 2}+\frac{1}{2\times 3}+\frac{1}{3\times 4}+\cdots+\frac{1}{n(n+1)}+\cdots$ 的敛散性.

解 由于

$$u_n=\frac{1}{n(n+1)}=\frac{1}{n}-\frac{1}{n+1},$$

因此

$$\begin{aligned}s_n&=\frac{1}{1\times 2}+\frac{1}{2\times 3}+\frac{1}{3\times 4}+\cdots+\frac{1}{n(n+1)}\\&=\left(1-\frac{1}{2}\right)+\left(\frac{1}{2}-\frac{1}{3}\right)+\cdots+\left(\frac{1}{n}-\frac{1}{n+1}\right)=1-\frac{1}{n+1},\end{aligned}$$

从而

$$\lim_{n\to\infty}s_n=\lim_{n\to\infty}\left(1-\frac{1}{n+1}\right)=1,$$

即该级数收敛，其和是 1.

例 5 讨论调和级数 $\sum\limits_{n=1}^{\infty}\frac{1}{n}=1+\frac{1}{2}+\frac{1}{3}+\cdots+\frac{1}{n}+\cdots$ 的敛散性.

解 若级数 $\sum\limits_{n=1}^{\infty}\frac{1}{n}$ 收敛且其和为 s，s_n 是它的部分和. 显然，

$$\lim_{n\to\infty}s_n=s,\quad \lim_{n\to\infty}s_{2n}=s,$$

于是 $\lim\limits_{n\to\infty}(s_{2n}-s_n)=0$. 但是

$$s_{2n}-s_n=\frac{1}{n+1}+\frac{1}{n+2}+\cdots+\frac{1}{2n}>\frac{1}{2n}+\frac{1}{2n}+\cdots+\frac{1}{2n}=\frac{1}{2},$$

于是 $\lim\limits_{n\to\infty}(s_{2n}-s_n)\neq 0$. 这与 $\lim\limits_{n\to\infty}(s_{2n}-s_n)=0$ 矛盾，说明级数 $\sum\limits_{n=1}^{\infty}\frac{1}{n}$ 必定发散.

砥节砺行

虽然调和级数的通项趋于零，但是它们的和却趋于无穷大. 这其中蕴含了“蜗牛精神”，点点滴滴虽然渺小，但是积微方能成著. 滴水可以穿石，不放弃不抛弃，一路坚持，终能成就一番大事. 在“战疫”的特殊时期，每个人都要响应国家的号召，配合当地政府严格执行疫情防控政策，这看似微不足道，但全国人民众志成城，就能取得举世瞩目的成就；反之，如果个别人放松防控，疫情一旦蔓延开来，大家的努力就会付之东流.

8.1.2 常数项级数的基本性质

根据级数敛散性的概念，可以得到常数项级数的几个基本性质.

性质 1 若级数 $\sum_{n=1}^{\infty}u_n$ 收敛于和 s，则级数 $\sum_{n=1}^{\infty}ku_n$ 也收敛，且其和为 ks.

证明 设 $\sum_{n=1}^{\infty}u_n$ 与 $\sum_{n=1}^{\infty}ku_n$ 的部分和分别为 s_n 与 σ_n，则

$$\lim_{n\to\infty}\sigma_n=\lim_{n\to\infty}(ku_1+ku_2+\cdots+ku_n)=k\lim_{n\to\infty}(u_1+u_2+\cdots+u_n)=k\lim_{n\to\infty}s_n=ks.$$

这表明级数 $\sum_{n=1}^{\infty}ku_n$ 收敛，且收敛于 ks.

性质 2 若级数 $\sum_{n=1}^{\infty}u_n$，$\sum_{n=1}^{\infty}v_n$ 分别收敛于 s，σ，则级数 $\sum_{n=1}^{\infty}(u_n\pm v_n)$ 收敛于 $s\pm\sigma$.

例 6 判断级数 $\sum_{n=1}^{\infty}\left[\left(\frac{1}{2}\right)^n+\left(\frac{3}{5}\right)^n\right]$ 的敛散性.

解 由几何级数的敛散性可知，级数 $\sum_{n=1}^{\infty}\left(\frac{1}{2}\right)^n$ 与 $\sum_{n=1}^{\infty}\left(\frac{3}{5}\right)^n$ 均收敛，因此根据性质 2 可知，级数 $\sum_{n=1}^{\infty}\left[\left(\frac{1}{2}\right)^n+\left(\frac{3}{5}\right)^n\right]$ 也收敛.

性质 3 在级数中添加、去掉或改变有限项，不会改变级数的敛散性. 但对于收敛级数，其和一般要改变.

性质 4（级数收敛的必要条件） 若级数 $\sum_{n=1}^{\infty}u_n$ 收敛，则 $\lim_{n\to\infty}u_n=0$.

证明 设级数 $\sum_{n=1}^{\infty}u_n$ 的部分和为 s_n，且 $\lim_{n\to\infty}s_n=s$，则

$$\lim_{n\to\infty}u_n=\lim_{n\to\infty}(s_n-s_{n-1})=\lim_{n\to\infty}s_n-\lim_{n\to\infty}s_{n-1}=s-s=0.$$

因为 $\lim\limits_{n\to\infty} u_n = 0$ 是级数 $\sum\limits_{n=1}^{\infty} u_n$ 收敛的必要条件，所以有以下推论.

推论 若级数 $\sum\limits_{n=1}^{\infty} u_n$ 的通项 u_n 不趋于零，即 $\lim\limits_{n\to\infty} u_n \neq 0$，则级数 $\sum\limits_{n=1}^{\infty} u_n$ 一定发散.

例 7 判断级数 $\sum\limits_{n=1}^{\infty} n\sin\dfrac{1}{n}$ 的敛散性.

解 因为

$$\lim_{n\to\infty} u_n = \lim_{n\to\infty} n\sin\frac{1}{n} = \lim_{n\to\infty} \frac{\sin\frac{1}{n}}{\frac{1}{n}} = 1 \neq 0,$$

所以

$$\sum_{n=1}^{\infty} n\sin\frac{1}{n} \text{ 发散.}$$

习题 8-1

1．根据级数收敛与发散的定义，判别下列各级数的敛散性：

（1）$\dfrac{1}{1\times 6} + \dfrac{1}{6\times 11} + \cdots + \dfrac{1}{(5n-4)(5n+1)} + \cdots$；

（2）$\left(\dfrac{1}{5} - \dfrac{1}{6}\right) + \left(\dfrac{1}{5^2} - \dfrac{1}{6^2}\right) + \cdots + \left(\dfrac{1}{5^n} - \dfrac{1}{6^n}\right) + \cdots$；

（3）$\sum\limits_{n=1}^{\infty} [\ln(n+1) - \ln n]$.

2．利用级数的基本性质判别下列级数的敛散性：

（1）$\sum\limits_{n=1}^{\infty} \dfrac{3n^n}{(1+n)^n}$；

（2）$\sum\limits_{n=1}^{\infty} \left(\dfrac{1}{4^n} - \dfrac{5^{n+1}}{6^n}\right)$；

（3）$-\dfrac{8}{9} + \dfrac{8^2}{9^2} - \dfrac{8^3}{9^3} + \cdots + (-1)^n \dfrac{8^n}{9^n} + \cdots$；

（4）$\sum\limits_{n=1}^{\infty} \dfrac{1}{5^{\frac{1}{n}}}$.

8.2 常数项级数的敛散性

8.2.1 正项级数及其审敛法

定义 1 若级数 $\sum\limits_{n=1}^{\infty} u_n$ 的每一项均非负，即 $u_n \geqslant 0\ (n=1,2,\cdots)$，则称级数 $\sum\limits_{n=1}^{\infty} u_n$ 为**正项级数**.

定理 1 正项级数 $\sum\limits_{n=1}^{\infty} u_n$ 收敛的充分必要条件是它的部分和数列 $\{s_n\}$ 有界.

定理 2（比较审敛法）　设 $\sum_{n=1}^{\infty}u_n$ 和 $\sum_{n=1}^{\infty}v_n$ 都是正项级数，且 $u_n \leqslant v_n\ (n=1,2,\cdots)$.

常数项级数的审敛法

（1）若级数 $\sum_{n=1}^{\infty}v_n$ 收敛，则级数 $\sum_{n=1}^{\infty}u_n$ 收敛；

（2）若级数 $\sum_{n=1}^{\infty}u_n$ 发散，则级数 $\sum_{n=1}^{\infty}v_n$ 发散.

证明　记 $s_n=u_1+u_2+\cdots+u_n$，$\sigma_n=v_1+v_2+\cdots+v_n$，由于 $u_n \leqslant v_n\ (n=1,2,\cdots)$，因此

$$s_n \leqslant \sigma_n\ (n=1,2,\cdots).$$

（1）若级数 $\sum_{n=1}^{\infty}v_n$ 收敛，其和记为 σ，则 $s_n \leqslant \sigma_n \leqslant \sigma\ (n=1,2,\cdots)$，即部分和数列 $\{s_n\}$ 有上界，由定理 1 可知，级数 $\sum_{n=1}^{\infty}u_n$ 收敛.

（2）是（1）的逆否命题，即（2）也成立.

正项级数的比较审敛法可形象地记为：若大的收敛，则小的收敛；若小的发散，则大的发散.

例 1　讨论 p – 级数

$$\sum_{n=1}^{\infty}\frac{1}{n^p}=1+\frac{1}{2^p}+\frac{1}{3^p}+\frac{1}{4^p}+\cdots+\frac{1}{n^p}+\cdots$$

的敛散性，其中常数 $p>0$.

解　当 $p \leqslant 1$ 时，$\frac{1}{n^p} \geqslant \frac{1}{n}$. 由于调和级数 $\sum_{n=1}^{\infty}\frac{1}{n}$ 发散，由比较审敛法知，当 $p \leqslant 1$ 时，该级数是发散的.

当 $p>1$ 时，按顺序把该级数的 1 项、2 项、4 项、8 项……括在一起：

$$1+\left(\frac{1}{2^p}+\frac{1}{3^p}\right)+\left(\frac{1}{4^p}+\frac{1}{5^p}+\frac{1}{6^p}+\frac{1}{7^p}\right)+\left(\frac{1}{8^p}+\cdots+\frac{1}{15^p}\right)+\cdots.$$

它的各项显然小于下列级数的各项.

$$1+\left(\frac{1}{2^p}+\frac{1}{2^p}\right)+\left(\frac{1}{4^p}+\frac{1}{4^p}+\frac{1}{4^p}+\frac{1}{4^p}\right)+\left(\frac{1}{8^p}+\cdots+\frac{1}{8^p}\right)+\cdots,$$

即

$$1+\frac{1}{2^{p-1}}+\frac{1}{4^{p-1}}+\frac{1}{8^{p-1}}+\cdots,$$

而此级数是等比级数，其公比 $q=\left(\frac{1}{2}\right)^{p-1}<1$，所以该级数收敛. 从而根据正项级数比较审敛法可知，当 $p>1$ 时级数 $\sum_{n=1}^{\infty}\frac{1}{n^p}$ 收敛.

综上所述，对于 p – 级数 $\sum_{n=1}^{\infty}\frac{1}{n^p}$，当 $p>1$ 时收敛；当 $p \leqslant 1$ 时发散.

例 2　判别级数 $\sum_{n=1}^{\infty}\frac{1}{\sqrt{n(n+1)}}$ 的敛散性.

解　因为 $\frac{1}{\sqrt{n(n+1)}}>\frac{1}{\sqrt{(n+1)^2}}=\frac{1}{n+1}$，而级数 $\sum_{n=1}^{\infty}\frac{1}{n+1}=\frac{1}{2}+\frac{1}{3}+\cdots+\frac{1}{n+1}+\cdots$ 是发散的，所以根据比

较审敛法可知级数$\sum\limits_{n=1}^{\infty}\frac{1}{\sqrt{n(n+1)}}$也是发散的.

定理 3（比较审敛法的极限形式） 设给定正项级数$\sum\limits_{n=1}^{\infty}u_n$和$\sum\limits_{n=1}^{\infty}v_n$.

（1）若$\lim\limits_{n\to\infty}\frac{u_n}{v_n}=l\,(0\leqslant l<+\infty)$，且级数$\sum\limits_{n=1}^{\infty}v_n$收敛，则级数$\sum\limits_{n=1}^{\infty}u_n$收敛；

（2）若$\lim\limits_{n\to\infty}\frac{u_n}{v_n}=l>0$或$\lim\limits_{n\to\infty}\frac{u_n}{v_n}=+\infty$，且级数$\sum\limits_{n=1}^{\infty}v_n$发散，则级数$\sum\limits_{n=1}^{\infty}u_n$发散.

例 3 判别级数$\sum\limits_{n=1}^{\infty}\sin\frac{1}{n}$的敛散性.

解 因为$\lim\limits_{n\to\infty}\frac{\sin\frac{1}{n}}{\frac{1}{n}}=1$，而级数$\sum\limits_{n=1}^{\infty}\frac{1}{n}$发散，所以由定理 3 可知级数$\sum\limits_{n=1}^{\infty}\sin\frac{1}{n}$发散.

例 4 判别级数$\sum\limits_{n=1}^{\infty}\ln\left(1+\frac{1}{n^2}\right)$的敛散性.

解 因为$\lim\limits_{n\to\infty}\frac{\ln\left(1+\frac{1}{n^2}\right)}{\frac{1}{n^2}}=1$，而级数$\sum\limits_{n=1}^{\infty}\frac{1}{n^2}$收敛，所以由定理 3 可知级数$\sum\limits_{n=1}^{\infty}\ln\left(1+\frac{1}{n^2}\right)$收敛.

定理 4（比值审敛法） 设$\sum\limits_{n=1}^{\infty}u_n$为正项级数，$\lim\limits_{n\to\infty}\frac{u_{n+1}}{u_n}=\rho$.

（1）当$\rho<1$时，级数收敛；

（2）当$\rho>1$（或$\rho=\infty$）时，级数发散；

（3）当$\rho=1$时，级数可能收敛也可能发散.

8.2.2 交错级数及其审敛法

定义 2 若级数的各项符号正负相间，即

$$\sum_{n=1}^{\infty}(-1)^{n-1}u_n=u_1-u_2+u_3-u_4+\cdots+(-1)^{n-1}u_n+\cdots,$$

其中$u_n>0,n=1,2,\cdots$，则称该级数为**交错级数**.

交错级数的一般形式为$\sum\limits_{n=1}^{\infty}(-1)^{n-1}u_n$，其中$u_n>0$.

下面给出交错级数的一个重要的审敛法则.

定理 5（莱布尼茨定理） 若交错级数$\sum\limits_{n=1}^{\infty}(-1)^{n-1}u_n\ (u_n\geqslant0)$满足下面两个条件，则级数$\sum\limits_{n=1}^{\infty}(-1)^{n-1}u_n$收敛，且其和$s\leqslant u_1$.

（1）$u_n\geqslant u_{n+1}\,(n=1,2,3,\cdots)$；

（2）$\lim\limits_{n\to\infty} u_n = 0$.

例 5　证明：级数 $\sum\limits_{n=1}^{\infty}(-1)^{n-1}\dfrac{1}{n}$ 收敛.

证明　此级数是交错级数，且满足

$$u_n = \frac{1}{n} > \frac{1}{n+1} = u_{n+1}\ (n=1,2,\cdots),\quad \lim_{n\to\infty} u_n = \lim_{n\to\infty}\frac{1}{n} = 0,$$

由莱布尼茨定理知，级数 $\sum\limits_{n=1}^{\infty}(-1)^{n-1}\dfrac{1}{n}$ 是收敛的，且其和 $s < u_1 = 1$.

8.2.3　绝对收敛与条件收敛

定义 3　若级数 $\sum\limits_{n=1}^{\infty}u_n = u_1 + u_2 + \cdots + u_n + \cdots$ 各项的绝对值所组成的级数 $\sum\limits_{n=1}^{\infty}|u_n| = |u_1| + |u_2| + \cdots + |u_n| + \cdots$ 收敛，则称原级数 $\sum\limits_{n=1}^{\infty}u_n$ **绝对收敛**.

定义 4　若级数 $\sum\limits_{n=1}^{\infty}u_n$ 收敛，而级数 $\sum\limits_{n=1}^{\infty}|u_n|$ 发散，则称级数 $\sum\limits_{n=1}^{\infty}u_n$ **条件收敛**.

例如，级数 $\sum\limits_{n=1}^{\infty}(-1)^{n-1}\dfrac{1}{n^2}$ 是绝对收敛的，而级数 $\sum\limits_{n=1}^{\infty}(-1)^{n-1}\dfrac{1}{n}$ 是条件收敛的.

定理 6　若级数 $\sum\limits_{n=1}^{\infty}u_n$ 绝对收敛，则级数 $\sum\limits_{n=1}^{\infty}u_n$ 必收敛.

注　意

若级数 $\sum\limits_{n=1}^{\infty}|u_n|$ 发散，则我们不能断定级数 $\sum\limits_{n=1}^{\infty}u_n$ 也发散.

例 6　判别级数 $\sum\limits_{n=1}^{\infty}\dfrac{\sin na}{n^2}$ 的收敛性.

解　因为 $\left|\dfrac{\sin na}{n^2}\right| \leqslant \dfrac{1}{n^2}$，而级数 $\sum\limits_{n=1}^{\infty}\dfrac{1}{n^2}$ 是收敛的，所以级数 $\sum\limits_{n=1}^{\infty}\left|\dfrac{\sin na}{n^2}\right|$ 也收敛，从而级数 $\sum\limits_{n=1}^{\infty}\dfrac{\sin na}{n^2}$ 绝对收敛.

例 7　判断下列级数是否收敛．若收敛，是绝对收敛还是条件收敛？

（1）$\sum\limits_{n=1}^{\infty}(-1)^{n-1}\dfrac{1}{n}$；　　（2）$\sum\limits_{n=1}^{\infty}(-1)^{n-1}\dfrac{1}{n^2}$；　　（3）$1-\dfrac{1}{3}+\dfrac{1}{5}-\dfrac{1}{7}+\cdots$.

解　（1）$\sum\limits_{n=1}^{\infty}(-1)^{n-1}\dfrac{1}{n}$ 为交错级数，$u_n = \dfrac{1}{n}$，$u_{n+1} = \dfrac{1}{n+1}$．因为 $u_n \geqslant u_{n+1}$ 且 $\lim\limits_{n\to\infty} u_n = 0$，所以由莱布尼茨定理知原级数收敛．但由于 $\sum\limits_{n=1}^{\infty}|u_n| = 1 + \dfrac{1}{2} + \cdots + \dfrac{1}{n} + \cdots$ 发散，因此原级数条件收敛.

（2）由于 $\sum\limits_{n=1}^{\infty}\left|(-1)^{n-1}\dfrac{1}{n^2}\right| = \sum\limits_{n=1}^{\infty}\dfrac{1}{n^2}$，而 $\sum\limits_{n=1}^{\infty}\dfrac{1}{n^2}$ 为收敛级数，因此原级数收敛，并且绝对收敛.

（3）$1-\frac{1}{3}+\frac{1}{5}-\frac{1}{7}+\cdots$ 的通项为 $(-1)^{n-1}\frac{1}{2n-1}\ (n=1,2,\cdots,n)$.

因为 $u_n=\frac{1}{2n-1}$，$\lim\limits_{n\to\infty}u_n=0$，且

$$u_{n+1}-u_n=\frac{1}{2n+1}-\frac{1}{2n-1}=\frac{-2}{(2n+1)(2n-1)}<0,$$

所以 $u_n \geqslant u_{n+1}$. 根据莱布尼茨定理知，原级数收敛.

又因为 $\left|(-1)^{n-1}\frac{1}{2n-1}\right|=\frac{1}{2n-1}>\frac{1}{2n}$，而级数 $\sum\limits_{n=1}^{\infty}\frac{1}{2n}=\frac{1}{2}\sum\limits_{n=1}^{\infty}\frac{1}{n}$ 发散，由比较审敛法知级数 $\sum\limits_{n=1}^{\infty}\frac{1}{2n-1}$ 发散，所以原级数条件收敛.

习题 8-2

1．填空题（在横线上填“条件”或“绝对”）：

（1）级数 $\sum\limits_{n=1}^{\infty}(-1)^n\frac{1}{\ln(n+1)}$ ________收敛；

（2）级数 $\sum\limits_{n=1}^{\infty}(-1)^n\frac{1}{(n+1)^2}$ ________收敛.

2．用比较审敛法或其极限形式判断下列级数的收敛性：

（1）$\sum\limits_{n=1}^{\infty}\frac{1}{n}\sin\frac{1}{n}$；　　（2）$\sum\limits_{n=1}^{\infty}\frac{\sqrt{n+3}-\sqrt{n}}{n}$；

（3）$\sum\limits_{n=2}^{\infty}\frac{1}{\ln n}$；　　（4）$\sum\limits_{n=1}^{\infty}\left(1-\cos\frac{\pi}{n}\right)$.

3．讨论下列交错级数的收敛性：

（1）$\sum\limits_{n=1}^{\infty}(-1)^n\frac{1}{2n+1}$；　　（2）$\sum\limits_{n=1}^{\infty}(-1)^n\frac{1}{n-\ln n}$；

（3）$\sum\limits_{n=1}^{\infty}(-1)^n\frac{n}{2n+1}$；　　（4）$\sum\limits_{n=1}^{\infty}(-1)^n\frac{\ln n}{n}$.

4．判断下列级数的收敛性．如果收敛，是条件收敛还是绝对收敛？

（1）$\sum\limits_{n=1}^{\infty}(-1)^n\frac{1}{\sqrt{n}}$；　　（2）$\sum\limits_{n=1}^{\infty}(-1)^n\frac{\sin n\alpha}{\sqrt{n^3+1}}$；

（3）$\sum\limits_{n=1}^{\infty}(-1)^n\frac{n^2}{4^n}$；　　（4）$\sum\limits_{n=1}^{\infty}(-1)^n\frac{n!}{2^n}$.

8.3 幂级数

8.3.1 函数项级数的概念

定义1 给定一个定义在区间 I 上的函数列 $\{u_n(x)\}$，由这个函数列构成的表达式

$$u_1(x)+u_2(x)+u_3(x)+\cdots+u_n(x)+\cdots,$$

称为定义在区间 I 上的**函数项级数**，记为 $\sum_{n=1}^{\infty}u_n(x)$．

对于区间 I 内的一定点 x_0，若常数项级数 $\sum_{n=1}^{\infty}u_n(x_0)$ 收敛，则称点 x_0 是级数 $\sum_{n=1}^{\infty}u_n(x)$ 的**收敛点**．若常数项级数 $\sum_{n=1}^{\infty}u_n(x_0)$ 发散，则称点 x_0 是级数 $\sum_{n=1}^{\infty}u_n(x)$ 的**发散点**.

幂级数

函数项级数 $\sum_{n=1}^{\infty}u_n(x)$ 的所有收敛点的全体称为它的**收敛域**，所有发散点的全体称为它的**发散域**.

在收敛域上，函数项级数 $\sum_{n=1}^{\infty}u_n(x)$ 的和是 x 的函数 $s(x)$，$s(x)$ 称为函数项级数 $\sum_{n=1}^{\infty}u_n(x)$ 的**和函数**，并写成 $s(x)=\sum_{n=1}^{\infty}u_n(x)$．

8.3.2 幂级数及其收敛性

定义2 若函数项级数 $\sum_{n=1}^{\infty}u_n(x)$ 中各项都是幂函数，即

$$\sum_{n=0}^{\infty}a_nx^n=a_0+a_1x+\cdots+a_nx^n+\cdots,$$

则此级数称为**幂级数**，其中 $a_0,a_1,\cdots,a_n,\cdots$ 都是常数，称为幂级数的**系数**，a_nx^n 称为幂级数的**通项**.

幂级数更一般的形式为

$$\sum_{n=0}^{\infty}a_n(x-x_0)^n=a_0+a_1(x-x_0)+a_2(x-x_0)^2+\cdots+a_n(x-x_0)^n+\cdots.$$

令 $t=x-x_0$，幂级数 $\sum_{n=0}^{\infty}a_n(x-x_0)^n$ 即化为幂级数 $\sum_{n=0}^{\infty}a_nt^n$．

对于每一个确定的实数 x_0，幂级数 $\sum_{n=0}^{\infty}a_nx^n$ 会变成如下常数项级数：

$$\sum_{n=0}^{\infty}a_nx_0^{\ n}=a_0+a_1x_0+\cdots+a_nx_0^{\ n}+\cdots.$$

这个级数可能收敛，也可能发散．若该级数收敛，则称点 x_0 是幂级数的收敛点；若该级数发散，则称点 x_0 是幂级数的发散点，幂级数所有收敛点的全体组成的集合称为它的收敛域，记作 I．在收敛域上，幂级数的和是 x 的函数 $s(x)$，通常称 $s(x)$ 为幂级数的和函数．其定义域就是级数的收敛域，并记为

$$s(x)=\sum_{n=0}^{\infty}a_nx^n,\quad x\in I.$$

对于一个给定的幂级数，它的收敛域和发散域的结构如何呢？例如，幂级数

$$\sum_{n=0}^{\infty}x^n=1+x+x^2+\cdots+x^n+\cdots$$

可以看作是一个公比为x的几何级数．根据前面的讨论，当$|x|<1$时，该级数收敛于$\frac{1}{1-x}$；当$|x|\geqslant 1$时，该级数发散，因此这个幂级数的收敛域是一个区间$(-1,1)$．若在收敛域内取值，则有

$$\frac{1}{1-x}=\sum_{n=0}^{\infty}x^n=1+x+x^2+\cdots+x^n+\cdots,\quad x\in(-1,1).$$

由此我们可以看到，这个幂级数的收敛域是一个区间．

定理 1　设有幂级数$\sum_{n=0}^{\infty}a_nx^n$，$\lim_{n\to\infty}\left|\frac{a_{n+1}}{a_n}\right|=\rho$．

（1）若$0<\rho<+\infty$，当$|x|<\frac{1}{\rho}$时，幂级数$\sum_{n=0}^{\infty}a_nx^n$绝对收敛；当$|x|>\frac{1}{\rho}$时，幂级数$\sum_{n=0}^{\infty}a_nx^n$发散；

（2）当$\rho=0$时，对于任意x，幂级数$\sum_{n=0}^{\infty}a_nx^n$绝对收敛；

（3）当$\rho=+\infty$时，幂级数$\sum_{n=0}^{\infty}a_nx^n$仅在$x=0$处收敛．

注　意

定理 1 说明，当$0<\rho<+\infty$时，幂级数$\sum_{n=0}^{\infty}a_nx^n$在开区间$\left(-\frac{1}{\rho},\frac{1}{\rho}\right)$内绝对收敛，在$\left(-\infty,-\frac{1}{\rho}\right)\cup\left(\frac{1}{\rho},+\infty\right)$内发散，在$x=-\frac{1}{\rho}$和$x=\frac{1}{\rho}$两点处可能收敛也可能发散．

令$R=\frac{1}{\rho}$，称R为幂级数$\sum_{n=0}^{\infty}a_nx^n$的**收敛半径**，开区间$(-R,R)$称为幂级数的**收敛区间**．

由定理 1 知，当$\rho=0$时，幂级数处处收敛，此时规定收敛半径$R=+\infty$，收敛区间为$(-\infty,+\infty)$；当$\rho=+\infty$时，幂级数仅在$x=0$处收敛，此时规定收敛半径$R=0$．

定理 2　设有幂级数$\sum_{n=0}^{\infty}a_nx^n$，若$\lim_{n\to\infty}\left|\frac{a_{n+1}}{a_n}\right|=\rho$，则此幂级数的收敛半径为

$$R=\begin{cases}+\infty, & \rho=0,\\ \frac{1}{\rho}, & \rho\neq 0,\\ 0, & \rho=+\infty.\end{cases}$$

证明　因为$\lim_{n\to\infty}\left|\frac{a_{n+1}x^{n+1}}{a_nx^n}\right|=\lim_{n\to\infty}\left|\frac{a_{n+1}}{a_n}\right|\cdot|x|=\rho|x|$，所以根据比值审敛法，有

（1）如果$\rho=0$，则幂级数总是收敛的，故$R=+\infty$．

（2）如果$0<\rho<+\infty$，则只当$|x|<\dfrac{1}{\rho}$时幂级数收敛，故$R=\dfrac{1}{\rho}$.

（3）如果$\rho=+\infty$，则只当$x=0$时幂级数收敛，故$R=0$.

对于幂级数的收敛域，可先根据定理 2 求出收敛半径R和收敛区间$(-R,+R)$，再将区间的端点$x=\pm R$代入幂级数中，幂级数化为常数项级数，讨论其敛散性，就可得到幂级数的收敛域.

例 1　求幂级数$\sum\limits_{n=1}^{\infty}(-1)^{n-1}\dfrac{x^n}{n}=x-\dfrac{x^2}{2}+\dfrac{x^3}{3}-\cdots+(-1)^{n-1}\dfrac{x^n}{n}+\cdots$的收敛半径与收敛域.

解　因为

$$\rho=\lim_{n\to\infty}\left|\frac{a_{n+1}}{a_n}\right|=\lim_{n\to\infty}\frac{\dfrac{1}{n+1}}{\dfrac{1}{n}}=1,$$

所以收敛半径为$R=\dfrac{1}{\rho}=1$.

当$x=1$时，幂级数成为$\sum\limits_{n=1}^{\infty}(-1)^{n-1}\dfrac{1}{n}$，是收敛的；当$x=-1$时，幂级数成为$\sum\limits_{n=1}^{\infty}\left(-\dfrac{1}{n}\right)$，是发散的. 因此，收敛域为$(-1,1]$.

例 2　求幂级数$\sum\limits_{n=0}^{\infty}\dfrac{1}{n!}x^n=1+x+\dfrac{1}{2!}x^2+\dfrac{1}{3!}x^3+\cdots+\dfrac{1}{n!}x^n+\cdots$的收敛域.

解　因为

$$\rho=\lim_{n\to\infty}\left|\frac{a_{n+1}}{a_n}\right|=\lim_{n\to\infty}\frac{\dfrac{1}{(n+1)!}}{\dfrac{1}{n!}}=\lim_{n\to\infty}\frac{n!}{(n+1)!}=\lim_{n\to\infty}\frac{1}{n+1}=0,$$

所以收敛半径为$R=+\infty$，从而收敛域为$(-\infty,+\infty)$.

例 3　求幂级数$\sum\limits_{n=0}^{\infty}n!x^n$的收敛半径.

解　因为

$$\rho=\lim_{n\to\infty}\left|\frac{a_{n+1}}{a_n}\right|=\lim_{n\to\infty}\frac{(n+1)!}{n!}=\lim_{n\to\infty}(n+1)=+\infty,$$

所以收敛半径为$R=0$，即级数仅在$x=0$处收敛.

例 4　求幂级数$\sum\limits_{n=0}^{\infty}\dfrac{(2n)!}{(n!)^2}x^{2n}$的收敛半径.

解　由于级数缺少奇次幂的项，因此不能应用定理 2，此时可根据比值审敛法来求收敛半径.

幂级数的一般项记为$u_n(x)=\dfrac{(2n)!}{(n!)^2}x^{2n}$，于是有

$$\lim_{n\to\infty}\left|\frac{u_{n+1}(x)}{u_n(x)}\right|=4|x|^2.$$

当$4|x|^2<1$，即$|x|<\dfrac{1}{2}$时，级数收敛；当$4|x|^2>1$，即$|x|>\dfrac{1}{2}$时，级数发散. 因此，收敛半径为$R=\dfrac{1}{2}$.

$$\frac{u_{n+1}(x)}{u_n(x)}=\frac{\dfrac{[2(n+1)]!}{[(n+1)!]^2}x^{2(n+1)}}{\dfrac{(2n)!}{(n!)^2}x^{2n}}=\frac{(2n+2)(2n+1)}{(n+1)^2}x^2=\frac{2(2n+1)}{n+1}x^2=\left(4-\frac{2}{n+1}\right)x^2.$$

例 5 求幂级数 $\sum_{n=1}^{\infty}\frac{(x-1)^n}{2^n n}$ 的收敛域.

解 令 $t=x-1$，上述级数变为 $\sum_{n=1}^{\infty}\frac{t^n}{2^n n}$.

因为

$$\rho=\lim_{n\to\infty}\left|\frac{a_{n+1}}{a_n}\right|=\lim_{n\to\infty}\frac{n}{2(n+1)}=\frac{1}{2},$$

所以收敛半径 $R=2$.

当 $t=2$ 时，级数成为 $\sum_{n=1}^{\infty}\frac{1}{n}$，此级数发散；当 $t=-2$ 时，级数成为 $\sum_{n=1}^{\infty}\frac{(-1)^n}{n}$，此级数收敛. 因此，级数 $\sum_{n=1}^{\infty}\frac{t^n}{2^n n}$ 的收敛域为 $-2\leqslant t<2$. 因为 $-2\leqslant x-1<2$，即 $-1\leqslant x<3$，所以原级数的收敛域为 $[-1,3)$.

8.3.3 幂级数的运算

设幂级数 $\sum_{n=0}^{\infty}a_nx^n$ 及 $\sum_{n=0}^{\infty}b_nx^n$ 分别在区间 $(-R,R)$ 及 $(-R',R')$ 内收敛，则在 $(-R,R)$ 与 $(-R',R')$ 中较小的区间内可进行加法、减法及乘法运算：

$$\sum_{n=0}^{\infty}a_nx^n\pm\sum_{n=0}^{\infty}b_nx^n=\sum_{n=0}^{\infty}(a_n\pm b_n)x^n,$$

$$\left(\sum_{n=0}^{\infty}a_nx^n\right)\left(\sum_{n=0}^{\infty}b_nx^n\right)=a_0b_0+(a_0b_1+a_1b_0)x+(a_0b_2+a_1b_1+a_2b_0)x^2+\cdots+(a_0b_n+a_1b_{n-1}+\cdots+a_nb_0)x^n+\cdots.$$

性质 1 幂级数 $\sum_{n=0}^{\infty}a_nx^n$ 的和函数 $s(x)$ 在其收敛域 I 上连续.

性质 2 幂级数 $\sum_{n=0}^{\infty}a_nx^n$ 的和函数 $s(x)$ 在其收敛域 I 上可积，并且有逐项积分公式

$$\int_0^x s(x)\mathrm{d}x=\int_0^x\left(\sum_{n=0}^{\infty}a_nx^n\right)\mathrm{d}x=\sum_{n=0}^{\infty}\int_0^x a_nx^n\mathrm{d}x=\sum_{n=0}^{\infty}\frac{a_n}{n+1}x^{n+1}\quad(x\in I),$$

逐项积分后所得到的幂级数和原级数有相同的收敛半径.

性质 3 幂级数 $\sum_{n=0}^{\infty}a_nx^n$ 的和函数 $s(x)$ 在其收敛区间 $(-R,R)$ 内可导，并且有逐项求导公式

$$s'(x)=\left(\sum_{n=0}^{\infty}a_nx^n\right)'=\sum_{n=0}^{\infty}(a_nx^n)'=\sum_{n=1}^{\infty}na_nx^{n-1}\ (|x|<R),$$

逐项求导后所得到的幂级数和原级数有相同的收敛半径.

例 6　求幂级数 $\sum_{n=0}^{\infty}\frac{1}{n+1}x^n$ 的和函数.

解　求得幂级数的收敛域为 $[-1,1)$．设和函数为 $s(x)$，即

$$s(x)=\sum_{n=0}^{\infty}\frac{1}{n+1}x^n,\quad x\in[-1,1).$$

显然，$s(0)=1$．

在 $xs(x)=\sum_{n=0}^{\infty}\frac{1}{n+1}x^{n+1}$ 的两边求导得

$$[xs(x)]'=\sum_{n=0}^{\infty}\left(\frac{1}{n+1}x^{n+1}\right)'=\sum_{n=0}^{\infty}x^n=\frac{1}{1-x}.$$

对上式从 0 到 x 积分，得

$$xs(x)=\int_0^x\frac{1}{1-x}\mathrm{d}x=-\ln(1-x).$$

于是，当 $x\neq0$ 时，有 $s(x)=-\frac{1}{x}\ln(1-x)$．

因此，幂级数 $\sum_{n=0}^{\infty}\frac{1}{n+1}x^n$ 的和函数为

$$s(x)=\begin{cases}-\dfrac{1}{x}\ln(1-x), & -1\leqslant x<0\text{或}0<x<1,\\ 1, & x=0.\end{cases}$$

例 7　求级数 $\sum_{n=0}^{\infty}\frac{(-1)^n}{n+1}$ 的和.

解　考虑幂级数 $\sum_{n=0}^{\infty}\frac{1}{n+1}x^n$，此级数在 $[-1,1)$ 上收敛，设其和函数为 $s(x)$，则 $s(-1)=\sum_{n=0}^{\infty}\frac{(-1)^n}{n+1}$．

在例 6 中已得到 $xs(x)=-\ln(1-x)$，于是

$$-s(-1)=-\ln2,$$

即

$$s(-1)=\ln2,$$

因此，

$$\sum_{n=0}^{\infty}\frac{(-1)^n}{n+1}=\ln2.$$

习题 8-3

1．填空题：

（1）若幂级数 $\sum_{n=0}^{\infty}a_nx^n$ 在 $x=3$ 处收敛，则幂级数 $\sum_{n=0}^{\infty}a_nx^n$ 在 $x=2$ 处________收敛.

（2）幂级数 $\sum_{n=0}^{\infty}(-1)^n\frac{1}{2n+1}x^n$ 的收敛半径 $R=$________.

2．求下列幂级数的收敛域：

（1）$\sum_{n=0}^{\infty}(-1)^n\frac{1}{(2n+1)!}x^n$；　　（2）$\sum_{n=2}^{\infty}(-1)^n\frac{1}{\ln n}x^n$；

（3）$\sum_{n=1}^{\infty}\frac{3^n+(-2)^n}{n}x^n$；　　（4）$\sum_{n=1}^{\infty}\frac{1}{3^n n}x^{2n}$；

（5）$\sum_{n=0}^{\infty}\frac{1}{5^n}x^{2n+1}$；　　（6）$\sum_{n=1}^{\infty}\frac{1}{4^n n}(x-4)^n$．

3．利用幂级数的性质求下列级数的和函数：

（1）$\sum_{n=1}^{\infty}nx^{n-1}$；　　（2）$\sum_{n=1}^{\infty}\frac{x^n}{n(n+1)}$．

8.4 函数展开成幂级数

前面讨论了这样一个问题：对于给定的幂级数，求其收敛域并求出和函数的表达式．本节讨论该问题的反问题：给定函数 $f(x)$，能否找到这样一个幂级数，使它在某个区间内收敛，且其和恰为给定的函数 $f(x)$．如果能找到这样的幂级数，就说 $f(x)$ 在该区间内可展开成幂级数．解决这个问题有很重要的应用价值，它给出了函数 $f(x)$ 的一种新的表达式，使多项式函数逼近一般函数 $f(x)$．

函数展开成幂级数

8.4.1 泰勒级数

若 $f(x)$ 在点 x_0 的某一邻域内具有任意阶导数，则称幂级数

$$f(x_0)+f'(x_0)(x-x_0)+\frac{f''(x_0)}{2!}(x-x_0)^2+\cdots+\frac{f^{(n)}(x_0)}{n!}(x-x_0)^n+\cdots$$

为 $f(x)$ 在点 x_0 处的**泰勒级数**．

特别地，当 $x_0=0$ 时，称它为 $f(x)$ 的**麦克劳林级数**，即

$$f(0)+f'(0)x+\frac{f''(0)}{2!}x^2+\cdots+\frac{f^{(n)}(0)}{n!}x^n+\cdots.$$

记 $p_n(x)=f(x_0)+f'(x_0)(x-x_0)+\frac{f''(x_0)}{2!}(x-x_0)^2+\cdots+\frac{f^{(n)}(x_0)}{n!}(x-x_0)^n$，则称 $p_n(x)$ 为 $f(x)$ 的**泰勒多项式**．记 $R_n(x)=f(x)-P_n(x)$，则称 $R_n(x)$ 为**拉格朗日余项**．

由上面的讨论可知，如果 $f(x)$ 能展开成幂级数，那么这个幂级数就是 $f(x)$ 的泰勒级数．而且对于给定的函数 $f(x)$，只要在 x_0 的某邻域内有任意阶导数，就得到唯一一个泰勒级数与 $f(x)$ 相对应．进一步的问题是，这个级数是否收敛于 $f(x)$ 呢？看下面的定理．

定理　设函数 $f(x)$ 在 x_0 的某一邻域内具有各阶导数，则 $f(x)$ 在该邻域能展开成泰勒级数的充分必要条件是

$$\lim_{n\to\infty}R_n(x)=\lim_{n\to\infty}[f(x)-P_n(x)]=0,$$

其中 $R_n(x)=\dfrac{f^{(n+1)}(\xi)}{(n+1)!}(x-x_0)^{n+1}$（$\xi$ 介于 x 与 x_0 之间）.

8.4.2　将函数展开成幂级数的方法

1. 直接展开法

上面的讨论提供了把函数展开成 x 的幂级数的方法，其一般步骤如下：

（1）求出 $f(x)$ 的各阶导数

$$f'(x),f''(x),\cdots,f^{(n)}(x),\cdots.$$

（2）求出函数及其各阶导数在 $x=0$ 处的值

$$f(0),f'(0),f''(0),\cdots,f^{(n)}(0),\cdots.$$

（3）写出幂级数

$$f(0)+f'(0)x+\frac{f''(0)}{2!}x^2+\cdots+\frac{f^{(n)}(0)}{n!}x^n+\cdots,$$

并求出收敛半径 R .

（4）考察余项 $R_n(x)=\dfrac{f^{(n+1)}(\xi)}{(n+1)!}x^{n+1}\ (0<\xi<x)$，在收敛区间 $(-R,R)$ 内的极限是否为零．若极限为零，则函数 $f(x)$ 在区间 $(-R,R)$ 内的幂级数展开式为

$$f(x)=f(0)+f'(0)x+\frac{f''(0)}{2!}x^2+\cdots+\frac{f^{(n)}(0)}{n!}x^n+\cdots,\quad x\in(-R,R).$$

例 1　将函数 $f(x)=\mathrm{e}^x$ 展开成 x 的幂级数.

解　函数 $f(x)=\mathrm{e}^x$ 的任意阶导数 $f^{(n)}(x)=\mathrm{e}^x\ (n=1,2,\cdots)$，因此 $f^{(n)}(0)=1$．这里 $f^{(0)}(0)=f(0)$，于是得级数

$$1+x+\frac{x^2}{2!}+\cdots+\frac{x^n}{n!}+\cdots,$$

它的收敛半径 $R=+\infty$.

对于任何有限数 x，$\xi\ (0<\xi<x)$，余项的绝对值为

$$|R_n(x)|=\left|\frac{\mathrm{e}^{\xi}}{(n+1)!}x^{n+1}\right|<\mathrm{e}^{|x|}\frac{|x|^{n+1}}{(n+1)!}.$$

因为 $\mathrm{e}^{|x|}$ 有限，且 $\dfrac{|x|^{n+1}}{(n+1)!}$ 是收敛级数 $\displaystyle\sum_{n=0}^{\infty}\frac{|x|^{n+1}}{(n+1)!}$ 的一般项，于是

$$\mathrm{e}^{|x|}\frac{|x|^{n+1}}{(n+1)!}\to 0\quad(n\to\infty),$$

即 $\lim\limits_{n\to\infty}R_n(x)=0$，所以 $f(x)=\mathrm{e}^x$ 展开成 x 的幂级数为

$$\mathrm{e}^x=1+x+\frac{x^2}{2!}+\cdots+\frac{x^n}{n!}+\cdots\quad(-\infty<x<+\infty).$$

用直接展开法还可以得到下列函数的幂级数展开式.

$$\sin x = x - \frac{x^3}{3!} + \frac{x^5}{5!} - \cdots + (-1)^n \frac{x^{2n+1}}{(2n+1)!} + \cdots \ (-\infty < x < +\infty).$$

$$(1+x)^m = 1 + mx + \frac{m(m-1)}{2!}x^2 + \cdots + \frac{m(m-1)\cdots(m-n+1)}{n!}x^n + \cdots \ (-1 < x < 1).$$

$$\frac{1}{1+x} = 1 - x + x^2 - x^3 + \cdots + (-1)^n x^n + \cdots (-1 < x < 1).$$

$$\frac{1}{1-x} = 1 + x + x^2 + \cdots + x^n + \cdots (-1 < x < 1).$$

2. 间接展开法

例 2 将函数 $f(x) = \cos x$ 展开成 x 的幂级数.

解 已知

$$\sin x = x - \frac{x^3}{3!} + \frac{x^5}{5!} - \cdots + (-1)^n \frac{x^{2n+1}}{(2n+1)!} + \cdots \ (-\infty < x < +\infty),$$

对以上展开式逐项求导，即得

$$\cos x = 1 - \frac{x^2}{2!} + \frac{x^4}{4!} - \cdots + (-1)^n \frac{x^{2n}}{(2n)!} + \cdots \ (-\infty < x < +\infty).$$

例 3 将函数 $f(x) = \ln(1+x)$ 展开成 x 的幂级数.

解 因为

$$f'(x) = \frac{1}{1+x},$$

而

$$\frac{1}{1+x} = 1 - x + x^2 - x^3 + \cdots + (-1)^n x^n + \cdots \ (-1 < x < 1),$$

所以

$$f'(x) = 1 - x + x^2 - x^3 + \cdots + (-1)^n x^n + \cdots \ (-1 < x < 1).$$

对 $f'(x)$ 从 0 到 x 逐项积分，得

$$f(x) - f(0) = x - \frac{x^2}{2} + \frac{x^3}{3} - \frac{x^4}{4} + \cdots + (-1)^n \frac{x^{n+1}}{(n+1)} + \cdots \ (-1 < x \leqslant 1),$$

而 $f(0) = \ln 1 = 0$，因此

$$\ln(1+x) = x - \frac{x^2}{2} + \frac{x^3}{3} - \frac{x^4}{4} + \cdots + (-1)^n \frac{x^{n+1}}{n+1} + \cdots \ (-1 < x \leqslant 1).$$

例 4 将函数 $f(x) = \dfrac{1}{x^2 + 2x - 3}$ 展开成 $x-2$ 的幂级数.

解 因为

$$f(x) = \frac{1}{x^2+2x-3} = \frac{1}{(x-1)(x+3)} = \frac{1}{4}\left(\frac{1}{x-1} - \frac{1}{x+3}\right) = \frac{1}{4}\left[\frac{1}{1+(x-2)} - \frac{1}{5\left(1+\dfrac{x-2}{5}\right)}\right],$$

而

$$\frac{1}{1+(x-2)} = \sum_{n=0}^{\infty}(-1)^n (x-2)^n \ \ (|x-2| < 1),$$

$$\frac{1}{5\left(1+\frac{x-2}{5}\right)}=\frac{1}{5}\sum_{n=0}^{\infty}(-1)^n\left(\frac{x-2}{5}\right)^n\ \left(\left|\frac{x-2}{5}\right|<1\right),$$

所以

$$\frac{1}{x^2+2x-3}=\frac{1}{4}\sum_{n=0}^{\infty}(-1)^n\left(1-\frac{1}{5^{n+1}}\right)(x-2)^n\ (-1<x<3).$$

例 5　将函数 $f(x)=\frac{1}{1+x^2}$ 展开成 x 的幂级数.

解　因为 $\frac{1}{1-x}=1+x+x^2+\cdots+x^n+\cdots\ (-1<x<1)$，所以把 x 换成 $-x^2$，得

$$\frac{1}{1+x^2}=1-x^2+x^4-\cdots+(-1)^n x^{2n}+\cdots\ (-1<x<1).$$

砥节砺行

8.8.3 中的运算采用了直接法，即直接利用级数收敛的定义求和. 而 8.4.2 中的运算采用的是间接法，即利用了指数函数的泰勒展开式进行间接求和. 两种解法体现了直接法与间接法相辅相成、相得益彰的美好效果，我们在生活和学习中也要做到发挥所长、相互配合、相互补充，这样才能彼此促进、彼此成就.

习题 8-4

1. 将下列函数展成 x 的幂级数：

（1）$\ln(a+x)\ (a>0)$；

（2）$\sin^2 x$；

（3）$\arcsin x$.

2. 将下列函数展成 $x-1$ 的幂级数：

（1）$\lg x$；　　　　（2）$\frac{1}{x^2+3x+2}$.

本章小结

1. 级数

（1）给定一个数列 $u_1, u_2, \cdots, u_n, \cdots$，则和式 $u_1+u_2+\cdots+u_n+\cdots$ 称为无穷级数，简称级数. 各项都是常数的级数，称为常数项级数.

（2）若级数 $\sum_{n=1}^{\infty}u_n$ 的部分和数列 $\{s_n\}$ 有极限 s，即 $\lim_{n\to\infty}s_n=s$，则称无穷级数 $\sum_{n=1}^{\infty}u_n$ 收敛，这时极限 s 称

为该级数的和，并写成

$$s=\sum_{n=1}^{\infty}u_n=u_1+u_2+u_3+\cdots+u_n+\cdots.$$

若数列 $\{s_n\}$ 没有极限，则称无穷级数 $\sum_{n=1}^{\infty}u_n$ 发散.

（3）对于几何级数 $\sum_{n=1}^{\infty}aq^{n-1}$，当 $|q|<1$ 时，几何级数收敛，且其和为 $\frac{a}{1-q}$；当 $|q|\geqslant 1$ 时，几何级数发散.

（4）级数收敛的必要条件：设级数 $\sum_{n=1}^{\infty}u_n$ 收敛，则它的一般项趋于零，即 $\lim\limits_{n\to\infty}u_n=0$.

2. 常数项级数的敛散性

（1）比较审敛法：设 $\sum_{n=1}^{\infty}u_n$ 和 $\sum_{n=1}^{\infty}v_n$ 都是正项级数，且 $u_n\leqslant v_n\ (n=1,2,\cdots)$. 若级数 $\sum_{n=1}^{\infty}v_n$ 收敛，则级数 $\sum_{n=1}^{\infty}u_n$ 收敛；若级数 $\sum_{n=1}^{\infty}u_n$ 发散，则级数 $\sum_{n=1}^{\infty}v_n$ 发散.

（2）比较审敛法的极限形式：设给定正项级数 $\sum_{n=1}^{\infty}u_n$ 和 $\sum_{n=1}^{\infty}v_n$，若 $\lim\limits_{n\to\infty}\frac{u_n}{v_n}=l\ (0\leqslant l<+\infty)$，且级数 $\sum_{n=1}^{\infty}v_n$ 收敛，则级数 $\sum_{n=1}^{\infty}u_n$ 收敛；若 $\lim\limits_{n\to\infty}\frac{u_n}{v_n}=l>0$ 或 $\lim\limits_{n\to\infty}\frac{u_n}{v_n}=+\infty$，且级数 $\sum_{n=1}^{\infty}v_n$ 发散，则级数 $\sum_{n=1}^{\infty}u_n$ 发散.

（3）莱布尼茨定理：若交错级数 $\sum_{n=1}^{\infty}(-1)^{n-1}u_n\ \ (u_n\geqslant 0)$ 满足条件 $u_n\geqslant u_{n+1}\ (n=1,2,3,\cdots)$ 和 $\lim\limits_{n\to\infty}u_n=0$，则级数收敛，且其和为 $s\leqslant u_1$.

（4）设 $\sum_{n=1}^{\infty}u_n$ 为任意项级数，若级数 $\sum_{n=1}^{\infty}u_n$ 收敛，而级数 $\sum_{n=1}^{\infty}|u_n|$ 发散，则称级数 $\sum_{n=1}^{\infty}u_n$ 条件收敛. 若级数 $\sum_{n=1}^{\infty}u_n$ 绝对收敛，则级数 $\sum_{n=1}^{\infty}u_n$ 一定收敛.

3. 幂级数

（1）形如 $\sum_{n=0}^{\infty}a_n(x-x_0)^n$ 的级数称为幂级数. 特别地，当 $x_0=0$ 时，上述级数称为幂级数 $\sum_{n=0}^{\infty}a_nx^n$.

（2）设幂级数 $\sum_{n=0}^{\infty}a_nx^n$ 满足 $\lim\limits_{n\to\infty}\left|\frac{a_{n+1}}{a_n}\right|=\rho$，则此幂级数的收敛半径如下：

若 $\rho\neq 0$，则 $R=\frac{1}{\rho}$；若 $\rho=0$，则 $R=+\infty$；若 $\rho=+\infty$，则 $R=0$.

4. 函数展开成幂级数

（1）泰勒级数：$f(x_0)+f'(x_0)(x-x_0)+\frac{f''(x_0)}{2!}(x-x_0)^2+\cdots+\frac{f^{(n)}(x_0)}{n!}(x-x_0)^n+\cdots$.

（2）麦克劳林级数：$f(0)+f'(0)x+\frac{f''(0)}{2!}x^2+\cdots+\frac{f^{(n)}(0)}{n!}x^n+\cdots$.

（3）牢记常见的几个重要函数的幂级数展开式.

复习题八

1．填空题：

（1）当$|r|<1$时，级数$\sum\limits_{n=0}^{\infty}ar^n$是__________，此时$\sum\limits_{n=0}^{\infty}ar^n=$__________；而当$|r|\geqslant 1$时，级数$\sum\limits_{n=0}^{\infty}ar^n$是__________.

（2）若幂级数$\sum\limits_{n=0}^{\infty}a_nx^n$的收敛半径为$R$，则幂级数$\sum\limits_{n=0}^{\infty}a_nx^{2n}$的收敛半径为__________.

（3）幂级数$\sum\limits_{n=1}^{\infty}(-1)^n\dfrac{1}{\sqrt{n^3}}x^n$的收敛域为__________.

2．单项选择题：

（1）下列级数收敛的是（　　）.

A．$\sum\limits_{n=1}^{\infty}n\sin\dfrac{1}{n}$　　　　B．$\sum\limits_{n=1}^{\infty}\dfrac{\cos n}{2^n}$

C．$\sum\limits_{n=1}^{\infty}(-1)^n\dfrac{3^n}{2^n}$　　　　D．$\sum\limits_{n=1}^{\infty}\dfrac{1}{\sqrt[3]{n^2}}$

（2）若幂级数$\sum\limits_{n=0}^{\infty}a_n(x-1)^n$在$x=-1$处收敛，则此级数在$x=2$处（　　）.

A．可能收敛也可能发散　　　　B．发散

C．条件收敛　　　　D．绝对收敛

（3）已知$\dfrac{1}{1+x}=1-x+x^2-x^3+\cdots$，则$\dfrac{1}{1+x^2}$展开为$x$的幂级数为（　　）.

A．$1+x^2+x^4+x^6+\cdots$　　　　B．$-1+x^2-x^4+\cdots$

C．$1-x^2+x^4-x^6+\cdots$　　　　D．$-1-x^2-x^4+\cdots$

（4）幂级数$\sum\limits_{n=2}^{\infty}\dfrac{1}{n!}x^n$在收敛区间$(-\infty,+\infty)$内的和函数为（　　）.

A．e^x　　　　B．e^x+1

C．e^x-1　　　　D．e^x-x-1

3．讨论下列级数的敛散性：

（1）$\sum\limits_{n=1}^{\infty}\dfrac{2+(-1)^n}{2^n}$；　　　　（2）$\sum\limits_{n=1}^{\infty}\arctan\dfrac{1}{2n^2}$；

（3）$\sum\limits_{n=1}^{\infty}(-1)^{n-1}\dfrac{a^n}{n^b}$ $(a>0,b>0)$.

4．求级数$\sum\limits_{n=1}^{\infty}\dfrac{n}{3}\left(\dfrac{x}{3}\right)^{n-1}$在收敛区间内的和函数，并求和$\sum\limits_{n=1}^{\infty}\dfrac{n}{3^n}$.

第 8 章答案

5．把下列函数展成 x 的幂级数，并确定收敛区间：

（1）$\dfrac{1}{\sqrt{1-x^2}}$；　　　　（2）$\dfrac{\mathrm{d}}{\mathrm{d}x}\left(\dfrac{\mathrm{e}^x-1}{x}\right)$．

知中有行　一元线性回归分析

在许多实际问题中，常常需要通过观测两个变量的若干组数据，来寻找两个变量之间的相关关系，并通过构建一个数学模型，来研究特定变量（自变量）与研究者感兴趣的变量（因变量）之间的关系．一元线性回归分析就是常用的建立数学模型的分析方法．

引例　我们为了能根据汽车拥有量 x 来预测轮胎销售量 y，就需要设法找到轮胎销售量 y 和汽车拥有量 x 之间的近似关系．现有某市历年汽车拥有量和某种型号的轮胎销售量数据，如表 8-1 所示．

表 8-1

汽车拥有量 x/百万辆	18	18.3	18.9	19.4	19.8	20.3
轮胎销售量 y/千只	40	44	52	59	67	77

把汽车拥有量和轮胎销售量的数据转化成散点图，如图 8-2 所示．

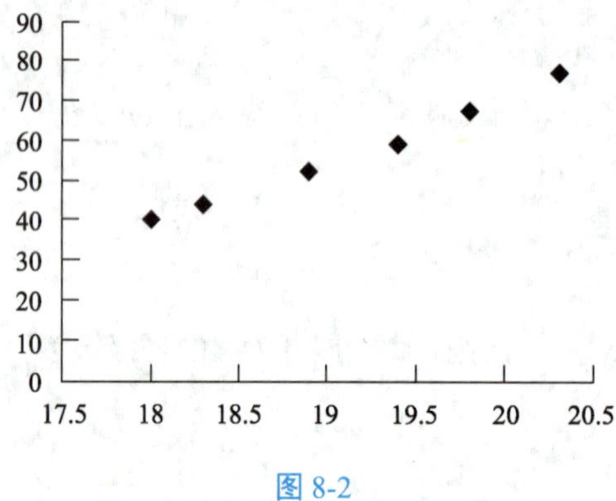

图 8-2

由图 8-2 可以看出，这些点 $(x_i, y_i)\ (i=1,2,\cdots,6)$ 大致都落在一条直线附近，也就是说变量 y 与 x 之间基本上可以看作是线性相关关系．这种近似描述两个变量之间线性相关的直线方程称为一元线性回归方程，记作 $y=ax+b$．

应如何建立一元线性回归方程呢？在此，我们介绍最小二乘法．

在一个实际问题中，假设测得两个变量 x 与 y 对应的 n 对数据分别为

$$(x_1, y_1),\ (x_2, y_2),\ \cdots,\ (x_n, y_n).$$

将这 n 对数据看作是直角坐标平面内的 n 个点 $P_i(x_i, y_i)\ (i=1,2,3,\cdots,n)$，并将其画在坐标平面上，这种图称为**散点图**．观察散点图的特点，如果这 n 个点的连线大致接近某条直线，那么可以用线性函数

$$y=ax+b$$

来近似地反映变量 x 与 y 之间的关系，其中 a，b 是待定常数．

如何确定待定常数 a，b 呢？线性函数最理想的情形是：

（1）选取的直线 $y=ax+b$ 应该尽可能多地经过点 (x_i, y_i) $(i=1,2,3,\cdots,n)$；

（2）对于不在直线 $y=ax+b$ 上的实验数据 (x_i, y_i)，要使得 y_i 与直线 $y=ax+b$ 在对应点 x_i 处的纵坐标 ax_i+b $(i=1,2,3,\cdots,n)$ 产生的偏差 $d_i=y_i-(ax_i+b)$ $(i=1,2,3,\cdots,n)$ 尽可能小.

如何才能够达到这一要求呢？能否通过设法使偏差的和 $\sum\limits_{i=1}^{n} d_i$ 最小来达到呢？不能，因为偏差有正有负，在求和时有可能互相抵消．为了避免这种情形，可对偏差取绝对值再求和，但由于有绝对值不便于讨论，因此可选取偏差的平方和（总偏差），记为 S，即

$$S=\sum_{i=1}^{n} d_i^2=\sum_{i=1}^{n}(y_i-ax_i-b)^2 .$$

通过使偏差的平方和 S 最小来确定线性函数 $y=ax+b$ 的待定常数 a，b．这种根据偏差的平方和为最小的条件来确定待定常数 a，b 的方法称为**最小二乘法**.

可以利用二元函数极值的计算方法（这里不证明）来求得直线型经验公式 $y=ax+b$ 中的待定常数 a，b，即

$$a=\frac{\sum\limits_{i=1}^{n} x_i y_i-\frac{1}{n}\left(\sum\limits_{i=1}^{n} x_i\right)\left(\sum\limits_{i=1}^{n} y_i\right)}{\sum\limits_{i=1}^{n} x_i^2-\frac{1}{n}\left(\sum\limits_{i=1}^{n} x_i\right)^2}=\frac{\sum\limits_{i=1}^{n} x_i y_i-n\bar{x}\,\bar{y}}{\sum\limits_{i=1}^{n} x_i^2-n\bar{x}^2},$$

$$b=\bar{y}-a\bar{x} .$$

其中，$\bar{x}=\frac{1}{n}\sum\limits_{i=1}^{n} x_i$，$\bar{y}=\frac{1}{n}\sum\limits_{i=1}^{n} y_i$（即算术平均值）.

下面对引例进行分析求解.

解法一　(1)作图. 根据题意，表 8-1 中有 6 对实验数据：(18，40)，(18.3，44)，(18.9，52)，(19.4，59)，(19.8，67)，(20.3，77)．在直角坐标系下作出散点图，如图 8-3 所示．从散点图可以看出这些点的连线大致在一条直线上，因此设一元线性回归方程为 $y=ax+b$.

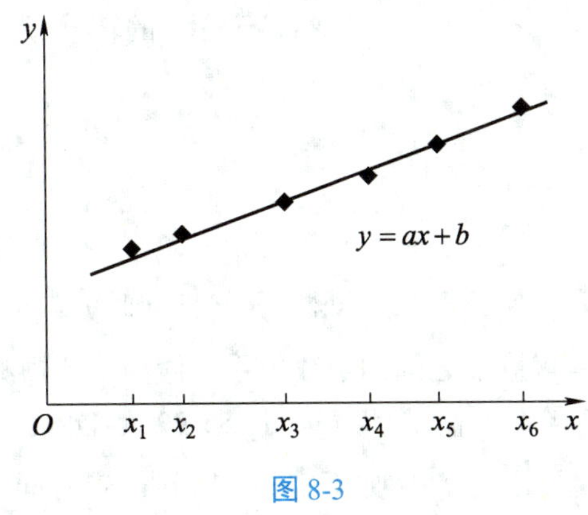

图 8-3

（2）列表．为了便于计算，可以利用已知的数据列表 8-2，并进行计算.

表 8-2

序号	x_i	y_i	x_i^2	x_iy_i
1	18	40	324.00	720.0
2	18.3	44	334.89	805.2
3	18.9	52	357.21	982.8
4	19.4	59	376.36	1 144.6
5	19.8	67	392.04	1 326.6
6	20.3	77	412.09	1 563.1
$\sum_{i=1}^{6}$	114.7	339	2 196.59	6 542.3

由表 8-2 可以计算出：

$$a=\frac{\sum_{i=1}^{n}x_iy_i-\frac{1}{n}\left(\sum_{i=1}^{n}x_i\right)\left(\sum_{i=1}^{n}y_i\right)}{\sum_{i=1}^{n}x_i^2-\frac{1}{n}\left(\sum_{i=1}^{n}x_i\right)^2}=\frac{6\,542.3-\frac{1}{6}\times114.7\times339}{2\,196.59-\frac{1}{6}\times114.7^2}\approx15.8,$$

$$\overline{x}=\frac{114.7}{6}\approx19.116\,7,\quad \overline{y}=\frac{339}{6}=56.5,$$

$$b=\overline{y}-a\overline{x}=56.5-15.8\times19.116\,7=-245.54,$$

因此一元线性回归方程为

$$y=15.8x-245.54.$$

解法二 使用 MATLAB 软件中的 regress 函数进行求解，在命令窗口输入如下程序（或建立 M 文件）：

```
>>clear all;
>>x=[18  18.3  18.9  19.4  19.8  20.3];
>>y=[40  44  52  59  67  77];
>>X=[ones(6,1),x'];                    %x' 表示 x 的转置
>>r=regress(y',X)
```

输出结果为

```
r=
-245.5352
  15.7996                              %一元线性回归方程为 y=15.7996x-245.5352
```

这就是汽车拥有量 x 与轮胎销售量 y 之间的函数关系．假如统计预测明年的汽车拥有量是 22.3 百万辆，那么据此函数关系，可知明年轮胎的需求量为 $y=15.8\times22.3-245.5=106.8$（千只）．

例 1 为了测定刀具的磨损速度，做如下实验：经过一定时间（如每隔 1 h），测量一次刀具的厚度，得到的一组实验数据如表 8-3 所示．

表 8-3

时间 t_i/h	0	1	2	3	4	5	6	7
刀具厚度 y_i/mm	27.0	26.8	26.5	26.3	26.1	25.7	25.3	24.8

试根据上面的实验数据建立刀具厚度 y 与时间 t 之间的直线型经验公式 $y=at+b$.

解法一　(1) 作图．在直角坐标系下作出散点图，如图 8-4 所示．

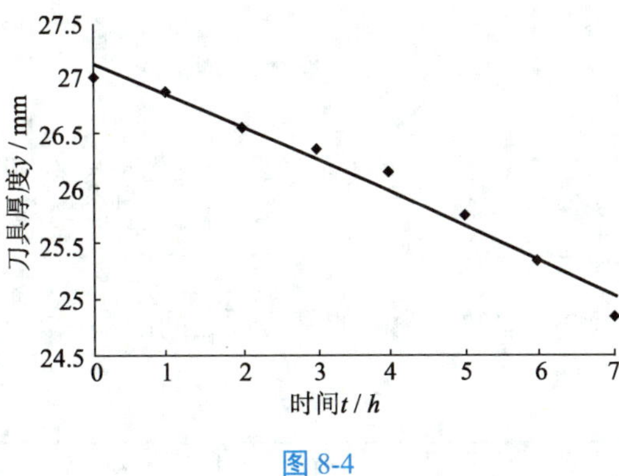

图 8-4

(2) 为了便于计算，可以利用已知的数据列表 8-4，并进行计算．

表 8-4

序号	t_i	t_i^2	y_i	t_iy_i
1	0	0	27.0	0
2	1	1	26.8	26.8
3	2	4	26.5	53
4	3	9	26.3	78.9
5	4	16	26.1	104.4
6	5	25	25.7	128.5
7	6	36	25.3	151.8
8	7	49	24.8	173.6
$\sum_{i=1}^{8}$	28	140	208.5	717.0

由表 8-4 可以计算出：

$$\bar{t}=\frac{28}{8}=3.5,\quad \bar{y}=\frac{208.5}{8}=26.0625.$$

于是

$$a=\frac{717.0-8\times3.5\times26.0625}{140-8\times3.5^2}\approx-0.3036,$$

$$b=26.0625-(-0.3036)\times3.5\approx27.125.$$

因此，所求的经验公式为

$$y=-0.3036t+27.125.$$

解法二 使用 MATLAB 软件中的 regress 函数进行求解，在命令窗口输入如下程序（或建立 M 文件）：

```
>>clear all;
>>x=[0  1  2  3  4  5  6  7];
>>y=[27.0  26.8  26.5  26.3  26.1  25.7  25.3  24.8];
>>X=[ones(8,1),x'];                    % x' 表示 x 的转置
>>r=regress(y',X)
```

输出结果为

```
r=
27.1250
-0.3036                                %所求经验公式为 y=-0.3036t+27.125
```

延伸练习

1．随机抽取 5 个中小城市，人口数与商品的零售额之间的关系如表 8-5 所示．

表 8-5

人口 x/万人	69	51	61	38	83
零售额 y/亿元	2.3	3.3	3.4	2.9	5.8

以人口为自变量、商品零售额为因变量，求一元线性回归方程．

延伸练习答案

2．表 8-6 给出了 12 个父亲及其儿子的身高数据．假设 x 与 y 之间有线性关系，求 y 关于 x 的一元线性回归方程．

表 8-6

父亲身高 x/cm	165	160	170	163	173	157	178	168	173	170	175	180
儿子身高 y/cm	173	168	173	165	175	158	173	175	180	170	173	178

3．利用化学实验的比色法测酚得到的实验数据如表 8-7 所示．

表 8-7

酚浓度 x/（mg/L）	0.005	0.010	0.020	0.030	0.040	0.050
吸光度 y/A	0.020	0.046	0.100	0.120	0.140	0.180

试求吸光度 y 与酚浓度 x 之间的直线型经验公式．

4．某种机器零件的加工需要经过两道工序，x 表示零件在第一道工序中出现的疵点数（疵点是指气泡、砂眼、裂痕等），y 表示在第二道工序中出现的疵点数．某日测得 8 个零件的 x 与 y 所对应的数据如表 8-8 所示．

表 8-8

x	0	1	3	6	8	5	4	2
y	1	2	2	4	4	3	3	2

将这些数据画在坐标纸上，找出它们之间的直线型经验公式，并画出拟合曲线．

数学故事　中国现代数学的拓荒人

陈建功，杰出的数学家、数学教育家，中国函数论研究的开拓者之一，也是中国现代数学的奠基人之一，毕生从事数学研究和数学教育．他在国内开创了函数论研究，并开拓了实变函数论、复变函数论、直交函数级数等多个分支方向，特别是在三角级数方面卓有成就．

陈建功出生于浙江绍兴一个小职员家庭，幼年就读于私塾，热爱数学．受“科学救国”“教育报国”等思想影响，他 3 次东渡日本深造数学，在东北帝国大学跟随博士导师专攻三角级数论，1929 年获得东北帝国大学博士学位，成为首个在日本获得理学博士学位的外国学者，随即毅然决定回国．

回国后，他先后经历了 3 个阶段——浙江大学时期、复旦大学时期和杭州大学时期，分别在 3 所大学带领团队倡导“数学讨论班”教学研究模式，培育了 3 支数学人才队伍，建立了 3 个全国知名的函数论研究基地，为现代数学研究事业做出了不朽的贡献．他主张教学科研相辅相成，提出数学教育的三大原则：实用性原则、论理性原则和心理性原则．时至今日，这些思想和方法依然焕发着强大的生命力．

有数学史专家统计过，就培养研究生成才人数而论，陈建功当属全国培养人才最多的数学家之一．

的确，在陈建功看来，“培养人比写论文意义更大更重要”．这一理念也贯穿他整个教学和科研生涯．回浙江大学之初，陈建功便意识到，要想办好数学系，关键是努力提高学生的自学能力和青年教师的独立工作能力，而这两种能力的提高很大程度上取决于严格有效的训练．

1931 年，他与苏步青决定，在高年级学生和青年助教中开设“数学研究”讨论班，分为甲、乙两类，前者精读一本最新数学专著，后者读懂一篇国际数学杂志最新发表的前沿论文．然后，学生轮流登台讲解，陈苏两位教授和其他学生可随时提问．如果学生准备不充分，没讲好、问题没答好，便会遭到当堂“训斥”．

可以想象，面对专业和外文两大挑战，这种“赶鸭子上架”的治学方式让学生不得不更加刻苦钻研，不敢有丝毫侥幸和懈怠．后来成为数学界中流砥柱的陈门弟子用实际行动证明了这种方法的卓越成效．而这一方法也极大推动了中国现代数学学科不断开枝散叶，在新方向上有所拓展，甚至领先世界．

1952 年，陈建功在《中国数学杂志》(现更名为《数学通报》) 上发表《二十世纪的数学教育》一文，不仅阐述了数学教育的基本原则，还从中国数学教育的现状以及未来中国数学教育改革与发展方向等多方面作了翔实的理论概述．

如今，中国的数学再次迎来发展的“黄金时代”．陈建功所开创的事业、未竟的梦想正在一代又一代数学家的努力下继往开来、蓬勃向上．

附录 初等数学常用公式

一、代数公式

（1）$a^2-b^2=(a-b)(a+b)$.

（2）$(a\pm b)^2=a^2\pm 2ab+b^2$.

（3）$a^3\pm b^3=(a\pm b)(a^2\mp ab+b^2)$.

（4）$(a\pm b)^3=a^3\pm 3a^2b+3ab^2\pm b^3$.

（5）等差数列前 n 项和 $S_n=\dfrac{(a_1+a_n)\times n}{2}$.

（6）等比数列前 n 项和 $S_n=\dfrac{a_1(1-q^n)}{1-q}\ (q\neq 1)$.

二、几何公式

（1）三角形的面积：$S=\dfrac{1}{2}\times$底$\times$高 .

（2）圆弧长：$l=R\theta$（θ 为圆心角的弧度）.

（3）扇形的面积：$S=\dfrac{1}{2}R^2\theta=\dfrac{1}{2}Rl$（$l$ 为圆弧长）.

（4）球的表面积：$S=4\pi R^2$.

（5）球的体积：$V=\dfrac{4}{3}\pi R^3$.

（6）圆锥的侧面积：$S=\pi Rl$（l 为圆锥的侧棱长）.

（7）圆锥的体积：$V=\dfrac{1}{3}\pi R^2H$.

三、三角公式

（1）正弦定理：

$$\frac{a}{\sin A}=\frac{b}{\sin B}=\frac{c}{\sin C}=2R.$$

（2）余弦定理：

$$a^2=b^2+c^2-2bc\cos A,$$
$$b^2=a^2+c^2-2ac\cos B,$$
$$c^2=a^2+b^2-2ab\cos C.$$

（3）倍角公式：

$$\tan 2A=\frac{2\tan A}{1-\tan^2 A},\quad \sin 2A=2\sin A\cos A,$$
$$\cos 2A=\cos^2 A-\sin^2 A=2\cos^2 A-1=1-2\sin^2 A.$$

（4）半角公式：

$$\sin\frac{A}{2}=\pm\sqrt{\frac{1-\cos A}{2}},\quad \cos\frac{A}{2}=\pm\sqrt{\frac{1+\cos A}{2}},$$
$$\tan\frac{A}{2}=\pm\sqrt{\frac{1-\cos A}{1+\cos A}},\quad \cot\frac{A}{2}=\pm\sqrt{\frac{1+\cos A}{1-\cos A}},$$
$$\tan\frac{A}{2}=\frac{1-\cos A}{\sin A}=\frac{\sin A}{1+\cos A}.$$

（5）和差角公式：

$$\sin(A+B)=\sin A\cos B+\cos A\sin B,\quad \sin(A-B)=\sin A\cos B-\cos A\sin B,$$
$$\cos(A+B)=\cos A\cos B-\sin A\sin B,\quad \cos(A-B)=\cos A\cos B+\sin A\sin B,$$
$$\tan(A+B)=\frac{\tan A+\tan B}{1-\tan A\tan B},\quad \tan(A-B)=\frac{\tan A-\tan B}{1+\tan A\tan B},$$
$$\cot(A+B)=\frac{\cot A\cot B-1}{\cot B+\cot A},\quad \cot(A-B)=\frac{\cot A\cot B+1}{\cot B-\cot A}.$$

（6）和差化积公式：

$$\sin A+\sin B=2\sin\frac{A+B}{2}\cos\frac{A-B}{2},\quad \sin A-\sin B=2\cos\frac{A+B}{2}\sin\frac{A-B}{2},$$
$$\cos A+\cos B=2\cos\frac{A+B}{2}\cos\frac{A-B}{2},\quad \cos A-\cos B=-2\sin\frac{A+B}{2}\sin\frac{A-B}{2}.$$

参考文献

[1] 罗柳容，何闰丰．应用高等数学［M］．北京：机械工业出版社，2015．

[2] 曾庆柏．应用高等数学［M］．2 版．北京：高等教育出版社，2014．

[3] 崔湛林，翟素娟，布秀敏．高等数学［M］．北京：北京理工大学出版社，2011．

[4] 董蕊，魏俊领，王晓欣．高等数学［M］．北京：航空工业出版社，2014．

[5] 王青建．数学开心辞典［M］．2 版．北京：科学出版社，2014．

[6] 蔡天新．数学与人类文明［M］．北京：商务印书馆，2012．

[7] 易南轩．数学美拾趣［M］．北京：科学出版社，2015．

[8] 汪子莲．高等应用数学［M］．北京：北京邮电大学出版社，2016．

[9] 陈恩水，王峰．数学建模与实验［M］．北京：科学出版社，2008．